既有居住建筑综合改造技术集成

住房和城乡建设部住宅产业化促进中心

中国建筑工业出版社

图书在版编目（CIP）数据

既有居住建筑综合改造技术集成/住房和城乡建设部住宅产业化促进中心．—北京：中国建筑工业出版社，2011.7

ISBN 978-7-112-13399-4

Ⅰ.①既… Ⅱ.①住… Ⅲ.①居住建筑—技术改造 Ⅳ.①TU241

中国版本图书馆CIP数据核字（2011）第141585号

本书基于“十一五”国家科技支撑计划重点课题项目“既有建筑综合改造技术集成示范工程”的子课题：“典型住宅及居住区综合改造技术集成与工程示范”，详细介绍了16个具有综合技术集成特点的示范工程在改造前存在的问题、改造中采用的新技术、改造后的成果以及改造的应用推广价值等。在此基础上，通过深入的研究，编制了《既有居住建筑综合改造技术导则》、《既有居住建筑节能检验和评价方法》、《既有住宅性能评定指标体系》（草案修编稿）、《阻燃型硬泡聚氨酯既有居住建筑围护结构节能改造施工技术导则》以及《太阳能与空气源热泵采暖技术在既有建筑中的应用指南》，为我国“十二五”期间更大规模的既有居住建筑改造提供了有益的经验，并起到引导和示范作用。

本书理论与实践相结合，可供设计、施工、管理、科研人员和高等院校相关师生参考使用。

责任编辑：刘 江 王砾瑶
责任设计：赵明霞
责任校对：肖 剑 姜小莲

既有居住建筑综合改造技术集成
住房和城乡建设部住宅产业化促进中心
*
中国建筑工业出版社出版、发行（北京西郊百万庄）
各地新华书店、建筑书店经销
华鲁印联（北京）科贸有限公司制版
北京建筑工业印刷厂印刷
*
开本：787×1092毫米 1/16 印张：26¾ 字数：665千字
2011年10月第一版 2011年10月第一次印刷
定价：118.00元
ISBN 978-7-112-13399-4
（21167）

《既有居住建筑综合改造技术集成》编委会名单

本书前言

目前我国既有建筑面积约460亿m^2，到2020年，全国还将新增建筑280亿m^2左右。截至2009年底，全国城镇累计建成节能建筑面积40.8亿m^2，节能建筑占城镇建筑面积的比例为21.7%。北方城镇既有建筑约为80亿m^2，南方城镇约为108亿m^2，总计约188亿m^2，按50%的既有建筑需要进行节能改造计算，要改造94亿m^2。“十一五”期间确定了北方采暖地区既有居住建筑供热计量和节能改造1.5亿m^2的改造任务，仅占北方地区既有建筑的1.87%，还有大量的既有建筑需要改造。

除了要进行大量的节能和供热计量改造外，还要在提高既有居住建筑的耐久性、抗震性、防火性、舒适性、美观性等方面开展综合改造，完善其使用功能和性能品质，才能在原有的基础上改善居住者的生活条件，才能进一步焕发居住的文化价值。对既有居住建筑进行改造不仅关系到千家万户的居住品质的提高，也关系到家庭和社会财产的保值升值，关系到国家资源能源的有效利用和可持续发展。从这个角度看待住宅的全生命周期的建设和使用，延长住宅使用寿命，就是一项最大的节约土地，节约资源，节约能源和低碳减排的工程。

为了实现上述目标，国家确立了“十一五”科技支撑计划将“既有建筑综合改造技术集成示范工程”列入重点课题项目。经课题负责单位中国建筑科学研究院院领导的认证筛选，确定了住房和城乡建设部住宅产业化促进中心承担了“典型住宅及居住区综合改造技术集成与工程示范”子课题。该课题在开展研究的初期就制定了明确的任务和对示范工程的建设的要求。具体包括：

（一）开展既有住宅节能改造

包括建筑外墙、屋面、窗户保温隔热系统；室内采暖系统；室外供热管网系统；热源供给系统；热计量系统；新能源系统（如太阳能光热、光电转化应用等）。

（二）开展既有住宅改善使用功能和性能的改造

包括多层住宅增设电梯设备；平屋顶改坡屋顶；结构系统的加层、加固改建；增添或扩大卫生间和厨房；土建装修一体化系统改造；室内隔声性能的提高等。

（三）开展既有居住区的环境优化改造

包括中水回用和雨水收集系统；排水管网与绿化喷灌系统；景观用水改造和生态处理系统；配套设施系统；交通管理设备、标识系统等环境景观和服务健体设施优化。

（四）开展既有住宅设备优化改造

包括室内通风条件的改善（如增加新风置换系统）；节水卫生器具更换；供水设备更新换代（如变频水泵、水箱）；照明线路更换（如铝线换铜线）；增加门禁和安防系统；网络宽带入户；公共区节能灯具的使用。

对列入“典型示范工程”的项目，强调针对不同地区的实际情况，采用不同的系统集成技术对既有住宅和居住区进行改造，并要求每个“典型示范工程”中采用的改造技术在

4 项以上。

经过近三年的时间，在住房和城乡建设部住宅产业化促进中心和中国建筑科学研究院的领导下，在各地建设主管单位、高等院校、研究机构、企事业单位技术骨干的支持和参与下，最终在全国不同的区域选择了 16 个具有综合技术集成特点的项目列为示范工程。

课题组对 16 个示范项目的综合改造技术集成进行了较为深入的研究，总结出成套实用技术，编写出《既有居住建筑综合改造技术导则》，其内容全面，体系完整，可操作性强，具有广泛的推广性，填补我国既有居住建筑改造技术集成体系的空白。

既有居住建筑的节能检验包含围护结构、采暖系统、空调系统、通风换气系统、可再生能源系统等方面。既有居住建筑改造和新建居住建筑的节能检验内容基本相同，检验方法也基本相同。但既有居住建筑情况相对又比较复杂，存在很多不确定的因素，其中外围护结构热工缺陷、气密性、室内温度等内容是检测的重点。为此课题组编制了《既有居住建筑节能检验和评价方法》，为既有居住建筑节能检测提供了依据。

既有居住建筑的围护结构是耗能的主要部位之一，不仅仅是节能的关键部位，而且与建筑的安全性、耐久性、防护性、美观性等有密切的关联，为了更好地推广安全可靠，经济实用、易于操作的阻燃型硬泡聚氨酯在外围护改造工程的应用，编制了《阻燃型硬泡聚氨酯既有居住建筑围护结构节能改造施工技术导则》。

国家在“十一五”期间，提出加快实施节能减排重点工程，推动重大领域节能减排，大力推广节能技术和产品。利用太阳能与空气源热泵为建筑物采暖属于再生能源技术，为北方寒冷地区尤其是偏远地区的采暖提供了新的途径。该系统技术具有高性能，低运行成本及简单的操作控制等方面的优势。为此课题组编制了《太阳能与空气源热泵采暖技术在既有建筑中的应用指南》，具有一定的创新性和指导性，对我国既有居住建筑综合改造将产生积极的影响。

住宅性能认定在我国是一项开创性的工作，住宅性能认定技术标准是我国住宅建设工程实践和科研成果的集中体现。2006 年 3 月 1 日，原建设部发布《住宅性能评定技术标准》并开始实施。《住宅性能评定技术标准》适用于城镇所有新建住宅的性能评定。但对于既有居住建筑尚未制定相应的标准，住宅产业化促进中心在 2005 年开始进行这方面的研究，编制《既有住宅性能评定指标体系》（草案）。本课题是在原草案的基础上，以典型住宅及居住区综合改造示范工程为载体，开展新的研究和修编，旨在提高《既有住宅性能评定指标体系》的科学合理性。实际是对该体系草案的补充，提供有价值的参考，编制了《既有住宅性能评定指标体系》（草案修编稿），为既有住宅性能评价提供了依据。

在课题研究的全过程中，课题组的技术人员积极发挥工作的主动性和实干性，深入工程第一线调查研究和指导施工建设，有时要冒着严寒和酷暑进行现场的设计和检测，与工程建设单位共同努力提高改造中的技术集成水平，同时培养了一批工程技术骨干。课题组充分利用示范工程建设单位的技术优势和成功经验，开展项目间的相互借鉴、相互补充、相互交流，促进了示范项目整体水平的提升，扩大了示范效应。课题组十分重视与国外专家间的交流，通过与日本的国际协力机构合作项目、中德节能技术交流中心、德国能源署、法国驻华大使馆等部门的交流，在吸收先进改造技术和运作模式方面获得很大的收益。

既有居住建筑典型示范工程在再生能源技术的利用方面、在新节能材料和设备的利用方面、在建筑构造成套技术的综合应用方面、在居住功能空间改造方面、在设备和设施的改造方面等取得了可喜的成果，这将为我国“十二五”期间更大规模的既有居住建筑改造提供有益的经验，并起到引导和示范作用。中国的既有居住建筑改造之路任重道远。我们不但要在技术上完善标准和相关规程的制定，还要在改造政策和改造模式上有所创新，使这项利民利国的工程长久坚持下去，将会产生巨大的社会效益和经济效益，为我国构建节约型社会、环境友好型社会打下扎实的基础。

借《既有居住建筑综合改造技术集成》出版之际，感谢各示范工程建设单位的大力支持！感谢各参编单位和提供技术资料单位的支持！

“典型住宅及居住区综合改造技术集成与工程示范”课题组

（执笔：孙克放　尹伯悦）

2011 年 5 月 30 日

目　　录

第一章

既有居住建筑综合改造技术文件

一

《既有居住建筑综合改造技术导则》

住房和城乡建设部住宅产业化促进中心
北京建筑工程学院建筑系
2011年6月2日

目　录

1　总　　则

1.0.1　为提高既有居住建筑的安全性和舒适性，指导既有居住建筑的维修改造和升级改造，制定本导则。

1.0.2　本导则适用于经过综合技术评价需要局部维修或整体改造的既有居住建筑。

1.0.3　既有居住建筑改造宜结合提高建筑的抗震、结构、防火安全性能，优先选择综合改造的方式。改造要有针对性且在经济和技术上可行，改造要充分利用现有条件并为今后留有余地。

1.0.4　既有居住建筑改造需要在政府主导和居民的积极参与下进行。

1.0.5　既有居住建筑改造应按以下程序进行：

1　建筑物的性能检测和评价，应包括既有居住建筑的适应性能、环境性能、经济性能、安全性能和耐久性能5个方面；

2　居民改造意愿调查；

3　综合改造方案设计；

4　综合改造投资估算；

5　综合改造建筑施工；

6　综合改造质量监督和竣工验收。

1.0.6　既有居住建筑的改造应具有可持续发展观，保持现有社区特色和资源，改造要与城市的长远规划相结合。

1.0.7　既有居住建筑改造应符合国家现行有关标准和规范的规定。

2　居住功能改造

2.1　一 般 规 定

2.1.1　既有居住建筑居住功能改造应根据家庭人口结构变化和生活需求调整居住空间数量及面积，满足居住生活的基本要求。

2.1.2　每套居住建筑内应设有卧室、起居室（厅）、厨房和卫生间等基本空间。有条件的情况下宜增加用餐、洗衣和储藏等空间。

2.1.3　既有居住建筑居住功能改造有合并居住单元、顶层加建和外部贴建等方法，改造工程可根据实际情况选择一种或多种方法相组合。

2.1.4 既有居住建筑居住功能改造的重点和方式各不相同，可根据建筑的建造方式按下列要求确定：

1 筒子楼改造的重点是居住空间成套。宜采取外部贴建的改造方法，在增加面积的基础上，调整居住空间，增加厨房、卫生间。在改造时应注意公共交通空间的合理设计。

2 多层单元式住宅改造的重点是增加厨房、卫生间的面积。宜采用合并居住单元或外部贴建的改造方法。外部贴建的位置应选择对相邻建筑无日照影响和室外管网较少的一侧。

3 通廊式高层住宅改造的重点是减少通廊对生活私密性和自然通风的影响。宜采用外部贴建的改造方法，外部贴建的位置应选择对相邻建筑无日照影响的一侧。在扩展楼栋面积的基础上调整单元组合，宜将通廊式住宅改为单元式住宅。

4 塔式高层住宅的改造重点是改善套内的通风条件，保证自然状态下居住空间通风顺畅，宜选择顶层加建、栋内自我调整的改造方式。减少标准层户数，改善自然通风条件。

2.1.5 既有居住建筑居住功能改造，应基本满足国家现行标准《住宅设计规范》(GB 50096—1999) 的要求。

2.2 卧　　室

2.2.1 卧室数量应根据家庭成员生理和心理上的需求相应地增加或减少。

2.2.2 卧室的最小空间尺度尽可能地满足表 2.2.2 的要求。

卧室的最小空间尺寸　　**表 2.2.2**

名　称	开间（mm）	进深（mm）	净高（mm）	净面积（m^2）
主卧室	3300	4200	2400	≥12.1
次卧室（双人间）	3000	3900	2400	≥10.1
次卧室（单人间）	2700	3000	2400	≥6.8

注：表内数字参考《健康住宅建设技术要点》和《住宅性能评价技术标准》确定。

2.2.3 卧室可采取向外贴建、合并（拆分）居住空间，或改变相邻空间的联系方式等方法进行改造。改造使原有结构产生变化时，应先进行结构安全加固。

2.2.4 在不具备贴建或合并（拆分）居住空间的条件下，可将与原有卧室相邻的阳台、储藏间等空间扩展为卧室空间，扩展空间施工时应满足下列要求：

1 应满足结构受力要求；

2 应满足结构抗震要求；

3 应满足建筑隔声和保温隔热的要求。

2.2.5 卧室的天然采光、自然通风和声环境应满足表 2.2.5 的最低限度要求。

卧室的天然采光、自然通风和声环境　表 2.2.5

项　　目	数　　值
侧面采光窗面积/地板面积	≥1/7
外窗可开启面积/地面面积	≥1/20
允许 A 声级噪声	≤50dB（昼间）
	≤40dB（夜间）
分户墙与楼板的空气声的计权隔声量	≥40dB

2.3　起居室（厅）

2.3.1　起居室（厅）应有直接采光、自然通风，其使用面积应尽量达到 $12m^2$。当面积较小不能满足使用要求时，宜将套内原有开间较大的空间改变为起居室（厅）或采用整体贴建和局部悬挑的方式向外扩展空间，贴建或悬挑的位置应优先选择景观较好的一侧。

2.3.2　起居室（厅）改造时应注意保持空间完整，避免频繁穿越。长短边之比尽量小于 1.8。

2.3.3　起居室（厅）改造时应注意保留完整的墙面，尽可能地保留不小于 3.6m 的连续墙面供家具和设备的布置。

2.4　厨　　房

2.4.1　厨房应有直接采光、自然通风，使用面积应不小于 $4m^2$，当厨房使用面积不能满足家庭生活需要时，应将其适度地扩大。

2.4.2　扩大厨房使用空间可采用整体贴建、局部悬挑或套内调整的改造方法。当采用整体贴建的改造方法时应更换排油烟管道。

2.4.3　厨房与原有服务阳台相邻时，可将炉灶移至服务阳台，使厨房操作空间冷热加工分离。

2.4.4　厨房改造时应保证足够的操作空间，按“洗、切、烧”炊事流程布置厨房家具，操作台长度尽可能地保持在 2.1m 以上。

2.4.5　厨房家具宜采用专业厂家成套定做，以便充分利用使用空间。

2.5　卫　生　间

2.5.1　卫生间面积过小或设备设施老化、不能满足生活需要时应进行适度改造。改造宜以住栋为单位整体进行。

2.5.2　扩大卫生间使用空间可采用整体贴建或局部悬挑的方式，若不具备上述条件应采用整体式卫浴产品，集约地利用已有建筑空间。

2.5.3　当既有居住建筑采用合并居住单元的改造方式时，可结合原有卫生间将洗衣、洗脸、洗浴和便溺分室设置，以便节省改造费用。

2.6　公共空间

2.6.1　既有居住建筑套内居住功能改造的同时宜进行套外公共空间改造，整体提升既有居住建筑的居住品质。公共空间的改造重点是楼（电）梯间、公共走廊和入口门厅。

2.6.2　楼（电）梯间、公共走廊和入口门厅等公共活动区域应按照国家现行标准《城市道路和建筑物无障碍设计规范》（JGJ 50—2001）增加入口坡道、助老栏杆扶手、宜辨认的踏步标示等无障碍设施。

2.6.3　公共空间改造时应适度地提高装修标准，采用防滑、耐磨损、易于清洁的装修材料。

3　建筑安全性能改造

3.1　一般规定

3.1.1　既有居住建筑的安全性能包含结构安全、建筑防火安全、燃气及电气设备安全和日常安全防范措施 4 个方面。

3.1.2　既有居住建筑的安全性能应定期检测与维修，及时消除安全隐患。当出现严重问题时应进行建筑安全性能整体改造。建筑安全性能整体改造宜与居住功能改造或其他部位改造同步进行。

3.2　结构安全

3.2.1　既有居住建筑在不满足我国现行规范要求或承载力存在缺陷时，应及时进行结构整体加固或局部处理，以提高建筑的抗震能力和承载能力，使其达到相关结构设计和施工规范的要求。

3.2.2　当既有居住建筑进行结构安全性改造时，楼面和屋面活荷载设计取值，风荷载、雪荷载设计取值除应满足《建筑结构荷载规范》（GB 50009—2001），当进行楼板加固时，宜适当调高活荷载设计取值，为未来发展留有余地。

3.2.3　当既有居住建筑进行建筑贴（加）建改造时，应采用有利于新老结构连接的施工技术、有利于新老结构协同抗震的结构体系和防止新老结构沉降差异的基础形式。

3.2.4　当既有居住建筑出现外檐（栏）开裂、保护层脱落、连接点开焊、钢筋裸露等抗震性能和耐久性能隐患时，应及时维修改造。外檐（栏）维修改造宜与围护结构节能改造同步进行。

3.2.5　既有居住建筑进行结构加固处理时，应根据原有结构形式和使用空间要求，选用一种或多种加固方法。

3.2.6 既有居住建筑结构整体加固或局部处理时，施工组织应科学严密，满足我国现行施工规范的要求。且尽可能地选择预制装配施工技术，降低对居民正常生活的影响。

3.3 建筑防火安全

3.3.1 既有居住建筑的耐火等级、防火构造和安全疏散不能满足《建筑设计防火规范》（GB 50016—2006）、《高层民用建筑设计防火规范》（GB 50045—1995）以及其他国家现行规范的要求或存在严重安全隐患时，应及时进行建筑防火安全改造。

3.3.2 当建筑构件耐火等级不能满足防火要求时，应采用适当的方法提高建筑构件耐火等级的要求。

3.3.3 既有居住建筑防火门窗不能满足防火要求时，可更换防火门窗或配置防火门窗的五金配件。

3.3.4 既有居住建筑疏散楼梯的数量、疏散距离和梯段宽度不能满足防火要求时，应结合建筑防火整体改造增加疏散楼梯、加大梯段宽度。不具备条件的地方应增设安全绳、缓降器、软梯、救生滑道等自救逃生设施。

3.3.5 当疏散楼梯和走道的指示标识和火灾应急照明出现损坏和缺失时，应予以修补和更换。

3.3.6 既有居住建筑的防烟前室应满足防火构造要求。位于公共走廊和通往防烟前室的防火门宜采用电磁阀控制的常开防火门，保证火灾发生时能自动关闭。

3.3.7 用于消防扑救的消防设备、消防器具和消防系统应定期检查与维修，出现问题时应进行整体改造和局部维修。

3.4 燃气及电气设备安全

3.4.1 既有居住建筑燃气设备的使用场所应当具有可靠的排风措施，当不能满足要求时，应按照国家现行《城镇燃气设计规范》（GB 50028—2006）进行改造。有条件的地方可增设燃气浓度报警、自动关闭进气阀并自动启动排风设备的装置。

3.4.2 既有居住建筑配电系统、接地系统和电气设备的保护措施与装置，应定期检查和维修，不满足要求时应进行配电系统安全改造。

3.4.3 既有居住建筑的防雷装置应按照劳动安全管理部门的要求定期检查和维修。当不能满足安全要求时，应按照国家现行《建筑防雷设计规范》（GB 50057—2010）进行整体改造。

3.4.4 既有居住建筑的电气设备及线路，应定期检查和维修。当不能满足国家现行相关规范的要求时应及时更换。

3.5 其他安全防范的改造

3.5.1 日常安全防范应包括防盗设施、防滑防跌措施和防坠落措施3个方面。

3.5.2 既有居住建筑改造宜采用电子防盗户门，智能化安防监控系统（周界防越报警系统、闭路电视监控系统、可视对讲系统、联网报警系统等）等进行社区集中安全防范。

3.5.3 当采用智能化安防监控系统时应保证设备所需要的良好照度，安防监控系统的照明宜与夜间照明统一设计。

3.5.4 既有居住建筑的楼梯间、走廊等公共空间和外部道路及活动场地应采取防滑跌措施，以保证居民出行安全。

3.5.5 既有居住建筑改造时应复查阳台栏杆或栏板、上人屋面女儿墙或栏杆、内外墙面装修层与结构层连接的牢固性，复查楼梯栏杆垂直杆件间水平净距、楼梯扶手和阳台栏板（杆）高度，以及外窗窗台面距楼面或楼面上可登踏面的净高度，防止人员坠落。当不能满足要求时，应按照国家现行《住宅设计规范》（GB 50096—1999）进行改造。

4 围护结构节能改造

4.1 一 般 规 定

4.1.1 既有居住建筑的围护结构，不能满足国家现行标准《民用建筑热工设计规范》（GB 50176—1993）、《严寒和寒冷地区居住建筑节能设计标准》（JGJ 26—2010）、《夏热冬暖地区居住建筑节能设计标准》（JGJ 75—2003）、《夏热冬冷地区居住建筑节能设计标准》（JGJ 134—2010）以及各地方建筑节能设计细则时，应进行围护结构的节能改造。

4.1.2 既有居住建筑围护结构的节能改造主要包括外墙（含采暖房间与非采暖房间的隔墙）、外门窗、屋面、直接接触或暴露在室外的楼地面等 4 个方面。改造方案应根据建筑自身特点及所处地区气候特征确定。严寒、寒冷地区应以提高围护结构的保温性能为改造重点，夏热冬暖地区应以提高围护结构的隔热性能为改造重点，夏热冬冷地区既要提高围护结构的保温性能又要兼顾隔热性能。在保证室内热环境的前提下，改造后建筑的采暖和空调能耗应控制在建筑所在地区节能设计标准的范围之内。

4.1.3 在围护结构节能改造前，应根据建筑所在地区居住建筑节能设计标准，结合当地的气候条件、经济技术水平，对既有居住建筑进行节能诊断、结构安全性和建筑防火性评估，在科学论证的基础上确定改造方案。围护结构的节能改造宜与既有居住建筑的居住功能改造、建筑安全性改造、供热采暖系统改造以及外墙粉刷、平改坡等美化城市的改造同步进行。

4.1.4 既有居住建筑的节能诊断应包括以下内容：

1 室内热环境的现状调查与测试；

2 围护结构的现状调查与测试；

3 供热采暖系统的现状调查与测试（仅对集中采暖居住建筑）；

4 节能改造技术经济性评估。

4.1.5 既有居住建筑的结构安全性能和建筑防火性能的评估应包括以下内容：

1 结构安全性能评估应包括荷载及使用条件的变化；重要结构构件的安全性；墙体和屋顶混凝土碳化深度、钢筋保护层厚度；墙体关键固定部位钢筋锈蚀情况和墙体表面附着力测试等。

2　墙体、屋顶和地面的裂缝及渗漏状况，门窗变形状况。

3　建筑防火性能评估应包括建筑墙体屋面等构件的耐火极限、防火构造措施等。

当结构安全、建筑防火性能不能满足节能改造要求时，应先进行结构加固或防火构造修缮。

4.1.6　围护结构节能改造所采用的保温、隔热材料和建筑构造措施应符合国家现行标准《建筑设计防火规范》(GB 50016—2006)、《建筑内部装修设计防火规范》(GB 50222—1995) 以及国家公安部、住房和城乡建设部《民用建筑外保温系统及外墙装饰防火暂行规定》公通字［2009］46 号的规定。

4.1.7　既有居住建筑围护结构上的建筑造型、凸窗等易产生热桥的部位应采取与之相适应的特殊保温隔热构造措施。

4.2　外　　墙

4.2.1　严寒、寒冷地区可采用外墙外保温、外墙内保温和保温装饰一体化等技术进行墙体节能改造，且应优先选用外墙外保温技术。墙体节能改造后，其平均传热系数应小于或等于建筑所在地区的节能设计标准。

4.2.2　夏热冬暖地区可采用浅色饰面、设置通风间层和东、西外墙采用花格构件或爬藤植物遮阳等技术进行墙体节能改造，且应优先选择浅色饰面技术。改造后建筑外墙平均传热系数和热惰性指标应小于或等于建筑所在地区的节能设计标准。

4.2.3　夏热冬冷地区可采用浅色饰面、外墙外保温隔热和内保温隔热技术进行墙体节能改造，且混凝土外墙、东西向外墙宜采用外保温改造技术。改造后建筑外墙平均传热系数和热惰性指标应小于或等于建筑所在地区的节能设计标准。

4.2.4　外墙外保温、外墙内保温和保温装饰一体化的基本构造应符合表 4.2.4.1、表 4.2.4.2、表 4.2.4.3 的要求。

外墙外保温基本构造　　表 4.2.4.1

饰面层 ①	保护层 ②	保温层 ③	粘结层 ④	墙体 ⑤	内面层 ⑥	构造示意
装饰面层 ＋ 罩面材料	底层抹灰材料 ＋ 网布	保温板	胶粘剂	钢筋混凝土墙黏土砖 黏土多孔砖墙 混凝土空心砌块墙	抹灰层	①　②　③　④　⑤　⑥

外墙内保温基本构造 表 4.2.4.2

饰面层 ①	墙体 ②	空气层 ③	保温层 ④	内面层 ⑤	构造示意
装饰面层 + 罩面材料	钢筋混凝土墙 黏土砖 黏土多孔砖墙 混凝土空心砌块墙		保温板	无纸石膏板 + 饰面腻子	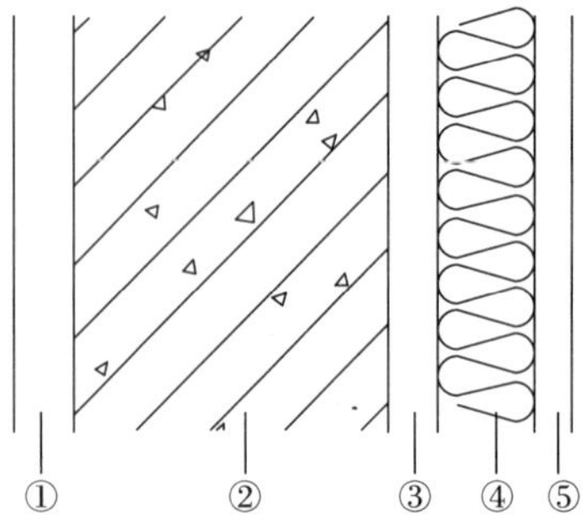 ① ② ③ ④ ⑤

保温装饰一体化墙体构造 表 4.2.4.3

序号	构造层	构造示意
1	墙体	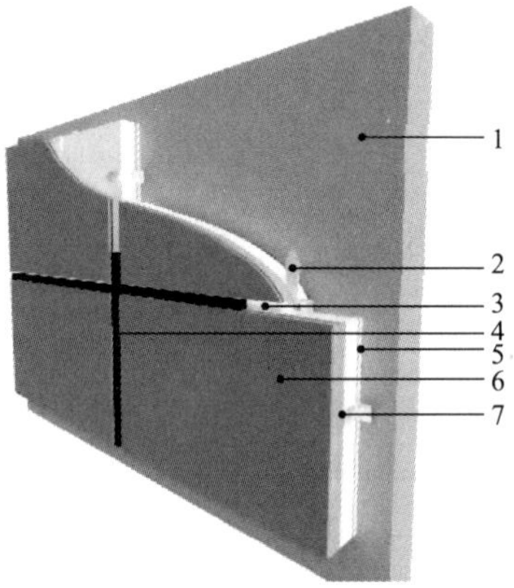 1—墙体；2—Ⅰ型固定件；3—泡沫嵌缝条；4—密封胶；5—胶粘剂；6—WH一体化板；7—Ⅱ型固定件（锚栓）
2	Ⅰ型固定件	
3	泡沫嵌缝条	
4	密封胶	
5	胶粘剂	
6	WH一体化板	
7	Ⅱ型固定件（锚栓）	

4.2.5 既有居住建筑外墙节能改造前应按下列方法对原有墙面进行清理，之后再进行墙体保温施工。

采用外保温技术施工时：

1 对原墙面上由于冻害、析盐或侵蚀所产生的损害予以修复；

2 对原墙面结构裂缝、渗漏进行修复，墙面的缺损、孔洞应填补密实，损坏的砖或砌块应进行更换；

3 对原墙面表面油迹、疏松的砂浆进行清理，不平的表面应抹平；

4 对原墙外侧管道、线路拆除，在可能的条件下，宜改为地下管道或暗线；

5 外保温系统应包覆门窗框外侧洞口、女儿墙、封闭阳台栏板及外挑出部分等热桥部位。原有窗台应接出加宽，窗台下宜设滴水槽。

采用内保温技术施工时：

1　对原墙面表面涂层、积灰油污及杂物、粉刷空鼓应刮掉并清理干净；

2　对原墙面表面脱落、虫蛀、霉烂、受潮所产生的损坏进行修复；

3　对原墙面结构裂缝、渗漏进行修复，墙面的缺损、孔洞应填补密实；

4　对原墙面表面不平整处应进行修复；

5　室内各类主要管线安装完成并经试验检测合格。

4.2.6　墙体外保温所用材料、配件应符合下列要求：

1　胶粘剂及（或）固定件：胶粘剂应采用经过鉴定的专用胶粘剂材料，其主要技术性能指标应符合表4.2.6.1的规定，固定件应采用膨胀螺栓或特制的防锈连接件。

胶粘剂的主要技术性能指标　　**表4.2.6.1**

项　目	实验条件	采用标准	指标（MPa）	
			掺合强度等级42.5水泥	掺合强度等级52.5水泥
抗拉粘结强度	常温常态14d	GB/T 12954.1—2008	≥1.0	≥1.0
抗拉粘结强度	常态14d，浸碱4d	GB/T 12954.1—2008	≥0.6	≥0.6
抗拉粘结强度	常态14d，浸水4d	GB/T 12954.1—2008	≥0.6	≥0.6
压剪粘结强度	常温常态7d	GB/T 12954.1—2008	≥1.5	≥2.5
压剪粘结强度	常温常态7d，浸水24h	JC/T 547—2005	≥0.9	≥1.8
压剪粘结强度	常温常态28d	GB/T 12954.1—2008	≥1.7	≥3.0
压剪粘结强度	常态28d，浸水24h	JC/T 547—2005	≥1.7	≥3.0

注：选自《既有采暖居住建筑节能改造技术规程》（JGJ 129—2000）。

2　保温层应采用耐久性好、保温性能高的保温材料，其燃烧性能宜为A级，且不应低于B_2级，应根据表4.2.6.2的要求沿楼板位置设置宽度不小于300mm的A级保温材料的防火隔离。墙体保温系统的防火构造应符合国家现行防火规范的要求。

居住建筑防火隔离带的设置　　**表4.2.6.2**

标高H（m）	保温材料燃烧分级	隔离带设置数量
$H \geq 100$	应为A级	—
$60 \leq H < 100$	不应低于B_2级，当采用B_2级时	每层应设置水平防火隔离带
$24 \leq H < 60$		每两层应设置水平防火隔离带
$H < 24$		每三层应设置水平防火隔离带

注：选自公安部、住房和城乡建设部《民用建筑外保温系统及外墙装饰防火暂行规定》公通字［2009］46号。

3　防护层（底层抹面材料）应采用专用聚合物水泥砂浆，应将保温材料完全覆盖，首层厚度不应小于6mm，其他层不应小于3mm。其主要技术性能指标应符合表4.2.6.1的规定。

4　增强网布应选择极限延伸率低的材料，并应具有防腐耐碱性能。当选用玻纤网布时，其主要技术性能指标应符合表4.2.6.3的规定，并应埋置在底层抹面材料内。

玻纤网布的主要技术性能指标　　表 4.2.6.3

项　目		指　标	
		标准网布	加强网布
标准网眼尺寸（mm）		3.5×4.0	5.5×5.0
公称单位面积质量（g/m^2）		≥139	≥678
抗拉强度（N/2.5cm）	经向	667	3336
	纬向	667	2446
耐碱性抗拉强度（N/2.5cm）	经向	534	2668
	纬向	534	1956
耐碱性抗拉强度（%）	经向	≥80	≥80
	纬向	≥80	≥80

5　装饰面层应符合抗裂及防水要求，并应具有装饰效果，除采用涂料外，应采用不燃材料，其主要技术性能指标应符合表 4.2.6.4 的规定。

装饰面层的主要技术性能指标　　表 4.2.6.4

项　目	指　标
抗拉强度（MPa）	≥2.20
延伸率（%）	≥64
弹性变形恢复率（%）	80
柔韧性	−26℃以上温度快弯试验无裂缝出现
耐碱性	240h 后试验，涂层无裂纹、起泡、剥落、软化物析出
	与未浸泡部分相比，颜色、光泽允许有轻微变化
耐洗刷性	1000 次洗刷试验后，涂层无变化
耐沾污率	5 次沾污试验后，沾污率在 45%以下
耐冻循环性	10 次冻融循环试验后，涂层无裂纹、起泡、剥落
	与未试验部分相比，颜色、光泽允许有轻微变化
粘结强度（MPa）	≥0.69
人工加速耐候性	2000 次试验后，涂层无裂纹、起泡、剥落、粉化、变色不大于 2 级

4.2.7　墙体内保温应采用耐久性好、保温性能高的材料，其燃烧性能等级和阻燃构造处理，应符合《建筑内部装修设计防火规范》（GB 50222—1995）等国家现行相关防火规范和环保要求。

4.2.8　采暖与非采暖房间的隔墙应采用保温砂浆进行节能改造。

4.3　屋　　面

4.3.1　严寒、寒冷地区平屋面可采用倒置式保温屋面、平改坡等技术进行屋面节能改造。屋面节能改造后，其平均传热系数应满足建筑所在地区的节能设计标准。

4.3.2 夏热冬暖地区平屋面宜改造成坡屋面，或利用屋面浅色饰面、设置通风架空层、增设屋面遮阳措施等技术方法进行屋面节能改造。有条件的地方可采用种植屋面。屋面节能改造后，其平均传热系数和热惰性指标应满足建筑所在地区的节能设计标准。

4.3.3 夏热冬冷地区的平屋面宜改造成坡屋面，或利用增加保温层、设置通风架空层等技术方法进行屋面节能改造。有条件的地方可采用种植屋面。屋面节能改造后，其平均传热系数应满足建筑所在地区的节能设计标准。

4.3.4 既有居住建筑屋面节能改造应与防水性能改造同步进行，原屋面防水层有渗漏时，应铲除原防水层，重新做保温层和防水层。应根据国家现行标准《屋面工程技术规范》（GB 50345—2004）进行防水构造设计。屋面防水工程的施工应符合国家现行标准《屋面工程质量验收规范》（GB 50207—2002）的规定。

4.3.5 既有居住建筑屋面节能改造宜与太阳能利用一体化设计，或预留安装太阳能热水器的位置。

4.3.6 坡屋面进行节能改造时，宜采用在原坡屋面吊顶层上铺设轻质保温材料或在坡屋面板下增加或加厚保温层的方法。坡屋面吊顶层应采用耐久、防火并能承受铺设保温层荷载的构造和材料。选用的保温材料应符合《建筑内部装修设计防火规范》（GB 50222—1995）等国家现行相关防火规范和环保要求。

4.4 外　门　窗

4.4.1 既有居住建筑的外门窗改造应根据建筑所在地区的气候特征确定改造目标：严寒、寒冷地区应以提高外门窗保温性能为主要改造目标；夏热冬暖地区应以改善外门窗的遮阳性能为主要改造目标；夏热冬冷地区既要考虑冬季保温又要兼顾夏季遮阳。

4.4.2 提高门窗保温性能，降低门窗传热系数，可采用下列改造方法：

1　附加新门窗。在原有单玻窗外（或内）加装一层门窗。

2　更换新门窗。采用保温门窗替换旧门窗。

3　采用高效保温气密材料和弹性密封胶，封堵窗框与墙体之间缝隙。

4.4.3 改善外门窗遮阳性能，降低综合遮阳系数，可采用下列改造方法：

1　更换外门窗。采用保温隔热门窗替换旧门窗。

2　更换门窗玻璃。采用热反射玻璃（镀膜玻璃）、低辐射玻璃（Low—E玻璃）替换旧玻璃。

3　旧门窗贴膜。在旧门窗上粘贴热反射薄膜。

4　采用固定百叶、固定挡板、遮阳板等固定遮阳设施。

5　采用较密花格、非透明活动百叶或卷帘等活动遮阳设施。

4.4.4 严寒、寒冷地区既有居住建筑的楼梯间、外走廊或外阳台应设置具有保温性能的门窗；单元门应加设门斗，安装闭门器；位于非采暖走道内的户门应采用保温门，以提高建筑的整体保温性能。

4.4.5 严寒和寒冷地区居住建筑的楼梯间及外走廊应采用门窗将其封闭。楼梯间不采暖时，楼梯间隔墙和户门应采取保温措施。

4.4.6 夏热冬暖和夏热冬冷地区在控制外窗建筑综合遮阳系数的同时，还应注意气密性和可开启面积，夏热冬暖地区窗户的可开启面积不应小于所在房间地面面积的8%或外窗面积的45%，夏热冬冷地区可开启面积应不小于外窗面积的25%。

4.4.7 外窗（包括阳台的透明部分）遮阳改造时，应优先采用活动外遮阳，遮阳的设置除能够有效地遮挡太阳辐射外，还应避免对窗口通风特性产生不利影响。

4.4.8 增设外遮阳装置时，应对原围护结构进行结构安全复核，当结构安全不能满足外窗遮阳改造要求时，应先进行结构加固或采取其他遮阳措施。增设外遮阳装置时还应考虑遮阳装置的抗风性能、耐久性能和建筑防雷安全的要求。

4.5 楼 地 面

4.5.1 严寒和寒冷地区的既有居住建筑，当其楼板直接暴露在室外或下部为非采暖空间时，应对其楼板加设保温层。

4.5.2 严寒地区既有居住建筑的底层地面，在其周边一定范围内应采取保温措施。

5 设备设施改造

5.1 一 般 规 定

5.1.1 既有居住建筑设备设施改造主要包含采暖通风系统、给水排水系统、电气系统和电梯设备4个方面。

5.1.2 设备设施改造宜与居住功能改造和围护结构节能改造相结合，改造方案既要现实可行，又要有利于未来发展。

5.1.3 设备设施改造应满足国家现行标准《采暖通风与空气调节设计规范》(GB 50019—2003)、《建筑给水排水设计规范》(GB 50015—2003)、《民用建筑电气设计规范》(JGJ 16—2008) 以及国家现行设备安装规范的要求。

5.2 采暖通风系统

5.2.1 既有居住建筑供热采暖系统的锅炉和换热设备，当其供热量不能满足用户要求，或供热设备及采暖系统没有节能计量、节能调节和节能控制装置时应根据国家现行《严寒和寒冷地区居住建筑节能设计标准》(JGJ 26—2010) 和《既有居住建筑节能改造技术规程》进行节能改造。

5.2.2 供热采暖系统中的热水锅炉应采用清洁燃料减少环境污染。对以煤为主要燃料的锅炉宜进行煤改气改造，有条件的地区宜采用可再生能源为集中采暖系统提供热源。

5.2.3 既有居住建筑室内采暖系统的改造可采用在单管系统上增加调控装置的局部改造，或采用共用立管分户独立计量系统的整体改造。

5.2.4 室内采暖系统的改造方案应结合工程具体情况选择，当既有居住建筑进行整体改造时应优先选择共用立管分户独立计量系统。

5.2.5 室内采暖系统改造后，楼栋热力入口处应设热计量装置，以实现在用户间合理地分摊热费，计量装置的选择应满足《供热计量技术规程》（JGJ 173—2009）的要求。

5.2.6 既有居住建筑通风系统的改造应优先采用通过可开启门窗进行自然通风换气。严寒和寒冷地区，为了改善采暖期的通风条件可采用同步呼吸新风系统或换气装置。

5.2.7 为了保持室内空气品质，门窗的开启面积和开启方式宜满足下列要求：

1　卧室、起居室（厅）、明卫生间的通风开口面积不应小于该房间地面面积的1/20；

2　厨房的通风开口面积不应小于该房间地板面积的1/10，并不得小于0.60m^2；

3　为了不减少外窗通风开口面积，窗户应优先选择平开内倒的开启方式。

5.2.8 既有居住建筑的排油烟管道和排气管道是通风系统改造的重点部位，管道面积应满足《住宅设计规范》（GB 50096—1999）的要求，管道构造应保证不倒灌、回流、上下串味。当不能满足上述要求时可采用以下方式进行改造：

1　既有居住建筑整体改造时应优先采用变压式排烟（气）管道替换原有管道；

2　既有居住建筑改造时如不能更换原有管道，应采用管道顶部增加机械排风装置和管道上安装止回阀的局部改造方式。

5.3　给水排水系统

5.3.1 既有居住建筑给水系统的改造主要包括供水设备、供水管道和用水设备等3个方面。

5.3.2 既有居住建筑给水系统改造宜采用无负压供水设备，由市政管网直接供给用户生活用水。

5.3.3 既有居住建筑给水系统应采用具有耐久性、不影响水质变化的管材更换原有给水管道，保证生活饮用水水质标准。

5.3.4 既有居住建筑应根据国家现行节水标准更换用水器具，满足节水的要求。

5.3.5 既有居住建筑的排水系统应根据管道腐蚀程度进行局部维修或整体更换，排水系统整体更换应与居住功能改造相结合。

5.3.6 排水系统整体更换时，应优先选用模块化同层排水系统，利于未来的进一步改造。

5.3.7 当排水系统整体更换不能采用模块化同层排水系统时，宜增加小区中水处理系统，将生活用水污废分流，废水回收集中处理后用于冲洗马桶、小区绿化浇灌等。

5.3.8 排水管道系统改造时应对排水系统进行防噪处理或选用具有防噪功能的排水管道。

5.4 电气系统

5.4.1 既有居住建筑用电负荷不能满足居民日常生活需要时，配电照明系统应当及时改造。

5.4.2 既有居住建筑电气系统改造时应当采用一户一表，用电负荷标准可按照《住宅设计规范》（GB 50096—1999）和各地方的居民用电负荷标准确定。

5.4.3 既有居住建筑电气系统改造时，配电线路应按照电气安全和建筑防火要求的导线穿管敷设，导线应采用铜线，每套住宅进户线截面不应小于 $10mm^2$，分支回路截面不应小于 $2.5mm^2$，空调、厨房分支回路不小于 $4mm^2$。

5.4.4 既有居住建筑改造时，公共空间应采用节能型灯具和声光控制系统，并倡导居民选择节能型的家用电器设备。

5.4.5 高层既有居住建筑应根据现行《建筑设计防火规范》（GB 50016—2006）和《火灾自动报警系统设计规范》（GB 50116—2008）要求，设置区域火灾报警系统，在公共区域设置火灾探测器、报警及警报装置，以便更好地联动楼内的防排烟系统、消火栓系统、消防电梯及应急照明系统，更好地保护人民群众的生命财产安全。

5.5 电梯设备

5.5.1 为了适应于我国居家养老的基本策略，多层居住建筑宜增加电梯设备。

5.5.2 多层居住建筑增加电梯设备时应选择小型客梯，附设在楼梯间附近。为了减少改造工程量宜选择钢结构与主体建筑柔性连接。

5.5.3 既有高层居住建筑的电梯设备，应根据劳动安全部门的规定定期检查，及时维修、更换电梯配件或更换电梯。

5.5.4 为了节约能源，可在电梯设备上加装节能反馈装置，将电梯在运行中形成的动能和势能及多余的机械能，转换成电能再利用。

6 环境性能改造

6.0.1 既有居住建筑环境性能改造包含社区服务设施、道路与停车场地、绿地与活动场地、地下管网更新、雨水收集与利用和生活垃圾分类收集等方面。

6.0.2 既有居住建筑环境性能改造时宜根据居民生活需求调整原有配套公共设施的使用功能，使环境性能与当今居民生活相适应。

6.0.3 既有居住建筑环境性能改造时应增加室外机动车和非机动车停车场地和设施，有条件的地方可以增设地下停车设施。停车场地和设施应方便车辆存取与停放，宜与绿化景观相结合。

6.0.4　既有居住建筑环境性能改造时应因地制宜地增加室外活动场地和设施，为全民健康生活创造条件。

6.0.5　既有居住建筑环境性能改造时应尽量减少硬质铺装，采用具有透气性、透水性的铺装材料，增加室外绿地面积，结合气候特征种植花草树木，美化环境。

6.0.6　既有居住建筑环境性能改造时应增加室外和公共活动空间的无障碍设施，为行动不便者提供方便。

6.0.7　既有居住建筑环境性能改造时应在单元入口、道路两侧、住宅之间等居民活动频繁的地方，增设固定座椅和设施，方便停留，促进居民交往。

6.0.8　既有居住建筑环境性能改造时宜增加社区铭牌标识、道路导引、服务指示、楼栋号码、安全警示等有利于外来人员识别和社区服务管理的标识系统。标识系统应保证一定的照度，满足夜间需要。

6.0.9　既有居住建筑环境性能改造时应尽可能采用雨水综合利用技术，收集和利用屋（墙）面、广场、道路以及绿化景观等部位的雨水。绿化景观应与雨水收集与利用系统相结合。

6.0.10　既有居住建筑环境性能改造时应将室外老化破损的管网更换为新型耐久性好的管材。绿化喷灌系统的改造可采用喷灌或滴灌设备，应优先选择滴灌设备，有利于节约用水。

6.0.11　既有居住建筑环境性能改造时应更换不能满足消防规范要求的室外消防给水管道，疏通消防车道。

6.0.12　既有居住建筑环境性能改造时应将空调室外机统一规划设置，避免建筑立面混乱，影响环境视觉效果。

6.0.13　既有居住建筑环境性能改造时应将垃圾容器设置在单元出入口附近的隐蔽位置，生活垃圾应袋装分类收集，以便回收利用，减少环境污染。

7　可再生能源的利用

7.0.1　既有居住建筑的改造应结合所在地区的自然条件，优先选用可再生能源，尤其是地热能和太阳能。

7.0.2　可再生能源的利用应采用集成技术，当采用太阳能时其集热系统宜与建筑屋面节能改造一体化设计。

7.0.3　既有居住建筑可采用太阳能供热采暖系统为建筑提供冬季采暖和全年生活热水，其系统设计、施工与调试应满足国家现行标准《太阳能供热采暖工程技术规范》（GB 50495—2009）的要求。太阳能供热采暖系统宜集中设置统一管理。

7.0.4　既有居住建筑可采用太阳能光伏发电技术用于建筑照明和家用电器，宜优先用于室外照明和既有居住建筑的公共照明。

7.0.5　有条件的地区可采用地源热泵、太阳能一体化技术或地源热泵与太阳能复合系统，为既有居住建筑提供热源，可采用生物质能技术为既有居住建筑提供气源，可采用余热发电、热电联供和热能直接利用技术为既有居住建筑提供蒸汽、热水及电能。

7.0.6 有条件的地方可采用有机垃圾生化处理技术，就地消化分解有机垃圾，减少垃圾外运，降低环境污染。

7.0.7 有条件的地方可采用能源监测管理系统，对相关设备的电、气、热、水等能源运行状态实时监测和科学管理，从而准确掌控能源消耗和节能状况。

二

《既有居住建筑综合改造技术导则》条文说明

目　录

1　总　　则

1.0.1　为提高既有居住建筑的安全性和舒适性，指导既有居住建筑的维修改造和升级改造，制定本导则。

【条文解释】　在住宅的全寿命周期内，既有居住建筑老化或局部损坏需要进行维修改造，或由于社会发展和生活水平的不断改善，居民对居住品质要求提高，既有居住建筑出现与之不相适应的情况而需要进行升级改造。对既有居住建筑改造，不仅要保证建筑的安全性还要适度地提高居住的舒适性及节能性。

1.0.2　本导则适用于经过综合技术评价需要局部维修或整体改造的既有居住建筑。

【条文解释】　综合技术评价主要指结构的安全性、改造的经济性以及改造的社会价值和环保价值。局部维修对建筑和居民生活的影响小，一般容易实现。而整体改造是指建筑的升级改造，对建筑和居民生活的影响大，实施起来比较困难，因此，应先进行建筑的综合评价，判断改造的合理性，选取科学的改造方法。

1.0.3　既有居住建筑改造宜结合提高建筑的抗震、结构、防火安全性能，优先选择综合改造的方式。改造要有针对性且在经济和技术上可行，改造要充分利用现有条件并为今后留有余地。

【条文解释】　目前，既有居住建筑存在的问题是多方面的，单一方面的改造对改善居住品质作用甚微，而且重复改造加大成本，所以建议优先采用综合性改造的方式，如建筑节能改造与提高建筑安全性能的改造相结合，可以延长建筑的使用寿命。改造要解决居民在使用中存在的主要问题，要充分利用现有条件如承重构件和设备设施，改造中选用的技术方法要有利于今后的改造。

1.0.4　既有居住建筑改造需要在政府主导和居民的积极参与下进行。

【条文解释】　既有居住建筑的改造会涉及众多个人和家庭，没有政府主导，改造是无法进行的。反之，众口难调，没有居民的积极参与和配合，改造也同样无法实现。

1.0.5　既有居住建筑改造应按以下程序进行：

1　建筑物的性能检测和评价，应包括既有居住建筑的适应性能、环境性能、经济性能、安全性能和耐久性能 5 个方面；

2　居民改造意愿调查；

3　综合改造方案设计；

4　综合改造投资估算；

5　综合改造建筑施工；

6　综合改造质量监督和竣工验收。

【条文解释】　建筑物的性能检测和评价可以为改造方案的设计提供科学的依据，如居住功能改造有时会涉及主体结构的变动，在结构安全性能检测的基础上进行设计，是确保建筑物的抗震、结构安全的根本保证。居民改造意愿的调查可以使改造方案设计具有针对性，便于得到居民的普遍认可和配合。改造投资估算可以在控制工程造价的基础上选择适宜的技术方法。建筑物的性能检测应符合相关国家现行标准的要求。

1.0.6 既有居住建筑的改造应具有可持续发展观，保持现有社区特色和资源，改造要与城市的长远规划相结合。

1.0.7 既有居住建筑改造应符合国家现行有关标准和规范的规定。

2 居住功能改造

2.1 一般规定

2.1.1 既有居住建筑居住功能改造应根据家庭人口结构变化和生活需求调整居住空间数量及面积，满足居住生活的基本要求。

【条文解释】 家庭人口的增减和生活方式的变化是既有居住建筑需要升级改造的原因之一。目前我国既有居住建筑普遍存在的问题是居住空间数量不满足家庭人口的需要，厨房卫生间面积不能满足现代生活的需求，既有居住建筑迫切需要居住功能改造。

2.1.2 每套居住建筑内应设有卧室、起居室（厅）、厨房和卫生间等基本空间。有条件的情况下宜增加用餐、洗衣和储藏等空间。

【条文解释】 《住宅设计规范》（GB 50096—1999）中明确规定，住宅应按套型设计，每套应设卧室、起居室（厅）、厨房和卫生间等基本空间，这是住宅适用性能评价的基本标准。

2.1.3 既有居住建筑居住功能改造有合并居住单元、顶层加建和外部贴建等方法，改造工程可根据实际情况选择一种或多种方法相组合。

【条文解释】 合并居住单元是指将相邻居住单元合并，增加改造户型的建筑面积，提高居住的舒适度。例如，可以将原来的一梯四户、一梯三户改为一梯两户；也可以将改造户型的上下两层合并，变为户内跃层的户型。

顶层加建是指在满足结构安全性能的前提下，且对相邻建筑无日照影响时，在原有建筑主体上直接加层，增加住栋建筑面积。在此基础上调整单元结构，扩大居住空间。顶层加建宜选用轻型建筑材料，尽量减小对原有建筑结构承载能力的影响。

外部贴建是指在原有建筑的周边贴建建筑，扩展居住空间。贴建位置应选择对相邻建筑无日照影响的一侧，应尽量减少因贴建带来的大量外网（一般建筑北侧外网相对集中）迁移。

合并居住单元、顶层加建和外部贴建的改造方式示意图 2.1.3.1～2.1.3.3。

2.1.4 既有居住建筑居住功能改造的重点和方式各不相同，可根据建筑的建造方式按下列要求确定：

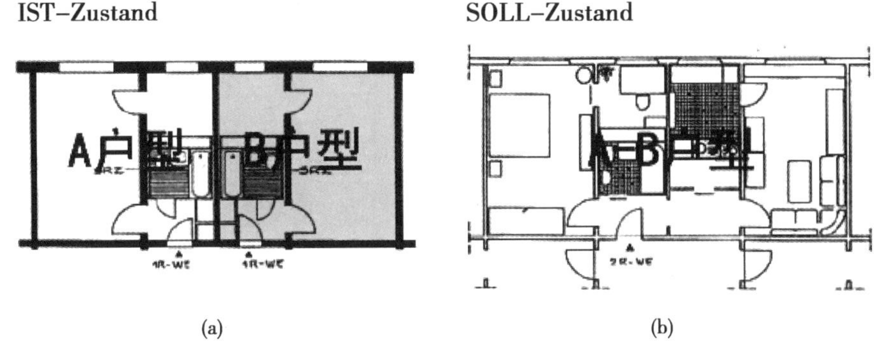

图 2.1.3.1 合并居住单元

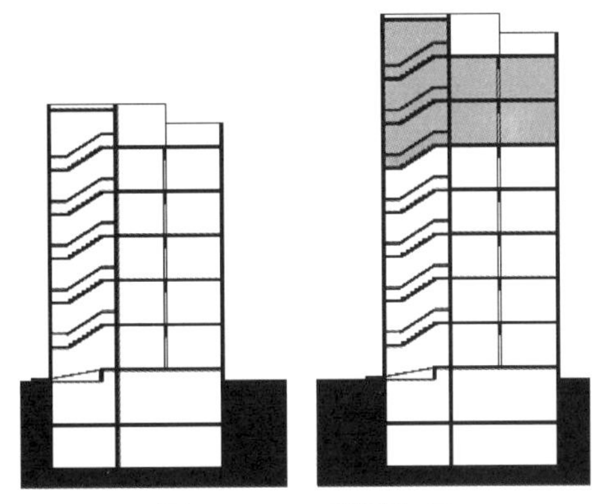

图 2.1.3.2 顶层加建

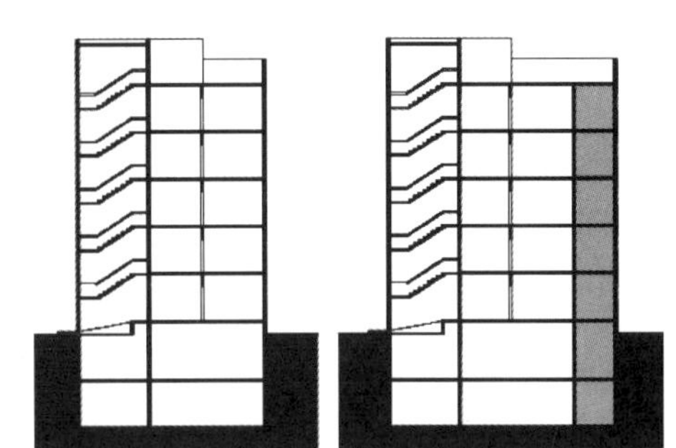

图 2.1.3.3 外部贴建

1 筒子楼改造的重点是居住空间成套。宜采取外部贴建的改造方法，在增加面积的基础上，调整居住空间，增加厨房、卫生间。在改造时应注意公共交通空间的合理设计。

2 多层单元式住宅改造的重点是增加厨房、卫生间的面积。宜采用合并居住单元或外部贴建的改造方法。外部贴建的位置应选择对相邻建筑无日照影响和室外管网较少的一侧。

3 通廊式高层住宅改造的重点是减少通廊对生活私密性和自然通风的影响。宜采用外部贴建的改造方法，外部贴建的位置应选择对相邻建筑无日照影响的一侧。在扩展楼栋面积的基础上调整单元组合，宜将通廊式住宅改为单元式住宅。

4 塔式高层住宅的改造重点是改善套内的通风条件，保证自然状态下居住空间通风顺畅，宜选择顶层加建、栋内自我调整的改造方式。减少标准层户数，改善自然通风条件。

【条文解释】 筒子楼也称兵营式建筑，一般为 3～6 层建筑，无电梯。多建于 20 世纪 50～90 年代。平面为条形，一条楼道贯穿东西如筒子状，因而得名。房间紧密排列在楼道的两边（内廊式）或一侧（外廊式），一般为 $20m^2$ 以下的单居室结构，每个楼层设有公用卫生间和厨房，集体使用。

筒子楼改造最简单的方式为合并居住单元，扩大居住面积，增设独立的卫生间和厨房，使居住空间成套。但是这样做会减少栋内家庭数量，改造不易操作，在实际中难以推广。因此可采取外部贴建的方式进行建筑整体改造。改造案例见图 2.1.4.1，图 2.1.4.2。

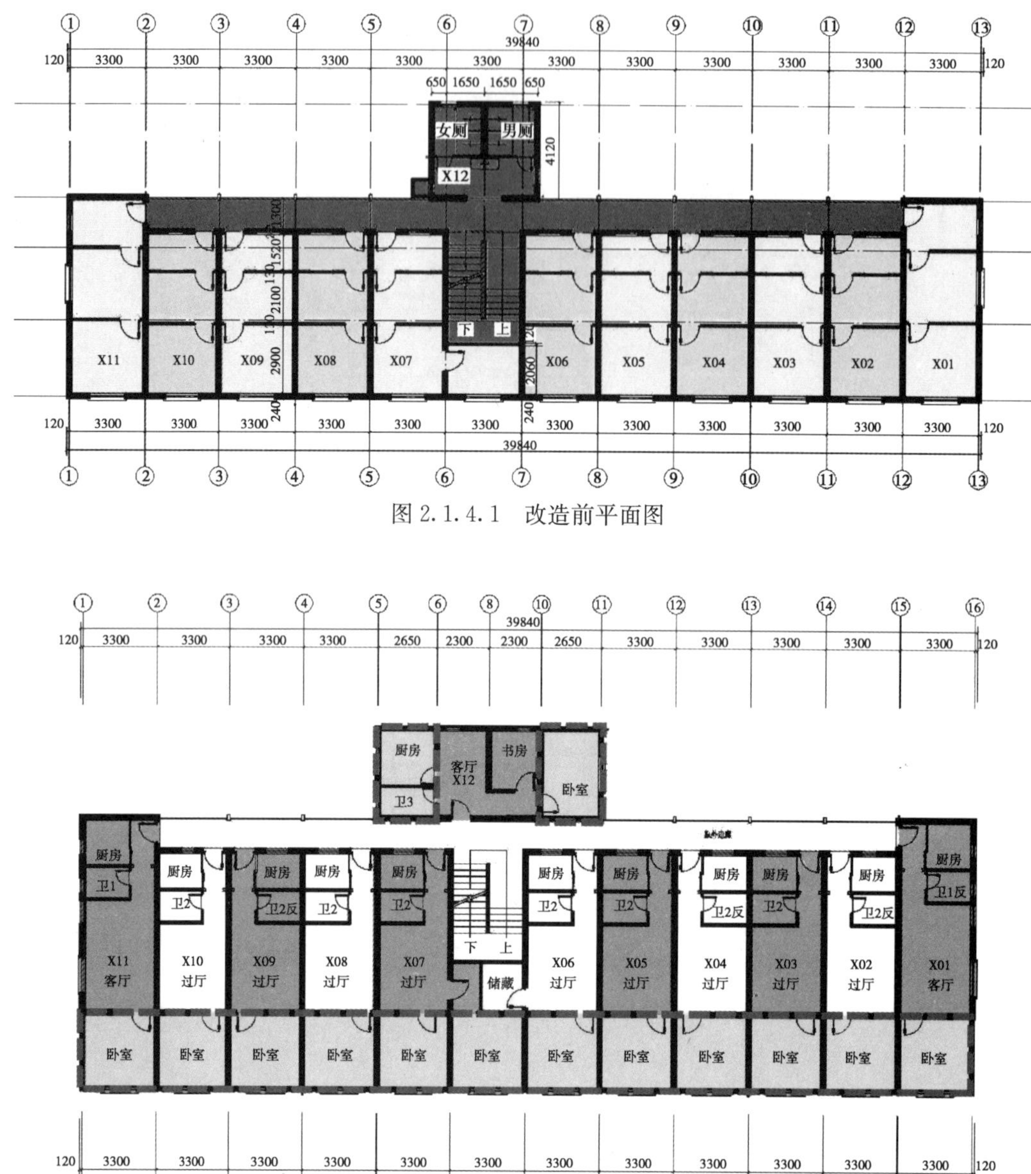

图 2.1.4.2 改造后平面图

多层单元式住宅是我国最为常见的既有居住建筑，相比其他类型住宅，其居住空间成套居住功能完善，目前存在的主要问题是套内使用面积尤其是厨房和卫生间的面积太小，不能满足现代生活的需求。在实际改造案例中，往往是三种改造方式结合使用。外部贴建位置应首选南侧，这样可以保证其北部建筑的日照要求，使改造易于操作。改造案例见图 2.1.4.3，图 2.1.4.4。

通廊式高层住宅是“由公用楼梯、电梯通过内、外走廊进入各套住房的高层住宅”。内外走廊对生活私密性干扰很大，且影响自然通风。最好的解决方法是将通廊取消，每个

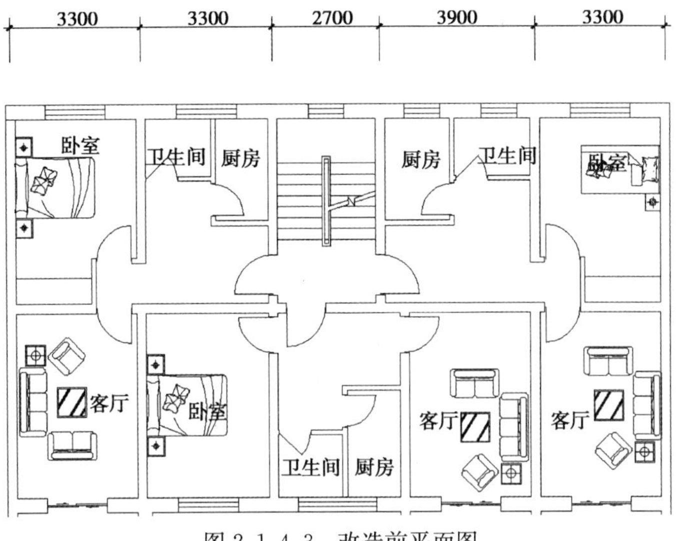

图 2.1.4.3　改造前平面图

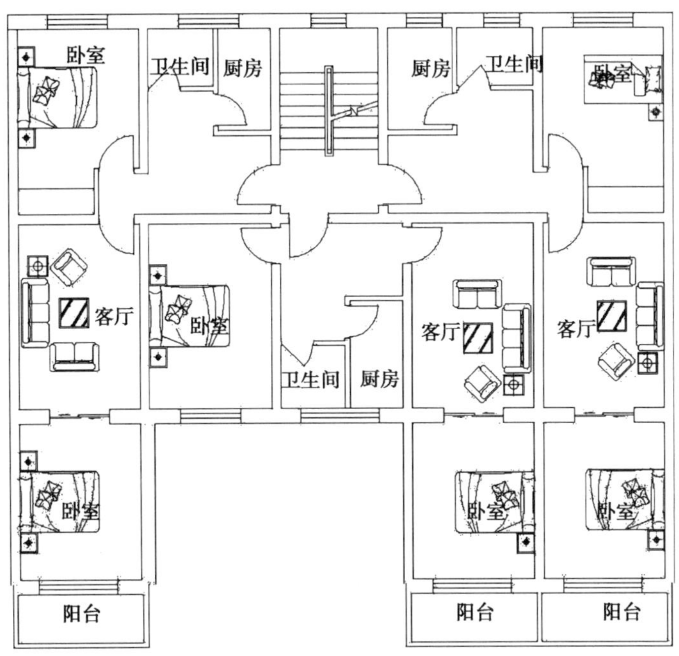

图 2.1.4.4　改造后平面图

单元加建一组垂直交通，一梯 2～3 户，将通廊式住宅改为单元式住宅。改造案例见图 2.1.4.5，图 2.1.4.6。

2.1.5 既有居住建筑居住功能改造，应基本满足国家现行标准《住宅设计规范》(GB 50096—1999) 的要求。

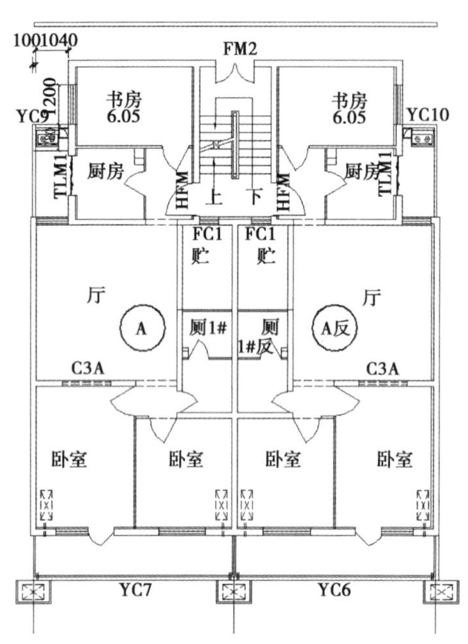

图 2.1.4.5　改造前平面图

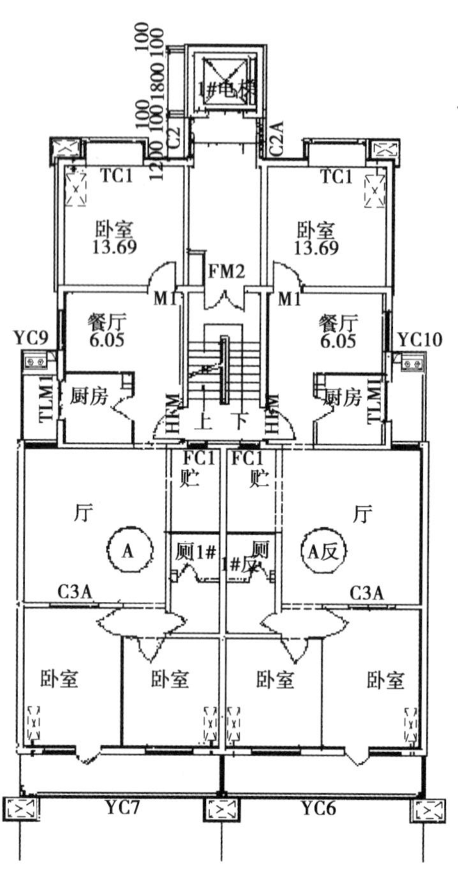

图 2.1.4.6　改造后平面图

2.2　卧　　室

2.2.1　卧室数量应根据家庭成员生理和心理上的需求相应地增加或减少。

2.2.2　卧室的最小空间尺度尽可能地满足表 2.2.2 的要求。

卧室的最小空间尺寸　　**表 2.2.2**

名称	开间（mm）	进深（mm）	净高（mm）	净面积（m^2）
主卧室	3300	4200	2400	≥12.1
次卧室（双人间）	3000	3900	2400	≥10.1
次卧室（单人间）	2700	3000	2400	≥6.8

注：表内数字参考《健康住宅建设技术要点》和《住宅性能评定技术标准》确定。

2.2.3　卧室可采取向外贴建、合并（拆分）居住空间，或改变相邻空间的联系方式等方法进行改造。改造使原有结构产生变化时，应先进行结构安全加固。

【条文解释】　当家庭人口结构发生变化时，需要对卧室的数量和空间大小进行调整。向外贴建既能扩大卧室面积，又能增加卧室数量；合并或（拆分）居住空间同样也能实现面积和数量的变化；但改变相邻空间联系的方式是简单易行的一种方法。例如三个房间通过空间联系的改变可以满足3种不同的居住功能需要：1. 两代夫妻卧室（一个卧室带一个书房）；2. 一对夫妻和一个孩子（共用一个起居室）；3. 两代夫妻和一个孩子各有独立的卧室。如图2.2.3所示。

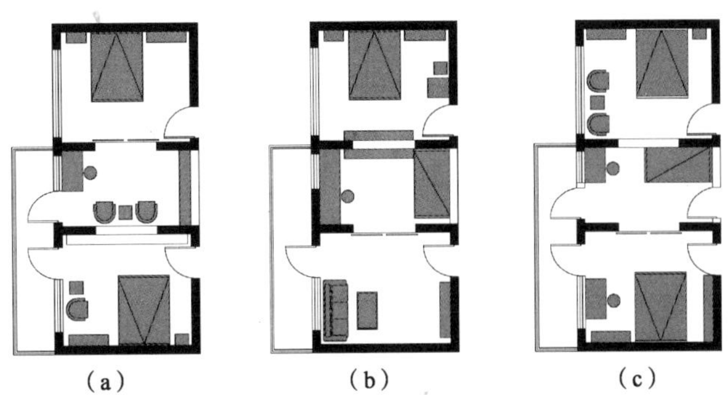

图2.2.3　空间联系的改变满足家庭成员的变化

2.2.4　在不具备贴建或合并（拆分）居住空间的条件下，可将与原有卧室相邻的阳台、储藏间等空间扩展为卧室空间，扩展空间施工时应满足下列要求：

1　应满足结构受力要求；

2　应满足结构抗震要求；

3　应满足建筑隔声和保温隔热的要求。

【条文解释】　将阳台与卧室相连的门窗打开，并拆掉门连窗下的小段墙体，使阳台与卧室形成一个整体，这是家庭自我改善的常用方法。但是由于门窗洞口没有加固，会对结构安全带来影响；对室内保温隔热性能和隔声性能产生影响。因此本条款强调改造后应满足结构安全以及室内舒适度的要求。

2.2.5　卧室的天然采光、自然通风和声环境应满足表2.2.5的最低限度要求。

卧室的天然采光、自然通风和声环境　　**表2.2.5**

项　目	数　值
侧面采光窗面积/地板面积	≥1/7
外窗可开启面积/地面面积	≥1/20
允许A声级噪声	≤50dB（昼间）
	≤40dB（夜间）
分户墙与楼板的空气声的计权隔声量	≥40dB

2.3　起居室（厅）

2.3.1　起居室（厅）应有直接采光、自然通风，其使用面积应尽量达到12m²。当面积较小不能满足使用要求时，宜将套内原有开间较大的空间改变为起居室（厅）或采用整体贴建和局部悬挑的方式向外扩展空间，贴建或悬挑的位置应优先选择景观较好的一侧。

【条文解释】　20世纪90年代以前，住宅的主要建筑空间是卧室，起居室（厅）往往是一个小的过厅，一般主卧室兼起居室的使用功能。家人日常起居、待客均在这里，缺少家庭生活私密性。居寝分离是居住品质提高的重要表现，人口较少的家庭可以将卧室改为起居室，或采用贴建、悬挑的方式进行改造，贴建或悬挑时应不影响相邻建筑或居住单元的采光和日照要求。

2.3.2 起居室（厅）改造时应注意保持空间完整，避免频繁穿越。长短边之比尽量小于1.8。

【条文解释】 起居厅是家庭重要的公共活动空间，需要一定的空间尺度。现实中很多起居厅设计成为家庭的交通厅，频繁穿越影响使用，故在改造时应当避免。

2.3.3 起居室（厅）改造时应注意保留完整的墙面，尽可能地保留不小于3.6m的连续墙面供家具和设备的布置。

【条文解释】 数据参考《住宅性能评定技术标准》（GB/T 50362—2005）确定。

2.4 厨 房

2.4.1 厨房应有直接采光、自然通风，使用面积应不小于4m²，当厨房使用面积不能满足家庭生活需要时，应将其适度地扩大。

【条文解释】 厨房应有足够的空间，才能满足现代家庭生活的需要。如一些现代化的厨房用具：冰箱、微波炉、消毒柜、煤气（电）热水器等进入普通家庭，使得原有厨房空间不能容纳上述物品，家庭生活水平得不到提高，因此扩大厨房面积已经成为居民要求改造的主要诉求。

2.4.2 扩大厨房使用空间可采用整体贴建、局部悬挑或套内调整的改造方法。当采用整体贴建的改造方法时应更换排油烟管道。

【条文解释】 既有居住建筑厨房内的排油烟管道多数存在通风面积不足、烟气倒灌回流、上下串味的问题，严重影响室内空气质量。如采用整体贴建的改造方法，应采用新型排油烟管道替换原管道。

2.4.3 厨房与原有服务阳台相邻时，可将炉灶移至服务阳台，使厨房操作空间冷热加工分离。

【条文解释】 这是目前家庭自我改善通常采用的方法，简单易行。在改造中应请专业人员配合燃气管道的更改，保证使用安全。

2.4.4 厨房改造时应保证足够的操作空间，按“洗、切、烧”炊事流程布置厨房家具，操作台长度尽可能地保持在2.1m以上。

【条文解释】 由于是改造工程，所以采用2.1m的操作台长度，这是我国《住宅设计规范》（GB 50096—1999）的最低要求。为了保证家庭生活需求，本导则强调还应满足炊事流程布置厨房家具。

2.4.5 厨房家具宜采用专业厂家成套定做，以便充分利用使用空间。

【条文解释】 既有居住建筑一般厨房空间难以扩大，因此非常需要提高空间的利用效率。目前我国专业厂家厨房家具的设计和生产技术已经比较成熟，因此本导则建议采用专业厂家成套定做。这样一方面可以提高厨房空间的利用效率，另一方面也可以推动我国住宅产业现代化。

2.5 卫　生　间

2.5.1 卫生间面积过小或设备设施老化、不能满足生活需要时应进行适度改造。改造宜以住栋为单位整体进行。

【条文解释】 卫生间面积偏小、设备设施老化是目前既有居住建筑中存在的普遍现象。由于建筑防水要求以及给水排水系统上下关联，不能进行个体改造，因此强调以住栋为单位进行改造。

2.5.2 扩大卫生间使用空间可采用整体贴建或局部悬挑的方式，若不具备上述条件应采用整体式卫浴产品，集约地利用已有建筑空间。

【条文解释】 整体式卫浴产品由于采用工业化的生产方式，不仅具有空间紧凑、节约面积的优势，同时在建筑防水、设备安装等方面也优于传统施工方法。只是目前价格较高，尚未广泛推广使用。但对于既有居住建筑改造、可再生材料利用与回收以及促进住宅产业化，是非常有利的。整体式卫浴产品示意见图 2.5.2。

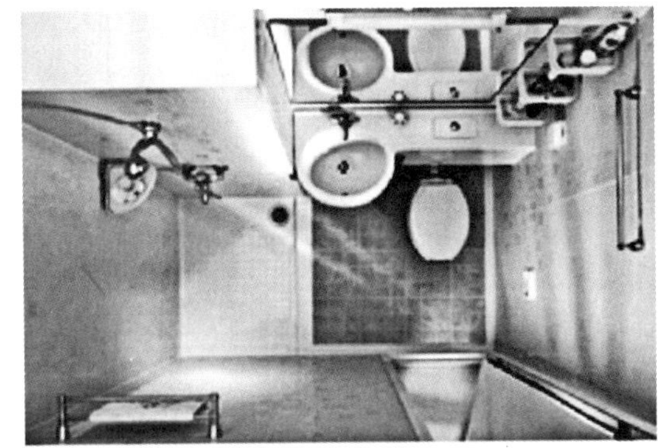

图 2.5.2　整体式卫浴产品

2.5.3 当既有居住建筑采用合并居住单元的改造方式时，可结合原有卫生间将洗衣、洗脸、洗浴和便溺分室设置，以便节省改造费用。

【条文解释】 合并居住单元后，会有 2 个或 2 个以上卫生间，将卫生间内的使用功能分布在不同的空间内，既可以满足使用功能要求，又可以减少改造成本。

2.6 公 共 空 间

2.6.1 既有居住建筑套内居住功能改造的同时宜进行套外公共空间改造，整体提升既有居住建筑的居住品质。公共空间的改造重点是楼（电）梯间、公共走廊和入口门厅。

【条文解释】 近年来，我国政府对一些老旧小区进行外墙粉刷、节能改造、外部环境治理等多项改造工程，居民对住宅套内空间也在不断地进行自我改善，但是公共空间长时间无人问津，严重影响了居住品质。因此建议以居住功能改造为契机对公共空间进行改造，提高公共空间的安全性和舒适性，整体提升居住品质。

2.6.2 楼（电）梯间、公共走廊和入口门厅等公共活动区域应按照国家现行标准《城市道路和建筑物无障碍设计规范》（JGJ 50—2001）增加入口坡道、助老栏杆扶手、宜辨认的踏步标示等无障碍设施。

【条文解释】 目前，我国老旧小区部分地区安装了入口坡道和助老栏杆扶手，给残疾人和老年人提供了生活方便。但宜辨认的踏步标示尚未广泛推广使用，其做法十分简单，但对于视力下降的老人出行有很大帮助。因此导则要求结合公共空间的改造，增加上述助老设施，为全社会实现居家养老创造条件。

宜辨认的踏步标示即采用不同的踢板材料，或在踏步前缘画出 30～40mm 宽的条状图案凸出每个踏板的边缘，提示踩踏的位置。踏步标示见图 2.6.2。

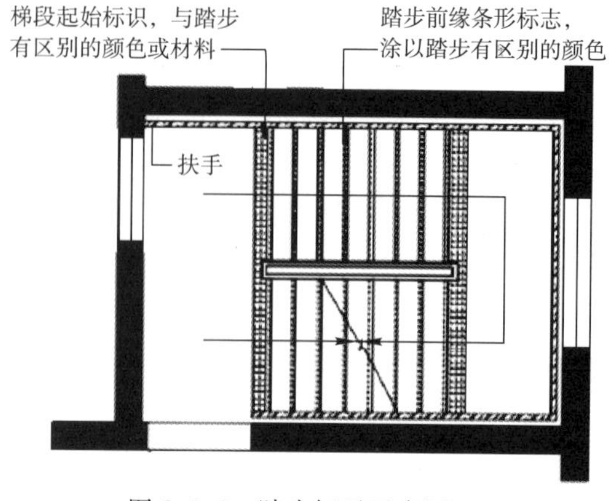

图 2.6.2 踏步标示示意图

2.6.3 公共空间改造时应适度地提高装修标准，采用防滑、耐磨损、易于清洁的装修材料。

【条文解释】 公共空间改造的周期较长、使用频率很高、维修保养难度大。因此在改造中应适度地提高装修标准，采用防滑地砖（花岗岩板）、内墙面砖（大理石板）等耐磨损、易清洁的装修材料。

3 建筑安全性能改造

3.1 一 般 规 定

3.1.1 既有居住建筑的安全性能包含结构安全、建筑防火安全、燃气及电气设备安全和日常安全防范措施 4 个方面。

【条文解释】 居住建筑的安全性能，除结构安全、建筑防火安全、燃气及电气设备安全和日常安全防范措施 4 个方面外，通常还应包括室内污染物控制，由于本导则的使用对象是既有居住建筑，室内污染物控制由居民自行解决。

3.1.2 既有居住建筑的安全性能应定期检测与维修，及时消除安全隐患。当出现严重问题时应进行建筑安全性能整体改造。建筑安全性能整体改造宜与居住功能改造或其他部位改造同步进行。

【条文解释】 既有居住建筑在使用过程中，由于设备老化或维修养护不到位，安全性能有时会降低，因此需要定期检测，发现问题应及时进行维修与改造。既有居住建筑安全性能改造时，往往土建工程量大，对居民生活产生一定影响，若能与居住功能改造或其他部位改造相结合，一方面可以节约改造成本，另一方面可以得到居民的支持和配合。

3.2 结 构 安 全

3.2.1 既有居住建筑在不满足我国现行规范要求或承载力存在缺陷时，应及时进行结构整体加固或局部处理，以提高建筑的抗震能力和承载能力，使其达到相关结构设计和施工规范的要求。

【条文解释】　当既有居住建筑的地基基础、承重结构、围护结构或建筑配件出现问题时，会对居民生活带来危害，应及时进行整体加固或局部处理，判断的标准是我国现行结构设计和施工规范。

3.2.2　当既有居住建筑进行结构安全性改造时，楼面和屋面活荷载设计取值，风荷载、雪荷载设计取值除应满足《建筑结构荷载规范》（GB 50009—2001）外，当进行楼板加固时，宜适当调高活荷载设计取值，为未来发展留有余地。

【条文解释】　既有居住建筑在超负荷使用时会带来安全隐患，因此在满足规范的基本要求下，建议适度地增加荷载设计取值，这不仅提高了结构安全系数，同时也为今后的发展留有余地。

3.2.3　当既有居住建筑进行建筑贴（加）建改造时，应采用有利于新老结构连接的施工技术、有利于新老结构协同抗震的结构体系和防止新老结构沉降差异的基础形式。

【条文解释】　在进行建筑的贴（加）建改造时，新老结构的连接节点、协同抗震和基础沉降是设计和施工的重点，应根据实际情况选择先进的施工技术、有利于抗震的结构体系和防止不均匀沉降的基础形式。

3.2.4　当既有居住建筑出现外檐（栏）开裂、保护层脱落、连接点开焊、钢筋裸露等抗震性能和耐久性能隐患时，应及时维修改造。外檐（栏）维修改造宜与围护结构节能改造同步进行。

【条文解释】　既有建筑在使用过程时，由于结构老化，容易产生外檐（栏）开裂、保护层脱落、连接点开焊、钢筋裸露等影响居民安全的问题，应及时维修改造。外墙维修改造与节能改造同步进行，可降低工程造价。

3.2.5　既有居住建筑进行结构加固处理时，应根据原有结构形式和使用空间要求，选用一种或多种加固方法。

【条文解释】　目前结构加固方法有许多种类，如外粘钢板加固法、碳纤维加固法和植筋、化学锚栓技术等，加固时应根据既有建筑的结构形式和使用空间的要求选择，避免加固带来的成本增加或对建筑空间使用造成影响。

3.2.6　既有居住建筑结构整体加固或局部处理时，施工组织应科学严密，满足我国现行施工规范的要求，且尽可能地选择预制装配施工技术，降低对居民正常生活的影响。

【条文解释】　既有居住建筑改造常常带户施工，施工中正常的噪声和振动也会给居民带来影响，只有缩短工期才可以减小影响，为此强调施工组织严密和选择预制装配施工技术。

3.3　建筑防火安全

3.3.1　既有居住建筑的耐火等级、防火构造和安全疏散不能满足《建筑设计防火规范》（GB 50016—2006）、《高层民用建筑设计防火规范》（GB 50045—1995）以及其他国家现行规范的要求或存在严重安全隐患时，应及时进行建筑防火安全改造。

3.3.2　当建筑构件耐火等级不能满足防火要求时，应采用适当的方法提高建筑构件耐火等级的要求。

【条文解释】　既有居住建筑在使用过程中，建筑构件耐火等级有时不能满足防火要求，应结合建筑构建材质的特点采用适当的方法，如采用涂装防火涂料的方法提高钢木结构构件的耐火等级，不仅具有施工简单、对居民生活影响小的特点还可以获得较好的防火效果。

3.3.3 既有居住建筑防火门窗不能满足防火要求时，可更换防火门窗或配置防火门窗的五金配件。

【条文解释】 既有居住建筑在使用过程中，防火门窗容易破损、五金配件容易脱落，应及时更换破损门窗或五金配件，保证使用安全。

3.3.4 既有居住建筑疏散楼梯的数量、疏散距离和梯段宽度不能满足防火要求时，应结合建筑防火整体改造增加疏散楼梯、加大梯段宽度。不具备条件的地方应增设安全绳、缓降器、软梯、救生滑道等自救逃生设施。

【条文解释】 疏散楼梯是保证安全疏散的重要设施，数量不足应当加建，但对于既有居住建筑而言难度很大，因此建议增设自救逃生设施，解决安全疏散问题。

3.3.5 当疏散楼梯和走道的指示标识和火灾应急照明出现损坏和缺失时，应予以修补和更换。

【条文解释】 既有居住建筑在使用过程中，疏散指示标识和火灾应急照明容易损坏和缺失，应当及时修补和更换，保证使用安全。

3.3.6 既有居住建筑的防烟前室应满足防火构造要求。位于公共走廊和通往防烟前室的防火门宜采用电磁阀控制的常开防火门，保证火灾发生时能自动关闭。

【条文解释】 既有居住建筑内公共走廊和通往防烟前室的防火门，由于影响日常生活常常处于人为的开启状态，火灾时不能自动关闭影响使用安全。因此导则提出采用电磁阀控制的常开防火门，平时有利于通行、火灾时能自动关闭，确保安全疏散。

3.3.7 用于消防扑救的消防设备、消防器具和消防系统应定期检查与维修，出现问题时应进行整体改造和局部维修。

【条文解释】 既有居住建筑在使用过程中，消防系统易破损，因此应定期检查与维修，必要时应进行整体系统改造。

3.4　燃气及电气设备安全

3.4.1 既有居住建筑燃气设备的使用场所应当具有可靠的排风措施，当不能满足要求时，应按照国家现行标准《城镇燃气设计规范》（GB 50028—2006）进行改造。有条件的地方可增设燃气浓度报警、自动关闭进气阀并自动启动排风设备的装置。

【条文解释】 燃气设备在使用过程中由于多种原因（如沸腾溢水、风吹）造成熄火，燃气大量散出造成气体中毒、爆炸或火灾事故，因此应具有可靠的排风措施。有条件的地方建议增设燃气浓度报警、自动关闭进气阀并自动启动排风设备的装置，确保使用安全。

3.4.2 既有居住建筑配电系统、接地系统和电气设备的保护措施与装置，应定期检查和维修，不满足要求时应进行配电系统安全改造。

【条文解释】 电气事故统计资料表明，配电系统与电气设备的保护措施和装置不满足安全要求而造成的事故所占比例很大。如短路、过负荷、接地故障、漏电、雷电波入侵、误操作以及等电位和局部等电位连接失效等，因此应定期检查和维修，或进行配电系统安全改造，确保人身安全。

3.4.3 既有居住建筑的防雷装置应按照劳动安全管理部门的要求定期检查和维修。当不能满足安全要求时，应按照国家现行标准《建筑防雷设计规范》（GB 50057—2010）进行整体改造。

【条文解释】 既有居住建筑的防雷装置在使用过程中易造成损坏，应定期检查和维修。当不能满足安全要求时应进行整体改造以确保人身安全。

3.4.4 既有居住建筑的电气设备及线路，应定期检查和维修。当不能满足国家现行相关规范的要求时应及时更换。

【条文解释】 电气事故统计资料表明，导线穿管，尤其是明敷、吊顶内或建筑装饰层内敷设的导线穿管，不满足防火要求时造成的火灾事故很多，因此应当定期检查和维修，确保人身安全。

3.5 其他安全防范的改造

3.5.1 日常安全防范应包括防盗设施、防滑防跌措施和防坠落措施3个方面。

3.5.2 既有居住建筑改造宜采用电子防盗户门，智能化安防监控系统（周界防越报警系统、闭路电视监控系统、可视对讲系统、联网报警系统等）等进行社区集中安全防范。

【条文解释】 电子防盗户门是目前普遍采用的安防措施，智能化安防监控系统（周界防越报警系统、闭路电视监控系统、可视对讲系统、联网报警系统等）是比较全面的防盗措施，有利于社区管理与设防，因此建议改造时采用。

3.5.3 当采用智能化安防监控系统时应保证设备所需要的良好照度，安防监控系统的照明宜与夜间照明统一设计。

【条文解释】 夜间照度不足，会影响安防监控系统尤其是闭路电视监控系统的有效使用，因此应保证设备所需要的照度，监控系统的照明与夜间照明统一设计可以节约改造成本。

3.5.4 既有居住建筑的楼梯间、走廊等公共空间和外部道路及活动场地应采取防滑跌措施，以保证居民出行安全。

【条文解释】 既有居住建筑的楼梯间、走廊等公共空间、外部道路及活动场地的地面铺装和高差变化的地方，易造成人员跌滑，所以应采取防滑跌措施，以保证居民出行安全。

3.5.5 既有居住建筑改造时应复查阳台栏杆或栏板、上人屋面女儿墙或栏杆、内外墙面装修层与结构层连接的牢固性，复查楼梯栏杆垂直杆件间水平净距、楼梯扶手和阳台栏板（杆）高度，以及外窗窗台面距楼面或楼面上可登踏面的净高度，防止人员坠落。当不能满足要求时，应按照国家现行《住宅设计规范》（GB 50096—1999）进行改造。

【条文解释】 既有居住建筑长期失养失修时，阳台栏杆或栏板、上人屋面女儿墙或栏杆、墙面装修层等部位容易脱落，造成人员伤害。有些地方楼梯栏杆垂直杆件间水平净距大、楼梯扶手和阳台栏板（杆）以及外窗窗台面距楼面高度上可登踏，造成人员尤其是儿童坠落，因此在改造时应当检查修复。

4 围护结构节能改造

4.1 一 般 规 定

4.1.1 既有居住建筑的围护结构，不能满足国家现行标准《民用建筑热工设计规范》(GB 50176—1993)、《严寒和寒冷地区居住建筑节能设计标准》(JGJ 26—2010)、《夏热冬暖地区居住建筑节能设计标准》(JGJ 75—2003)、《夏热冬冷地区居住建筑节能设计标准》(JGJ 134—2010) 以及各地方建筑节能设计细则时，应进行围护结构的节能改造。

【条文解释】 我国从 20 世纪 80 年代开始颁布实施居住建筑节能设计标准，首先在北方集中采暖地区，即严寒和寒冷地区于 1986 年试行新建居住建筑采暖节能率 30％的设计标准，然后，于 1996 年实施采暖节能率 50％的设计标准。我国中部《夏热冬冷地区居住建筑节能设计标准》从 2001 年实施，节能率 50％的设计标准（《严寒和寒冷地区居住建筑节能设计标准》和《夏热冬冷地区居住建筑节能设计标准》均已有 2010 年 8 月 1 日起实施的新标准，前者的节能率已经提高为 65％），而南方《夏热冬暖地区居住建筑节能设计标准》是 2003 年实施，节能率 50％的设计标准。所以，按建造年代划分我国既有居住建筑中有许多未达到节能设计标准的建筑。然而，随着社会经济发展和人们生活水平的提高，居民对室内热环境的要求提高，冬季采暖和夏季空调逐步普及，在有些气候区已成为居民生存和生活的必需。如果围护结构不进行节能改造，要保持室内热环境的要求，能耗很大。因此既有居住建筑围护结构需要有良好的保温隔热性能，才能减少采暖空调设备系统的能耗。

4.1.2 既有居住建筑围护结构的节能改造主要包括外墙（含采暖房间与非采暖房间的隔墙）、外门窗、屋面、直接接触或暴露在室外的楼地面等 4 个方面。改造方案应根据建筑自身特点及所处地区气候特征确定。严寒、寒冷地区应以提高围护结构的保温性能为改造重点，夏热冬暖地区应以提高围护结构的隔热性能为改造重点，夏热冬冷地区既要提高围护结构的保温性能又要兼顾隔热性能。在保证室内热环境的前提下，改造后建筑的采暖和空调能耗应控制在建筑所在地区节能设计标准的范围之内。

【条文解释】 我国地域辽阔，气候条件和经济技术发展水平差别较大，围护结构节能改造应优先选择对居住环境影响大，有明显节能效果的部位。如在严寒、寒冷地区，改造的重点是提高屋面、外墙和外窗的保温性能，其次是架空或外挑楼板、分隔采暖与非采暖房间的隔墙和楼板的保温性能。夏热冬暖与夏热冬冷地区应优先选择对建筑外窗及其遮阳的节能改造，其次是提高屋顶、西墙的保温隔热性能，同时考虑改善自然通风条件。温和地区与严寒和寒冷地区、夏热冬暖和夏热冬冷地区接壤，节能改造应参照气候条件相同地区进行。

4.1.3 在围护结构节能改造前，应根据建筑所在地区居住建筑节能设计标准，结合当地的气候条件、经济技术水平，对既有居住建筑进行节能诊断、结构安全性和建筑防火性评估，在科学论证的基础上确定改造方案。围护结构的节能改造宜与既有居住建筑的居住功能改造、建筑安全性改造、供热采暖系统改造以及外墙粉刷、平改坡等美化城市的改造同步进行。

【条文解释】　我国地域辽阔，气候条件和经济技术发展水平差别较大，既有居住建筑节能改造应根据实际条件开展。既有居住建筑经过长时间的使用，存在的问题是多方面的，建筑的居住功能和安全性能是否满足基本居住要求，是节能改造的前提条件。因此强调围护结构改造前要进行结构安全和建筑防火安全评估，或围护结构改造与居住功能改造、建筑安全性改造同步进行。

围护结构改造与供热采暖系统同步改造，热源端的节能效果显著。不具备同步改造的条件时，应优先选择对居住环境影响大、节能效果显著的项目进行改造。

供热采暖系统的全面节能改造包括热源、室外管网、室内采暖系统等各部分的改造，单项节能改造指只改造其中的一项或几项。

目前我国为了美化城市，定期对既有居住建筑进行外墙粉刷、平改坡等改造工程，与之结合可以节约改造成本，提高改造的社会效益。

4.1.4　既有居住建筑的节能诊断应包括以下内容：

1　室内热环境的现状调查与测试；

2　围护结构的现状调查与测试；

3　供热采暖系统的现状调查与测试（仅对集中采暖居住建筑）；

4　节能改造技术经济性评估。

【条文解释】　既有居住建筑室内热环境的调查和测试应采用现场调查为主，住户问卷调查为辅的方法。室内热环境的节能诊断主要针对采暖、空调季节，夏热冬冷和夏热冬暖地区的诊断还应包括通风季节。针对通风季节的诊断应在自然状态下，即不开启空调采暖设备时进行室内热环境测试。室内热环境的调查和测试报告应包括室内空气温度、室内空气相对湿度、外围护结构内表面温度、夏热冬暖和夏热冬冷地区建筑的通风状况、住户的主观感受意见等内容，严寒和寒冷地区应注意易结露部位的内表面温度，夏热冬冷和夏热冬暖地区应注意屋面和西墙的内表面温度（环境热辐射温度）。

围护结构现状调查和测试，应首先按《民用建筑热工设计规范》（GB 50176—1993）计算围护结构热工性能，必要时对部分构件进行抽样现场和热工性能检测，检测依据标准为《居住建筑节能检测标准》（JGJ/T 132—2009），检测应包括屋顶的保温性能和隔热性能、外墙的保温性能和隔热性能、房间的气密性、围护结构热工缺陷等内容。对外窗保温性能（传热系数）和隔热性能（遮阳系数）的测评可按照《夏热冬暖地区居住建筑节能设计标准》（JGJ 75—2003）和《建筑门窗玻璃幕墙热工计算规程》（JGJ/T 151—2008）中的有关规定进行。

供热采暖系统现状调查和测试应包括单位锅炉容量的供暖面积，采暖期间单位建筑面积的耗煤量（折合成标准煤）、耗电量和水量，锅炉的运行效率及管网的输送效率或两者的乘积，建筑物户内系统形式等内容。

4.1.5　既有居住建筑的结构安全性能和建筑防火性能的评估应包括以下内容：

1　结构安全性能评估应包括荷载及使用条件的变化；重要结构构件的安全性；墙体和屋顶混凝土碳化深度、钢筋保护层厚度；墙体关键固定部位钢筋锈蚀情况和墙体表面附着力测试等。

2　墙体、屋顶和地面的裂缝及渗漏状况，门窗变形状况。

3　建筑防火性能评估应包括建筑墙体屋面等构件的耐火极限、防火构造措施等。

当结构安全、建筑防火性能不能满足节能改造要求时，应先进行结构加固或防火构造修缮。

【条文解释】 既有居住建筑由于建造年代不同，结构设计和抗震设计标准不同，施工质量也不同，在对围护结构进行节能改造时，可能会增加外墙和屋面的荷载，为保证结构安全，应对原建筑结构进行复核、验算。当结构安全不能满足节能改造要求时，应采取结构加固措施，以保证结构安全。既有居住建筑在长时间的使用过程中，由于建筑构件破损，建筑构件的耐火极限和防火构造措施达不到防火要求，在围护结构改造时需先期修缮或与节能改造同时修缮，以保证建筑防火安全。

4.1.6 围护结构节能改造所采用的保温、隔热材料和建筑构造措施应符合国家现行标准《建筑设计防火规范》（GB 50016—2006）、《建筑内部装修设计防火规范》（GB 50222—1995）以及国家公安部、住房和城乡建设部《民用建筑外保温系统及外墙装饰防火暂行规定》公通字［2009］46 号的规定。

4.1.7 既有居住建筑围护结构上的建筑造型、凸窗等易产生热桥的部位应采取与之相适应的特殊保温隔热构造措施。

【条文解释】 建筑易产生热桥部位示意见图 4.1.7.1～图 4.1.7.3。

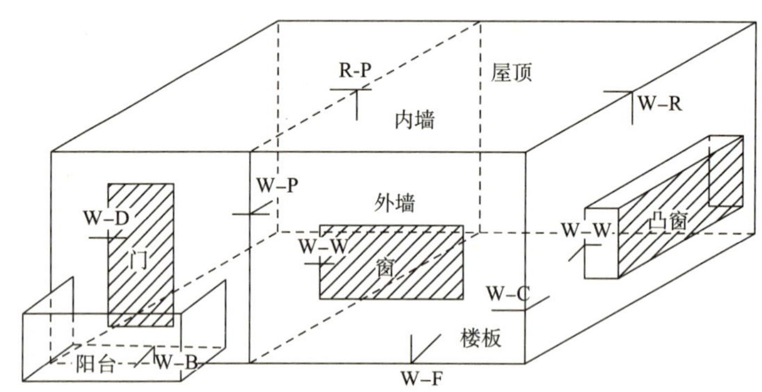

图 4.1.7.1 热桥部位立体示意图

W-D 外墙-门；W-B 外墙-阳台板；W-P 外墙-内墙；W-W 外墙-窗；W-F 外墙-楼板；W-C 外墙角；W-R 外墙-屋顶；R-P 屋顶-外墙

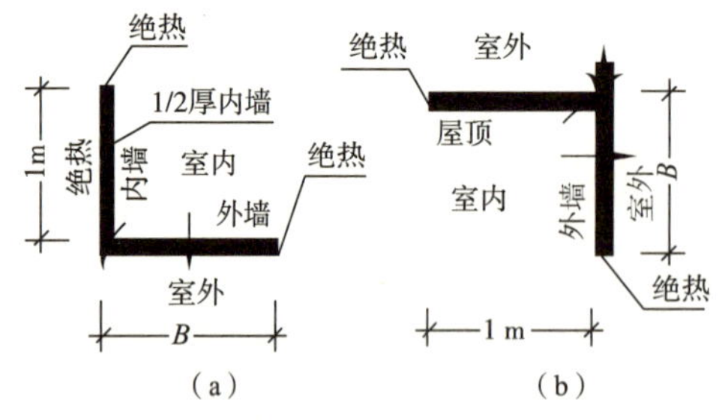

图 4.1.7.2 各节点热桥示意图

（外墙-内墙/外墙-屋顶）

(a) 外墙-内墙横截面；(b) 外墙-屋顶纵截面

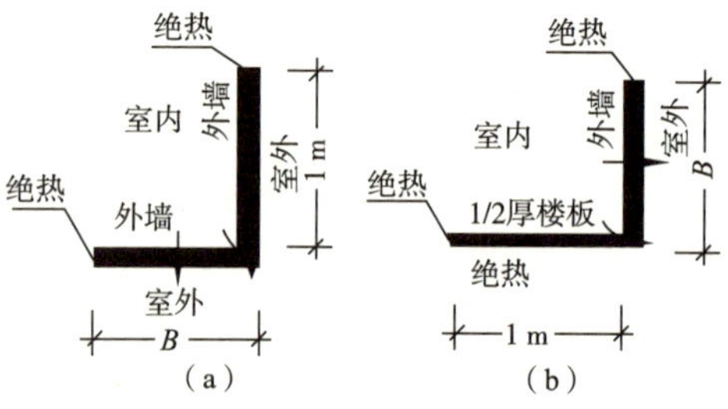

图 4.1.7.3 各节点热桥示意图

（外墙角/外墙-楼板）

(a) 外墙角横截面；(b) 外墙-楼板纵截面

4.2　外　　墙

4.2.1　严寒、寒冷地区可采用外墙外保温、外墙内保温和保温装饰一体化等技术进行墙体节能改造，且应优先选用外墙外保温技术。墙体节能改造后，其平均传热系数应小于或等于建筑所在地区的节能设计标准。

【条文解释】　外保温技术有许多优点，特别是在既有建筑围护结构节能改造时因需要带户施工，外保温技术对居民的生活干扰最小。严寒、寒冷地区内保温技术难以避免热桥产生的热损失和结露问题，同时与建筑立面改造相结合，可使建筑焕然一新。因此严寒、寒冷地区应优先采用外保温技术进行外墙的节能改造。

4.2.2　夏热冬暖地区可采用浅色饰面、设置通风间层和东、西外墙采用花格构件或爬藤植物遮阳等技术进行墙体节能改造，且应优先选择浅色饰面技术。改造后建筑外墙平均传热系数和热惰性指标应小于或等于建筑所在地区的节能设计标准。

【条文解释】　夏热冬暖地区墙体热工性能主要影响室内热舒适性，对节能的贡献很小。而且外墙节能改造采用保温层保温隔热造价较高、协调工作和施工难度较大，因此应尽量避免采用保温层保温隔热。此外，一般黏土砖墙或加气混凝土砌块墙的隔热性能已基本满足《民用建筑热工设计规范》（GB 50176—1993）要求，即使不满足，通过浅色饰面或其他墙面隔热措施进行改善一般均可达到规范要求。

4.2.3　夏热冬冷地区可采用浅色饰面、外墙外保温隔热和内保温隔热技术进行墙体节能改造，且混凝土外墙、东西向外墙宜采用外保温改造技术。改造后建筑外墙平均传热系数和热惰性指标应小于或等于建筑所在地区的节能设计标准。

【条文解释】　在夏热冬冷地区，外窗、屋面是影响热环境和能耗最重要的因素，进行既有居住建筑节能改造时，节能投资回报率最高。外墙虽然也是影响热环境和能耗很重要的因素，但可根据实际情况采用适宜的技术措施。在夏热冬冷地区，以钢筋混凝土剪力墙为外墙的墙体，应进行墙体保温改造。从改造的难易程度和经济性考量，东西向外墙应放在改造的首位。在夏热冬冷地区，外保温隔热或内保温隔热技术之间节能效果差不多，内保温隔热技术所形成的热桥也不像严寒和寒冷地区热损失那么大和发生结露问题，所以，可根据建筑的具体情况采用外保温隔热或内保温隔热技术。但从减少扰民的角度考虑外墙外保温具有明显的优越性。

4.2.4　外墙外保温、外墙内保温和保温装饰一体化的基本构造应符合表 4.2.4.1、表 4.2.4.2、表 4.2.4.3 的要求。

外墙外保温基本构造　　表 4.2.4.1

饰面层 ①	保护层 ②	保温层 ③	粘结层 ④	墙体 ⑤	内面层 ⑥	构造示意
装饰面层 + 罩面材料	底层抹灰材料 + 网布	保温板	胶粘剂	钢筋混凝土墙黏土砖 黏土多孔砖墙 混凝土空心砌块墙	抹灰层	① ② ③ ④ ⑤ ⑥

外墙内保温基本构造　　表 4.2.4.2

饰面层 ①	墙体 ②	空气层 ③	保温层 ④	内面层 ⑤	构造示意
装饰面层 + 罩面材料	钢筋混凝土墙 黏土砖 黏土多孔砖墙 混凝土空心砌块墙		保温板	无纸石膏板 + 饰面腻子	① ② ③ ④ ⑤

保温装饰一体化墙体构造　　表 4.2.4.3

序号	构造层	构造示意
1	墙体	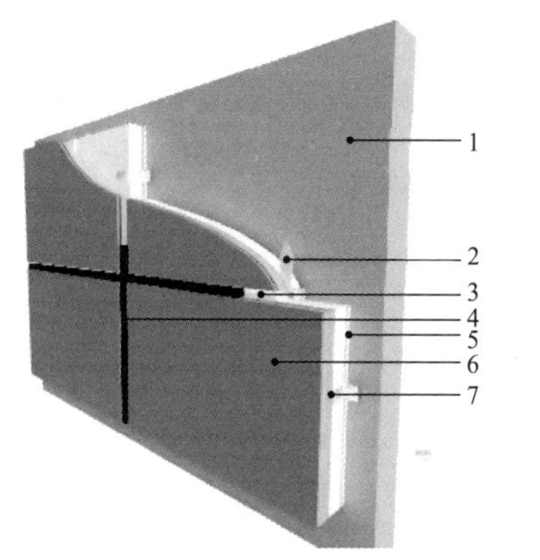 1—墙体；2—Ⅰ型固定件；3—泡沫嵌缝条；4—密封胶；5—胶粘剂；6—WH一体化板；7—Ⅱ型固定件（锚栓）
2	Ⅰ型固定件	
3	泡沫嵌缝条	
4	密封胶	
5	胶粘剂	
6	WH一体化板	
7	Ⅱ型固定件（锚栓）	

4.2.5 既有居住建筑外墙节能改造前应按下列方法对原有墙面进行清理，之后再进行墙体保温施工。

采用外保温技术施工时：

1 对原墙面上由于冻害、析盐或侵蚀所产生的损害予以修复；

2 对原墙面结构裂缝、渗漏进行修复，墙面的缺损、孔洞应填补密实，损坏的砖或砌块应进行更换；

3 对原墙面表面油迹、疏松的砂浆进行清理，不平的表面应抹平；

4 对原墙外侧管道、线路拆除，在可能的条件下，宜改为地下管道或暗线；

5 外保温系统应包覆门窗框外侧洞口、女儿墙、封闭阳台栏板及外挑出部分等热桥部位。原有窗台应接出加宽，窗台下宜设滴水槽。

采用内保温技术施工时：

1 对原墙面表面涂层、积灰油污及杂物、粉刷空鼓应刮掉并清理干净；

2 对原墙面表面脱落、虫蛀、霉烂、受潮所产生的损坏进行修复；

3 对原墙面结构裂缝、渗漏进行修复，墙面的缺损、孔洞应填补密实；

4 对原墙面表面不平整处应进行修复；

5 室内各类主要管线安装完成并经试验检测合格。

【条文解释】 为保证外墙外保温工程质量，使其不产生裂缝、空鼓、有害变形、脱落等质量问题，在施工前应对原围护结构破损和污染处进行修复和清理。为了避免产生热桥，应预先对热桥部位进行保温处理。为保证外墙内保温工程质量，对原围护结构内表面破损和污染处应进行修复和清理。与外保温不同，在内保温施工前，室内各类主要管线应先安装完成并经试验检测合格后再进行内保温施工，以免造成对内保温层的破坏及不必要的返工和浪费。

4.2.6 墙体外保温所用材料、配件应符合下列要求：

1 胶粘剂及（或）固定件：胶粘剂应采用经过鉴定的专用胶粘剂材料，其主要技术性能指标应符合表4.2.6.1的规定，固定件应采用膨胀螺栓或特制的防锈连接件。

胶粘剂的主要技术性能指标　　表4.2.6.1

项　目	实验条件	采用标准	指标（MPa）	
			掺合强度等级42.5水泥	掺合强度等级52.5水泥
抗拉粘结强度	常温常态14d	GB/T 12954.1—2008	≥1.0	≥1.0
抗拉粘结强度	常态14d，浸碱4d	GB/T 12954.1—2008	≥0.6	≥0.6
抗拉粘结强度	常态14d，浸水4d	GB/T 12954.1—2008	≥0.6	≥0.6
压剪粘结强度	常温常态7d	GB/T 12954.1—2008	≥1.5	≥2.5
压剪粘结强度	常温常态7d，浸水24h	JC/T 547—2005	≥0.9	≥1.8
压剪粘结强度	常温常态28d	GB/T 12954.1—2008	≥1.7	≥3.0
压剪粘结强度	常态28d，浸水24h	JC/T 547—2005	≥1.7	≥3.0

注：选自《既有采暖居住建筑节能改造技术规程》（JGJ 129—2000）。

2 保温层应采用耐久性好、保温性能高的保温材料，其燃烧性能宜为 A 级，且不应低于 B_2 级，应根据表 4.2.6.2 的要求沿楼板位置设置宽度不小于 300mm 的 A 级保温材料的防火隔离。墙体保温系统的防火构造应符合国家现行防火规范的要求。

居住建筑防火隔离带的设置数量 **表 4.2.6.2**

标高 H（m）	保温材料燃烧分级	隔离带设置数量
$H \geqslant 100$	应为 A 级	—
$60 \leqslant H < 100$	不应低于 B_2 级，当采用 B_2 级时	每层应设置水平防火隔离带
$24 \leqslant H < 60$		每两层应设置水平防火隔离带
$H < 24$		每三层应设置水平防火隔离带

注：选自公安部、住房和城乡建设部《民用建筑外保温系统及外墙装饰防火暂行规定》公通字［2009］46 号。

3 防护层（底层抹面材料）应采用专用聚合物水泥砂浆，应将保温材料完全覆盖，首层厚度不应小于 6mm，其他层不应小于 3mm。其主要技术性能指标应符合表 4.2.6.1 的规定。

4 增强网布应选择极限延伸率低的材料，并应具有防腐耐碱性能。当选用玻纤网布时，其主要技术性能指标应符合表 4.2.6.3 的规定，并应埋置在底层抹面材料内。

玻纤网布的主要技术性能指标 **表 4.2.6.3**

项目		指标	
		标准网布	加强网布
标准网眼尺寸（mm）		3.5×4.0	5.5×5.0
公称单位面积质量（g/m^2）		≥139	≥678
抗拉强度（N/2.5cm）	经向	667	3336
	纬向	667	2446
耐碱性抗拉强度（N/2.5cm）	经向	534	2668
	纬向	534	1956
耐碱性抗拉强度（%）	经向	≥80	≥80
	纬向	≥80	≥80

5 装饰面层应符合抗裂及防水要求，并应具有装饰效果，除采用涂料外，应采用不燃材料，其主要技术性能指标应符合表 4.2.6.4 的规定。

装饰面层的主要技术性能指标 **表 4.2.6.4**

项目	指标
抗拉强度（MPa）	≥2.20
延伸率（%）	≥64
弹性变形恢复率（%）	80
柔韧性	−26℃以上温度快弯试验无裂缝出现

续表

项　　目	指　　标
耐碱性	240h 后试验，涂层无裂纹、起泡、剥落、软化物析出
	与未浸泡部分相比，颜色、光泽允许有轻微变化
耐洗刷性	1000 次洗刷试验后，涂层无变化
耐沾污率	5 次沾污试验后，沾污率在 45%以下
耐冻循环性	10 次冻融循环试验后，涂层无裂纹、起泡、剥落
	与未试验部分相比，颜色、光泽允许有轻微变化
粘结强度（MPa）	≥0.69
人工加速耐候性	2000 次试验后，涂层无裂纹、起泡、剥落、粉化、变色不大于 2 级

【条文解释】　目前常用的外保温材料有 EPS、XPS 板、硬泡聚氨酯、聚苯颗粒保温浆料等，这些保温技术已日趋成熟，国家已颁布行业标准——《外墙外保温工程技术规程》(JGJ 144—2004)，各地区也有相关技术标准。为保证外保温的工程质量，其设计与施工都应满足标准的要求。另外，还应满足公安部、住房和城乡建设部公通字［2009］46 号文件对外保温系统的防火要求。

4.2.7　墙体内保温应采用耐久性好、保温性能高的材料，其燃烧性能等级和阻燃构造处理，应符合《建筑内部装修设计防火规范》（GB 50222—1995）等国家现行相关防火规范和环保要求。

【条文解释】　由于许多保温材料如 EPS 板、XPS 板、硬泡聚氨酯等虽然是阻燃的，但在火灾高温下会散发有毒气体，在《建筑内部装修设计防火规范》（GB 50222—1995）也有明确的规定。另外有些保温材料不适合用于室内，即不符合环保的要求，因此这些保温材料不能用于内保温。采用内保温技术时，应注意采用符合防火及环保要求的材料及构造。

4.2.8　采暖与非采暖房间的隔墙应采用保温砂浆进行节能改造。

4.3　屋　　面

4.3.1　严寒、寒冷地区平屋面可采用倒置式保温屋面、平改坡等技术进行屋面节能改造。屋面节能改造后，其平均传热系数应满足建筑所在地区的节能设计标准。

【条文解释】　倒置式屋面是将保温层设于防水层上面的一种屋面构造方法。对于原屋面防水层性能完好的既有居住建筑，直接在其上做倒置式保温屋面既经济又方便施工，不需拆除原有的防水层。若原防水层虽未经翻新，但质量尚好，表面平整，也可考虑在上面加铺新的防水层后，再做倒置式屋面。做倒置式保温屋面应采用吸水率低、强度高的保温材料，如 XPS 板、硬泡聚氨酯等，并做好保温层的防护层以提高保温层的耐久性。施工时应注意不能破坏原有的防水层。

平改坡是在结构许可条件下，在平屋面上架设钢屋架，铺设树脂瓦、油毡瓦、陶瓦等平屋面改为坡屋面的方法，目前在我国既有居住建筑的环境综合治理中普遍使用。平改坡不仅能够改善建筑景观效果，还可以提高屋面的保温和防水性能。其施工方法为：查勘设计→清理屋面→屋架基础施工（测量定位、屋面植筋、钢筋绑扎、支模、浇筑混凝土）→

铺设卷材防水层→钢屋架制作与安装→管道、老虎窗出屋面→铺装屋面瓦。平改坡示意见图 4.3.1。

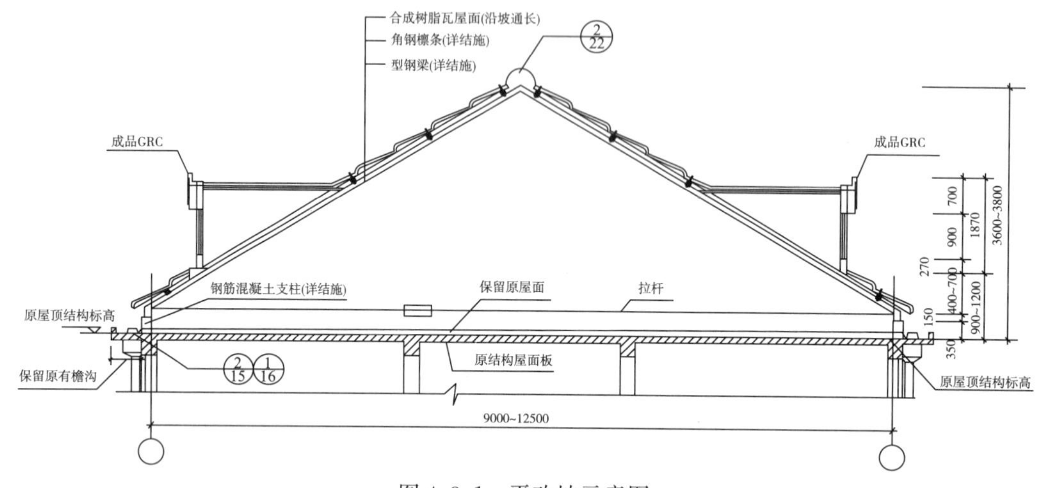

图 4.3.1 平改坡示意图

许多地方为了降低荷载和造价，采用轻钢屋架铺设复合保温压型钢板。这种做法应注意轻钢屋架和压型钢板的耐久性及保温材料的防火性能。

4.3.2 夏热冬暖地区平屋面宜改造成坡屋面，或利用屋面浅色饰面、设置通风架空层、增设屋面遮阳措施等技术方法进行屋面节能改造。有条件的地方可采用种植屋面。屋面节能改造后，其平均传热系数和热惰性指标应满足建筑所在地区的节能设计标准。

【条文解释】 夏热冬暖地区夏季漫长，且太阳辐射强烈。做好屋顶的隔热对于建筑的节能、建筑室内热环境的改善就显得尤为重要。

目前，夏热冬暖地区大多数居住建筑仍采用平屋顶，在夏天太阳高度角高、太阳辐射强的正午时间，太阳光线正射平屋面，造成屋面得热量大；而对于坡屋面，太阳光线是斜射的，可以降低屋面的太阳得热量。因此，宜选择平改坡的技术方法。屋顶采取浅色饰面，太阳光反射率远大于深色屋顶，采用浅色屋面可以增加屋面对太阳光线的反射程度，降低屋面的太阳得热。所以，对于该地区屋面采用浅色饰面将有利于节能改造。屋顶设置通风架空层，一方面利用通风间层的外层遮挡阳光，使屋顶变成两次传热，避免太阳辐射热直接作用在围护结构上；另一方面利用风压和热压的作用，尤其是自然通风，带走进入夹层中的热量，从而减少室外热作用对内表面的影响。增设屋面遮阳措施，可以直接遮挡太阳辐射，达到降低屋面太阳辐射得热的目的，是夏热冬暖地区有效改善屋面隔热性能的节能措施之一。设置屋面遮阳措施时，宜通过合理设计，实现夏季遮挡太阳辐射、冬季透过适量太阳辐射的目的。

种植屋面，即在结构许可条件下在平屋面上增加有土或无土的种植层，进行屋顶绿化。通过植物叶面对太阳辐射的吸收与遮挡降低屋面附近的温度，改变室内外湿环境。采用此方法可以增加屋面的隔热性能，降低屋面的传热量，提高屋面防水性能。种植屋面，成本相对较高，可采用轻型绿化屋面—即采用草坪、地被、小型灌木和攀缘植物进行屋顶覆盖绿化，具有质量轻、建造和维护简单、成本低等优点，使其近年来得到了越来越多的推广与应用。种植屋面应采用防根刺的防水材料，其设计与施工还应符合《种植屋面工程技术规程》（JGJ 155—2007）的规定。

4.3.3 夏热冬冷地区的平屋面宜改造成坡屋面，或利用增加保温层、设置通风架空层等技术方法进行屋面节能改造。有条件的地方可采用种植屋面。屋面节能改造后，其平均传热系数应满足建筑所在地区的节能设计标准。

【条文解释】　在夏热冬冷地区，既有居住建筑的屋顶有多种类型，20世纪70～90年代建设的多层建筑多为平屋顶，有的有架空层，有的没有，直接暴露在太阳辐射下，夏季室内屋顶表面温度高于人体表面温度，空调能耗极高。采用以上几种方法都非常有效，可根据不同情况选用。

4.3.4 既有居住建筑屋面节能改造应与防水性能改造同步进行，原屋面防水层有渗漏时，应铲除原防水层，重新做保温层和防水层。应根据国家现行标准《屋面工程技术规范》（GB 50345—2004）进行防水构造设计。屋面防水工程的施工应符合国家现行标准《屋面工程质量验收规范》（GB 50207—2002）的规定。

4.3.5 既有居住建筑屋面节能改造宜与太阳能利用一体化设计，或预留安装太阳能热水器的位置。

【条文解释】　既有居住建筑的节能改造，鼓励利用太阳能等可再生能源，当安装太阳能热水器时，最好与屋面的节能改造同时进行，以保证屋面防水、保温的工程质量。其太阳能热水系统应符合《民用建筑太阳能热水系统应用技术规范》（GB 50364—2005）的规定。

4.3.6 坡屋面进行节能改造时，宜采用在原坡屋面吊顶层上铺设轻质保温材料或在坡屋面板下增加或加厚保温层的方法。坡屋面吊顶层应采用耐久、防火并能承受铺设保温层荷载的构造和材料。选用的保温材料应符合《建筑内部装修设计防火规范》（GB 50222—1995）等国家现行相关防火规范和环保要求。

4.4　外　门　窗

4.4.1 既有居住建筑的外门窗改造应根据建筑所在地区的气候特征确定改造目标：严寒、寒冷地区应以提高外门窗保温性能为主要改造目标；夏热冬暖地区应以改善外门窗的遮阳性能为主要改造目标；夏热冬冷地区既要考虑冬季保温又要兼顾夏季遮阳。

4.4.2 提高门窗保温性能，降低门窗传热系数，可采用下列改造方法：

1　附加新门窗。在原有单玻窗外（或内）加装一层门窗。

2　更换新门窗。采用保温门窗替换旧门窗。

3　采用高效保温气密材料和弹性密封胶，封堵窗框与墙体之间缝隙。

【条文解释】　外窗的传热耗热量和空气渗透耗热量占整个围护结构耗热量的50%以上，因此外窗的节能改造是非常重要的，也是最易做到并易见到实效的。改造时可根据具体情况，如原有门窗已无保留价值，则应更换新门窗，新门窗应选用符合建筑所在地区节能设计标准的保温门窗，如塑钢窗或断桥铝合金窗框料双（三）层中空玻璃窗等。如原门窗可以保留，可再增加一层新的单层窗或双玻窗，多层窗可以起到很好的保温节能效果。增加新窗时两窗间距宜在100mm左右，附加新窗的保温性能应满足建筑所在地区节能设计标准的要求，安装时应避免层间结露和做好两层窗间的防水。门窗框与墙体之间缝隙渗透耗热量很大，应采用高效保温材料填堵缝隙，可以降低门窗耗热量。

严寒地区外窗及敞开式阳台门气密性等级不应低于国家标准《建筑外门窗气密、水密、抗风压性能分级及检测方法》（GB/T 7106—2008）中规定的6级。寒冷地区1～6层的外窗及敞开式阳台门的气密性等级不应低于国家标准《建筑外门窗气密、水密、抗风压性能分级及检测方法》（GB/T 7106—2008）规定的4级，7层及7层以上不应低于6级。

4.4.3 改善外门窗遮阳性能，降低综合遮阳系数，可采用下列改造方法：

1 更换外门窗。采用保温隔热门窗替换旧门窗。

2 更换门窗玻璃。采用热反射玻璃（镀膜玻璃）、低辐射玻璃（Low-E玻璃）替换旧玻璃。

3 旧门窗贴膜。在旧门窗上粘贴热反射薄膜。

4 采用固定百叶、固定挡板、遮阳板等固定遮阳设施。

5 采用较密花格、非透明活动百叶或卷帘等活动遮阳设施。

【条文解释】 建筑外窗的遮阳性能对室内热环境和房间空调负荷的影响最大，夏季太阳辐射如果未受任何控制地射入房间，将导致室内过热和空调能耗的增加。因此，应采取有效的遮阳措施改善室内热环境和降低空调负荷，实现居住建筑节能。采用热反射玻璃（镀膜玻璃）、低辐射玻璃（Low-E玻璃）或粘贴热反射薄膜可以降低门窗本身的遮阳系数（S_C），采用建筑外遮阳设施能有效地控制太阳辐射进入室内，从而降低窗口的建筑外遮阳系数（S_D），最终达到减小建筑综合遮阳系数的目的。

外窗的综合遮阳系数为窗本身和窗口的建筑外遮阳装置综合遮阳效果的一个系数，其值为窗本身的遮阳系数（S_C）与窗口的建筑外遮阳系数（S_D）的乘积。

外窗自身的遮阳系数（S_C）：在给定条件下，太阳辐射透过外窗所形成的室内得热量与相同条件下相同面积的标准窗玻璃（3mm厚透明玻璃）所形成的太阳辐射得热量之比。

窗口的建筑外遮阳系数（S_D）：窗口有建筑外遮阳时透入室内的太阳辐射得热量与在相同条件下没有建筑外遮阳时透入的室内太阳辐射得热量的比值。

4.4.4 严寒、寒冷地区既有居住建筑的楼梯间、外走廊或外阳台应设置具有保温性能的门窗；单元门应加设门斗，安装闭门器；位于非采暖走道内的户门应采用保温门，以提高建筑的整体保温性能。

【条文解释】 严寒和寒冷地区将居住建筑的楼梯间、外走廊或外阳台封闭，是很有效的节能改造措施。由于不封闭的楼梯间和外廊，其分户门是直对室外的，在冬季外门的开启会造成室外大量冷空气进入室内，导致采暖能耗的增加。另外不封闭的楼梯间隔墙是外墙，将楼梯间封闭，其隔墙变为内墙，减少了外墙，将大大提高保温和节能的效果。

楼梯间不采暖时，户门采用保温门可减少户内热量的散失，提高室内热环境质量。

4.4.5 严寒和寒冷地区居住建筑的楼梯间及外走廊应采用门窗将其封闭。楼梯间不采暖时，楼梯间隔墙和户门应采取保温措施。

【条文解释】 严寒和寒冷地区将居住建筑的楼梯间和外走廊封闭，是很有效的节能改造措施。由于不封闭的楼梯间和外走廊，其分户门是直对室外的，也就是说一栋住宅楼中有多少户就有多少个外门。在冬季外门的开启会造成室外大量冷空气进入室内，导致采暖能耗的增加，因此外门越多对保温节能越不利。另外不封闭的楼梯间隔墙是外墙，外墙多对保温节能不利，将楼梯间封闭，其隔墙变为内墙，减少了外墙，将大大提高保温和节能的效果。

分隔采暖、非采暖走道的户门，也是采暖房间散热的通道，应采取保温措施。一般住宅的户门都采用钢制防盗门，如果在门板内嵌入岩棉，既满足防火、防盗的要求，也可提高保温性能。

设置门斗可以避免冷风直接进入室内，在节能的同时，也提高了居住建筑门厅或楼梯间的热舒适性，还可避免敷设在楼梯间内的管道受冻。加设门斗是一个很好的节能改造措施。单元门宜安装闭门器，以避免单元门常开不关，而造成大量冷空气进入室内，热量散失过大，增加采暖能耗。造成室内温度降低，管道受冻。利用节能改造的时机，将单元门更换为防盗对讲门，可起到防盗、保温节能一举两得的效果。

4.4.6 夏热冬暖和夏热冬冷地区在控制外窗建筑综合遮阳系数的同时，还应注意气密性和可开启面积，夏热冬暖地区窗户的可开启面积不应小于所在房间地面面积的8%或外窗面积的45%，夏热冬冷地区可开启面积应不小于外窗面积的25%。

【条文解释】 夏热冬暖地区既有居住建筑的外窗节能改造，主要应考虑窗户的遮阳性能减少阳光的直接辐射。与此同时，还应注意窗户的气密性，以减少空气渗透耗热量，注意窗户的可开启性，以利于自然通风。设外遮阳装置时，应综合考虑遮阳装置对建筑立面外观、通风及采光的影响，同时还应考虑遮阳装置的抗风性能和耐久性能。

夏热冬冷地区的居民无论是在冬、夏季还是在过渡季节普遍有开窗通风的习惯，通风还是夏热冬冷地区传统解决建筑潮湿闷热和换气的主要方法，对节约能源有很重要作用，适当的可开启面积，有利于改善建筑室内热环境和空气质量，尤其在夏季夜间或气候凉爽宜人时，开窗通风能带走室内余热。

4.4.7 外窗（包括阳台的透明部分）遮阳改造时，应优先采用活动外遮阳，遮阳的设置除能够有效地遮挡太阳辐射外，还应避免对窗口通风特性产生不利影响。

【条文解释】 建筑遮阳的目的在于防止直射阳光透过玻璃进入室内，减少阳光过分照射和加热建筑围护结构，减少直射阳光造成的强烈眩光。建筑外遮阳能有效地控制太阳辐射进入室内，施工也较方便，是夏热冬冷和夏热冬暖地区的建筑优先采用的遮阳技术。

冬夏两季透过窗户进入室内的太阳辐射对降低建筑能耗和保证室内环境的舒适性所起的作用是截然相反的。活动式外遮阳容易兼顾建筑冬夏两季对阳光的不同需求，所以设置活动式的外遮阳更加合理。窗外侧的卷帘、百叶窗等属于“展开或关闭后可以全部遮蔽窗户的活动式外遮阳”，虽然造价比一般固定外遮阳（如窗口上部的外挑板等）高，但遮阳效果好，能兼顾冬夏，应当鼓励使用。

夏季外遮阳在遮挡阳光直接进入室内的同时，可能也会阻碍窗口的通风，因此设计时要注意。同时要注意不遮挡从窗口向外眺望的视野以及与建筑立面造型之间的协调，并且力求遮阳系统构造简单，经济耐用。

4.4.8 增设外遮阳装置时，应对原围护结构进行结构安全复核，当结构安全不能满足外窗遮阳改造要求时，应先进行结构加固或采取其他遮阳措施。增设外遮阳装置时还应考虑遮阳装置的抗风性能、耐久性能和建筑防雷安全的要求。

【条文解释】 外遮阳除了保证遮阳效果外，还应满足建筑在使用过程中的安全性能。所以，应对原围护结构的结构安全进行复核，应综合考虑构件承载能力、结构的整体牢固性、结构的耐久安全性等。如围护结构的结构安全不能满足节能改造的要求时，应先进行结构加固或采取其他遮阳方式。

4.5 楼 地 面

4.5.1 严寒和寒冷地区的既有居住建筑，当其楼板直接暴露在室外或下部为非采暖空间时，应对其楼板加设保温层。

【条文解释】 如果既有居住建筑楼板下为室外，如过街廊和外挑楼板，或下部为非采暖空间如非采暖地下室，或与下部房间的温差≥10℃，如下部房间为车库虽然采暖，但室内温度很低，如不作保温处理，采暖房间内的热量会通过楼板向外大量散失，不仅会降低室内温度，增加采暖能耗，而且还会产生地面结露的问题，因此，应在楼板下部采用粘结、粘钉结合或吊顶方式加设保温层。对有防火要求的下层空间如地下室，其保温材料应选择燃烧性能为A级的不燃性材料，如无机保温浆料、岩棉、加气混凝土等。

4.5.2 严寒地区既有居住建筑的底层地面，在其周边一定范围内应采取保温措施。

5 设备设施改造

5.1 一 般 规 定

5.1.1 既有居住建筑设备设施改造主要包含采暖通风系统、给水排水系统、电气系统和电梯设备4个方面。

5.1.2 设备设施改造宜与居住功能改造和围护结构节能改造相结合，改造方案既要现实可行，又要有利于未来发展。

5.1.3 设备设施改造应满足国家现行标准《采暖通风与空气调节设计规范》(GB 50019—2003)、《建筑给水排水设计规范》(GB 50015—2003)、《民用建筑电气设计规范》(JGJ 16—2008)以及国家现行设备安装规范的要求。

5.2 采暖通风系统

5.2.1 既有居住建筑供热采暖系统的锅炉和换热设备，当其供热量不能满足用户要求，或供热设备及采暖系统没有节能计量、节能调节和节能控制装置时应根据国家现行《严寒和寒冷地区居住建筑节能设计标准》(JGJ 26—2010)和《既有居住建筑节能改造技术规程》(DB371T 848)进行节能改造。

5.2.2 供热采暖系统中的热水锅炉应采用清洁燃料减少环境污染。对以煤为主要燃料的锅炉宜进行煤改气改造，有条件的地区宜采用可再生能源为集中采暖系统提供热源。

【条文解释】 清洁燃料是指燃烧时不产生对人体和环境有害的物质，或有害物质十分微量的燃料，如天然气、液化石油气、煤气等。集中采暖热水锅炉的煤改气工程已在全国许多地方进行。有条件的地区可采用地源热泵、太阳能一体化技术或地源热泵与太阳能复合系统、热电联供和热能直接利用技术等可再生能源为集中采暖提供热源。

5.2.3 既有居住建筑室内采暖系统的改造可采用在单管系统上增加调控装置的局部改造，或采用共用立管分户独立计量系统的整体改造。

【条文解释】 严寒、寒冷地区的既有居住建筑为实现节能的目标，围护结构节能改造和供热采暖系统的节能改造应同步进行。在室内采暖系统上应设置室温调节和热量计量装置。目前通常做法是单管系统局部改造和采用分户计量系统的整体改造。

单管系统局部改造即单管系统上增加调控装置，也称作竖直单管加跨越管系统，其基本原理如下：在每组散热器的供回水支管上加一个旁通跨越管，其上安装两通恒温阀（单管系统采用低阻两通恒温阀加跨越管，应核算散热器的进流系数，不应小于 30%），或直接在散热器供回水支管上安装三通恒温阀，通过恒温控制阀，按照用户的不同需要控制室内温度。恒温阀要求流通能力大、低阻力，不需要预设定功能。跨越管通常比立管管径小一号，与散热器并联。

该系统的热量计量方式通常都是参照国外的做法，采用入口的总热量表结合每个散热器上的热量分配表的方式，在建筑入口设置大量程的超声波总热量表，每户的每个散热器上安装蒸发式热量分配表，以分配表的读数为依据，计算每户所占比例，分摊总表耗热量到各个用户。系统原理图见图 5.2.3.1。

分户计量整体改造即采用共用立管分户独立计量系统，在既有建筑内增加公共管井，其内设置采暖供、回水立管。每户的采暖供、回水从管井内的供、回水立管分别引出，在管井内各用户引出的供水管上安装热量表和阀门。系统原理图见图 5.2.3.2。

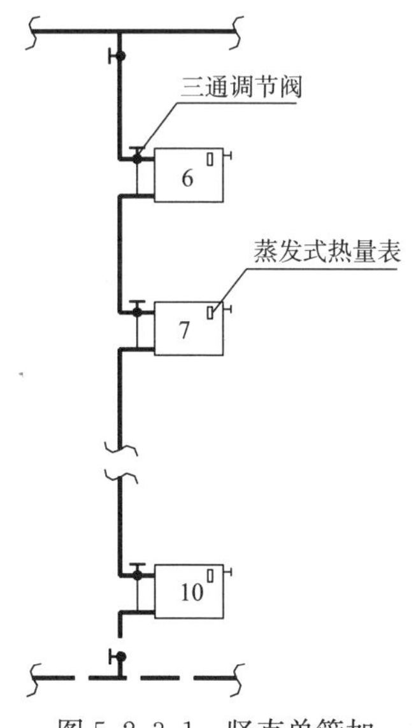

图 5.2.3.1　竖直单管加跨越管系统原理图

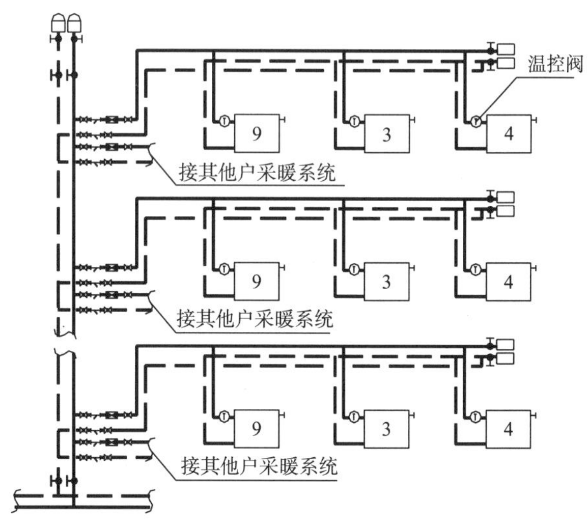

图 5.2.3.2　共用立管分户独立计量系统原理图

5.2.4 室内采暖系统的改造方案应结合工程具体情况选择，当既有居住建筑进行整体改造时应优先选择共用立管分户独立计量系统。

【条文解释】 共用立管分户独立计量系统是新建居住建筑强制性要求采用的采暖系统，该系统有利于建筑节能和系统平衡运行。当既有居住建筑进行整体改造时，原有采暖系统的管道和散热器位置都会随着建筑空间变化而调整，原有采暖系统不能利用，且在建筑整体改造时，有条件设置公共管道井以实现共用立管分户独立计量的采暖系统，因此建议采用。

5.2.5 室内采暖系统改造后，楼栋热力入口处应设热计量装置，以实现在用户间合理地分摊热费，计量装置的选择应满足《供热计量技术规程》（JGJ 173—2009）的要求。

【条文解释】 楼栋热力入口安装热计量装置，可以确定室外管网的热输送效率，并可以确定用户的总耗热量，作为热计量收费的基础数据。楼栋热量计量装置的安装数量与位置应根据室外管网、室内计量装置等情况统筹考虑，在保证计量分摊的前提下，适度减少楼栋热量计量装置的数量。室内采暖系统计量方式的选择应以达到热量合理分配为原则，考虑目前不同技术的成熟程度、应用效果等因素，室内采暖系统散热器宜安装电子式或蒸发式热分配表，产品性能应满足现行城镇建设行业产品标准《电子式热分配表》（CJ/T 260—2007）和《蒸发式热分配表》（CJ/T 271—2007）的要求。有条件的地方可考虑安装具有无线远传功能的电子式热分配表，方便抄表收费。

5.2.6 既有居住建筑通风系统的改造应优先采用通过可开启门窗进行自然通风换气。严寒和寒冷地区，为了改善采暖期的通风条件可采用同步呼吸新风系统或换气装置。

【条文解释】 自然通风不仅可以调节室内空气质量还可以节约能源，应优先选用。但严寒和寒冷地区冬季门窗不宜经常开启，采用新风系统或换气装置能很好地改善室内通风条件，提高空气品质。

1 窗、墙式换气装置的工作原理如下：

将风机装在窗或墙上，可以根据需要进行送风和排风，获得稳定的通风效果。通常采用自然进风、机械排风模式，依靠风机提供动力，通过排风管对房间主动排风造成负压，从而引进新风。通风系统相对简单，新风不经过风管直接进入居室，气流组织较为合理。

2 同步呼吸新风系统的工作原理如下：

该系统由排风机、进风口和室内通风口组成，排风机通常安装在浴室卫生间，24h连续排风，使室内产生负压。在其作用下，室外新风通过安装在外墙上的进风口进入房间，再通过房门、走廊，最后经浴室卫生间排到室外，从而形成一个连续不断的循环过程。系统工作示意图见图5.2.6。

5.2.7 为了保持室内空气品质，门窗的开启面积和开启方式宜满足下列要求：

1 卧室、起居室（厅）、明卫生间的通风开口面积不应小于该房间地面面积的1/20；

2 厨房的通风开口面积不应小于该房间地板面积的1/10，并不得小于0.60m^2；

3 为了不减少外窗通风开口面积，窗户应优先选择平开内倒的开启方式。

【条文解释】 门窗通风开口面积是满足室内空气品质的最低要求。为了增大室内风速，可根据设计气流组织将出风口比进风口面积扩大。门窗的开启面积不等于门窗洞口面积，现实中许多窗户采用推拉窗、固定亮子等形式，大大缩小了可开启的通风

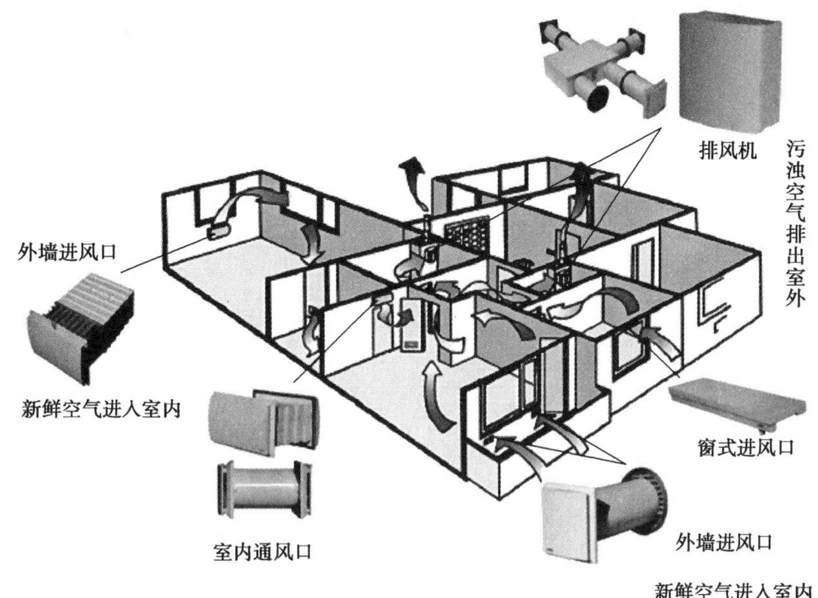

图 5.2.6　同步呼吸新风系统工作示意图

口面积，窗户采用平开内倒的开启方式，不仅可保证开启面积，而且平开内倒式窗多锁点密封，窗户的密封性强，保温性和隔声性也将随之得到提升。内倒状态使室内通风换气自然，风不直接吹向人身体，另外避免了风沙雨雪天气时平开窗不敢开窗的弊端。

5.2.8 既有居住建筑的排油烟管道和排气管道是通风系统改造的重点部位，管道面积应满足《住宅设计规范》（GB 50096—1999）的要求，管道构造应保证不倒灌、回流、上下串味。当不能满足上述要求时可采用以下方式进行改造：

1　既有居住建筑整体改造时应优先采用变压式排烟（气）管道替换原有管道；

2　既有居住建筑改造时如不能更换原有管道，应采用管道顶部增加机械排风装置和管道上安装止回阀的局部改造方式。

【条文解释】　变压式烟道工作原理：通过在集中排烟道内设置隔板，将集中排烟道内截面分隔成两个截面区间，通过导向管减小其区间截面，加快导向管周围上升气流速度，降低进气口的压强甚至产生负压的变压作用。通过进气口导向管作用，使进气气流在这一区间产生高速上升流态，产生拔气作用。与止回阀共同作用，可以彻底解决烟气倒灌现象。适用于整体改造工程。管道工作示意图见图 5.2.8.1。

管道顶部增加机械排风装置可采用免维护机械排风装置或集中机械排风装置，集中机械装置是指设置屋顶风机等排风动力装置，高层住宅应选择集中机械装置。

安装止回阀是在现有管道上的各层进风口处，加装一个兼有排油烟机接口作用的复杂的防气流逆行的止回阀，迫使烟气向烟道单向运动，从而解决烟气互串的问题。止回效果有两个重要指标：阀体开启方式不应与主烟管方向相逆；阀体有效排气面积。止回阀工作原理如图 5.2.8.2 所示。

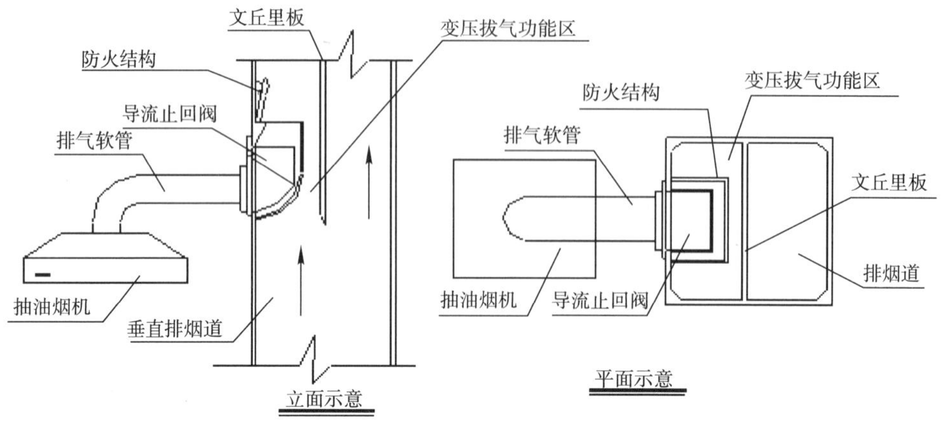

图 5.2.8.1　变压式排烟管道工作示意图

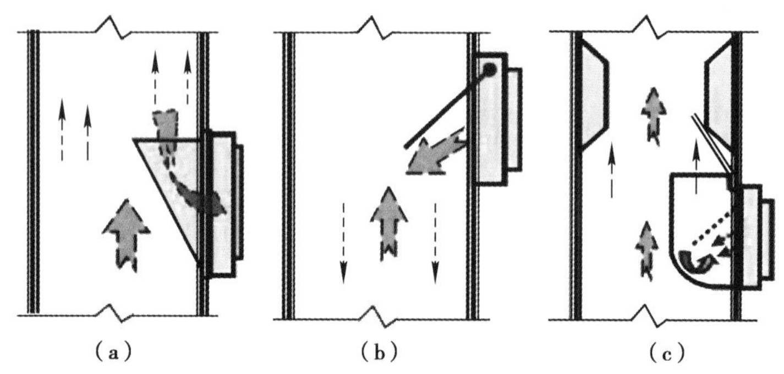

图 5.2.8.2　止回阀工作示意图

(a) 排气方向与主管一致，排气口通风面积大；(b) 排气方向不合理，主烟管烟气稍大就会引起串气；(c) 排气空间狭小，脱排风力直接打在垂直挡板上，极易产生回流回油

5.3　给水排水系统

5.3.1　既有居住建筑给水系统的改造主要包括供水设备、供水管道和用水设备等3个方面。

5.3.2　既有居住建筑给水系统改造宜采用无负压供水设备，由市政管网直接供给用户生活用水。

【条文解释】　既有居住建筑原有给水系统普遍采用二次加压的供水方式（非高层住宅还是以自来水直供为多，应优先考虑市政自来水管网的直供能力），由于供水加压设备老化，且饮用水二次污染危险性高，应采取无负压供水设备，避免生活用水二次污染，保证生活饮用水标准。无负压供水设备工作原理见示意图5.3.2。

5.3.3　既有居住建筑给水系统应采用具有耐久性、不影响水质变化的管材更换原有给水管道，保证生活饮用水水质标准。

【条文解释】　目前既有居住建筑给水系统普遍采用镀锌钢管，管道锈蚀严重且多数已达到使用年限，应当采用具有耐久性不影响水质变化的管材如衬塑钢管、三型聚丙烯管(PP－R管)或不锈钢管等更换。

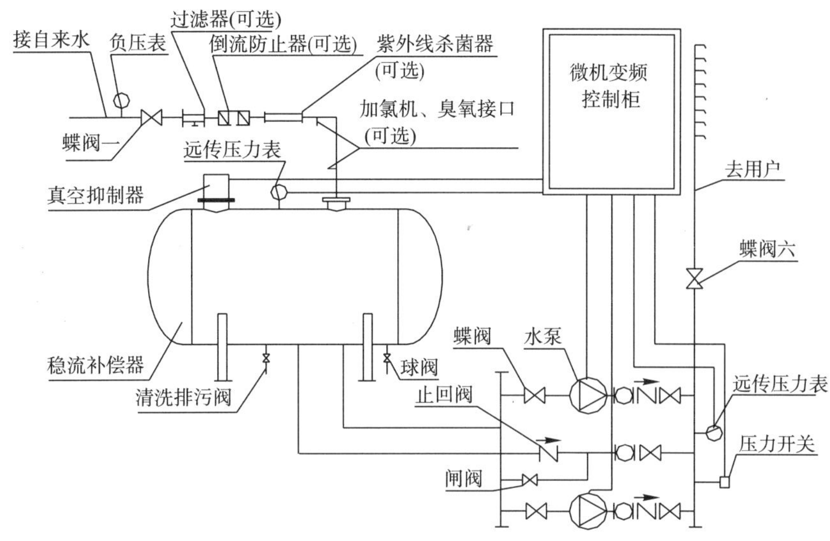

图 5.3.2　无负压设备工作示意图

衬塑钢管技术性能与特点：

1　由表面经镀锌和烤漆双层防腐处理的钢管与塑料管经缩径、粘结等特殊工艺复合而成。

2　强度高，最高工作温度可达 75℃。

3　清洁无毒、安全卫生，各项性能指标均达到《生活饮用水输配水设备及防护材料卫生评价规范》的要求。

4　内壁光滑、不锈蚀、不结垢、无通径损失。

5　采用丝扣连接、沟槽管件连接、法兰连接，管件内表面搪瓷处理，安装可靠，维护方便。

三型聚丙烯管（PP－R 管），除了具有一般塑料管质量轻、耐腐蚀、不结垢、使用寿命长等特点外，还具有以下主要特点：

1　无毒、卫生。PP－R 管的原料分子只有碳、氢元素，无有害有毒的元素存在，卫生可靠，不仅可用于冷热水管道，还可用于纯净饮用水系统。

2　保温节能。PP－R 管导热系数为 0.21W/(m·K)，仅为钢管的 1/200。

3　较好的耐热性。最高工作温度可达 95℃，可满足建筑给水排水规范中热水系统的使用要求。

4　使用寿命长。PP－R 管在工作温度 70℃、工作压力 1.0MPa 条件下，使用寿命可达 50 年以上，常温下（20℃）使用寿命可达 100 年以上。

5　安装方便。PP－R 管具有良好的焊接性能，管材、管件可采用热熔和电熔连接，安装方便，其连接部位的强度大于管材本身的强度。

6　物料可回收利用。PP－R 管废料经清洁、破碎后回收用于管材、管件生产。回收料用量不超过总量 10%，不影响产品质量。

不锈钢管较前两者在卫生安全、耐高温方面更有优越性，特别是壁厚仅为 0.6～1.2mm 的薄壁不锈钢管，具有安全可靠、卫生环保、经济适用等特点。

5.3.4　既有居住建筑应根据国家现行节水标准更换用水器具，满足节水的要求。

【条文解释】《北京市节约用水若干规定》市政府令第 66 号中指出：新建、改建、扩建公共建筑、住宅、市政工程，必须使用节水型用水器具。自本规定实施之日起，一律不得使用螺旋升降式水龙头、一次性冲水量超过 9L 的便器水箱。本规定实施前已经安装使用的，产权人应当采取措施，逐步更换。

5.3.5 既有居住建筑的排水系统应根据管道腐蚀程度进行局部维修或整体更换，排水系统整体更换应与居住功能改造相结合。

【条文解释】既有居住建筑排水管道的锈蚀渗漏是目前普遍存在的问题，局部维修改造也会牵扯到土建防水工程，因此排水管道的改造宜结合居住功能改造整体更换。

5.3.6 排水系统整体更换时，应优先选用模块化同层排水系统，利于未来的进一步改造。

【条文解释】卫生间模块化同层排水节水系统是指将卫生洁具的排水横支管集成模块化，各卫生用具的排水汇合横管同一楼层沿墙系统敷设，排水器具的出水管不穿越所在楼层的系统。该系统是集同层排水与废水收集、储存、过滤、回用冲厕为一体的节水装置，有沿墙侧立式、降低楼板楼面或抬高楼面等多种敷设方式。改造中宜优先选用侧立式同层排水系统，该系统沿墙侧立设置节水模块自动回用废水冲厕，不需要降板处理。

5.3.7 当排水系统整体更换不能采用模块化同层排水系统时，宜增加小区中水处理系统，将生活用水污废分流，废水回收集中处理后用于冲洗马桶、小区绿化浇灌等。

【条文解释】中水利用是节水最显著的一项措施，居住建筑生活用水量较大，比其他建筑设置中水处理系统效益高，因此提倡在具有一定居住规模的项目内设置。

5.3.8 排水管道系统改造时应对排水系统进行防噪处理或选用具有防噪功能的排水管道。

【条文解释】目前排水管道多选用塑料排水管，排水管道冲水时的噪声会影响住户的休息，因此应对排水管道进行防噪处理。

5.4 电气系统

5.4.1 既有居住建筑用电负荷不能满足居民日常生活需要时，配电照明系统应当及时改造。

【条文解释】既有居住建筑在建筑电气方面存在的主要问题是用电负荷不足和配电线路老化。

5.4.2 既有居住建筑电气系统改造时应当采用一户一表，用电负荷标准可按照《住宅设计规范》(GB 50096—1999) 和各地方的居民用电负荷标准确定。

【条文解释】既有居住建筑尤其是筒子楼，通常采用每栋或每层一块表，各家共同分摊电费，易造成邻里的电费纠纷且不利于节约用电。一户一表就是由供电局将计费电能表直接安装到每一户居民住宅，由供电局直接对每一户居民住宅抄表计费。其好处主要有以下几点：

1 实行一户一表的居民住户用电容量可达 6kW，居民可放心使用空调等各种大功率家用电器。

2 一户一表能彻底解决一表多户中总表与分表电量不符造成邻里的电费纠纷。供电局按照国家电价直接对每一住户核收电费，避免在电价外加价的乱收费现象，同时也避免因窃电行为给其他居民造成经济损失。

3 一户一表交电费方便快捷。由供电局与银行联合实行“以储代收”，客户持银联卡到任何联网储蓄所存储电费。可预交电费，不必每月一次在规定时间内交电费。

5.4.3 既有居住建筑电气系统改造时，配电线路应按照电气安全和建筑防火要求的导线穿管敷设，导线应采用铜线，每套住宅进户线截面不应小于 10mm^2，分支回路截面不应小于 2.5mm^2，空调、厨房分支回路不小于 4mm^2。

【条文解释】 20 世纪 90 年代前，由于社会经济发展水平较低，我国城市住宅电气线路常常采用铝质绝缘导线。铝线老化容易引起火灾，因此要求配电改造时均采用铜线。

5.4.4 既有居住建筑改造时，公共空间应采用节能型灯具和声光控制系统，并倡导居民选择节能型的家用电器设备。

【条文解释】 节能型灯具无论从能效还是使用寿命角度来说都比普通白炽灯更有优势。因此在《建筑照明设计标准》(GB 50034—2004) 中，第 3.2.3 条第 5 款对白炽灯的使用做了明确的限制：室内外照明不应采用普通照明白炽灯，但在特殊情况下需采用时，其额定功率不应超过 100W。

智能照明控制系统是采用计算机技术和通信技术及数字调光技术相结合，使照明系统自动化，从传统的普通开关过渡到智能化开关的系统。系统可控制任意回路连续调光或开关，可接入各种传感器对灯光进行自动控制。如移动传感器通过对人体红外线检测达到对灯光的控制，人来灯亮，人走灯灭（暗）。

5.4.5 高层既有居住建筑应根据现行《建筑设计防火规范》(GB 50016—2006) 和《火灾自动报警系统设计规范》(GB 50116—2008) 要求，设置区域火灾报警系统，在公共区域设置火灾探测器、报警及警报装置，以便更好地联动楼内的防排烟系统、消火栓系统、消防电梯及应急照明系统，更好地保护人民群众的生命财产安全。

5.5 电梯设备

5.5.1 为了适应于我国居家养老的基本策略，多层居住建筑宜增加电梯设备。

【条文解释】 我国许多城市已进入老龄化社会，社会养老设施严重不足。因此大力倡导居家养老，多层住宅增加电梯可以解决老年人上下楼梯的困难，为居家养老创造条件。

5.5.2 多层居住建筑增加电梯设备时应选择小型客梯，附设在楼梯间附近。为了减少改造工程量宜选择钢结构与主体建筑柔性连接。

【条文解释】 电梯可以安装在较大楼梯井内，或安装在楼梯间的外侧，有条件的地方应调整原有楼梯位置腾出电梯安装空间，安装电梯位置示意见图 5.5.2.1、图 5.5.2.2。

钢结构具有施工周期短、与主体结构易连接的优势，采用钢结构可以减少改造对居民生活的影响。同时钢与玻璃结合形成电梯井，视觉通透使用更加安全。

5.5.3 既有高层居住建筑的电梯设备，应根据劳动安全部门的规定定期检查，及时维修、更换电梯配件或更换电梯。

5.5.4 为了节约能源，可在电梯设备上加装节能反馈装置，将电梯在运行中形成的动能和势能及多余的机械能，转换成电能再利用。

【条文解释】 目前许多电梯节能改造案例，在电梯设备上加装节能反馈装置，将电

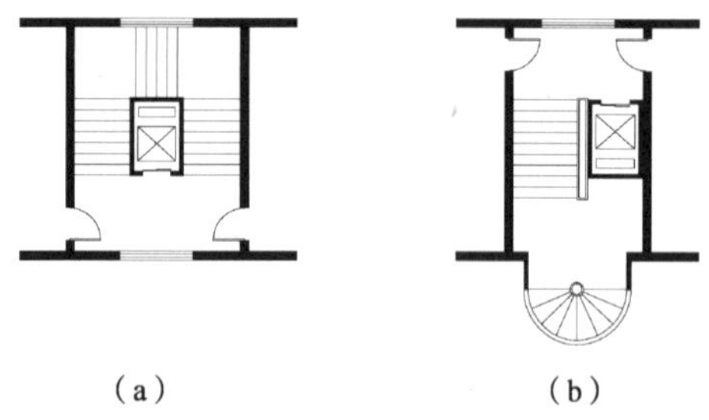

（a）　　（b）

图 5.5.2.1　加设电梯位置示意图

（a）梯井内加建；（b）调整楼梯后加建

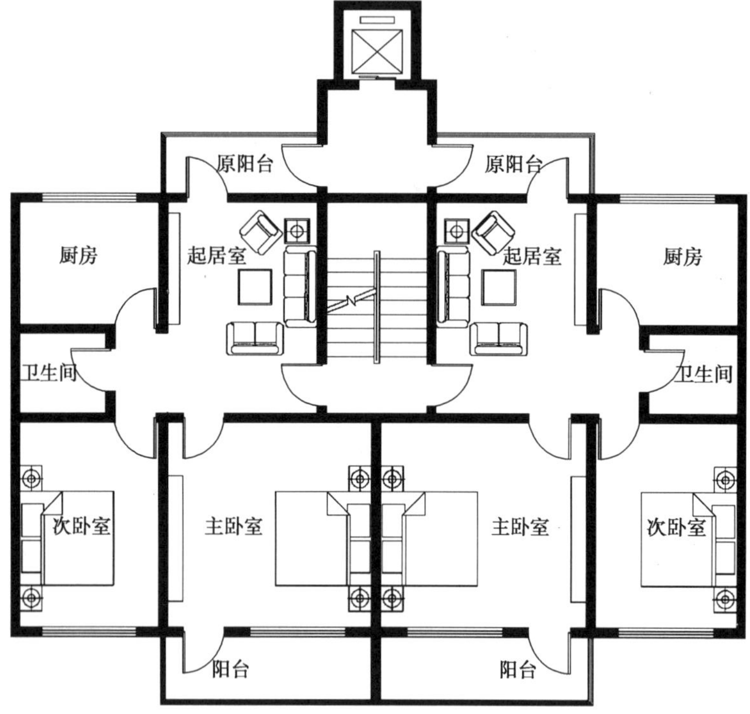

图 5.5.2.2　增设电梯与北阳台连接

梯在运行中形成的动能和势能及多余的机械能，通过电动机和变频器转换成直流电储存在变频器直流回路的电容中，再通过节能装置将电容中储存的直流电能转换成交流电能回送到电网之中，以节约能源。

6　环境性能改造

6.0.1　既有居住建筑环境性能改造包含社区服务设施、道路与停车场地、绿地与活动场地、地下管网更新、雨水收集与利用和生活垃圾分类收集等方面。

【条文解释】　居住环境性能还应当包括规划、建筑造型、室外噪声和防止空气污染等方面，但对于既有居住建筑改造而言，社区服务设施、道路与停车场地、绿地与活动场地、地下管网更新、雨水收集与利用和生活垃圾分类收集是目前需要重点解决的问题。

6.0.2 既有居住建筑环境性能改造时宜根据居民生活需求调整原有配套公共设施的使用功能，使环境性能与当今居民生活相适应。

【条文解释】 我国的居住建筑建设，一般要求根据居住规模配建公共服务设施，如小区商业网点、医疗保健和社区管理用房等，随着时间的变化和社会的发展，居民对公共服务设施的要求会产生一定的变化，如既有居住建筑的老龄化现象普遍，社区助老设施需求紧迫。因此应适时地调整配套公共设施，增加托老所和家政服务用房，以适应居民生活的需要。

6.0.3 既有居住建筑环境性能改造时应增加室外机动车和非机动车停车场地和设施，有条件的地方可以增设地下停车设施。停车场地和设施应方便车辆存取与停放，宜与绿化景观相结合。

【条文解释】 目前停车问题是影响既有居住建筑环境性能的主要问题，改造时宜增加地下车库和地上立体车库等设施，停车场地和设施应方便车辆存取与停放，以利于提高使用效率，与绿化景观相结合不仅可以解决停车问题还可以美化环境。

6.0.4 既有居住建筑环境性能改造时应因地制宜地增加室外活动场地和设施，为全民健康生活创造条件。

【条文解释】 居住建筑应具有室外活动场地和设施，如老年人运动场地、健身器械、儿童活动场地等。但一般既有居住建筑的环境性能较差，未能按居住标准设置，因此在改造时应因地制宜地创造条件进行设置。

6.0.5 既有居住建筑环境性能改造时应尽量减少硬质铺装，采用具有透气性、透水性的铺装材料，增加室外绿地面积，结合气候特征种植花草树木，美化环境。

【条文解释】 透气性、透水性铺装材料，可以减弱雨水的地表径流，增加地下水的涵养，形成自然的地下水循环，有利于修复既有居住建筑的外部环境。透气性、透水性铺装材料主要有透水砖、植草格等，也可以采用地砖之间的留缝、嵌草处理，促进雨水下渗以及植物根系呼吸，有利于场地的生态循环。植物种类的选择宜适当丰富，人工植物群落、乔木、灌木攀藤类植物、观赏花卉宜结合布置，并注重空间层次的错落。植物的种植应充分利用停车位场地、墙面、屋顶和阳台等部位。

6.0.6 既有居住建筑环境性能改造时应增加室外和公共活动空间的无障碍设施，为行动不便者提供方便。

【条文解释】 目前我国大力倡导社会居家养老，要想实现这一目标，首先应当增加室外和公共空间的无障碍设施，为行动不便者提供方便。

6.0.7 既有居住建筑环境性能改造时应在单元入口、道路两侧、住宅之间等居民活动频繁的地方，增设固定座椅和设施，方便停留，促进居民交往。

【条文解释】 在环境性能改造时增加交往空间和设施，可以促进居民日常交流，增强邻里关系，保持社区和谐发展，为社区生活注入更多活力。

6.0.8 既有居住建筑环境性能改造时宜增加社区铭牌标识、道路导引、服务指示、楼栋号码、安全警示等有利于外来人员识别和社区服务管理的标识系统。标识系统应保证一定的照度，满足夜间需要。

【条文解释】 目前既有居住建筑的社区铭牌标识、道路导引、服务指示等普遍缺失，给外来访客造成了很大的困难，尤其是夜间。因此环境性能改造时建议增加社区铭牌标识和夜间照明等设施。

6.0.9 既有居住建筑环境性能改造时应尽可能采用雨水综合利用技术，收集和利用屋（墙）面、广场、道路以及绿化景观等部位的雨水。绿化景观应与雨水收集与利用系统相结合。

【条文解释】 既有居住建筑环境性能改造时，可采用地下储雨池、地下储雨容器（桶、罐）和地下雨水回渗的方法收集屋顶、庭院和地面的雨水。

地下储雨池收集的雨水可以用于冲厕、洗车、绿化、景观或消防等。储雨池的结构应采用钢筋混凝土，并设有去除初期雨水、过滤、沉淀池等装置。容积规模可视情况在1～100m^{3}之间。这种储雨池还需要收集、输送系统，因此，技术要求高，投资较大，需要列入建设计划或融资修建。适用于机关大院、企事业单位家属区的改造。

地下储雨容器（桶、罐）多用于收集屋顶雨水，所收集的雨水主要用于庭院洒水、浇灌花草。储雨容器主要为铁桶、塑料罐和其他容器等，体积一般都小于1m^3。根据水的用途可以考虑安装或不安装初期雨水去除器。这种储雨装置可以直接接在雨落管上，制作简单，适合一般居民楼、平房或四合院采用。

地下雨水回渗的方法：

1 透水地面渗透。把不透水的地面砖换成透水砖，通过透水砖的空隙吸收雨水。并通过在透水砖下面铺设由碎石、砾石、沙子组成的反滤层，让雨水渗到地下去。

2 渗水井渗透。把雨水管引入渗水井渗入地下。

3 利用草坪渗透。在草坪周围垒起约10cm高的高沿，或将草坪地面降低，做成下凹式绿地，承接和回渗雨水。

6.0.10 既有居住建筑环境性能改造时应将室外老化破损的管网更换为新型耐久性好的管材。绿化喷灌系统的改造可采用喷灌或滴灌设备，应优先选择滴灌设备，有利于节约用水。

【条文解释】 滴灌是一种先进的灌溉方法，一种新型的低压节水灌溉技术，它利用专门设计的小口径管道配合预先镶入其中的精密滴头，将水和养分准确地供给作物。它不仅节水、节肥、省劳力，从而缓解用水矛盾，还能大幅度地提高各类作物的质量和产量。因此，绿化喷灌系统的改造应优先选用此方法。

6.0.11 既有居住建筑环境性能改造时应更换不能满足消防规范要求的室外消防给水管道，疏通消防车道。

【条文解释】 既有居住区室外消防给水系统损坏和消防车道堵塞现象严重，因此在环境性能改造时应当把消防安全改造放到首位。

6.0.12 既有居住建筑环境性能改造时应将空调室外机统一规划设置，避免建筑立面混乱，影响环境视觉效果。

【条文解释】 目前既有居住建筑的空调室外机多数缺少统一规划，给建筑立面带来很大的影响，为了美化环境，在既有居住建筑环境性能改造时应统一规划室外机的位置。

6.0.13 既有居住建筑环境性能改造时应将垃圾容器设置在单元出入口附近的隐蔽位置，生活垃圾应袋装分类收集，以便回收利用，减少环境污染。

7　可再生能源的利用

7.0.1　既有居住建筑的改造应结合所在地区的自然条件，优先选用可再生能源，尤其是地热能和太阳能。

【条文解释】　在建筑中可再生能源的利用包括：水电、生物质能、风能、地热能和太阳能。目前地热能和太阳能在建筑中的应用较为成熟，应在既有居住建筑的改造工程中广泛推广。

7.0.2　可再生能源的利用应采用集成技术，当采用太阳能时其集热系统宜与建筑屋面节能改造一体化设计。

【条文解释】　可再生能源若采用集成技术可以提高利用效率。如太阳能供热采暖系统需要其他能源辅助加热来保证系统正常运行，因此目前经常采用地源热泵与太阳能复合技术。

一般太阳能集热系统需要占有很大的面积，对建筑外观影响很大，因此建议与建筑屋面改造一体化设计，既可以统一规划，又可以节约土地资源。

7.0.3　既有居住建筑可采用太阳能供热采暖系统为建筑提供冬季采暖和全年生活热水，其系统设计、施工与调试应满足国家现行标准《太阳能供热采暖工程技术规范》（GB 50495—2009）的要求。太阳能供热采暖系统宜集中设置统一管理。

【条文解释】　太阳能供热采暖系统是目前我国较为成熟的太阳能利用技术，其系统设计、施工与调试，在国家现行标准《太阳能供热采暖工程技术规范》（GB 50495—2009）中提出具体的要求。该系统集中设置统一管理，有利于提高使用效率。

7.0.4　既有居住建筑可采用太阳能光伏发电技术用于建筑照明和家用电器，宜优先用于室外照明和既有居住建筑的公共照明。

【条文解释】　太阳能光伏发电技术成本较高，因此，目前较多地用于照明，较少地用于发电，因此在既有建筑改造中建议用于室外和公共照明。

7.0.5　有条件的地区可采用地源热泵、太阳能一体化技术或地源热泵与太阳能复合系统，为既有居住建筑提供热源，可采用生物质能技术为既有居住建筑提供气源，可采用余热发电、热电联供和热能直接利用技术为既有居住建筑提供蒸汽、热水及电能。

【条文解释】　目前可再生资源利用技术有多种类型，既有居住建筑宜结合所在地区的气候特征、市政条件等进行选择。

地源热泵、太阳能一体化集成技术是集土壤、地下水能和太阳能于一体的高节能技术。热泵主机可使用两种能源，白天用太阳能集热器所采集的热量作为能源使用，夜间或阴雨天用地源热泵作为补充。

生物质能技术主要指秸秆气化技术、沼气生态工程技术。

余热发电、热电联供和热能直接利用技术主要指利用垃圾焚烧产生的热量，通过能量转换制取蒸汽、热水、电能的技术。

7.0.6 有条件的地方可采用有机垃圾生化处理技术，就地消化分解有机垃圾，减少垃圾外运，降低环境污染。

【条文解释】 有机垃圾生化处理技术是通过生化处理设备，利用微生物菌，通过高速发酵、干燥、脱臭处理等工序，就地消化分解有机垃圾的技术。

7.0.7 有条件的地方可采用能源监测管理系统，对相关设备的电、气、热、水等能源运行状态实时监测和科学管理，从而准确掌控能源消耗和节能状况。

三

《既有居住建筑节能检验和评价方法》

住房和城乡建设部住宅产业化促进中心
中国建筑科学研究院
2011 年 5 月 30 日

目　录

引　言

既有居住建筑的节能检验包含围护结构、采暖系统、空调系统、通风换气系统、可再生能源系统等方面，既有居住建筑改造和新建居住建筑的节能检验内容基本相同，检验方法也基本相同。既有居住建筑情况相对又比较复杂，存在很多不确定的因素，其中外围护结构热工缺陷、气密性、室内温度等内容要重点对待。

外围护结构热工缺陷：外围护结构热工缺陷检验应包括外表面热工缺陷检验和内表面热工缺陷检验。对于既有居住建筑，由于建筑一般寿命较老，建筑的外围护结构存在很多不确定的因素，进行节能改造前需要采用红外热像仪进行热工缺陷的检测，以便于确定改造中需要注意的重点部位，节能改造后同样要进行检测，来确认改造的效果。

气密性：外窗气密性能对建筑冷热负荷、室内环境的影响很大，建筑物是否有必要进行了外窗的更换或者改造需要对外窗气密性进行测试，同时改造完成后气密性的测试也是非常重要的一部分。

室内温度：室内温度是衡量室内环境最重要的指标之一，对于既有居住建筑节能改造项目更要重视室内温度的测试，改造之前的测试可以为改造的必要性作出论证，改造之后的测试是衡量改造效果的最重要指标之一。

1　既有居住建筑节能检验方法

居住建筑的节能检验包含围护结构、采暖系统、空调系统、通风换气系统、可再生能源系统等方面，既有居住建筑改造和新建居住建筑的节能检验内容基本相同，检验方法也基本相同。

1.1　围护结构系统检验方法

1.1.1　建筑物外围护结构热工缺陷

外围护结构热工缺陷检验应包括外表面热工缺陷检验和内表面热工缺陷检验。

外围护结构热工缺陷采用红外热像仪进行检测，检测流程宜符合居住建筑节能检验标准的相关规定。红外热像仪及其温度测量范围应符合现场检测要求。红外热像仪的相应波长应处在 8.0～14.0μm，传感器温度分辨率（NETD）应小于 0.08℃，温差检测不确定度应小于 0.5℃，红外热像仪的像素不应少于 320×240。

检测前，宜采用表面式温度计在所检测的外围护结构表面上测出参照温度，调整红外热像仪的发射率，使红外热像仪的测定结果等于该参照温度；宜在与目标距离相等的不同方位扫描同一个部位，检查临近物体是否对受检的外围护结构表面造成影响；必要时可采取遮挡措施或者关闭室内辐射源，或在合适时间段进行检测。

1.1.2 建筑物外围护结构热桥部位内表面温度

热桥部位内表面温度宜采用热电偶等温度传感器进行检测，检测仪表应符合规定。

检测热桥部位内表面温度时，内表面温度测点应选在热桥部位温度最低处，具体位置可采用红外热像仪确定。室内空气温度测点布置应符合规定。室外空气温度测点布置应符合规定。

内表面温度传感器连同 0.1m 长引线应与受检表面紧密接触，传感器表面的辐射系数应与受检表面基本相同。

热桥部位内表面温度检测应在采暖系统正常运行工况下进行，检测时间宜选在最冷月，并应避开气温剧烈变化的天气。检测持续时间不应少于 72h，检测数据应逐时记录。

1.1.3 建筑物围护结构主体部位传热系数

围护结构主体部位传热系数的检测应在施工完成至少 12 个月后进行。

围护结构主体部位传热系数的现场检测宜采用热流计法。

热流计及其标定应符合现行行业标准《建筑用热流计》(JG/T 3016—1994) 的规定。

热流和温度应采用自动检测仪测量，数据存储方式应适用于计算机分析。温度测量不确定度应小于 0.5℃。

测点位置不应靠近热桥、裂缝和有空气渗漏的部位，不应受加热、制冷装置和风扇的直接影响，且应避免阳光直射。

热流计和温度传感器的安装应符合下列规定：

(1) 热流计应直接安装在受检围护结构的内表面上，且应与表面完全接触；

(2) 温度传感器应在受检围护结构两侧表面安装。内表面温度传感器应靠近热流计安装，外表面温度传感器宜在与热流计相对应的位置安装。温度传感器连同 0.1m 长引线应与受检表面紧密接触，传感器表面的辐射系数应与被测表面基本相同。

检测时间宜选在最冷月且应避开气温剧烈变化的天气。在设置集中采暖或分散采暖系统的地区，冬季检测应在采暖系统正常运行后进行；在无采暖系统的地区，冬季应采用电暖气人为提高室内温度后进行检测。其他季节可采取人工加热或制冷的方式建立室内外温差。围护结构高温侧表面温度宜高于低温侧 (10/K)℃以上，且在检测过程中的任何时刻均不得等于或低于低温侧表面温度。检测持续时间不应少于 96h。检测期间，室内空气温度应保持基本稳定，被测区域外表面宜避免雨雪侵袭和阳光直射。

检测期间，应定时记录热流密度和内、外表面温度，记录时间间隔应不大于 0.5h。可记录多次采样数据的平均值，采样间隔宜短于传感器最小时间常数的二分之一。

数据分析宜采用动态分析法。当满足下列条件时，可采用算术平均法。

采用动态分析方法时，宜使用与本标准配套的数据处理软件进行计算。

1.1.4 建筑物外窗窗口整体气密性能

外窗气密性能的检测应在室外瞬时风速不超过 3.3m/s 的条件下进行。

检测装置的安装位置应符合规定。当受检外窗洞口尺寸过大或形状特殊，规定执行有困难时，宜以受检外窗所在房间为测试单元进行检测。

环境参数（室内外空气温度、室外风速和大气压力）应进行同步检测。

在开始正式检测前，应对检测系统的附加渗透量进行一次现场标定。标定用外窗应是受检外窗或与受检外窗相同的外窗。附加渗透量不得超过受检外窗窗口空气渗透量的20%。

在检测装置、人员和操作程序完全相同的情况下，在检测装置的标定有效期内，当检测其他相同外窗时，检测系统本身的附加渗透量不宜再次标定。

每樘受检外窗的检测结果应取连续三次检测值的平均值。

差压表的不确定度不应超过2.5Pa；大气压力表的不确定度不应超过200Pa；环境温度检测仪表的不确定度不应超过1℃，室外风速计的不确定度不应超过0.25m/s，长度尺的不确定度应不超过3mm。

空气流量测量装置的不准确度不应大于测量值的13%。

1.1.5　建筑物外围护结构隔热性能

隔热性能现场检测仅限于居住建筑物的屋面和东（西）外墙。

隔热性能现场检测应在围护结构施工完成12个月后进行，检测持续时间不应少于24h，数据记录时间间隔不应大于60min。白天太阳辐射照度的数据记录时间间隔不应大于15min，夜间可不记录。

检测期间室外气候条件应符合下列规定：

（1）检测开始前2d应为晴天或少云天气；

（2）检测日应为晴天或少云天气，水平面的太阳辐射照度最高值不宜低于《民用建筑热工设计规范》(GB 50176—1993）附录三附表3.3给出的当地夏季太阳辐射照度最高值的90%；

（3）检测日室外最高逐时空气温度不宜低于《民用建筑热工设计规范》(GB 50176—1993）附录三附表3.2给出的当地夏季室外计算温度最高值2.0℃；

（4）检测日室外风速不应超过5.4m/s。

受检外围护结构内表面所在房间应有良好的自然通风环境，围护结构外表面的直射阳光在白天不应被其他物体遮挡，检测时房间的窗应全部开启。

检测时应同时检测室内外空气温度、受检外围护结构内外表面温度、室外风速、室外水平面太阳辐射照度。

内外表面温度的测点应对称布置在受检外围护结构主体部位的两侧，与热桥部位的距离应大于墙体厚度3倍以上。每侧温度测点应至少各布置3点，其中一点布置在接近检测面中央的位置。

内表面逐时温度应取内表面所有测点相应时刻检测结果的平均值。

1.1.6　建筑物外窗遮阳性能

对于固定遮阳设施，检验的内容包括结构尺寸、安装位置、安装角度。对于活动遮阳设施，除上述内容外还应包括遮阳设施的转动或活动范围以及柔性遮阳材料的光学性能。

用于检验遮阳设施构件尺寸、安装位置、安装角度、转动或活动范围的量具，其不确定度应符合下列规定：

长度尺应小于2mm；

角度尺应小于2°。

遮阳设施检验应在遮阳设施安装完毕后进行。活动遮阳设施转动或活动范围的检验应在完成 5 次以上的全程调整后进行。

遮阳材料的光学性能检验应包括太阳光反射比和太阳光直接透射比。太阳光反射比和太阳光直接透射比的检验应按《建筑玻璃可见光透射比、太阳光直接透射比、太阳能总透射比、紫外线透射比及有关窗玻璃参数的测定》（GB/T 2680—1994）的规定执行。

1.2 采暖系统检验方法

1.2.1 建筑物冬季平均室温检验

建筑物平均室温应以户内平均室温的检测为基础。户内平均室温的检测时段和持续时间应符合表 1.2.1 的规定。但当该项检测是为了配合其他物理量的检测而进行时，则其检测的起止时间应符合相应项目检测方法中的有关规定。

户内平均室温检测时段和持续时间 **表 1.2.1**

序号	范围分类	时　段	持续时间
1	试点居住建筑/试点居住小区	整个采暖期	整个采暖期
2	非试点居住建筑/非试点居住小区	冬季最冷月	≥72h

户内平均室温应以房间平均室温的检测为基础。房间平均室温应采用温度巡检仪进行连续检测，数据记录时间间隔最长不得超过 60min。房间平均室温测点应设于室内活动区域内且距楼面 700～1800mm 的范围内恰当的位置，但不应受太阳辐射或室内热源的直接影响。

1.2.2 室外管网水力平衡度检测方法

水力平衡度的检测应在采暖系统正常运行工况下进行。水力平衡度检测期间，采暖系统总循环水量应维持恒定且为设计值的 100％～110％。流量计量装置宜安装在建筑物相应的热力入口处，且宜符合相应产品的使用要求。循环水量的检测值应以相同检测持续时间（一般为 10min）内各热力入口处测得的结果为依据进行计算。

1.2.3 系统补水率检测方法

补水率的检测应在采暖系统正常运行工况下进行。检测持续时间不应少于 72h，宜为整个采暖期。

总补水量应采用具有累计流量显示功能的流量计量装置测量。流量计量装置应安装在系统补水管上适宜的位置，且应符合相应产品的使用要求。当采暖系统中固有的流量计量装置在检定有效期内时，可直接利用该装置进行检测。

采暖系统补水率应按以下公式计算：

$$R_{mp}=\frac{g_a}{g_d}\cdot 100\%$$

$$g_d=0.861\cdot\frac{q_q}{t_s-t_r}$$

$$g_a=\frac{G_a}{A_0}$$

式中　R_{mp}——采暖系统补水率；

g_a——检测持续时间内采暖系统单位建筑面积、单位时间内的补水量［kg/(m^2 · h)］；

g_d——采暖系统单位建筑面积单位时间内理论设计循环水量［kg/(m^2 · h)］；

G_a——检测持续时间内采暖系统平均单位时间内的补水量（kg/h）；

A_0——居住小区内所有采暖建筑物（含小区内配套公共建筑和采暖地下室）的总建筑面积（该建筑面积应按各层外墙轴线围成面积的总和计算）（m^2）；

q_q——供热设计热负荷指标（W/m^2）；

t_s，t_r——采暖系统设计供回水温度（℃）。

1.2.4　室外管网热输送效率检测方法

非试点小区采暖系统室外管网热输送效率的检测应在采暖系统正常运行120h后进行，检测持续时间不应少于72h，试点小区应检测整个采暖期。

检测期间，采暖系统应处于正常运行工况，热源供水温度的逐时值不应低于35℃。当检测期间为整个采暖期时，采暖系统的运行工况应以实际为准。

建筑物的采暖供热量应采用热计量装置在建筑物热力入口处测量，热计量装置中温度计和流量计的安装应符合相关产品的使用规定，供回水温度传感器宜位于受检建筑物外墙外侧且距外墙轴线2.5m以内的地方。采暖系统总采暖供热量应在采暖热源出口处测量，热量计量装置中供回水温度传感器宜安装在采暖锅炉房或换热站内，安装在室外时，距锅炉房或换热站或热泵机房外墙轴线的垂直距离不应超过2.5m。

1.2.5　室外管网供水温降检测方法

非试点小区采暖系统室外管网供水温降的检测应在采暖系统处于正常运行工况下连续运行120h后进行，检测持续时间不应少于72h，试点小区应为整个采暖期。

检测期间，采暖系统应处于正常运行工况，热源供水温度的逐时值不应低于35℃。当检测期间为整个采暖期时，采暖系统的运行工况应以实际为准。

热用户侧所有热力入口处供水温度和热源出口处供回水温度应同时检测。

检测仪表应采用温度巡检仪，数据记录时间间隔不应超过60min。

1.2.6　采暖锅炉运行效率检测方法

采暖锅炉运行效率检测持续时间，非试点小区为24h，试点小区为整个采暖期。

检测期间，采暖系统应处于正常运行工况，燃煤锅炉的平均负荷率应大于60%，燃油和燃气锅炉应大于30%，锅炉日累计运行时数应不小于10h。当检测期间为整个采暖期时，采暖系统的运行工况和锅炉负荷率应以实际为准。

燃煤采暖锅炉的耗煤量应按批逐日计量和统计。燃油和燃气采暖锅炉的耗油量和耗气量累计计量。

在检测持续时间内，煤应用其低位发热值的化验批数应与采暖锅炉房进煤批次相一致，且煤样的制备方法应符合现行国家标准《工业锅炉热工试验规程》(GB 10180—2003)的有关规定。燃油和燃气的低位发热值也应根据油品种类和气源变化进行化验。

采暖锅炉的输出热量应采用热计量装置连续累计计量。

1.2.7　采暖系统实际耗电输热比期望值检测方法

实际耗电输热比期望值的检验应在采暖系统处于正常运行工况下进行，且应满足以下条件：

循环水泵的铭牌参数应满足设计要求。

系统的即时供热负荷应达到设计供热负荷的50%。

循环水泵运行方式应满足下列条件：

(1) 对于变频系统，应按工频运行且启泵台数满足设计工况要求；

(2) 对于多台工频泵并联系统，启泵台数应满足设计工况要求；

(3) 对于大小泵制系统，应启动大泵运行；

(4) 对于常规一用一备制系统，应保证有一台泵正常运行。

实际耗电输热比期望值的检测持续时间为24h。

采暖热源累计输出热量应在锅炉房或换热站或热泵机房内采用热计量装置进行连续检测。循环水泵的用电量应独立计量。

1.3 其　　他

1.3.1 空调系统检验方法

1.3.1.1 室内平均温度

(1) 测试方法及原理

住宅室内平均温度的测试应在典型供冷或供热季节进行测试，测试仪表应具备自动检测、记录和存储的功能，测试时间应不少于24h，检测数据的时间间隔不宜大于30min。

温度测点应均匀设于室内活动区域，且距楼面700～1800mm范围有代表性的位置，温度传感器不应受到太阳辐射或室内热源的直接影响。对于室内面积不足$16m^2$，布置1个测点；对于室内面积大于$16m^2$，但小于$30m^2$的，布置2个测点；对于大于$30m^2$的，布置3个测点。

在测试室内温度的同时，应对测试期间室外的环境温度进行监测，室外温度测点的布置应该避免日晒和雨淋。

室内平均温度以代表性房间室内温度的逐时检测值为依据，按下式计算：

$$t_{\mathrm{rm}} = \frac{\sum_{i=1}^{n} t_{\mathrm{rm},i}}{n}$$

$$t_{\mathrm{rm},i} = \frac{\sum_{j=1}^{p} t_{i,j}}{p}$$

式中 t_{rm}——检测持续时间内受检房间的室内平均温度（℃）；

$t_{\mathrm{rm},i}$——检测持续时间内受检房间第i个室内逐时温度（℃）；

n——检测持续时间内受检房间的室内逐时温度的个数（℃）；

$t_{i,j}$——检测持续时间内受检房间第j个测点的第i个温度逐时值（℃）；

p——检测持续时间内受检房间布置的温度测点的点数。

(2) 测试仪表

温度自记仪、热电阻温度计、数据采集仪等各种具有自动检测、记录和存储功能的温度测试仪表。

1.3.1.2 空调机组运行能效

（1）家用空调器

对于窗式空调器、壁挂分体式空调器和柜式分体空调器，采用试验室工况下的机组综合性能系数（*IPLV*）作为其在实际运行工况下运行能效，具体测试方法和测试仪表详见国家关于家用空调器性能测试的相关标准。

影响家用分体空调器的现场实际性能的主要因素有：1）空调器的制热（制冷）负荷率，一般来说在其他条件不变的情况下，负荷越小其*COP*值越低；2）室外温度和相对湿度，家用空调室外机与室外空气直接接触，以室外空气作为冷（热）源，室外空气的温湿度直接影响其制热（制冷）性能系数，环境越恶劣，性能系数就越低；3）室内设定温度，室内温度的设定直接影响室内机的冷凝（蒸发）温度，冷凝（蒸发）温度的提高（降低）会降低压缩机的效率，从而影响制冷机的性能系数，具体随设定温度的提高（降低）制冷系数衰减量，不同的厂家、不同型号的设备衰减量不同。图1.3.1.2-1和图1.3.1.2-2分别为某空调器的性能随室外温度和室内温度变化情况。

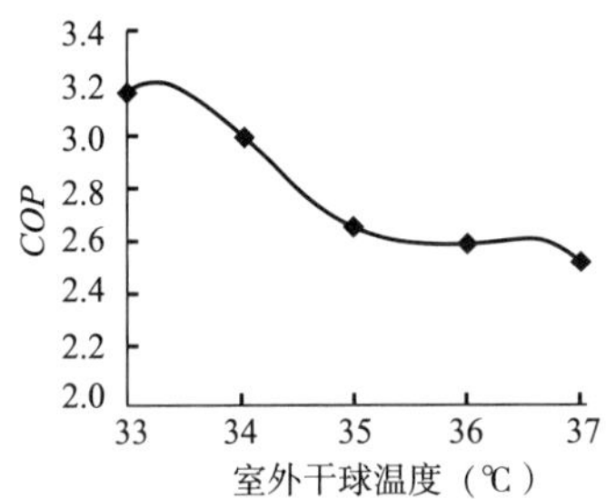

图1.3.1.2-1 空调器制冷*COP*随室外干球温度变化曲线

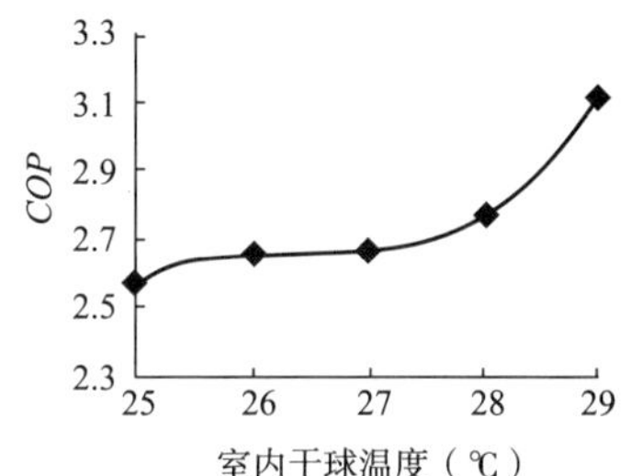

图1.3.1.2-2 空调器制冷*COP*随室内干球温度变化曲线

家用空调器的能耗更主要取决于用户的运行方式、运行时间和节能意识等因素，因此一般不进行家用空调器实际应用性能测试。

（2）户式中央空调系统

性能影响因素：

目前户式中央空调系统，按室外侧冷热源形式的不同，大致可以分为以下三种类型，依次对其性能影响因素进行分析。

1）空气源热泵系统

较常用的户式中央空调系统有VRV空调系统、风管机，空气源热泵系统直接以空调为冷热源，其实际应用性能主要影响因素有以下三个方面：

① 制热（制冷）负荷

对制热（制冷）负荷的调节可以应用以下调节手段：a. 选择在典型的制热（制冷）季节测试；b. 通过调整窗户开度改变新风负荷从而调整设备负荷。

测试的同时要实现尽量对负荷进行实时计算，将测试负荷与额定负荷控制在一定的偏差范围，目前还没有相关标准对负荷偏差值做出规定，实际测试时负荷最好控制在额定负荷的80%以上。

② 室外环境温度

由于没有办法对室外环境进行改变，因此目前常用的解决办法就是调整测试时间，尽量在室外环境接近额定工况时进行测试。

③ 室内环境温度

由于用户对冷热舒适感不同及对节能认识深度不同，室内设定温度也会有较大差别，比如冬天按照规范室内温度达到 18℃就可以了，而有些用户可能在 26℃才感觉到温暖，因此在测试前尽量先调节室内控制器设定温度到额定工况，且应该运行稳定后进行测试。

2）水源热泵系统

水源热泵系统利用地表水、地下水作为冷热源的空调系统，目前主要用在小型会所，郊区别墅等，水源热泵机组性能主要影响因素主要包括以下几个方面：

① 末端负荷

水源热泵系统可以通过以下手段调节末端负荷：a. 选择在典型的制热（制冷）季节测试；b. 通过开启或关闭同系统内其他热泵机组（设置两台或两台以上机组的系统）来调节测试设备的负荷；c. 通过调整窗户开度改变新风负荷从而调整设备负荷。

② 地表水、地下水温度

直接以地表水、地下水作为冷热源，其温度变化会直接导致热泵机组制热（制冷）性能的降低，相对空气源而言，地下水水体热容量大，传热性能好，热源温度相对稳定。

地下水、地表水温度除了受所处地区的影响外，地下水温度随着季节的变化会有一定范围的波动，但在某制热（制冷）季受室外环境的影响很小，地表水相对地下水源来说温度受室外环境影响较大，但变化也不明显。因此现场测试对地表水、地下水温的调节是不容易实现的，只能通过修正使之接近额定工况。

③ 热源水流量

热源水流量的变化会影响热泵机组制热（制冷）性能。热泵机组运行时如果水流量小于额定值过多会造成热泵机组性能的衰减，严重时会造成机组不能正常运行。

对热泵机组进行性能测试时，可以通过调节水泵的开启台数、水泵的运行频率、水路阀门的开度等手段调节热源侧水流量，使之接近额定工况。

④ 室内温度设定

同样室内温度设定影响热泵机组性能，因此在测试前尽量先调节室内控制器设定温度到额定工况，且应该运行稳定后进行测试。

3）土壤源热泵系统

土壤源热泵系统以土壤作为热源，土壤源热泵系统机组运行性能的主要影响因素有以下几个方面：

① 末端负荷

与水源热泵系统一样，土壤源热泵机组的性能也随末端负荷变化，其调节方法同水源热泵机组。

② 循环介质温度

土壤源热泵系统虽然以土壤作为热源，土壤温度相对比较恒定，但热泵系统的运行要靠深埋于地下的换热器通过循环介质（水或乙二醇溶液）输送到热泵机组，这点与水源热泵系统不同，因此循环介质的水温不像地下水那么恒定，它会随着系统运行时间逐渐地下降或上升，到一定的温度换热器换热量与土壤散热达到平衡趋于稳定。实际项目中，循环介质温度和土壤的特性、运行时间、运行模式等都有关系，因此对热泵机组性能直接影响的是循环介质的温度。

土壤源热泵系统也不容易实现对循环介质温度的调节，但测试热泵机组性能时最好应该在循环介质温度趋于稳定后进行测试。

③ 环介质流量

与水源热泵系统一样循环介质的流量变化会影响热泵机组的性能，因此测试时应该调节循环介质的流量使之接近额定工况，具体调节手段同水源热泵机组。

④ 室内温度设定

同样室内温度设定影响热泵机组性能，因此在测试前尽量先调节室内控制器设定温度到额定工况，且应该运行稳定后进行测试。

对于户式中央空调系统，采用综合性能系数和实测效率两项参数对其运行能效进行评价。

① 综合性能系数

在试验室工况下，对其综合性能系数（*IPLV*）进行测试，其测试结果反映了空调机组随负荷的变化特性，具体测试方法和测试仪表详见相关设备性能测试的国家标准。

② 实测效率

对机组在实际运行工况下的效率进行现场测试，测试结果反映了机组在系统中的实际运行效率。

测试原理和方法：

机组实际运行效率的测试应在典型供冷或供热季节进行，测试期间机组应运行正常，检测时间应不少于24h。

机组的实测效率，应根据实测的制冷（热）量和输入功率按下式计算：

$$COP=\frac{Q_0}{N_i}$$

式中 COP——机组的实测效率；

Q_0——测试期间机组的平均制冷（热）量（kW）；

N_i——测试期间机组的平均输入功率（kW）。

对于冷热水系统，可通过测量空调主机的进出口水温和流量，按下式计算机组的制冷（热）量：

$$Q_0=V\rho c\Delta t/3600$$

式中 Q_0——冷热水机组制冷（热）量（W）；

V——机组用户侧流量（m^3/h）；

Δt——机组用户侧进、出口水温差（℃）；

ρ——机组用户侧水的平均密度（kg/m^3）；

c——冷（热）水平均定压比热［kJ/(kg·℃)］。

对于全空气和制冷剂系统，可通过测量主机或室内机进、出风的温湿度和风量，采用焓差法计算机组的制冷（热）量：

制冷量：

$$Q_a=L_s\rho\ (I_1-I_2)$$

式中 Q_a——机组的制冷量（kW）；

L_s——机组风量（m^3/s）；

ρ——空气密度（kg/m^3）；

I_1——机组进风口焓值（kJ/kg）；

I_2——机组出风口焓值（kJ/kg）。

制热量：

$$Q_{ah}=L_s\rho C_{pa}\ (t_{a1}-t_{a2})$$

式中 Q_{ah}——机组的制热量（kW）；

L_s——机组风量（m^3/s）；

ρ——空气密度（kg/m^3）；

C_{pa}——空气的定压比热［kJ/(kg·℃)］；

t_{a1}——机组进风口空气温度（℃）；

t_{a2}——机组出风口空气温度（℃）。

机组的风量可根据现场的实际情况，采用风管法（毕托管＋微压计）或风口法（风量罩）进行测量。

测试仪表：

冷热水系统：

水温：各种水银温度计、热电阻或热电偶式温度计；

水流量：超声波流量计；

输入功率：功率计、电力分析仪。

全空气系统：

流量：毕托管、微压计、风速计、风量罩；

温湿度：干湿球温湿度计；

输入功率：功率计、电力分析仪。

（3）小区集中式供冷供暖系统

对于小区集中式供冷供暖系统，采用现场实测效率对其机组实际运行能效进行评价。

机组实际运行效率的测试应在典型供冷或供热季节进行，测试期间机组应运行正常，检测时间应不少于 24h。

机组实测效率的测试计算方法和测试仪表同户式中央空调系统中的冷热水系统。

与发达国家相比，由于我国的城乡差别较大，造成大量的农村人口不断涌入城市，城市的人口密度不断增加。因此，我国的住宅形式必然是以人口密度较大的住宅小区为主，而住宅小区为集中式供冷供热系统的发展提供了非常有利的条件。特别是近年来，随着地源热泵技术的不断发展，以地下水、土壤、污水、海水为冷热源的地源热泵小区集中式供冷供热系统，在我国特别是在北方地区得到了较大规模的应用。目前常用的集中供热供冷系统主要有以下几种形式：

1）风冷热泵供热（供冷）系统

影响风冷热泵机组供热（供冷）现场应用性能的主要因素包括以下几个方面：

① 末端负荷

对于集中式供热（供冷）系统来说，末端负荷也是影响热泵机组运行性能的主要因素。

集中供热（供冷）系统与户式空调系统不同，很多用户同时使用一个系统，因此对负荷调节手段不同。对于热泵机组负荷调节主要有以下方式：a. 测试前应调查小区入住情况，对于入住率较低的不建议进行测试；b. 选择在典型供热（供冷）日进行测试；c. 通过开启（关闭）同系统其他热泵机组调节测试机组的负荷。

② 室外环境温湿度

风冷热泵系统也是直接以室外空气为冷热源，因此室外空气的温湿度直接影响其制热（制冷）性能系数；同样没有办法对室外环境进行改变，因此目前常用的解决办法就是调整测试时间，尽量在室外环境接近额定工况进行测试。

③ 末端循环水温

末端循环水温也是影响热泵机组性能的主要因素，机组制热时，如果末端循环水温过高，会造成热泵机组性能衰减严重。

测试时应调整供水（回水）设定温度与额定工况相同，待实际运行水温接近额定工况且运行稳定后进行测试。

④ 末端循环水流量

末端循环水流量同样会影响热泵机组制热（制冷）性能。对热泵机组进行性能测试时，可以通过调节末端水泵的开启台数、水泵的运行频率、水路阀门的开度等手段调节热源侧水流量，使之接近额定工况。

2）水源、土壤源热泵系统

影响水源、土壤源热泵机组性能主要包括以下几个方面：

① 末端负荷

末端负荷调节手段同风冷热泵机组测试，对于住宅建筑空调系统具体调节偏差范围参照《公共建筑节能检测标准》（JGJ/T 177—2009），测试时机组运行负荷宜不小于其额定负荷的80%，并处于稳定状态。

② 热源侧循环介质流量

热源侧循环介质流量调节手段同户式水源、土壤源热泵机组测试。

③ 热源侧循环介质温度

同户式水源、土壤源热泵机组测试。

④ 冷热水循环流量、水温

冷热水循环流量、水温调节手段同风冷热泵机组策划四。

3）水冷冷水机组供冷系统

① 末端负荷

同样，冷水机组运行性能随负荷变化而变化，图1.3.1.2－3为某个冷水机组在不同负荷下的性能曲线。

冷水机组测试时末端负荷调节手段同风冷热泵机组测试。

② 冷却水流量

冷却水流量对冷水机组性能会造成一定的影响，测试时调节手段水源热泵机组测试。

③ 冷却水温度

冷却水作为主机的冷源，其温度直接影响制冷性能，测试前应对冷却水温进行调节。调节手段包括：a. 选则在典型的供冷日进行测试；b. 调节冷却塔风扇的开启台数。具体调节偏差范围没有相应规范，参照《公共建筑节能检测标准》（JGJ/T 177—2009）冷却水进水温度应调节在29～32℃之间。

④ 冷冻水循环流量

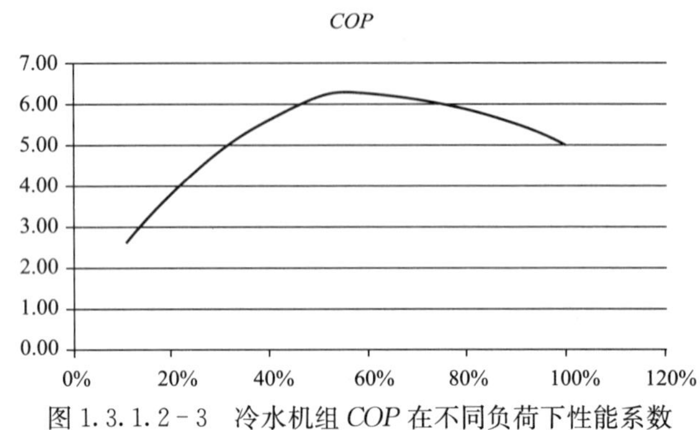

图 1.3.1.2－3 冷水机组 *COP* 在不同负荷下性能系数

末端循环流量也会影响冷水机组制冷性能，调节手段同冷却水流量。

⑤ 冷冻水温度

冷冻水出水温度越低，制冷性能越差，图 1.3.1.2－4 为某冷水机组性能随冷冻水出水温度变化曲线。

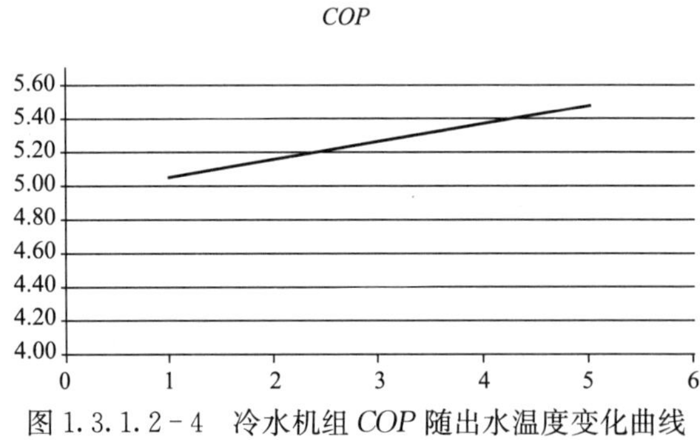

图 1.3.1.2－4 冷水机组 *COP* 随出水温度变化曲线

冷水出水温度调节手段同风冷热泵机组，参照《公共建筑节能检测标准》，测试时冷水出水温度应调整在 6～9℃之间。

1.3.1.3 空调系统能效

(1) 测试方法及原理

空调系统能效是指系统总的制冷量或制热量与系统所有耗电设备总输入电量的比值。

空调系统实际运行效率的测试应在典型供冷或供热季节进行，测试期间系统应运行正常，检测时间应不少于 24h。

空调系统的实测效率，应根据实测的系统制冷（热）量和输入功率按下式计算：

$$CEC=\frac{Q}{N}$$

式中 CEC——空调系统的实测效率；

Q——测试期间空调系统的平均制冷（热）量（kW）；

N——测试期间系统的平均输入功率（kW）。

对于户式中央空调系统，系统的平均输入功率是指冷热源设备、输送设备和末端散热设备等所有空调设备的平均输入功率；对于小区集中式供冷供热系统，考虑到末端散热设备数量较大，测试的难度较大，因此系统的平均输入功率主要指冷热源设备和水泵等输送设备的输入功率，不包括风机盘管等末端散热设备的输入功率。

空调系统的制冷（热）量的测试方法和原理与机组运行能效测试相同。

（2）测试仪表

同空调机组运行能效测试。

1.3.1.4　单位面积年空调耗能量

（1）测试方法及原理

单位面积年空调耗能量的检测采用现场实测和软件模拟计算相结合的方法确定。

1）对于家用空调器，可依据房间的全年能耗和机组的综合性能系数，按下式计算单位面积年空调耗能量：

$$q_{\mathrm{m}}=\frac{Q}{IPLV\cdot A}\cdot\zeta$$

式中　q_{m}——单位面积年空调耗能量（kW/m^2）；

Q——房间在整个制冷季或采暖季的冷（热）负荷（kW）；

$IPLV$——空调机组制冷（热）工况下的综合性能系数；

A——房间的面积（m^2）；

ζ——使用修正系数。

房间在整个制冷期或采暖期的冷（热）负荷，可根据当地的外界气候计算参数和所采用的围护结构形式，利用软件进行模拟计算。

空调机组的综合性能系数（$IPLV$），采用机组在试验室工况下的实测值。

使用修正系数是考虑机组开启时间、开启方式等因素，对单位面积年空调耗能量的影响而采取的修正。房间空调器都是间歇运行的，其运行时间和运行方式对单位面积年空调耗能量影响很大。因此在计算之前，应在对当地的气候条件、经济发展状况、居民的生活水平、生活习惯等因素进行调查的基础上，确定该使用系数。

2）对于户式中央空调系统，可依据房间的全年能耗和实测的空调系统能效，按下式计算单位面积年空调耗能量：

$$q_{\mathrm{m}}=\frac{Q}{CEC\cdot A}\cdot\zeta$$

式中　q_{m}——单位面积年空调耗能量（kW/m^2）；

Q——房间在整个制冷季或采暖季的冷（热）负荷（kW）；

CEC——空调机组制冷（热）工况下的实测系统能效；

A——房间的面积（m^2）；

ζ——使用修正系数。

3）对于小区集中供冷供暖系统，其单位面积年空调耗能量可采用以下方法确定：

① 对于已设分项计量装置的建筑，其单位面积年空调耗能量可根据计量结果确定。

② 对于未设分项计量装置的建筑，其单位面积年空调耗能量可采用以下方法确定：

对采暖空调系统性能进行现场测试，根据测试结果并结合以往运行记录进行分析计算；设置监测仪表，对采暖空调系统能耗进行长期监测，根据监测结果计算。

（2）测试仪表

电表、电力分析仪和钳型功率计等。

1.3.2 通风换气系统检验方法

1.3.2.1 换气次数

(1) 测试方法及原理

采用示踪气体法，对室内通风换气次数进行测试。在门窗和通风换气系统均关闭的情况下，在室内均匀地释放示踪气体，使其达到规定的浓度。同时使用风扇扰动等方法，使其与室内空气进行充分混合。测量室内示踪气体的浓度，开启通风换气系统一小时后，再次测量示踪气体的浓度，根据前后室内示踪气体浓度的变化，计算室内的换气次数。

示踪气体可采用 SF_6 或 CO_2 气体，其测点应均匀设于室内活动区域，且距楼面 700～1800mm 范围内有代表性的位置。对于室内面积不足 16m^2，按对角线布置 3 个测点；对于室内面积大于 16m^2 的，按梅花状布置 5 个测点。

对于采用 SF_6 作为示踪气体的方法，室内通风换气量按下式计算：

$$M_a = 2.30257 \cdot M \cdot \lg\left(\frac{c_1}{c_2}\right)$$

式中 M_a——室内通风换气量（m^3/h）；

M——室内空气量（m^3）；

c_1——测试开始时空气中的 SF_6 含量（mg/m^3）；

c_2——测试结束时空气中的 SF_6 含量（mg/m^3）。

对于采用 CO_2 作为示踪气体的方法，室内通风换气量按下式计算：

$$M_a = 2.30257 \cdot M \cdot \lg\left(\frac{c_1 - c_2}{c_2 - c_a}\right)$$

式中 M_a——室内通风换气量（m^3/h）；

M——室内空气量（m^3）；

c_1——测试开始时空气中的 CO_2 含量（mg/m^3）；

c_2——测试结束时空气中的 CO_2 含量（mg/m^3）；

c_a——空气中的 CO_2 含量（mg/m^3）。

室内通风换气次数 E，根据通风换气量按下式计算：

$$E = M_a / M$$

(2) 测试仪表

具备电子捕获检测器的气相色谱仪。

1.3.2.2 换气效率

(1) 测试方法及原理

采用示踪气体法，对室内通风换气系统的换气效率进行测试。在门窗和通风换气系统均关闭的情况下，在室内均匀地释放示踪气体，使其达到规定的浓度。同时使用风扇扰动等方法，使其与室内空气进行充分混合。测量室内示踪气体的浓度，开启通风换气系统，对各测点示踪气体的浓度进行监测，根据室内示踪气体浓度的变化情况，计算换气效率。

示踪气体可采用 SF_6 或 CO_2 气体，其测点应均匀设于室内活动区域，且距楼面 700～1800mm 范围内有代表性的位置。对于室内面积不足 16m^2，按对角线布置 3 个测点；对于室内面积大于 16m^2 的，按梅花状布置 5 个测点。

根据测试结果，按下式计算通风换气系统的换气效率：

$$\eta_a=\frac{\tau_n}{2\bar{\tau}}$$

式中 η_a——通风换气系统的换气效率（%）；

τ_n——名义时间常数，为房间体积和单位时间通风换气量的比；

$\bar{\tau}$——室内平均空气龄。

（2）测试仪表

具备电子捕获检测器的气相色谱仪。

1.3.2.3 热回收系统能效

（1）测试方法及原理

热回收系统能效是指在实际运行工况下，通过热回收装置实际回收的冷热量与其风机等输送设备消耗电量的比值。

热回收系统实际运行能效的测试应在典型供冷或供热季节进行，测试期间系统应运行正常，检测时间应不少于24h。

热回收系统的实测能效按下式计算：

$$\eta_{re}=\frac{Q_{re}}{N}$$

式中 η_{re}——热回收系统能效；

Q_{re}——测试期间热回收系统所回收的平均冷（热）量（kW）；

N——测试期间热回收系统的平均输入功率（kW）。

测试期间热回收系统所回收的平均冷（热）量，可通过测量热回收装置新风进出口温湿度和风量，采用焓差法计算。具体测试方法同全空气空调系统能效测试方法。

（2）测试仪表

微压计、毕托管、风速计、温湿度计、电力分析仪。

1.3.2.4 单位面积通风能耗

（1）基本条件

通风换气的目的就是满足人们对空气品质的要求，所以通风系统节能性评价，应该在室内空气品质达标的前提下进行评价。

（2）测试方法及原理

单位面积通风能耗是指整个制冷季节或采暖季节通风系统所消耗的机械能耗和消除通风换气所带来的冷热负荷能耗与房间面积的比值，计算公式如下：

$$E_m=\frac{E_F+\frac{Q_{C\&H}}{\varepsilon}}{A}$$

式中 E_m——单位面积通风能耗（kWh/m^2）；

E_F——通风设备能耗（机械通风）；

$Q_{C\&H}$——房间在整个制冷期通风冷负荷或采暖期的通风热负荷（kWh）（新风负荷）；

ε——住宅空调平均性能系数；

A——房间的面积（m^2）。

单位面积通风能耗的检测采用现场实测和软件模拟计算相结合的方法确定。

机械通风设备的能耗（EF）可以根据测试瞬时功率结合使用的时间计算制冷期风机的总能耗，对于有独立计量的可以根据电表直接获得通风设备总能耗。

房间在整个制冷期或采暖期的通风冷（热）负荷，根据通风量和当地的外界气候计算参数、室内参数，利用软件进行模拟计算。通风量的测试可以采用风量罩法和风管截面测试方法。

住宅空调的平均性能系数 ε 根据测试住宅的空调方式不同采用 1.3.1.4 中的 $IPLV$ 值或 CEC 值进行计算。

（3）测试仪表

风量罩、风速计、卷尺、电表、电力分析仪和钳型功率计等。

1.3.3 可再生能源系统

1.3.3.1 太阳能供热空调系统检验方法

太阳能供热空调系统的室内平均温度、空调机组能效、空调系统的能效、单位面积年空调耗能量的测试方法和计算方法同 1.3.1 空调系统检验方法。

对太阳能供热空调系统进行现场测试时的影响因素及调整方法如下：

水箱温度：太阳能供热采暖系统使用投入运行之后，每天开始测试之前，水箱中水温可能会超过限定的 8～25℃范围，应该在实验前做好准备工作，使实验开始时水箱内起始水温满足标准《太阳热水系统性能评定规范》（GB/T 20095—2006）要求；实验开始及结束记录水温时应该使水箱中水充分混匀，大型系统可通过操作系统的循环泵及相关阀门的开启来实现。

太阳辐照：平行于太阳集热器设计一个太阳总辐射传感器，当一个系统的多个采光面或者倾角（如倾角之差大于 10°）设计有太阳能集热器时，则平行于每个采光面或者倾角的太阳能集热器均需设计一个太阳总辐射传感器。对于无法上人的屋面，应该就近选取没有遮光的位置，按照和集热器相同倾角安装总辐射表。

太阳能保证率、节能性和环保性评价方法如下：

（1）太阳能保证率测试方法

1）太阳能热水系统保证率测试方法

① 测试时间：测试起止时间达到测试所需要的太阳辐射量为止。

② 所需测试参数：太阳能集热器采光面积、太阳辐照量、集热系统进口温度、集热系统出口温度、集热系统流量、环境温度、环境空气流速、辅助热源加热量、测试时间。

③ 数据分析：

太阳能热水系统太阳能保证率用下式计算：

$$f=\frac{Q_c}{Q_T}$$

式中 f——太阳能热水系统太阳能保证率；

Q_c——太阳能集热系统得热量（MJ）；

Q_T——生活热水系统的总耗能量（MJ）。

2）太阳能采暖系统保证率测试方法

① 测试时间：测试起止时间达到测试所需要的太阳辐射量为止。

② 所需测试参数：太阳能集热器采光面积、太阳辐照量、集热系统进口温度、集热

系统出口温度、集热系统流量、环境温度、环境空气流速、辅助热源加热量、测试时间。

③ 数据分析：

太阳能供热采暖系统太阳能保证率用下式计算：

$$f=\frac{Q_c}{Q_T}$$

式中 f——太阳能供热采暖系统太阳能保证率；

Q_c——太阳能供热采暖集热系统得热量（MJ）；

Q_T——采暖系统总耗能量（MJ）。

注：应分别测量、计算系统只供应生活热水和系统同时供应生活热水与采暖时的太阳能保证率。

3）太阳能空调系统保证率测试方法

① 测试时间：测试起止时间达到测试所需要的太阳辐射量为止；

② 所需测试参数：

太阳能集热器采光面积、太阳辐照量、集热系统进口温度、集热系统出口温度、集热系统流量、环境温度、环境空气流速、辅助热源加热量、测试时间。

③ 数据分析：

太阳能空调系统太阳能保证率用下式计算：

$$f=\frac{Q_c}{Q_T}$$

式中 f——太阳能空调系统太阳能保证率；

Q_c——太阳能空调集热系统得热量（MJ）；

Q_T——太阳能空调系统总需热量（MJ）。

注：应分别测量、计算系统只供应生活热水、系统只供应太阳能空调或系统同时供应生活热水与空调时的太阳能保证率。

（2）节能性检验方法

对太阳能供热空调系统的节能性评价，首先要对其服务建筑的冷（热）负荷进行推算（或模拟）。具体应该依据测试期间负荷随室外环境温度变化情况、冷负荷形成的特征及各个时间段负荷分布情况和室内外温湿度测试结果，采用合适的方法（度日法、温频法等）估算整个供冷（暖）期的冷（热）负荷，然后根据冷（暖）负荷估算结果和运行管理人员提供的相关资料，以及太阳能供热空调系统性能测试结果，对太阳能供热空调系统供冷（暖）期能耗进行估算；采用同样的方法对运用常规水冷空调系统（采用常规燃煤锅炉供暖）所需要的能耗进行估算，将两者消耗能源折算成一次能源进行比较，具体计算方法如下：

$$SEP=\frac{CE_c-CE_g}{CE_c}$$

式中 SEP——节能率；

CE_c——常规空调系统一次能源消耗量（标准煤，t）；

CE_g——太阳能供热空调系统一次能源消耗量（标准煤，t）。

（3）环保性检验方法

环保性评价方法主要对大气环境的影响进行评价。

对大气环境的影响可以根据太阳能供热空调系统相对于常规空调系统的一次能源节能率，参照消耗一次能源所产生的温室气体和污染气体量，对示范项目应用太阳能供热空调系统所带来的环保效益进行评价。

1.3.3.2 地源热泵系统检验方法

地源热泵系统作为空调冷热源时，其 1）室内平均温度；2）空调机组能效；3）空调系统的能效；4）单位面积年空调耗能量的测试方法和计算方法同空调系统检验方法。其节能性和环保性评价方法如下：

（1）节能性检验方法

对地源热泵系统的节能性评价，首先要对其服务建筑的冷（热）负荷进行推算（或模拟）。具体应该依据测试期间负荷随室外环境温度变化情况、冷负荷形成的特征及各个时间段负荷分布情况和室内外温湿度测试结果，采用合适的方法（度日法、温频法等）估算整个供冷（暖）期的冷（热）负荷，然后根据冷负荷估算结果和运行管理人员提供的相关资料，以及地源热泵系统性能测试结果，对地源热泵空调系统供冷（暖）期能耗进行估算；采用同样的方法对运用常规水冷空调系统（采用常规燃煤锅炉供暖）所需要的能耗进行估算，将两者消耗能源折算成一次能源进行比较，具体计算方法如下：

$$SEP=\frac{CE_c-CE_g}{CE_c}$$

式中 SEP——节能率；

CE_c——常规空调系统一次能源消耗量（标准煤，t）；

CE_g——地源热泵系统一次能源消耗量（标准煤，t）。

（2）环保性检验方法

环保性评价方法主要包括对大气环境的影响和节水性进行评价。

对大气环境的影响可以根据地源热泵空调系统相对于常规空调系统的一次能源节能率，参照消耗一次能源所产生的温室气体和污染气体量，对示范项目应用地源热泵空调系统所带来的环保效益进行评价。

常规水冷式空调系统需要设置冷却水系统，冷却水系统需要消耗大量的水，包括冷却所需要蒸发水量、漂水量和排污水量。而地源热泵空调系统制冷工况运行时，理论上没有水量损失。具体节水量的计算方法，可以根据循环水量按一定的水量损失比例进行估算，也可以根据实际负荷的大小分别计算需要的蒸发水量、漂水量和排污水量进行累加。

对于地下水源热泵系统，一定要保证系统回灌率以及回灌水的水质。虽然从表面上看，水源热泵系统只是提取了水源中的热量，水源水经过热泵机组进行热量交换后又回灌到地下，水质几乎没发生变化，回灌不会引起地下水污染，但是还是会有一些潜在原因可能会引起水质的变化，例如输送管道上生锈、换热器管路的泄漏等都会对回灌水质产生影响。目前对于地下回灌率问题受到充分的重视，很多项目都安装水表监测取水量和回灌水量，对于回灌水质的要求还没有相关的规范，目前最常规的做法是取水源和回灌水作水质检测，并进行比较。对于海水源热泵系统对海洋微生物环境的影响和土壤源热泵系统对地质环境的影响目前都也处于研究阶段。

（3）对地下换热系统

对于土壤源热泵系统，地下换热系统的换热性能直接影响着项目的成败，但换热系统的性能受地质条件、项目的规模、使用模式和使用时间等多种因素的影响。通过短期的测试很难科学地对其进行评价。目前对换热系统的研究评价主要通过模拟计算。

2　既有居住建筑节能评价方法

居住建筑的节能评价方法包括指标法和性能法两种方法，既有居住建筑改造和新建居住建筑均可采用这两种评价方法。

2.1　指　标　法

2.1.1　指标法原理及适用对象

指标法，即凡是符合规定性指标要求的建筑，运行时能耗比较低，可以被认定为节能建筑。但如何合理地列出这些指标，要经过大量的计算、分析、比较和检测。例如墙体、屋顶等的传热系数、外表面的太阳辐射吸收系数，以及玻璃幕墙和窗户的太阳辐射吸收率、透过率等，对空调供冷、供热负荷影响非常显著，一般要作为规定性指标加以限制。规定性指标设定每个单元的节能要求，如外墙最大传热系数和设备最小能效比等。

2.1.2　指标法的应用（包括合格指标值的确定和判定方法）

2.1.2.1　围护结构系统

（1）建筑物外围护结构热工缺陷

合格指标：

受检围护结构外表面缺陷区域与主体区域表面面积的比值应小于20%，且单块缺陷面积应小于0.5m^2。

受检围护结构内表面因缺陷区域导致的能耗增加值应小于5%，且单块缺陷面积应小于0.5m^2。

判定方法：

热像图中的异常部位，宜通过将实测热像图与被测部分的预期温度分布进行比较确定。必要时可采用内窥镜、取样等方法进行确定。

当受检围护结构外表面的检测结果不满足规定，或当受检围护结构内表面的检测结果不满足规定时，应进行复检，若复检结果合格，则判合格，否则判不合格。

（2）建筑物外围护结构热桥部位内表面温度

合格指标：

在室内外计算温度条件下，围护结构热桥部位的内表面温度不应低于室内空气露点温度，且在确定室内空气露点温度时，室内空气相对湿度应按60%计算。

判定方法：

当受检部位的检测结果满足规定时，应判合格，否则判不合格。

（3）建筑物围护结构主体部位传热系数

合格指标：

受检围护结构主体部位的传热系数应满足设计图纸的规定，当设计图纸未作具体规定时，应符合国家现行相关标准的规定。

外墙平均传热系数应依据相关节能设计标准的规定进行计算，相关材料的导热系数按《民用建筑热工设计规范》（GB 50176—1993）附录四附表 4.1 的规定采用。

判定方法：

当受检围护结构主体部位传热系数的检测结果不满足规定时，应进行复检，若复检结果合格，则判合格，否则判不合格。

（4）建筑物外窗窗口整体气密性能

合格指标：

建筑物外窗窗口墙与外窗本体的结合部应严密，外窗窗口单位空气渗透量不应大于外窗本体的相应指标。

判定方法：

当受检外窗窗口单位空气渗透量的检测结果不满足规定时，应进行复检，若复检结果合格，则判合格，否则判不合格。

（5）建筑物外围护结构隔热性能

合格指标：

夏季建筑物东（西）外墙和屋面的内表面逐时最高温度均不应高于室外逐时空气温度最高值。

判定方法：

当受检部位的检测结果满足规定时，应判合格，否则判不合格。

（6）建筑物外窗遮阳性能

合格指标：

受检外窗外遮阳设施的结构尺寸、安装角度、转动或活动范围以及遮阳材料的光学性能应满足设计要求。

判定方法：

受检外窗外遮阳设施的检测结果均满足规定时，应判合格，否则判不合格。

2.1.2.2　采暖系统

（1）建筑物冬季平均室温

合格指标：

建筑物冬季平均室温应在设计范围内，且所有受检房间逐时平均温度的最低值不应低于设计温度，同时检测持续时间内房间平均室温不得大于 23℃。

判定方法：

若受检居住建筑的建筑物平均室温检测结果满足合格指标的规定，则判该受检居住建筑物合格。若所有受检居住建筑的建筑物平均室温均检验合格，则判该申请检验批的居住建筑物合格，否则判不合格。

（2）室外管网水力平衡度

合格指标：

采暖系统室外管网热力入口处的水力平衡度应为0.9～1.2。

判定方法：

在所有受检的热力入口中，各热力入口水力平衡度均满足合格指标的规定时，应判该系统合格，否则判不合格。

(3) 系统补水率

合格指标：

采暖系统补水率不应大于0.5%。

判定方法：

当采暖系统补水率满足规定时，应判该采暖系统合格，否则判不合格。

(4) 室外管网热输送效率

合格指标：

室外管网热输送效率不应小于0.90。

判定方法：

当采暖系统室外管网热输送效率满足规定时，应判该采暖系统合格，否则判不合格。

(5) 室外管网供水温降

合格指标：

由采暖热源出口至热用户侧各个热力入口之间的所有室外管网供水温降不应大于实际供回水温降的5%。

判定方法：

当采暖系统室外管网供水温降满足规定时，判该采暖系统合格，否则判不合格。

(6) 采暖锅炉运行效率

合格指标：

采暖锅炉运行效率，当检测持续时间为24h时应不小于表2.1.2.2-1中的规定；当检测持续时间为整个采暖期时应不小于表2.1.2.2-2中的规定。

锅炉最低日平均运行效率（%）　　表2.1.2.2-1

锅炉类型、燃料种类及发热值			在下列锅炉容量（MW）下的设计效率（%）						
			0.7	1.4	2.8	4.2	7.0	14.0	>28.0
燃煤	烟煤	Ⅱ	—	—	65	66	70	70	71
		Ⅲ	—	—	66	68	70	71	73
燃油、燃气			77	78	78	79	80	81	81

锅炉最低采暖期平均运行效率（%）　　表2.1.2.2-2

锅炉类型、燃料种类及发热值			下列容量（MW）锅炉最低采暖期平均运行效率（%）						
			0.7	1.4	2.8	4.2	7.0	14.0	>28.0
燃煤	烟煤	Ⅱ	—	—	70	71	75	76	71
		Ⅲ	—	—	71	73	75	77	79
燃油、燃气			82	83	83	84	85	86	86

判定方法：

当采暖锅炉运行效率满足规定时，应判合格，否则判不合格。

（7）采暖系统实际耗电输热比

合格指标：

采暖系统实际耗电输热比期望值（$EHR_{a,e}$）应满足下式的要求。

$$EHR_{a,e} \leqslant \frac{0.0062\ (14+a \cdot L)}{\Delta t}$$

式中 $EHR_{a,e}$——采暖系统实际耗电输热比期望值，无因次；

Δt——采暖系统设计供回水温度（℃）；

L——室外管网主干线（从采暖管道进出采暖锅炉房或换热站或热泵机房外墙处算起，至最末端热用户热力入口止）包括供回水管道的总长度（m）；

a——系数，其取值为：当 $L \leqslant 500$m 时，$a=0.0115$；

当 $500\text{m} < L < 1000$m 时，$a=0.0092$；

当 $L \geqslant 1000$m 时，$a=0.0069$。

判定方法：

当采暖系统实际耗电输热比期望值满足规定时，则判合格，否则判不合格。

2.1.2.3　空调系统

（1）室内平均温度

合格指标：

建筑物室内温度应满足设计要求，依据《建筑节能工程施工质量验收规范》（GB 50411—2007）中 14.2.2 的要求，冬季建筑物室内温度不得低于室内设计温度 2℃，不得高于设计温度 1℃，夏季室内温度不得高于设计温度 2℃，不得低于设计温度 1℃。

判定方法：

若受检居住建筑的平均室温检测结果满足合格指标的规定，则判该居住建筑物合格，否则判不合格。

（2）空调机组运行效率

1）家用空调器

合格指标：

房间空调器的实验室工况测试性能系数应满足《房间空气调节器能效限定值及能效等级》（GB 12021.3—2010）中的节能评价标准，即表 2.1.2.3-1 中的 2 级。

房间空调器能效等级限定　　　　**表 2.1.2.3-1**

类型	额定制冷量（CC）（W）	能效等级		
		1	2	3
整体式		3.30	3.10	2.90
分体式	$CC \leqslant 4500$	3.60	3.40	3.20
	$4500 < CC \leqslant 7100$	3.50	3.30	3.10
	$7100 < CC \leqslant 14000$	3.40	3.20	3.00

判定方法：

若受检居住建筑所用空调器实验室工况测试性能系数不满足上述标准，则判定其不合格。

若该建筑的房间空调器实验室测试参数满足节能标准，则按其综合性能系数（*IPLV*）作为评价标准，因为综合性能系数考虑了机组部分负荷运行的性能，其（*IPLV*）比实验室性能系数要低，表 2.1.2.3－1 中的 3 级作为综合性能系数（*IPLV*）的节能评价标准。

2）户式中央空调

合格指标：

对于风管式户式空调系统，其实验室工况测试性能系数（*COP*/*EER*）依据装机容量的不同应大于如表 2.1.2.3－2 限定值的 90%。

风管送风式空调（热泵）机组性能参数限定值　　**表 2.1.2.3－2**

额定制冷（热）量 Q（W）	*COP*、*EER*（W/W）
$Q\leqslant 4500$	2.75
$4500<Q\leqslant 7100$	2.65
$7100<Q\leqslant 14000$	2.60
$14000<Q\leqslant 28000$	2.55
$28000<Q\leqslant 43000$	2.50
$13000<Q\leqslant 80000$	2.45
$80000<Q\leqslant 100000$	2.40
$100000<Q\leqslant 150000$	2.35
$150000<Q$	2.30

对于多联式中央空调系统，其综合制冷性能系数［*IPLV*(*C*)］和综合制热性能系数［*IPLV*(*H*)］依据装机容量的不同应大于表 2.1.2.3－3 中限定值的 92%。

多联式空调（热泵）机组性综合性能系数限定值　　**表 2.1.2.3－3**

名义制冷量（W）	*IPLV*（*C*）、*IPLV*（*H*）（W/W）
≤28000	3.00
28001～84000	2.95
≥84000	2.90

判定方法：

若受检建筑所用空调系统性能参数满足上述要求则判定为合格，否则判定为不合格。

3）集中式空调系统

合格指标：

首先对于住宅建筑采用集中式空调系统，其实验室工况性能系数应不低于表 2.1.2.3－4 的要求。

冷水（热泵）机组制冷性能系数　　表 2.1.2.3-4

类型		额定制冷量（kW）	性能系数（W/W）
水冷	活塞式/涡旋式	<528 528～1163 >1163	3.8 4.0 4.2
	螺杆式	<528 528～1163 >1163	4.1 4.3 4.6
	离心式	<528 528～1163 >1163	4.4 4.7 5.1
风冷或蒸发冷却	活塞式/涡旋式	≤50 >50	2.4 2.6
	螺杆式	≤50 >50	2.6 2.8

其次，检测其部分负荷性能系数（*IPLV*）应不低于表 2.1.2.3-5 的规定值。

冷水（热泵）机组综合部分负荷性能系数　　表 2.1.2.3-5

类型		额定制冷量（kW）	综合部分负荷性能系数（W/W）
水冷	螺杆式	<528 528～1163 >1163	4.47 4.81 5.13
	离心式	<528 528～1163 >1163	4.49 4.88 5.42

注：*IPLV* 值是基于单台主机运行工况。

判定方法：

若受检建筑所配置冷水（热泵）主机名牌性能系数不满足上述要求，则判定为不合格。若合格则对其部分负荷性能系数进行判定，满足则为合格，否则为不合格。

（3）空调系统能效

因对于家用空调和户式中央空调系统的判定等同于设备的判定，这里系统能效只针对采用集中式空调系统能效的判定。

合格指标：

目前对于冷（热）源系统能效值的限定还没有相应的规范、标准，但根据大量的对公共建筑的冷源系统的测试结果来看，运行较为合理、科学的冷源系统其主机的能耗占系统总能耗的百分比约为 65%～80%。由此可以根据机组的能效限定值和机组能耗比例，计算出节能建筑冷源系统能效系数的范围。

由于住宅建筑负荷率相对公共建筑较低，输送设备能耗比例要偏大，因此取机组能耗占总能耗 60%作为系统能效的计算基础，由此计算出节能建筑的系统能效应不低于表 2.1.2.3-6 规定值。

冷源空调系统能效比限值　　　　**表 2.1.2.3-6**

类　型		机组配置（kW）	系统能效比（W/W）
水冷冷水机组冷源空调系统	螺杆式	<528 528～1163 >1163	2.46 2.58 2.76
	离心式	<528 528～1163 >1163	2.64 2.82 3.06
风冷冷水机组冷源空调系统	活塞式/涡旋式	≤50 >50	1.44 1.56
	螺杆式	≤50 >50	1.56 1.68

判定方法：

受检建筑空调系统能效满足上述要求则为合格，否则为不合格。

（4）单位面积年空调耗电量

我国幅员辽阔，各地区气候差异较大，不同气候区域的供暖（空调）时间差别大、单位面积空调负荷差别大。而单位面积空调耗电量与负荷、供暖（空调）时间有直接的关系，因此无法给出一个统一的指标进行判定。

2.1.2.4　通风换气系统

（1）换气次数

合格指标：

室内换气次数应满足设计要求，依据相关设计规范，冬季住宅室内换气次数应大于0.5次/h，夏季室内换气次数应大于1次/h。

判定方法：

受检建筑室内换气次数若满足上述要求则判定合格，否则为不合格。

（2）换气效率

换气效率和通风换气方式有关，目前还没有标准对室内换气效率作要求，一些文献总结混合通风的换气效率在50%左右，置换通风的换气效率在50%～100%，这里换气效率只作参考指标，不作为评判的依据。

（3）热回收系统能效

合格指标：

目前对于设置热回收的通风设备，其热回收能效与配置设备的容量、使用地区的气候条件等都有关，目前还没有相关规范给出规定值，这里作为参考指标，但是设备本身的热回收效率应不低于表2.1.2.4的要求。

热回收装置热交换效率要求　　　　**表 2.1.2.4**

类　型	交换效率（%）	
	制冷	制热
焓效率	>50	>55
温度效率	>60	>65

判定方法：

通风热回收装置的实验室工况测试交换效率满足上述要求的判定为合格，否则不合格。

（4）单位面积通风能耗

单位面积通风换气能耗受地域的影响较大，对于该项指标的设定还缺乏实测数据的支持，因此该参数只作为参考指标，不作为评判依据。

2.1.2.5 可再生能源系统

（1）太阳能保证率

合格指标：

太阳能保证率应满足设计要求。

太阳能保证率的取值，则是根据系统使用期内的太阳能辐照条件、系统的经济性及用户的具体要求等因素综合考虑后确定，《民用建筑太阳能热水系统应用技术规范》（GB 50364—2005）推荐在30%～80%。

我国不同城市推荐的太阳能保证率值见表2.1.2.5：

我国不同城市推荐的太阳能保证率 **表2.1.2.5**

城市名称	太阳能保证率	城市名称	太阳能保证率	城市名称	太阳能保证率
北京	40%～50%	昆明	40%～50%	伊金霍洛旗	50%～60%
哈尔滨	40%～50%	贵阳	≤40%	**太原**	40%～50%
长春	40%～50%	成都	≤40%	侯马	40%～50%
伊宁	50%～60%	重庆	≤40%	**烟台**	40%～50%
沈阳	40%～50%	**拉萨**	≥60%	葛尔	≥60%
天津	40%～50%	西宁	50%～60%	那曲	50%～60%
二连浩特	50%～60%	格尔木	≥60%	玉树	50%～60%
大同	50%～60%	**兰州**	40%～50%	昌都	50%～60%
西安	40%～50%	银川	50%～60%	绵阳	≤40%
济南	40%～50%	乌鲁木齐	40%～50%	峨眉山	40%～50%
郑州	40%～50%	**喀什**	50%～60%	乐山	≤40%
合肥	≤40%	哈密	50%～60%	威宁	40%～50%
武汉	≤40%	漠河	40%～50%	腾冲	50%～60%
宜昌	≤40%	黑河	40%～50%	景洪	50%～60%
长沙	≤40%	佳木斯	40%～50%	蒙自	40%～50%
南昌	40%～50%	阿勒泰	50%～60%	南充	≤40%
南京	40%～50%	奇台	50%～60%	万县	≤40%
上海	40%～50%	吐鲁番	50%～60%	泸州	≤40%
杭州	≤40%	库车	50%～60%	遵义	≤40%
福州	40%～50%	**若羌**	50%～60%	赣州	40%～50%
广州	≤40%	**和田**	50%～60%	慈溪	40%～50%
韶关	40%～50%	额济纳旗	50%～60%	汕头	40%～50%
南宁	40%～50%	**敦煌**	50%～60%	海口	40%～50%
桂林	≤40%	民勤	50%～60%	三亚	50%～60%

注：表中加粗字体的城市热工分区属于寒冷地区。

判定方法：

当太阳能保证率满足上述规定时，应判该系统合格，否则判不合格。

（2）地源热泵系统能效比

地源热泵空调系统能效比判定同集中式空调系统。

2.2 性能法

国际建筑研究委员会（CIB）对“性能”一词定义为：“通过客观确定的定性或定量化的建筑特征，用来识别建筑能否符合设计上的不同功能”。简单地说，性能性评价是根据目标来考虑问题和执行的，而不是依照简单的数值规定和手段来做，其核心思想是看该建筑或其部件能否符合目标要求，而不是限定它该如何建造，减少建筑设计标准规定过于拘谨的弊病。

性能性评价指标又分为：固定能耗指标（Fixed Budget）和变动能耗指标（Custom Budget），固定能耗指标对各类建筑设定在标准条件下每年每平方米采暖空调能耗限值。其优点是能效管理的目标明确；缺点是刚性的能耗限值不一定合理。变动能耗指标是，根据实际建筑建立一个虚拟的“参考建筑”。“参考建筑”在标准条件下计算得到的采暖空调能耗作为实际建筑的能耗限值。变动的能耗指标的优点是灵活，比较合理。缺点是计算比较麻烦，节能判别比较复杂和不易掌握。

一般来说，很多早期的建筑节能设计还都是限定性指标比较多的。近年来，因为建筑科技的快速增长，空间规划和设计手段的不断演变，以满足人们对建筑环境和建设效率的较高期望。建筑节能方面也越来越多采用性能性设计手法及性能性指标，世界上许多国家的建筑设计采用性能性指标时，也有许多不同的手法和概念，要看实际情况和条件而定。这种趋势主要是希望通过性能性设计方法更合理的评定节能设计效益，鼓励综合创新的建筑节能设计。同时性能性指标也更宏观地展现社会对建筑节能水平的整体要求。

2.2.1 性能法原理及适用对象

节能设计及评价中对性能化设计方法的要求体现在权衡判断（Trade－off）节能指标法的引入。建筑设计时往往着重考虑建筑使用功能和外形立面，有时难以完全满足节能设计标准中规定性条款的要求，尤其是建筑的体型系数、窗墙面积比和对应的玻璃热工性能很可能突破节能设计标准规定性指标的限制。为了尊重建筑师的创造性工作，同时又使所设计的建筑能够符合节能设计标准的要求，评价时引入建筑围护结构的总体热工性能是否达到要求的权衡判断法。围护结构权衡判断法不拘泥于建筑局部的热工性能，而是着眼于总体热工性能是否满足节能标准的评价要求。因此权衡判断法是整个性能性评价的核心。

权衡判断法（Trade－off）是先构想出一栋虚拟的参照建筑，然后分别计算参照建筑和实际设计的建筑的全年采暖和空调能耗，并依照这两个能耗的比较结果作出判断。权衡判断法的核心是对参照建筑和实际所设计的建筑的采暖和空调能耗进行比较并作出判断。在建筑节能设计中，正是由于建筑环境变化是由众多因素所决定的一个复杂过程，因此只有通过计算机模拟计算的方法才能有效地预测室内温湿度变化、采暖空调系统的能耗以及建筑物全年环境控制所需要的能耗。

2.2.2 建筑节能设计性能性评价的过程

设计建筑各项围护结构的传热系数均符合或优于相关标准的规定，且窗墙比在本标准规定范围内时，可以不进行建筑物耗热量指标计算，判定为总体热工性能符合相关标准规定的节能要求。只有满足总体热工性能和其他强制性条文要求，才可以判定为节能居住建筑设计。

当设计建筑物外窗不能满足相关标准规定、或窗墙比大于规定值时，应采用“参照建筑对比法”进行采暖节能建筑设计判定。

（1）按照建筑物耗热量指标判定和计算表的方法，计算参照建筑围护结构耗热量指标。计算时各阳台顶部总面积和所有凸窗顶部总面积均计入屋面面积；各阳台底部总面积（阳台不落地时）和所有凸窗底部总面积均计入接触室外空气地板的面积。

（2）将参照建筑的耗热量指标作为设计建筑的耗热量指标限值。

（3）计算设计建筑的实际耗热量指标，如大于参照建筑的耗热量指标时，应调整窗墙比或围护结构传热系数，使计算耗热量指标不大于参照建筑耗热量指标，调整后的建筑设计，可判定为总体热工性能符合本标准规定的节能要求。调整窗墙比时，应按同一比例同时缩小有阳台外窗和无阳台外窗的尺寸。

耗热量模拟计算方法：

对于北方地区耗热量模拟计算，围护结构的传热系数和窗墙比不能满足《严寒和寒冷地区居住建筑节能设计标准》（JGJ 26—2010）规定限值的，上述标准要求对建筑进行权衡判断，要求建筑耗热量指标不大于该标准的规定值。其计算方法如下：

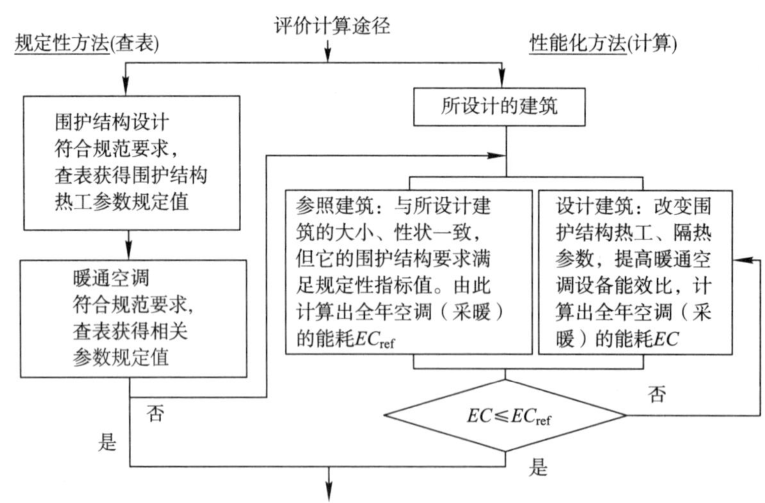

（1）《严寒和寒冷地区居住建筑节能设计标准》（JGJ 26—2010）规定建筑物耗热量指标应按下式计算：

$$q_H = q + q_{INF} - q_{IH}$$

式中 q_H——建筑耗热量指标（W/m^2）；

q——折合到单位建筑面积上单位时间内通过建筑围护结构的传热量（W/m^2）；

q_{INF}——折合到单位建筑面积上单位时间内建筑物空气渗透耗热量（W/m^2）；

q_{IH}——折合到单位建筑面积上单位时间内建筑物内部得热量，取 3.80W/m^2。

（2）折合到单位建筑面积上单位时间内通过建筑围护结构的传热量应按下式计算：

$$q_{HT}=q_{Hq}+q_{Hw}+q_{Hd}+q_{Hmc}+q_{Hy}$$

式中　q_{Hq}——折合到单位建筑面积上单位时间内通过墙的传热量（W/m^2）；

q_{Hw}——折合到单位建筑面积上单位时间内通过屋面的传热量（W/m^2）；

q_{Hd}——折合到单位建筑面积上单位时间内通过地面的传热量（W/m^2）；

q_{Hmc}——折合到单位建筑面积上单位时间内通过门、窗的传热量（W/m^2）；

q_{Hy}——折合到单位建筑面积上单位时间内非采暖封闭阳台的传热量（W/m^2）。

（3）折合到单位建筑面积上单位时间内建筑物空气渗透耗热量应按下式计算：

$$q_{INF}=(t_n-t_e)(C_p\rho NV)/A_0$$

式中　C_p——空气比热容，取 0.28Wh/（kg·K）；

ρ——空气密度，统一取 ρ=1.3kg/m^3；

N——换气次数，住宅建筑取 0.5 次/h；

V——换气体积（m^3）。

2.2.3　推荐建筑节能模拟工具介绍

当前，国内外对建筑能耗的逐时动态计算方法已经非常成熟，比较知名的软件也非常多。比如国外的 DOE－2、EnergyPlus，国内的 CHEC、DEST 等。稳态计算方法因计算原理相对简单，其软件种类相对较多，如国内的天正、鸿业等，设计者也可以手工计算或用自编的小软件计算。建筑能耗模拟软件主要在如下两方面得到广泛的应用：

（1）建筑物冷热负荷预测与措施优化。通过改善外墙保温、改进外窗性能和窗墙比、选取不同热惯性的围护结构等措施，都将改变建筑物室内热环境和能源消耗。这些措施与建筑环境及建筑物全年能耗之间的关系很难进行直接准确的分析，只有通过模拟才能得到。因此在评价和优化建筑设计方案时，一般都采用模拟计算的方法。

（2）空调系统能耗预测与性能优化。通过对全年的逐时模拟或典型工况模拟，了解实际运行中可能出现的各种工况，从而预测系统设计的全年空调能耗，并可在系统、结构及控制方案中采取有效措施，从而对不同系统方案和设备配置进行优化。

当设计建筑的围护结构热工性能及其他指标满足标准中规定的刚性指标，采暖空调系统的设备性能系数符合标准的规定值，可直接判定该设计建筑为节能设计。亦可采用节能设计软件直接判定。

四

《既有住宅性能评定指标体系》（草案修编稿）

住房和城乡建设部住宅产业化促进中心

2011年5月15日

前　言

住宅性能认定在我国是一项开创性的工作，住宅性能认定技术标准是我国住宅建设工程实践和科研成果的集中体现。2006 年 3 月 1 日，原建设部发布《住宅性能评定技术标准》（GB/T 50362—2005）并开始实施。

住宅性能认定实行第三方认证，以保证认定结果能科学公正地反映住宅的综合性能水平。认定宗旨是还消费者对于住宅性能状况的知情权；体现节能、节地、节水、节材等产业技术政策，引导住宅开发和住房理性消费；鼓励开发商提高住宅性能。住宅性能分为适用性能、环境性能、经济性能、安全性能、耐久性能五个方面；《住宅性能评定技术标准》首先对五方面性能细分成定性定量的项目单独评价，以此作为基础进行综合评定。

《住宅性能评定技术标准》适用于城镇所有新建住宅的性能评定。对与既有居住建筑尚未制定相应的标准。住房和城乡建设部住宅产业化促进中心在 2005 年开始进行这方面的研究，编制《既有住宅性能评定指标体系》（草案）。本课题是在草案的基础上，以典型住宅及居住区综合改造示范工程为载体，开展新的研究和修编，旨在提高《既有住宅性能评定指标体系》的科学合理性。实际是对该体系草案的补充，提供有价值的参考。

A　既有住宅适用性能评定指标和估价权重（100分）（草案修编）

<table>
<tr><th>评定项目及分值</th><th>子项序号</th><th colspan="2">定性定量指标</th><th>估价权重</th><th>得分</th></tr>
<tr><td rowspan="17">本套住宅所处的单元平面</td><td>A01</td><td colspan="2">公共交通便捷紧凑，面积合理</td><td></td><td></td></tr>
<tr><td>A02</td><td colspan="2">入户直接、方便</td><td></td><td></td></tr>
<tr><td>A03</td><td colspan="2">采光通风良好</td><td></td><td></td></tr>
<tr><td>A04</td><td colspan="2">平面规整，平面设凹口时，其深度与开口宽度之比＜2</td><td></td><td></td></tr>
<tr><td colspan="3">注：顶层户不受该指标影响，此处直接得分</td><td></td><td></td></tr>
<tr><td>A05</td><td colspan="2">厨房、卫生间、卧室、起居室等主要功能空间没有设置在凹口处</td><td></td><td></td></tr>
<tr><td rowspan="2">A06</td><td rowspan="2">平面进深、户均面宽大小适度</td><td>Ⅱ 很合理</td><td></td><td></td></tr>
<tr><td>Ⅰ 基本合理</td><td></td><td></td></tr>
<tr><td rowspan="2">A07</td><td rowspan="2">门厅和候梯厅自然采光</td><td>Ⅱ 窗地面积比≥1/10</td><td></td><td></td></tr>
<tr><td>Ⅰ 有自然采光，但窗地面积比＜1/10</td><td></td><td></td></tr>
<tr><td rowspan="2">A08</td><td rowspan="2">单元入口处的进厅或门厅</td><td>单元公共空间设置有门厅或进厅</td><td></td><td></td></tr>
<tr><td>门厅或进厅使用面积：高层≥$15m^2$；中高层≥$10m^2$；多层≥$3.5m^2$</td><td></td><td></td></tr>
<tr><td>A09</td><td colspan="2">电梯候梯厅深度不小于多台电梯中最大轿箱深度，且≥1.5m</td><td></td><td></td></tr>
<tr><td>A10</td><td colspan="2">楼梯段净宽≥1.1m，平台宽≥1.2m</td><td></td><td></td></tr>
<tr><td>A11</td><td colspan="2">踏步宽度≥260mm，踏步高度≤175mm</td><td></td><td></td></tr>
<tr><td colspan="3">注：对于独立住宅本部分指标直接得分</td><td></td><td></td></tr>
<tr><td colspan="3" style="display:none"></td></tr>
<tr><td rowspan="15">住宅套型</td><td>A12</td><td colspan="2">套内居住空间、厨房、卫生间等基本空间齐备</td><td></td><td></td></tr>
<tr><td colspan="3">注：不满足该条指标，不适用该评价体系，不予评价</td><td></td><td></td></tr>
<tr><td>A13</td><td colspan="2">结构体系有利于空间的灵活分隔、方便改造</td><td></td><td></td></tr>
<tr><td rowspan="4">A14</td><td rowspan="4">套内除居住空间、厨房、卫生间以外，其他功能空间的配置</td><td>Ⅳ 多功能室（工作室）、步入式更衣间、贮藏室、独立餐厅、生活阳台、服务阳台、家务间（洗衣间）以及入口过渡空间</td><td></td><td></td></tr>
<tr><td>Ⅲ 多功能室（工作室）、步入式更衣间、贮藏室、独立餐厅、生活阳台、家务间（洗衣间）以及入口过渡空间</td><td></td><td></td></tr>
<tr><td>Ⅱ 多功能室（工作室）、用餐空间、阳台、入口过渡空间</td><td></td><td></td></tr>
<tr><td>Ⅰ 用餐空间、阳台、入口过渡空间</td><td></td><td></td></tr>
<tr><td>A15</td><td colspan="2">功能空间形状合理，无异型房间</td><td></td><td></td></tr>
<tr><td>A16</td><td colspan="2">起居室（厅）、卧室有自然通风和采光良好，无明显视线干扰和采光遮挡</td><td></td><td></td></tr>
<tr><td rowspan="2">A17</td><td rowspan="2">居住空间获得冬季日照</td><td>Ⅱ 当有四个以上居住空间时，其中有两个或两个以上居住空间获得冬季日照</td><td></td><td></td></tr>
<tr><td>Ⅰ 至少有一个居住空间获得冬季日照</td><td></td><td></td></tr>
<tr><td>A18</td><td colspan="2">厨房的采光和通风良好，对主要居住空间不产生干扰</td><td></td><td></td></tr>
<tr><td>A19</td><td colspan="2">套内交通组织顺畅，不穿行起居室（厅）、卧室</td><td></td><td></td></tr>
</table>

续表

<table>
<tr><th>评定项目及分值</th><th>子项序号</th><th colspan="3">定性定量指标</th><th>估价权重</th><th>得分</th></tr>
<tr><td rowspan="12">住宅套型</td><td>A20</td><td colspan="3">套内纯交通面积≤使用面积的 1/20</td><td></td><td></td></tr>
<tr><td>A21</td><td colspan="3">餐厅、厨房流线联系紧密</td><td></td><td></td></tr>
<tr><td rowspan="3">A22</td><td rowspan="3">卫生间配置</td><td colspan="2">Ⅲ 每个居室均配置卫生间</td><td></td><td></td></tr>
<tr><td colspan="2">Ⅱ 配置两个卫生间</td><td></td><td></td></tr>
<tr><td colspan="2">Ⅰ 设 1 个功能齐全的卫生间</td><td></td><td></td></tr>
<tr><td>A23</td><td colspan="3">各功能空间面积配置匹配</td><td></td><td></td></tr>
<tr><td>A24</td><td colspan="3">主要功能空间面积合理</td><td></td><td></td></tr>
<tr><td>A25</td><td colspan="3">起居室（厅）供家具、设备布置的连续实墙面长度≥3.6m</td><td></td><td></td></tr>
<tr><td>A26</td><td colspan="3">双人卧室开间≥3.3m</td><td></td><td></td></tr>
<tr><td>A27</td><td colspan="3">厨房操作台长度≥3.0m</td><td></td><td></td></tr>
<tr><td rowspan="2">A28</td><td rowspan="2">套内贮藏室</td><td colspan="2">Ⅱ 贮藏室使用面积≥3m²，设置合理，较好满足使用要求</td><td></td><td></td></tr>
<tr><td colspan="2">Ⅰ 贮藏室使用面积<3m²，基本满足使用要求</td><td></td><td></td></tr>
<tr><td>A29</td><td colspan="3">起居室、卧室空间净高≥2.4m</td><td></td><td></td></tr>
<tr><td rowspan="15">装修</td><td rowspan="5">A30</td><td rowspan="5">起居室、卧室装修状况</td><td rowspan="3">档次</td><td>Ⅲ高档</td><td></td><td></td></tr>
<tr><td>Ⅱ 中档</td><td></td><td></td></tr>
<tr><td>Ⅰ 普通</td><td></td><td></td></tr>
<tr><td colspan="2">Ⅱ 保持完好，成新度较高，表面整洁无破损</td><td></td><td></td></tr>
<tr><td colspan="2">Ⅰ 保持完好，表面无破损，成新度较低</td><td></td><td></td></tr>
<tr><td rowspan="5">A31</td><td rowspan="5">厨房装修</td><td rowspan="3">档次</td><td>Ⅲ采用成套厨房设备，墙面、地面和顶棚装修效果好，装修档次较高</td><td></td><td></td></tr>
<tr><td>Ⅱ 厨房家具等系现场施工制作，设备配置基本齐全，厨房按“洗、切、烧”炊事流程布置</td><td></td><td></td></tr>
<tr><td>Ⅰ 厨房装修简陋</td><td></td><td></td></tr>
<tr><td colspan="2">Ⅱ 保持完好，成新度较高，各设备无损坏使用正常，家具无破损</td><td></td><td></td></tr>
<tr><td colspan="2">Ⅰ 各设备能维持基本使用，家具陈旧，成新度较低</td><td></td><td></td></tr>
<tr><td rowspan="5">A32</td><td rowspan="5">卫生间装修</td><td rowspan="3">档次</td><td>Ⅲ 采用成套卫生间设备，墙面、地面和顶棚装修效果好，装修档次较高</td><td></td><td></td></tr>
<tr><td>Ⅱ 卫生间家具等系现场施工制作，设备配置基本齐全，使用方便</td><td></td><td></td></tr>
<tr><td>Ⅰ 卫生间装修简陋</td><td></td><td></td></tr>
<tr><td colspan="2">Ⅱ 保持完好，成新度较高，各设备无损坏使用正常，瓷砖、器具无破损</td><td></td><td></td></tr>
<tr><td colspan="2">Ⅰ 各设备能维持基本使用，无渗漏现象，家具陈旧，成新度较低</td><td></td><td></td></tr>
</table>

续表

评定项目及分值	子项序号	定性定量指标			估价权重	得分
装修	A33	门厅、楼梯间或候梯厅装修	档次	Ⅲ 很好		
				Ⅱ 好		
				Ⅰ 一般		
			Ⅱ 保持完好，成新度较高，表面整洁无破损			
			Ⅰ 保持完好，表面无破损，成新度较低			
	A34	住宅外部装修效果	档次	Ⅲ 很好		
				Ⅱ 好		
				Ⅰ 一般		
			Ⅱ 保持完好，成新度较高，表面整洁无破损、褪色			
			Ⅰ 保持完好，表面无破损，成新度较低			
隔声性能	A35	楼板计权标准化撞击声压级	Ⅱ≤65dB			
			Ⅰ≤75dB			
	A36	楼板的空气声计权隔声量	Ⅲ≥50dB			
			Ⅱ≥45dB			
			Ⅰ≥40dB			
	A37	分户墙空气声计权隔声量	Ⅲ≥50dB			
			Ⅱ≥45dB			
			Ⅰ≥40dB			
	A38	含窗外墙的空气声计权隔声量	Ⅲ≥40dB			
			Ⅱ≥35dB			
			Ⅰ≥30dB			
	A39	户门空气声计权隔声量	Ⅲ≥40dB			
			Ⅱ≥30dB			
			Ⅰ≥25dB			
	A40	与卧室和书房相邻的分室墙空气声计权隔声量	Ⅲ≥40dB			
			Ⅱ≥35dB			
			Ⅰ≥30dB			
	A41	排水管道基本无噪声				
	A42	设备采取了减振和隔声措施				
设备设施	A43	给水排水与燃气设施完备				
	A44	热水供应系统	Ⅱ 设24h集中热水供应，采用循环热水系统			
			Ⅰ 预留热水管道和热水器位置			
	A45	分质供水系统	Ⅱ 设管道直饮水系统			
			Ⅰ 设户式纯净水处理设备			

续表

评定项目及分值	子项序号	定性定量指标		估价权重	得分
设备设施	A46	室内排水系统，排水设备和器具分别设置存水弯，存水弯水封深度≥50mm，排水立管检查口方便清通，设在管井时设方便清通的检查门或接口，不与会所和餐饮业的排水系统共用排水管，在室外相连之前设水封井			
	A47	洗衣机位置设置合理，并设有洗衣机专用水嘴与地漏，有晾衣空间			
	A48	管道、管线布置采用暗装，布置合理。厨房和卫生间立管集中设在管井内，管井紧邻卫生间和厨房布置，燃气管道及计量仪表安装时，采用相应的安全措施，户内计量仪表、阀门和检查口等的位置方便检修和日常维护			
	A49	主压力干管及单元总阀门设置在户外			
	A50	严寒、寒冷地区设置采暖系统和设备，夏热冬冷地区有采暖和空调措施，夏热冬暖地区有空调措施			
	A51	空调室外机位置和风口等设施布置合理，冷凝水单独有组织排放			
	A52	新风系统	Ⅲ 设有组织的新风系统，新风经过滤、加热加湿（冬季）或冷却去湿（夏季）等处理后送入室内，新风量≥每人 30m³/h。室内湿度夏季≤70%，冬季≥30%		
			Ⅱ 设有组织的新风系统，新风经过滤处理，新风量≥每人 30m³/h		
			Ⅰ 设有组织的换气装置		
	A53	空调系统	Ⅱ 户式中央空调系统		
			Ⅰ 分体式空调系统		
	A54	厨房设竖向和水平烟（风）道有组织地排放油烟，竖向烟（风）道有明显的负向压力，通风良好。如达不到时，六层以上住宅在屋顶设机械排风装置			
	A55	卫生间设竖向风道，暗卫生间及严寒和寒冷地区的卫生间设机械排风装置			
	A56	除布置洗衣机、冰箱、排风机械、空调器等处设专用单相三线插座外，电源插座数量	Ⅲ 起居室、卧室、书房、厨房≥4 组；餐厅、卫生间≥3 组；阳台≥2 组		
			Ⅱ 起居室、卧室、书房、厨房≥3 组；餐厅、卫生间≥2 组；阳台≥1 组		
			Ⅰ 起居室、书房≥3 组、卧室、厨房≥2 组；卫生间≥2 组；餐厅≥1 组		
	A57	每套住宅的空调电源插座、普通电源插座与照明应分路设计，厨房电源插座和卫生间设独立回路。分支回路数量	Ⅲ 分支回路数≥7，预留备用回路数≥3		
			Ⅱ 分支回路数≥6		
			Ⅰ 分支回路数≥5		
	A58	多层住宅电梯设置	Ⅱ 五层及以下住宅设电梯		
			Ⅰ 六层住宅设电梯		
	A59	中高层住宅电梯设置	24 层以上住宅电梯数量≥3 部		
			6～18 层住宅电梯数量≥2 部		
	A60	楼内公共部位设人工照明，照度≥30lx			

续表

评定项目及分值	子项序号	定性定量指标	估价权重	得分
无障碍设施	A61	户内同层楼（地）面高差≤20mm		
	A62	入户过道净宽≥1.2m，其他通道净宽≥1.0m		
	A63	户门门扇开启净宽度≥0.8m		
	A64	七层及以上住宅，每单元至少设一部可容纳担架的电梯，且为无障碍电梯		
	A65	单元公共出入口有高差时设轮椅坡道和扶手，入口坡度≤1/12		
	A66	居住区各级道路的人行道纵坡<2.5%，在人行步道中设台阶时，设轮椅坡道和扶手		
	A67	公共绿地的入口、道路及休息凉亭等设施的地面平稳防滑，地面有高差时，设轮椅坡道和扶手		
	A68	公用厕所的入口、通道按无障碍要求设计，且至少设一套满足无障碍设计要求的厕位和洗手盆		
	A69	公共服务设施的出入口通道按无障碍要求设计		

B　既有住宅环境性能评定指标和估价权重（100分）（草案修编）

评定项目及分值	子项序号	定性定量指标		分值	得分
用地与规划（54）	B01	小区规划合理，功能结构清晰，住宅建筑密度控制适当			
	B02	空间层次与序列清晰，尺度恰当			
	B03	院落空间有较强的领域感和可防卫性，有利于邻里交往与安全			
	B04	道路系统构架清晰顺畅，避免住区外交通穿行			
	B05	出入口选择合理，方便与外界联系			
	B06	停车位	Ⅲ 有两个及以上专属停车位		
			Ⅱ 有一个专属停车位		
			Ⅰ 有停车位		
	B07	自行车停车位隐蔽、使用方便			
	B08	各组团、栋及单元（门）、户有明显标示标牌			
	B09	公共交通	Ⅲ 周边设有公共汽车、地铁或轻轨，居民乘坐方便		
			Ⅱ 周边设有地铁或轻轨，居民乘坐方便		
			Ⅰ 周边设有公共汽车，居民乘坐方便		
	B10	市政基础设施	Ⅳ 供电系统、燃气系统、给水排水系统与通信系统埋地敷设，配套齐全、接口到位，排水系统雨污分流，并分别排入城市雨污水系统（雨水可就近排入河道或其他水体）		
			Ⅲ 供电系统、燃气系统、给水排水系统配套齐全、接口到位，排水系统雨污分流，并分别排入城市雨污水系统（雨水可就近排入河道或其他水体）		
			Ⅱ 供电系统、燃气系统配套齐全、接口到位		
			Ⅰ 供电系统配套齐全、接口到位		

续表

评定项目及分值	子项序号	定性定量指标		分值	得分
用地与规划（54）	B11	外立面	Ⅲ 立面效果好		
			Ⅱ 立面效果较好		
			Ⅰ 立面效果一般		
	B12	建筑色彩与环境协调			
	B13	有较好的室外灯光效果，避免对居住生活造成眩光等干扰；在城市景观道路、景观区范围内的住宅有较好的灯光造型			
	B16	住宅周边绿地配置合理，可方便到达			
	B17	种植了一定数量的乔、灌、草类植物，配置合理			
	B18	绿地中配置适当的硬质铺装，一般占绿地面积的 10%～15%			
	B19	硬质铺装休闲场地有树木等遮阴和地面渗透措施			
	B20	设置了儿童活动场地			
	B21	设置了老年人活动场地			
	B22	设置了公共健身场所			
	B23	结合室外活动场地设置照明设施			
室外噪声与空气污染（10）	B24	Ⅱ 基本无噪声			
		Ⅰ 存在一定的噪声干扰			
	B25	无排放性污染源或虽有局部污染源但经过除尘脱硫处理			
	B26	采用洁净燃料，无开放性局部污染源			
	B27	无辐射性局部污染源			
	B28	无溢出性局部污染源，住区内的公共饮食餐厅等加工过程设有污染防治措施			
水体（6）	B29	天然水体与人造景观水体（水池）水质符合国家《地表水环境质量标准》(GB 3838—2002) C类水质要求			
	B30	游泳馆（或游泳池、儿童戏水池）设有水循环和消毒设施，符合《游泳池和水上游乐池给水排水设计规程》(CECS 14—2002) 和《游泳场所卫生标准》(GB 9667—1996) 要求			
公共服务设施（20）	B31	可方便到达商店、超市等购物设施			
	B32	可方便到达防疫、保健、医疗、护理等医疗设施			
	B33	可方便到达教育设施			
	B34	可方便到达社区服务设施			
	B35	可方便到达露天体育健身活动场地			
	B36	可方便到达游泳馆或游泳池			
	B37	可方便到达儿童戏水池			
	B38	可方便到达体育场馆或健身房			
	B39	可方便到达多功能文体活动室			
	B40	设置公共厕所（公共设施中附有对外开放的厕所时可计入此项），并达到《城市公共厕所设计标准》(CJJ 14—2005) 一类标准			

续表

评定项目及分值	子项序号	定性定量指标		分值	得分
公共服务设施（20）	B41	主要道路及公共活动场地均匀配置废物箱，其间距小于80m，且废物箱防雨、密闭、整洁、美观，采用耐腐蚀材料制作			
	B42	垃圾收运	Ⅱ 高层按层、多层按幢设置垃圾容器（或垃圾桶），高层住宅垃圾间设置通风口。生活垃圾采用袋装化收集，保持垃圾容器（或垃圾桶）清洁，每日清运		
			Ⅰ 按幢设置垃圾容器（或垃圾桶），生活垃圾采用袋装化收集，保持垃圾容器（或垃圾桶）清洁、无异味，每日清运		
	B43	垃圾存放与处理	Ⅱ 垃圾分类收集与存放，设垃圾处理房，垃圾处理房隐蔽、全密闭、保证垃圾不外漏，有风道或排风、冲洗和排水设施，采用微生物处理，处理过程无污染、排放物无二次污染、残留物无害		
			Ⅰ 设垃圾站，垃圾站隐蔽、有冲洗和排水设施，存放垃圾及时清运、不污染环境、不散发臭味		
智能化系统（10）	B44	安全防范子系统	Ⅱ 设置闭路电视监控、周界防越报警、电子巡更、可视对讲与住宅报警装置。运转正常、使用与维护方便		
			Ⅰ 设置可视或语音对讲装置、紧急呼救按钮，运转正常、使用与维护方便		
	B45	管理与监控子系统	Ⅱ 设置户外计量装置或IC卡表具、车辆出入管理、紧急广播与背景音乐、给水排水、变配电设备与电梯集中监视、物业管理计算机系统。运转正常、使用与维护方便		
			Ⅰ 设置物业管理计算机系统、户外计量装置或IC卡表具，运转正常、使用与维护方便		
	B46	信息网络子系统	Ⅲ 建立居住小区电话、电视、宽带接入网（或局域网）和网站，采用家庭智能控制器与通信网络配线箱。客厅、卧室与书房均安装电话、电视与宽带网插座和卫生间安装电话插座，位置合理。每套住宅不少于二根外线电话		
			Ⅱ 建立居住小区电话、电视、宽带接入网，采用通信网络配线箱。客厅、卧室与书房均安装电话、电视与宽带网插座，位置恰当。每套住宅不少于二根外线电话		
			Ⅰ 建立居住小区电话、电视与宽带接入网。每套住宅内安装电话、电视与宽带网插座，位置恰当		
	B47	具有运行管理的实施方案，运行管理所需的办公与维护用房、维护设备及器材等配置合理			

C 既有住宅经济性能评定指标和估价权重（100分）（草案修编）

评定项目及分值	分项分值	子项序号	定性定量指标			分值	得分
节能（60）	建筑设计（19）	C01	住宅朝向	Ⅱ 以南北朝向为主		2	
				Ⅰ 以东西朝向为主		(1)	
		C02	建筑物体形系数	严寒、寒冷地区	Ⅰ 建筑物体形系数≤0.3	3	
					① 建筑物体形系数>0.3	(-3)	
				夏热冬冷、夏热冬暖地区	Ⅰ 条形建筑≤0.35，点式建筑≤0.4	3	
					① 条形建筑>0.35，点式建筑>0.4	(-3)	
		C03	严寒、寒冷地区楼梯间和外廊采暖设计	采暖期室外平均温度为-6.0～0℃的地区，楼梯间和外廊不采暖时，楼梯间和外廊的隔墙和户门采取保温措施		2	
				采暖期室外平均温度在-6.0℃以下的地区，楼梯间和外廊采暖，单元入口处设置门斗或其他避风措施		(2)	
		C04	窗墙面积比	Ⅰ 窗墙面积比符合当地现行建筑节能设计标准		3	
				① 窗墙面积比不符合当地现行建筑节能设计标准		(-3)	
		C05	外窗遮阳	Ⅱ 南向和西向外窗都设置活动遮阳设施		4	
				Ⅰ 南向和西向外窗只有一处设置活动遮阳设施		(3)	
		C06	再生能源利用	太阳能利用	Ⅱ 与建筑一体化设计	3	
					Ⅰ 用量大，集热器安放有序，但未做到与建筑一体化设计	(2)	
				利用了地热能、风能等新型能源		2	
	围护结构（21）	C07	外窗和阳台门	Ⅰ 外窗和阳台门关闭严密，完好无损，窗缝、窗框严密		3	
				① 外窗或阳台门关闭不严密，空气渗透明显		(-1)	
				② 外窗或阳台门不完整有破损		(-2)	
		C08	严寒寒冷地区和夏热冬冷地区外墙的平均传热系数	Ⅲ $K \leqslant 0.70Q$ 或符合65%节能目标		6	
				Ⅱ $K \leqslant 0.85Q$		(5)	
				Ⅰ $K \leqslant Q$		(4)	
				① $K > Q$		(-5)	
		注：夏热冬暖地区住宅外墙的平均传热系数和外窗的传热系数必须符合建筑节能设计标准中规定值					
		C09	严寒寒冷地区和夏热冬冷地区的外窗	Ⅲ 单层中空玻璃窗或 $K \leqslant 0.90Q$		6	
				Ⅱ 双层玻璃窗或 $K \leqslant 0.95Q$		(5)	
				Ⅰ 普通单层玻璃窗或 $K \leqslant Q$		(3)	
				① $K > Q$		(-6)	

续表

评定项目及分值	分项分值	子项序号	定性定量指标			分值	得分
节能（60）	围护结构（21）	C10	严寒寒冷地区、夏热冬冷地区和夏热冬暖地区屋顶的平均传热系数	Ⅲ $K \leqslant 0.85Q$ 或符合 65％节能指标		6	
				Ⅱ $K \leqslant 0.90Q$		（5）	
				Ⅰ $K \leqslant Q$		（4）	
				① $K > Q$		（-5）	
	采暖空调系统（14）	C11	采用分户热量计量技术与装置			4	
		C12	预留安装空调的位置合理，使空调房间在选定的送、回风方式下，形成合适的气流组织	Ⅲ 气流分布满足室内舒适的要求		3	
				Ⅱ 生活或工作区 3/4 以上有气流通过		（2）	
				Ⅰ 生活或工作区 3/4 以下 1/2 以上有气流通过		（1）	
		C13	空调器种类	用户自行购买空调器		3	
				开发商配置空调器	Ⅲ 达到国家空调器能效等级标准中 2 级	3	
					Ⅱ 达到国家空调器能效等级标准中 3 级	（2）	
					Ⅰ 达到国家空调器能效等级标准中 4 级	（1）	
					① 4 级以下	（-2）	
		注：若是用户自行购买空调器，此处得满分；开发商配置的空调器，按空调器所达到的级别分别给分					
		C14	室温控制情况	房间室温可调节		2	
		注：若是分体式空调器，按室温可调节予以给分					
		C15	室外机的位置	Ⅱ 满足通风要求，且不易受到阳光直射		2	
				Ⅰ 满足通风要求		（1）	
	照明系统（6）	C16	照明方式	合理		3	
				基本合理		（2）	
				不合理		（-1）	
		C17	采用高效节能的照明产品（光源、灯具及附件）			1	
		C18	设置节能控制型开关			2	
		注：照明系统对于毛坯房住宅此处不与给分					
节水（23）	中水利用（8）	C19	小区配置了中水设施，或回水利用设施，或与城市中水系统连接，或符合当地规定要求			8	
	雨水利用（3）	C20	采用雨水回渗措施			3	
		C21	采用雨水回收措施			3	
	节水器具及管材（7）	C22	使用≤6 升便器系统			2	
		C23	便器水箱配备两档选择			1	
		C24	使用节水型水龙头			2	

续表

评定项目及分值	分项分值	子项序号	定性定量指标			分值	得分
节水(23)	节水器具及管材(7)	注：节水器具对于毛坯房住宅此处不与给分					
		C25	Ⅰ给水管道及部件采用不易漏损的材料，管线完整，连接牢固无渗漏现象			2	
			①管线连接松动，锈蚀较重，有滴漏现象			(-1)	
	公共场所节水措施(3)	C26	公用设施中的洗面器、洗手盆、淋浴器和小便器等采用延时自闭、感应自闭式水嘴或阀门等节水型器具			1	
		C27	绿地、树木、花卉使用滴灌、微喷等节水灌溉方式，不采用大水漫灌方式			2	
	景观用水(2)	C28	不用自来水为景观用水的补充水			2	
节地(17)	地下停车比例(5)	C29	地下或半地下停车比例	Ⅲ≥80%		5	
				Ⅱ≥70%		(4)	
				Ⅰ≥60%		(3)	
				①<60%		(-3)	
				②无地下或半地下停车		(-5)	
	建筑设计(4)	C30	住宅使用率	高层	Ⅰ≥72%	2	
					①<72%	(-1)	
				多层	Ⅰ≥78%	2	
					①<78%	(-1)	
		C31	户均面宽值不大于户均面积值的1/10			2	
	新型墙体材料(5)	C32	采用取代黏土砖的新型墙体材料			5	
	地下公建(3)	C33	部分公建（服务、健身娱乐、环卫等）利用地下空间			3	

D 既有住宅安全性能评定指标和估价权重（100分）（草案修编）

评定项目及分值	分项分值	子项序号	定性定量指标	分值	得分
结构安全(31)	顶棚(7)	D01	Ⅰ平整，无空鼓、开裂现象	7	
			①有明显开裂、空鼓和脱落现象	(-7)	
	主要承重墙体(8)	D02	Ⅰ平整无裂缝和钢筋暴露现象	8	
			①有明显开裂或钢筋暴露现象	(-8)	
	楼地面(8)	D03	Ⅰ平整无裂缝	8	
			①有明显裂缝	(-8)	
	柱和梁(8)	D04	Ⅰ无裂缝和变形	8	
			①有明显裂缝和变形	(-8)	

续表

评定项目及分值	分项分值	子项序号	定性定量指标		分值	得分
建筑防火（28）	耐火等级（8）	D05	Ⅱ 高层住宅不低于一级，多层住宅不低于二级，低层住宅不低于三级		8	
			Ⅰ 高层住宅不低于二级，多层住宅不低于三级，低层住宅不低于四级		(6)	
	灭火与报警系统（9）	D06	Ⅰ 室外消防给水系统、防火间距、消防交通道路及扑救面质量符合国家现行规范的规定		3	
			① 室外消防给水系统、防火间距、消防交通道路及扑救面质量至少有一项不符合国家现行规范的规定		(-3)	
		D07	消防卷盘水柱股数	Ⅱ 设置2根消防竖管，保证2支水枪能同时到达室内地面任何部位	2	
				Ⅰ 设置1根消防竖管，或设置消防卷盘，其间距保证有1支水枪能到达室内地面任何部位	(1)	
		D08	消火栓箱标识	Ⅱ 消火栓箱有发光标识，且不被遮挡	2	
				Ⅰ 消火栓箱有明显标识，且不被遮挡	(1)	
		D09	自动报警系统与自动喷水灭火装置	Ⅱ 超出消防规范的要求，高层住宅设有火灾自动报警系统与自动喷水灭火装置；多层住宅设火灾自动报警系统及消防控制室或值班室	2	
				Ⅰ 高层住宅按规范要求设有火灾自动报警系统及自动喷水灭火装置	(1)	
	防火门（窗）（2）	D10	防火门（窗）的设置符合规范要求		1	
		D11	防火门具有自闭式或顺序关闭功能		1	
	疏散设施（9）	D12	安全出口的数量及安全疏散距离，疏散走道和门的净宽符合国家现行相关规范的规定		1	
		D13	疏散楼梯的形式和数量符合国家现行相关规范的规定，高层住宅按规范规定设置有消防电梯，并在消防电梯间及其前室设置应急照明		2	
		D14	疏散楼梯设施	Ⅱ 公共楼梯梯段净宽：高层住宅设防烟楼梯间≥1.3m；低层与多层≥1.2m	2	
				Ⅰ 公共楼梯梯段净宽：高层住宅设封闭楼梯间≥1.2m，不设封闭楼梯间≥1.3m；低层与多层≥1.1m	(1)	
		D15	疏散楼梯及走道标识	Ⅱ 设置火灾应急照明，且有灯光疏散标识	2	
				Ⅰ 设置火灾应急照明，且有蓄光疏散标识	(1)	
				① 无应急照明和疏散标识	(-2)	
		D16	自救设施	Ⅱ 高层住宅每层配有3套以上缓降器或软梯；多层住宅配有缓降器或软梯	2	
				Ⅰ 高层住宅每层配有2套缓降器或软梯	(1)	
				① 无自救设施	(-2)	
	注：在灭火与报警系统、疏散设施分项中，对6层及6层以下的住宅，分别无子项D07～D9、D15、D16要求，可直接得分					
燃气及电气设备安全（21）	燃气设备（5）	D17	燃气器具	Ⅰ 燃气器具为国家认证的产品，并具有质量检验合格证书	1	
				① 燃气器具陈旧，燃气管道及阀门气密性难以保证，存在燃气泄漏隐患	(-1)	
		D18	燃气管道的安装位置及燃气设备安装场所符合国家现行相关标准要求，并设有排风装置		1	
		D19	燃气灶具有熄火保护自动关闭阀门装置		1	

续表

评定项目及分值	分项分值	子项序号	定性定量指标		分值	得分
燃气及电气设备安全（21）	燃气设备（5）	D20	燃气浓度报警器	Ⅰ 安装燃气设备的房间设置燃气浓度报警器	1	
				① 安装燃气设备的房间无燃气浓度报警器	(−1)	
		D21	安装燃气装置的厨房、卫生间采取构造柱等增强结构稳定性的构造措施，防止燃气爆炸引发的倒塌事故		1	
	注：对燃气设备的评定，毛坯房不涉及以上 D17、D19 和 D20 项指标					
	电气设备（16）	D22	电气设备及主要材料为通过国家认证的产品，并具有质量检验合格证书		1	
		D23	配电系统有完好的保护措施，包括短路、过负荷、接地故障、防漏电、防雷电波入侵、防误操作措施等		2	
		D24	楼宇配置完善的防雷装置		1	
		D25	配电系统的接地方式正确，用电设备接地保护正确完好，接地装置完整可靠，等电位和局部等电位连接良好		1	
		D26	电源盒及配电箱有较好的保护措施，不外露，且放置在儿童不宜接触的位置		3	
		D27	导线材料采用铜质，支线导线截面不宜小于 2.5mm²，空调、厨房分支回路不小于 4mm²		1	
		D28	导线穿管	Ⅱ 配电导线保护管全部采用钢管，满足防火要求	3	
				Ⅰ 配电导线保护管采用聚乙烯塑料管（材质符合国家现行标准规定，但吊顶内严禁使用），满足防火要求	(2)	
				① 导线外露，无保护管	(−1)	
				② 导线外露，外皮有破损，有漏电现象或存在漏电隐患	(−3)	
		D29	电梯	Ⅱ 配有闭路监视器，且运行正常	4	
				Ⅰ 电梯安装调试良好，经过安全部门检验合格：运行平稳，无明显震动或较大噪声，配有应急灯、求救按钮或电话，且无故障	(3)	
日常安全防范措施（12）	防盗措施（3）	D30	防盗户门	Ⅱ 具有防火、防撬、保温、隔声功能，并具有良好的装饰性	2	
				Ⅰ 具有防火、防撬、保温功能	(1)	
		D31	有被盗隐患部位的防盗网、电子防盗等设施，以及当电梯直通地下车库时采取安全防范措施		1	
	防滑防跌措施（1）	D32	厨房、卫生间以及起居室、卧室、书房等地面和通道采取防滑防跌措施		1	
	防坠落措施（8）	D33	中高层、高层住宅阳台栏杆（拦板）和上人屋面女儿墙（栏杆），其从可踏面起算的净高度≥1.10m（低层与多层住宅≥1.05m）；栏杆垂直杆件间净距≤0.11m，非垂直栏杆有防儿童攀爬措施		2	
		D34	窗外无阳台或露台的外窗，当从可踏面起算的窗台净高或防护栏杆的高度＜0.9m，时有防护措施，放置花盆处采取防坠落措施		2	
		D35	楼梯栏杆垂直杆件的净距≤0.11m；从踏步中心算起的扶手高度≥0.9m；当楼梯水平段栏杆长度＞0.5m 时，其扶手高度≥1.05m；非垂直栏杆设防攀爬措施		2	
		D36	室内外抹灰工程、室内外装修装饰物牢靠，无开裂和脱落现象		2	
室内污染物控制（8）		D37	对于新装修的住宅，室内无装饰材料挥发的刺激性气味		8	

E 既有住宅耐久性能评定指标和估价权重（100分）（草案修编）

评定项目及分值	分项分值	子项序号	定性定量指标	分值	得分
结构工程（20）	结构设计（16）	E01	Ⅱ 结构的耐久性措施比设计使用年限50年的要求更高	8	
			Ⅰ 结构的耐久性措施符合使用年限50年的要求	(5)	
			① 结构的耐久性措施达不到使用年限50年的要求	(-8)	
		E02	Ⅱ 结构设计（含基础）措施（包括材料选择、材料性能等级、构造做法、防护措施）普遍高于有关规范要求	8	
			Ⅰ结构设计（含基础）措施符合有关规范的要求	(5)	
	外观质量（4）	E03	Ⅱ 现场检查围护构件无裂缝及其他可见质量缺陷	4	
			Ⅰ 现场检查围护构件个别点存在可见质量缺陷	(1)	
装修工程（15）	装修设计（8）	E04	Ⅲ 外墙装修（含外墙外保温）的设计使用年限不低于20年	8	
			Ⅱ 外墙装修（含外墙外保温）的设计使用年限不低于15年	(5)	
			Ⅰ 外墙装修（含外墙外保温）的设计使用年限不低于10年	(2)	
	外观质量（7）	E05	现场检查，装修无起皮、空鼓、裂缝、变色、过大变形和脱落等现象	7	
防水工程与防潮措施（20）	防水设计（3）	E06	Ⅱ 设计使用年限，屋面与卫生间不低于25年	3	
			Ⅰ 设计使用年限，屋面与卫生间不低于15年	(2)	
			① 设计使用年限，屋面与卫生间低于15年	(-3)	
	防潮与防渗漏措施（4）	E07	外墙采取了防渗漏措施	2	
		E08	首层墙体与首层地面采取防潮措施	2	
	工程质量（4）	E09	按有关规范的规定进行了防水工程施工质量验收，验收结论为合格	2	
		E10	全部防水工程（不含地下防水）经过蓄水或淋水检验，无渗漏现象	2	
	现场检查（9）	E11	强体无潮湿或渗漏现象	3	
		E12	卫生间墙面、地面无渗漏现象	3	
		E13	顶棚无潮湿或渗漏现象	3	
管线工程（15）	管线工程设计（7）	E14	Ⅲ 管线工程的最低设计使用年限不低于20年	4	
			Ⅱ 管线工程的最低设计使用年限不低于15年	(3)	
			Ⅰ 管线工程的最低设计使用年限不低于10年	(2)	
		E15	上水管内壁为铜质等无污染、使用年限长的材料	3	
	管线材料（5）	E16	管线材料均为合格产品	5	
	外观质量（3）	E17	现场检查，全部管线材料防护层无气泡、起皮等，管线无损伤；上水放水检查无锈色	3	

续表

评定项目及分值	分项分值	子项序号	定性定量指标	分值	得分
设备（15）	设计或选型（6）	E18	Ⅲ 设计使用年限不低于 20 年	6	
			Ⅱ 设计使用年限不低于 15 年	（4）	
			Ⅰ 设计使用年限不低于 10 年	（2）	
	设备质量（5）	E19	全部设备均为合格产品	5	
	运转情况（4）	E20	现场检查，设备运行正常	4	
门窗（15）	设计或选型（6）	E21	Ⅲ 设计使用年限不低于 30 年	6	
			Ⅱ 设计使用年限不低于 25 年	（4）	
			Ⅰ 设计使用年限不低于 20 年	（2）	
	门窗质量（5）	E22	门窗均为合格产品	5	
	外观质量（4）	E23	现场检查，门窗无翘曲、面层无损伤、颜色一致、关闭严密、金属件无锈蚀、开启顺畅	4	

五

《阻燃型硬泡聚氨酯既有居住建筑围护结构节能改造施工技术导则》

住房和城乡建部住宅产业化促进中心
万华节能建材股份有限公司
2011 年 5 月 15 日

前 言

为提高既有居住建筑围护结构节能改造工程施工技术水平，确保既有居住建筑围护结构节能改造工程质量，由住房和城乡建设部住宅产业化促进中心和万华节能建材股份有限公司会同相关单位共同编制本技术导则。

随着我国城镇化进程的加快，建筑业呈现高速的增长趋势，我国每年新增建筑面积约为18～20亿m^2，截至2005年底，全国既有建筑面积累计约420亿m^2，其中城镇既有建筑保有量约为140亿m^2。既有居住建筑占70%左右，其中到2006年年底我国城市既有居住建筑面积为113亿m^2，其中北方寒冷和严寒地区占的比例约为46%左右，大部分居住建筑与热工相近的发达国家相比能耗高2～3倍，并且其耐久性、抗震性、防火性、舒适性、美观性等均较差，建筑终端耗能高达50%，所以节能减排，提高既有居住建筑的各项性能指标非常重要。只有对其中大部分居住建筑进行综合改造，才能使居住建筑焕发其正常的使用功能，并且提升其文化价值。另外，拆除使用年限较短的建筑也是一种极大的资源浪费。因此，对存在问题的既有居住建筑进行合理改造是解决人民生命财产安全问题以及实施节能资源、保护环境、建设节约型社会和可持续发展战略的重要措施。

既有居住建筑的围护结构是耗能的主要部位之一，不仅仅是节能的关键部位，而且与建筑的安全性、耐久性、防护性、美观性等有密切的关联，为了更好地采用技术先进、经济合理、易于操作的聚氨酯外围护改造工程，特编制本规程。

在编制过程中，编制组广泛征求了相关单位的意见，总结了近几年来既有居住建筑围护结构节能改造工程的设计与施工实践经验，汇集业内诸多专家，施工、设计和检测人员的意见。

目　录

1 总　　则

1.0.1 为贯彻落实国家有关建筑节能的法律法规和方针政策，改善我国既有居住建筑采暖能耗大、热环境质量差的现状，提高既有居住建筑热源利用效率，减少温室气体排放，保证节能改造的质量，制定本技术导则。

1.0.2 本导则适用于既有居住建筑围护结构节能改造采用硬泡聚氨酯作为保温隔热材料的工程。

1.0.3 硬泡聚氨酯既有居住建筑围护结构节能改造的施工、设计和验收除应满足本导则外，尚应满足国家现行的相关标准。

1.0.4 本导则引用标准：

《既有采暖居住建筑节能改造技术规程》（JGJ 129—2000）；

《硬泡聚氨酯保温防水工程技术规范》（GB 50404—2007）；

《屋面工程技术规范》（GB 50345—2004）；

《建筑节能工程施工质量验收规范》（GB 50411—2007）；

《外墙外保温工程技术规程》（JGJ 144—2004）；

《聚氨酯硬泡外墙外保温工程技术导则》；

《既有居住建筑节能检验和评价方法》住房和城乡建设部住宅产业化促进中心编制；

《既有住宅性能评定指标体系》住房和城乡建设部住宅产业化促进中心编制；

《既有居住建筑综合改造技术导则》住房和城乡建设部住宅产业化促进中心编制。

1.0.5 本导则适用于寒冷和严寒地区、夏热冬冷地区及其他地区，适用于单层、多层、高层居住建筑，多层和高层建筑同时应按照防火规范、标准等要求进行设置。

2 术　　语

2.0.1 既有居住建筑

指已建成使用的居住建筑，包括多层、高层住宅、低层住宅（别墅等）公寓建筑（集体公寓、老年公寓）。

2.0.2 既有居住建筑节能改造

对尚未达到建筑节能标准要求的既有居住建筑，应用节能技术与设备使其达到建筑节能标准要求的过程。

2.0.3 围护结构

指建筑物及房间各面的围挡物，如墙体、屋面、门窗、楼板和地面、门斗等，本导则专指既有居住建筑与室外空气和非采暖空间的直接接触部分。

2.0.4　硬泡聚氨酯

以A组分料和B组分料混合反应形成的具有防水和保温隔热等功能的硬质泡沫塑料，称为聚氨酯硬质泡沫，简称硬泡聚氨酯。

2.0.5　基层

既有居住建筑节能改造工程中，直接与保温系统连接的墙身、楼板、地面及屋面。

2.0.6　外墙外保温系统

置于建筑物外墙外侧的非承重保温构造的总称，一般由结合层（或粘结层）、保温层、防护层、饰面层等组成的，具有保温、防水和装饰功能的围护系统。

2.0.7　建筑物耗热量指标

在采暖期室外平均温度条件下，为保持室内计算温度，单位建筑面积在单位时间内消耗的，需要由室内采暖设备供给的热量。

3　基本规定

3.0.1　节能改造前，应对既有居住建筑围护结构、建筑结构状况、热工性能、外装饰情况、安全性、耐久性以及公共环境进行勘查、判断和设计。改造的节能率和耐久性等应有前瞻性。

3.0.2　围护结构节能改造应根据建筑自身特点，确定采用的构造形式以及相应的改造技术，保温、隔热、防水、装饰宜同时进行。

3.0.3　外保温系统施工前，应对基层墙体的平整度、抗拉强度进行现场检测，基层墙体平整度应到达普通抹灰水准，基层墙体与胶粘剂的拉伸粘结强度不得低于0.3MPa。

3.0.4　既有居住建筑围护结构节能改造工程应优先选用对居民生活干扰小、工期短、对环境污染小、安装工艺便捷的改造技术；尽量减少或避免湿作业施工，优先采用工厂化、标准化、模数化装饰保温等一体化集成板材。未通过省部级以上技术认证的节能技术不得在围护结构节能改造工程中使用。

3.0.5　施工期间及完工后24h内，喷涂聚氨酯施工的环境温度不应低于10℃，空气相对湿度宜小于85%，风力不宜大于三级；硬泡聚氨酯板施工的环境温度不应低于5℃，风力不宜大于五级，严禁在雨天、雪天施工，当施工中途下雨、下雨时应采取遮盖措施。

3.0.6　既有居住建筑围护结构节能改造可根据实际情况选用外墙外保温和外墙内保温。屋面宜采用倒置式保温做法，楼地面和楼梯间墙面采用内保温系统，寒冷和严寒地区需增加单元门斗保温。

3.0.7　既有居住建筑外墙节能改造时，外墙外保温系统与基层墙体有可靠连接，且对于重质饰面应考虑抗震的需求与设计，避免在地震时脱落。

3.0.8　既有居住建筑围护结构节能改造时，外墙外保温系统应具有防止火焰传播的能力。

4 材料的性能要求

4.0.1 硬泡聚氨酯外保温系统的主要性能指标应符合表 4.0.1 的要求。

硬泡聚氨酯外保温系统主要性能指标 **表 4.0.1**

项目名称		技术指标
耐候性		80 次热/雨循环和 5 次热/冷循环后，表面无裂纹、粉化和剥落现象
抗风压值（kPa）		不小于工程项目的风荷载设计值
吸水量（g/m²）		水中浸泡 1h，只带有防护层和带有饰面层的系统，吸水量均应≤1000
抗冲击强度（J）	普通型（P）	≥3.0
	加强型（Q）	≥10.0
耐冻融性能		30 次冻融循环后，保护层（抹面层、饰面层）无空鼓、脱落，无渗水裂缝；保护层与保温层的拉伸粘结强度不小于 0.10MPa，破坏部位位于保温层
水蒸气湿流密度［g/（m²·h）］		≥0.85
不透水性		试样防护层内侧无水渗透
系统热阻（m²·K/W）		复合墙体热阻符合设计要求

4.0.2 胶粘剂的主要性能指标应符合表 4.0.2 的要求。

胶粘剂主要性能指标 **表 4.0.2**

项 目		指 标
拉伸粘结强度（MPa）（与水泥砂浆）	原强度	≥0.60
	耐水	≥0.40
拉伸粘结强度（MPa）（与硬泡聚氨酯板）	原强度	≥0.10，破坏部位不得位于粘结界面
	耐水	
可操作时间（h）		1.5～4.0

4.0.3 硬泡聚氨酯板的主要性能指标应符合表 4.0.3 的要求。

硬泡聚氨酯板主要性能指标 **表 4.0.3**

项 目		指 标
密度（kg/m³）		≥35
导热系数（23℃±2℃）［W/(m·K)］		≤0.024
垂直于板面抗拉强度（MPa）	薄石材饰面	≥0.15，且破坏部位位于聚氨酯内部
	其他饰面	≥0.10，且破坏部位位于聚氨酯内部

续表

项　　目	指　　标
压缩性能（形变 10%）(MPa)	≥0.15
吸水率（%）	≤3
燃烧性能	不低于 B_2 级

4.0.4　外墙喷涂用硬泡聚氨酯物理性能指标见表 4.0.4。

外墙喷涂用硬泡聚氨酯物理性能指标　　表 4.0.4

项　　目	性能要求
密度（kg/m^3）	≥35
导热系数（23℃±2℃）[W/（m·K)]	≤0.024
压缩性能（形变 10%）(MPa)	≥0.15
尺寸稳定性（70℃，48h）(%)	≤1.5
拉伸粘结强度（与水泥砂浆，常温）(MPa)	≥0.10，且破坏部位位于聚氨酯内部
吸水率（%）	≤3
燃烧性能	不低于 B_2 级

4.0.5　屋面喷涂用硬泡聚氨酯物理性能指标见表 4.0.5。

屋面喷涂用硬泡聚氨酯物理性能　　表 4.0.5

项　　目	性能要求		
	Ⅰ型	Ⅱ型	Ⅲ型
密度（kg/m^3）	≥35	≥45	≥55
导热系数（23℃±2℃）[W/（m·K)]	≤0.024	≤0.024	≤0.024
压缩性能（形变 10%）(MPa)	≥0.15	≥0.20	≥0.30
不透水（无结皮）0.2MPa，30min	—	不透水	不透水
尺寸稳定性（70℃，48h）(%)	≤1.5	≤1.5	≤1.0
闭孔率（%）	≥90	≥92	≥95
吸水率（%）	≤3	≤2	≤1

4.0.6　锚栓的主要性能指标应符合表 4.0.6 的要求。

锚栓的主要性能指标　　表 4.0.6

项　　目	指　　标	
	硬泡聚氨酯复合板	保温装饰板
单个锚栓抗拉承载力标准值（kN）	≥0.30	≥0.60
压盘直径（mm）	≥50	—
单个锚栓对系统传热增加值 [W/（m^2·K)]	≤0.004	

4.0.7 抹面胶浆的主要性能指标应符合表 4.0.7 的要求。

抹面胶浆主要性能指标 表 4.0.7

项目		指标
拉伸粘结强度（MPa）（与硬泡聚氨酯）	原强度	≥0.10，并且破坏部位不得位于粘结界面
	耐水	
	耐冻融强度	
柔韧性	压折比（水泥基）	≤3.0
	开裂应变（非水泥基）（%）	≥1.5
可操作时间（水泥基）（h）		1.5～4.0

4.0.8 玻纤网的主要性能指标应符合表 4.0.8 的要求。

玻纤网主要性能指标 表 4.0.8

项目	指标	
	标准型	加强型
单位面积质量（g/m^2）	≥160	≥280
标准网眼尺寸（mm）	4×4	5×5
耐碱拉伸断裂强力（经纬向）（N/50mm）	≥750	≥1500
耐碱拉伸断裂强力保留率（经纬向）（%）	≥50	≥75
断裂应变（经纬向）（%）	≤5.0	≤5.0

4.0.9 聚氨酯封闭底涂的主要性能指标应符合表 4.0.9 要求。

聚氨酯封闭底涂的主要性能指标 表 4.0.9

项目		指标
干燥时间（h）	表干	≤4
	实干	≤24
涂料脱离的抗性（级）	干燥基层	≤1
	潮湿基层	≤1
耐碱性		48h 不起泡、不起皱、不脱落

4.0.10 嵌缝材料的主要性能指标应符合表 4.0.10 的要求。

嵌缝材料主要性能指标 表 4.0.10

项目	指标
材质	发泡聚乙烯圆棒或聚氨酯
燃烧性能	不低于 B_2 级

4.0.11 硅酮耐候密封胶的主要性能指标应符合表 4.0.11 要求。

硅酮耐候密封胶主要性能指标 表 4.0.11

项目		指标
外观		细腻、均匀膏状物，不应有气泡、结皮或凝胶
密度		规定值±0.1
下垂度（mm）	垂直	≤3
	水平	无变形
表干时间（h）		≤3
挤出性（mL/min）		≥80
拉伸模量（MPa）	23℃	>0.4
	−20℃	>0.6
定伸粘结性		无破坏
弹性恢复率（%）		≥80
浸水后定伸粘结性		无破坏
紫外线辐照后粘结性		无破坏
断裂延伸率		≥300%
侧边粘结性（与饰面基材侧边）		无破坏
污染性（mm）	污染宽度	≤2.0
	污染深度	≤2.0

5 勘查、判定及评价

5.1 勘 查

5.1.1 既有居住建筑节能改造勘查时应具备下列资料：

1 房屋地形图及原设计图纸；

2 房屋装修改造资料；

3 历年修缮资料；

4 城市建设规划和市容要求；

5 其他必要的资料。

5.1.2 围护结构节能改造重点勘查下列内容：

1 荷载及使用条件的变化；

2 结构类型、地基基础及重要结构构件的安全性评价；

3 墙体材料和基本构造做法，墙面受到冻害、析盐、侵蚀损坏及结露情况；

4 屋顶及地面基本做法及渗漏状况；

5 墙体热工缺陷状况。

5.2 判 定

5.2.1 改造原则

1 当既有居住建筑建筑物耗热量指标、围护结构保温隔热性能不能满足国家或当地节能设计标准要求时，应进行节能改造。

2 对改造的必要性、可行性、安全性以及投入收益比应进行论证。

5.2.2 判定改造内容

1 对加层、套层、侧面增加或增加其他使用功能以及超出设计使用年限的既有居住建筑节能改造时应对其可行性做出判定。

2 对围护结构应选用直接判定法，当直接判定法不能满足要求时，可采用参照建筑对比法或建筑物耗热量指标法进行判定。

5.3 评 价 方 法

对原有建筑应通过查勘、设计验算及实地考察了解室内热环境状况。并经设计验算或仪器检测后，做出评价。

6 设 计 要 点

6.1 总 体 要 求

6.1.1 当既有居住建筑超过设计使用年限、涉及主体和承重结构改动、增加荷载或使用功能时，必须由原设计单位或具备相应资质的设计单位对既有居住建筑结构安全性进行核验。设计时应充分考虑增加部位与既有居住建筑的统一性。

6.1.2 围护结构节能改造工程应根据节能改造的判定结论进行设计。

6.1.3 既有居住建筑围护结构节能改造工程设计应满足相关节能设计标准的要求。

6.1.4 硬泡聚氨酯既有居住建筑围护结构节能改造防火要求。

1 既有居住建筑围护结构节能改造的防火构造措施应按照有关规定执行。

2 硬泡聚氨酯保温板或原料储存在库房中时，库房应由不燃性材料搭设而成，通风良好并有专人看管。库房应配备种类适宜的灭火器，砂箱或其他灭火工具，其附近不应放置易燃、易爆等危险物品，周围 10m 范围内及上空不应有明火作业，并应有显著标识。

3 硬泡聚氨酯保温系统的施工现场应为禁火区域，并应远离火源，严禁吸烟。当附近有明火作业时，必须严格执行动火审批制度，且采取相应的安全措施。没有保护面层的硬泡聚氨酯保温层不应超过三层楼高。

6.1.5　既有居住建筑节能改造时，外保温系统应能承受风荷载的作用而不产生破坏，且系统要采用相应防负风压的措施。

1　硬泡聚氨酯板与墙体的连接采用粘锚结合的方式，有效粘贴面积应大于40%，在女儿墙、阳角、门窗洞口等部位受风压影响大的部位，增加保温装饰板的有效粘贴面积到60%。

2　硬泡聚氨酯板材的粘贴采用点框法，无连通空腔。

6.1.6　既有居住建筑节能改造时应进行防水和密封构造设计。

6.2　墙体改造设计要点

6.2.1　当墙体不满足保温改造要求时，应加固后再做保温。

6.2.2　保温系统与基层墙体结合应牢固可靠，具体结合方式应通过试验确定。

6.2.3　所选用的外墙保温系统及材料性能应满足现行国家及地方标准要求。

6.2.4　所用保温材料应符合国家防火规范要求；根据硬泡聚氨酯保温系统施工后的实际状态，硬泡聚氨酯保温体系按照《建筑材料及制品燃烧性能分级方法》（GB 8624—2006）检验可达到A级不燃水平。

6.2.5　外保温系统应对门窗洞口外侧四周墙体、女儿墙、不封闭阳台栏板及外挑构件等热桥部位进行保温处理。

6.2.6　既有居住建筑墙体节能改造的裂缝防治。

1　硬泡聚氨酯保温板应熟化完成后方可上墙施工。

2　硬泡聚氨酯保温板的面层或底衬采用有效措施防止板面的变形。

3　既有居住建筑墙体节能改造采用薄抹灰外保温系统时，抹面胶浆的单遍批涂厚度不宜超过2mm，增强网采用玻纤网，且玻纤网应紧靠抹面胶浆的外表面，有效的分散防护层收缩应力和温度应力，避免应力集中；同时在门窗洞口边等部位以及系统与非保温部位接口处均应采用玻纤网和锚栓的加强处理，增加系统的强度，防止面层开裂、脱落等现象的出现。

4　既有居住建筑墙体节能改造采用硬泡聚氨酯保温装饰板外墙外保温系统时，为避免系统开裂，在限制单块板面大小的同时，板与板的连接应采用中性硅酮耐候密封胶软处理。

6.2.7　既有居住建筑地面下部为室外或为非采暖空间，则应对地面楼板加设保温层，将保温层置于楼板底部，可采用粘结、粘钉结合或吊顶方式。

6.3　屋面改造设计要点

当屋面改造需要增加荷载时，应对原房屋结构进行复核、验算；当不能满足节能改造要求时，应采取结构加固措施。屋面节能改造设计时可根据既有居住建筑实际情况，选用下列方法：

1　屋面原有防水层有效时，可直接增加倒置式保温做法，否则，应重新作防水处理；

2 平屋面改造宜在屋面荷载允许的条件下设架空层；

3 当将平屋面改为坡屋面且该空间不使用时，应在原有建筑平屋面上增设保温层；

4 对有吊顶的坡屋面，宜在吊顶上铺设保温层；对无吊顶的坡屋面，宜在坡屋面板下作保温或增设吊顶层。

7 围护结构节能改造方法

7.1 墙 体

7.1.1 既有居住建筑外墙基层检查与处理

1 基层墙体的检查

（1）基层墙体平整度检查

1）基层墙体应挂通线检查，局部不平的墙面可用2m靠尺检查。

2）利用经纬仪在施工面的墙体上从女儿墙到勒脚部位挂通线。每个施工面的通线不少于3根，通线应分布均匀。

3）测量墙面与通线的距离，每层不少于2个测量数据，综合分析测量数据，以确定需找平的部位和适宜的找平层厚度。

基层墙体的允许尺寸偏差 **表7.1.2**

项　目			允许偏差（mm）	检测方法
墙体垂直度	每层		5	2m托线板检查
	全高	≤10m	10	经纬仪或吊通线检查
		>10m	20	
表面平整度			4	2m靠尺检查
伸缩缝（装饰线）平直度			3	2m靠尺检查
阴阳角方正度			5	角尺检查

（2）基层粘结强度检查

1）在待施工的基层墙体上用胶粘剂粘贴水泥砂浆块待干，胶粘剂厚度约3mm。

2）7天后利用拉拔仪进行拉拔，要求粘结强度≥0.3MPa。

2 旧墙体的处理

（1）若基层墙体为面砖等时，墙体检查清理完毕后应滚涂界面剂。

（2）若基层墙体为涂料饰面时，检查涂料是否有粉化开裂现象，如能铲掉即铲掉，如铲不掉则用界面剂封闭或用封底专用胶进行处理。

（3）检查腻子附着情况，如不合格即铲掉后再涂刷界面剂。

(4) 墙体为干粘石饰面时，检查其粘结强度，不合格则清理饰面后涂刷界面剂。

(5) 在旧墙体经界面处理后，检查基层墙体的墙面平整度、立面垂直度、阴阳角方正度。如果达不到表 7.1.2 的要求，应采用 1∶3 水泥砂浆或聚合物水泥砂浆重新进行找平处理。

(6) 外墙面的雨水管卡、预埋铁件、设备穿墙管道、空调机架、隔板等应提前安装完毕，并预留出外保温系统的厚度。墙外侧管道、线路应拆除改装，在条件允许的情况下，宜改为地下管道或暗线。

(7) 对既有居住建筑进行改造时，需对外保温墙体表面进行检查，通过计算验证，确认其与所用胶粘剂达到应有的粘结强度。

$$即\ F=B\cdot S\geqslant 0.10\mathrm{N/mm^2}$$

式中 F——应有的粘结强度 ($\mathrm{N/mm^2}$)；

S——粘结面积率；

B——基层墙体与所用胶粘剂的实测粘结强度 ($\mathrm{N/mm^2}$)。

对于未达到应有的粘结强度的墙面应彻底清理原外墙面层，剔除暴皮、粉化、松动、裂缝空鼓部分，进行修补、加固找平。经处理后的墙体如仍不能满足要求，应根据实测数据设计特定的粘结方案。

7.1.2 既有居住建筑墙体节能改造节点处理

1 节点构造的合理与否直接影响到建筑物节能的效果及外墙外保温工程的造价、质量和安全。节点构造不合理容易造成外墙保温系统的渗水、开裂甚至板材的脱落，室内出现结露发霉。

2 既有居住建筑的外墙情况较为复杂，为了保证工程的施工质量，在节点处理时应从以下几个方面考虑：

1) 热桥处理；2) 防水处理；3) 节点构造的安全性；4) 施工的可行性。

7.1.3 硬泡聚氨酯特点

1 导热系数低，保温效果与其他的保温材料相比较有明显的优势。

2 使用温度范围广，可以在－50～150℃的环境下长期使用。

3 熟化时间短，仅为 72h。

4 自粘结力强，可以与水泥混凝土、钢材、黏土、沥青、木材、玻璃、塑料等各种材料进行直接粘结。

5 硬泡聚氨酯属于热固性材料，遇火时不产生溶滴，在板表面形成碳化结焦层，无火焰传播性。

7.1.4 硬泡聚氨酯保温装饰板外墙外保温系统

1 硬泡聚氨酯保温装饰板外墙外保温系统的组成

硬泡聚氨酯保温装饰板外墙外保温系统由胶粘剂、硬泡聚氨酯保温装饰板、承重件、金属固定件、嵌缝材料、硅酮耐候密封胶组成，饰面形式有涂料饰面、面砖饰面、薄石材饰面等，简称："保温装饰板系统"，其具体构造见图 7.1.4.1。

2 硬泡聚氨酯保温装饰板

在工厂将硬泡聚氨酯原料在底衬（增强卷材）与衬板（硅酸钙板、铝板等）之间发泡并经后续饰面处理，或直接与带有饰面效果的材料（薄石材，带饰面材料的硅酸钙板、铝塑板等）发泡复合而成，是集保温和装饰于一体的新型墙体保温板材，简称：“保温装饰板”（图 7.1.4.2）。

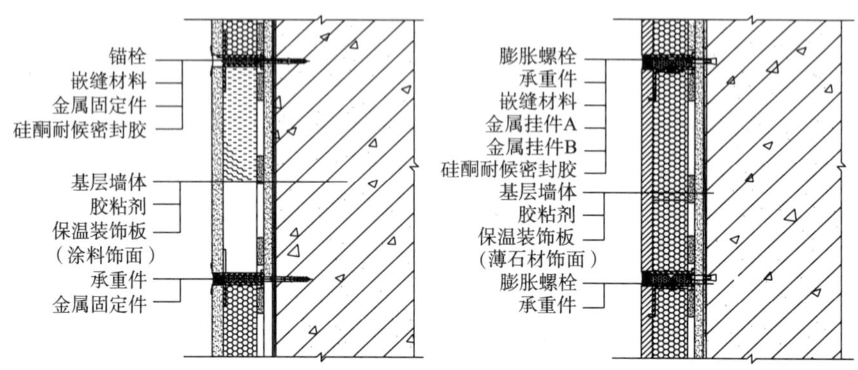

图 7.1.4.1 保温装饰板系统构造

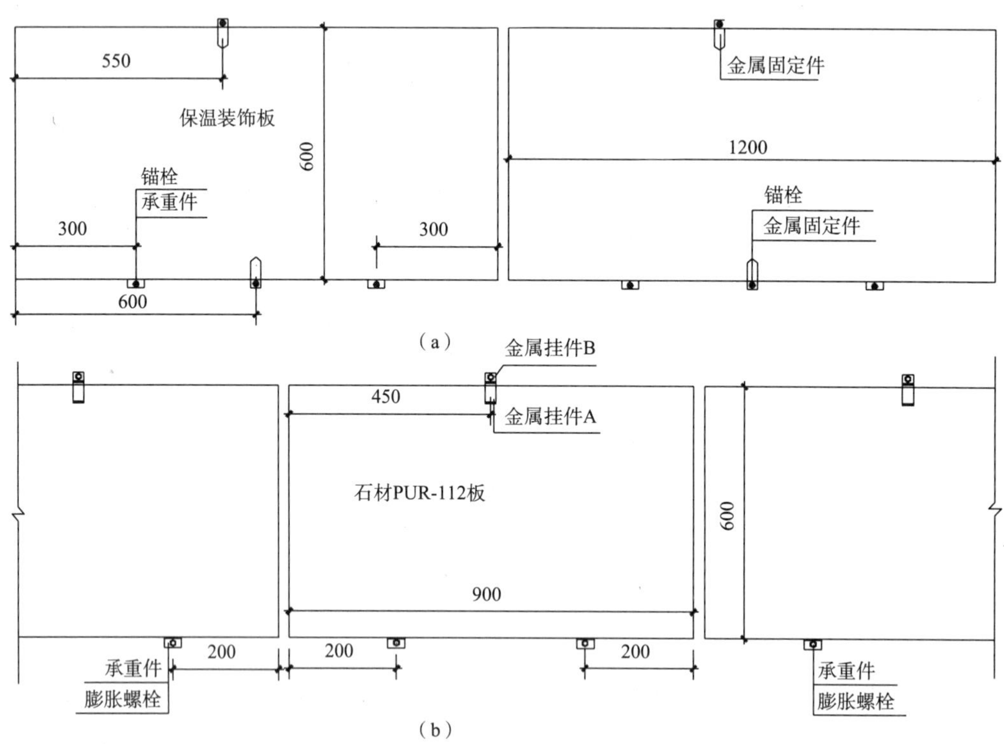

图 7.1.4.2 保温装饰板辅助锚固件布置图

（a）涂料面砖饰面时辅助锚固件布置图；（b）薄石材饰面时辅助锚固件布置图

3 工艺原理

保温装饰板系统是以硬泡聚氨酯高效保温材料作为保温层，用胶粘剂将保温装饰板粘贴于基层（混凝土或各种砌体）墙体外表面，并辅以塑料膨胀锚栓（或膨胀螺栓）固定，确保保温装饰板与基层墙体的连接可靠；然后在相邻板块之间填充发泡聚乙烯软棒或发泡聚氨酯等具有保温性能的弹性材料，避免板间缝口部位形成热桥；最后用硅酮耐候密封胶嵌填板缝表面，可防止外界水分渗入保温系统。

4　施工要点

1）保温装饰板系统采用精确化排板分格设计，分格设计前应根据施工现场情况对建筑物外立面进行实际尺寸测量并根据测量数据绘制建筑物外立面图，再由建筑物外立面图按设计要求绘制排板分格图。涂料饰面时单块保温装饰板面积应小于1.2m²，薄石材饰面时单块保温装饰板面积应小于1.0m²。分格缝的宽度宜为8～12mm，勒脚部位与散水相接处宜为20mm。

2）保温装饰板与墙体的连接采用“承托＋粘贴＋锚固”的固定方式，以粘结为主锚固为辅。任何锚固不得以牺牲粘结强度为代价。辅助锚固件可在胶粘剂终凝前起稳定和承托作用，承受板材安装初期胶粘剂终凝前的纵向剪切应力，避免保温装饰板由于自重引起向下的滑移，保证安装质量的可靠性，并作为临时连接以防止脱开。

3）建筑物30m以下时锚固件数量不少于6个/m²，建筑物30m及以上时锚固件数量不少于8个/m²，有效锚固深度大于30mm，单个锚栓抗拉承载力大于0.6kN。

4）粘贴保温装饰板时，应采用点框粘法或条粘法（点框法适用于基层墙面平整度相对较差的墙面），有效粘贴面积不得少于50％。在女儿墙、阳角、门窗洞口等部位受风压的影响大，应增加保温装饰板的有效粘贴面积到60％。

5）分格缝可采用聚乙烯泡沫圆棒填满塞紧，或先在分格缝中用发泡聚氨酯填实到一定程度后再塞聚乙烯泡沫圆棒。

6）硅酮耐候密封胶的施工采用盖缝平胶的方式，十字交叉部位的硅酮耐候密封胶刮胶时应先刮横缝后刮竖缝。

7）保温装饰板系统在转角及门窗洞口等部位的异型板采用工厂预制，现场只需粘贴锚固即可。

8）施工工艺流程：

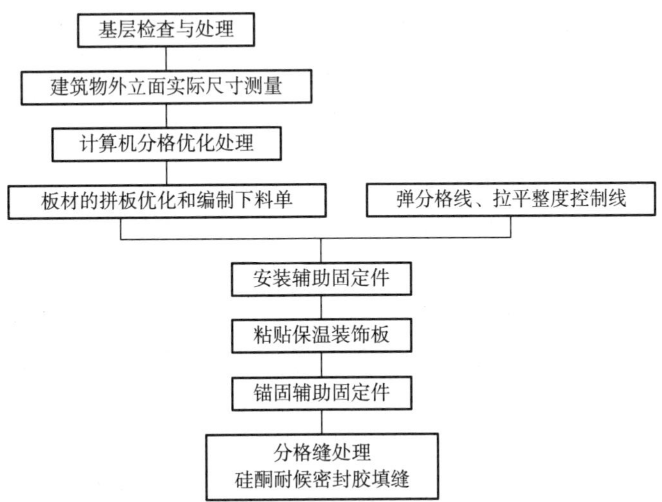

7.1.5　硬泡聚氨酯复合板薄抹灰系统

1　硬泡聚氨酯复合板薄抹灰系统组成

硬泡聚氨酯复合板薄抹灰系统主要由胶粘剂、硬泡聚氨酯复合板、抹面胶浆、玻纤网、饰面材料组成，饰面材料有涂料、装饰砂浆、面砖、柔性面砖等，其具体构造见图7.1.5.1。

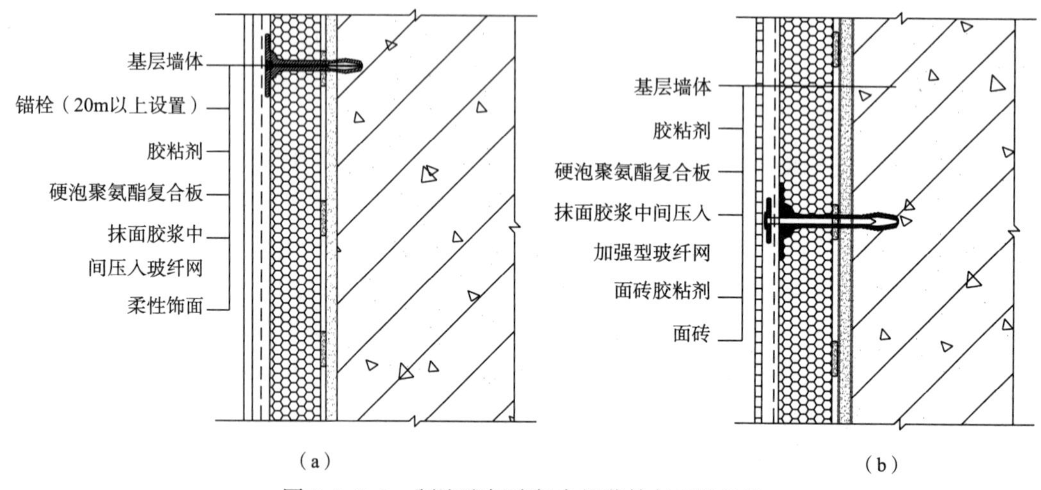

图 7.1.5.1 硬泡聚氨酯复合板薄抹灰系统构造

(a) 系统基本构造（柔性饰面）；(b) 系统基本构造（面砖饰面）

2 硬泡聚氨酯复合板

硬泡聚氨酯复合板是利用聚氨酯自粘结性能，以硬泡聚氨酯为芯材，两面辅以增强卷材为面层，在生产线发泡复合一次成型的保温板材。

3 工艺原理

硬泡聚氨酯复合板薄抹灰系统是以聚氨酯高效保温材料作为保温层，用胶粘剂将硬泡聚氨酯复合板粘贴于基层（混凝土或各种砌体）墙体外表面，并辅以锚栓固定（图7.1.5.2），确保硬泡聚氨酯复合板与基层墙体的连接可靠；然后在保温层上用抹面胶浆做抹面层，抹面胶浆与保温层粘结牢固，同时在抹面层内铺设玻纤网，提高抹面层的抗裂性能，并具备防水、抗冲击和阻燃的性能。最后做饰面层，在增加建筑物美观同时，也增加对外保温系统的防护作用。

4 施工要点

1）硬泡聚氨酯复合板施工采用粘锚结合的方式进行（建筑物 20m 以下时可采用纯粘贴方式），以粘结为主锚固为辅，任何锚固不得以牺牲粘结强度为代价，粘贴方式可采用点框法和条粘法。涂料饰面时有效粘贴面积不得少于 40%，面砖饰面时有效粘贴面积不得少于 50%。在女儿墙、阳角、门窗洞口等部位受风压的影响大，应增加硬泡聚氨酯复合板的有效粘贴面积到 60%（图 7.1.5.3）。

2）建筑高度 20m 及 20m 以下如采用锚栓每平方米应为 4 个；建筑高度 20m 以上到 50m 每平方米应不少于 6 个，建筑高度 50m 以上到 100m（不包括 100m）每平方米应不少于 8 个。墙体转角、门窗洞口边缘的水平、垂直方向应加密，其间距不得大于 300mm，距基层墙体边缘不得少于 60mm。锚栓的有效锚固深度应≥30mm，单个锚栓的抗拉承载力不得小于 0.3kN，如基层墙体为空心砌体时，应用带有回拧功能的锚栓。

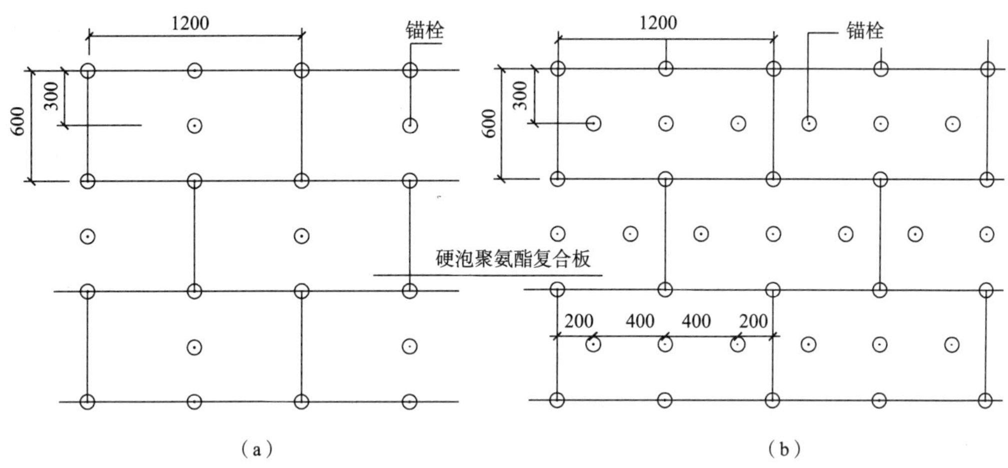

图 7.1.5.2 锚栓布置图

(a) 建筑高度 20～50m 锚栓布置；(b) 建筑高度 50m 以上锚栓布置

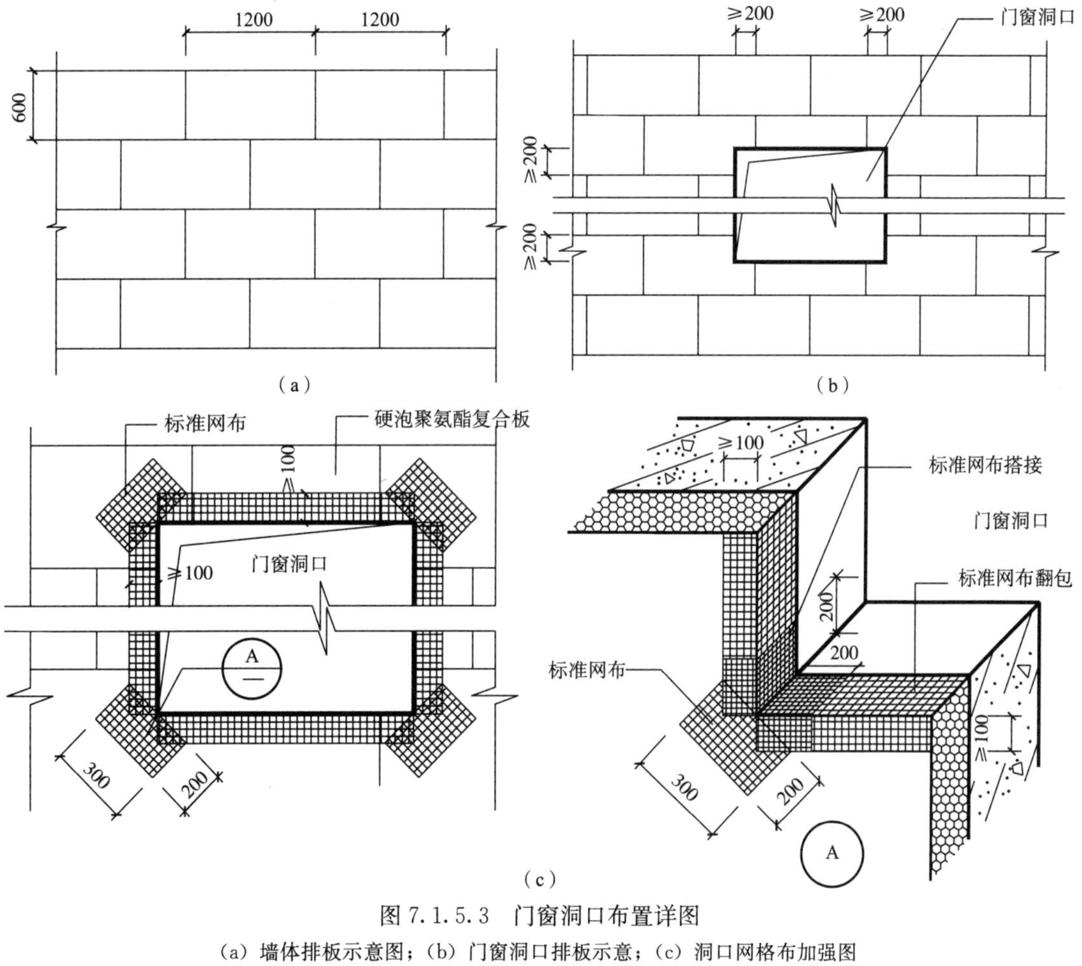

图 7.1.5.3 门窗洞口布置详图

(a) 墙体排板示意图；(b) 门窗洞口排板示意；(c) 洞口网格布加强图

3）抹面胶浆应分遍批涂，单遍批涂厚度不超过 2mm，增强网采用玻纤网，且玻纤网紧靠抹面胶浆的外表面。涂料饰面时抹面层厚度普通型为 3～5mm，加强型（如建筑物首层）为 5～7mm；面砖饰面时抹面层厚度为 4～6mm。

4）大面上玻纤网搭接≥100mm，阴阳角部位玻纤网搭接≥200mm。玻纤网应横向铺贴并压入胶浆中，单张网长度不宜超过 6m，抹面胶浆应充分包裹玻纤网，要求平整压实、无皱褶，窗洞口四角应增加 45°方向的加强网。

5）门窗洞口四角处的硬泡聚氨酯复合板应采用整块保温板切割成型，不得拼接。接缝应离开角部至少 200mm。

6）建筑物首层应采用双层玻纤网，抹面层厚度宜为 5～7mm。

7）在系统下列起端和终端部位应进行玻纤网翻包处理，且与墙体相接的收口部位应预留一定间距用发泡聚乙烯圆棒填缝，然后用密封胶软处理。

8）分隔缝设置：水平分隔缝宜按楼层每两层设置一道。垂直分隔缝宜按墙面面积设置，在板式建筑中不宜大于 $30m^2$，在塔式建筑中可视具体情况而定，宜留在阴角部位。

9）异型板可采用工厂预制，现场只需粘贴锚固即可。

10）施工工艺流程：

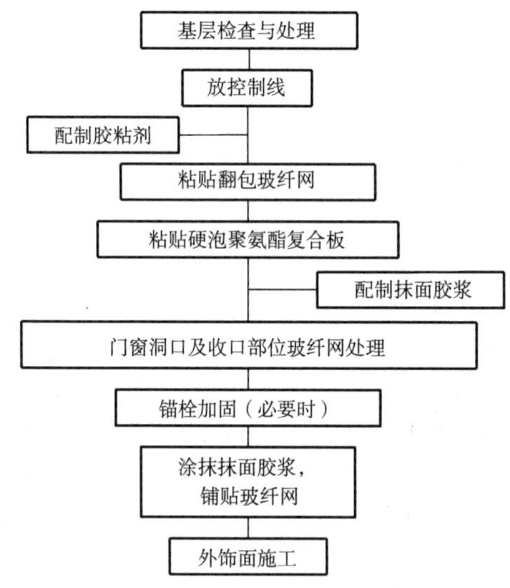

7.1.6 喷涂硬泡聚氨酯外墙外保温系统

1 喷涂硬泡聚氨酯外保温系统组成

喷涂硬泡聚氨酯外保温系统由聚氨酯封闭底涂、喷涂硬泡聚氨酯、界面砂浆、玻纤网、抹面胶浆、饰面层等组成，其外饰面可采用柔性饰面、面砖饰面，具体构造见图 7.1.6。

2 硬泡聚氨酯

硬泡聚氨酯是以 A 组分料和 B 组分料混合反应形成的具有防水和保温隔热等功能的硬质泡沫塑料。A 组分料是指由组合多元醇（组合聚醚或聚酯）及发泡剂等添加剂组成的

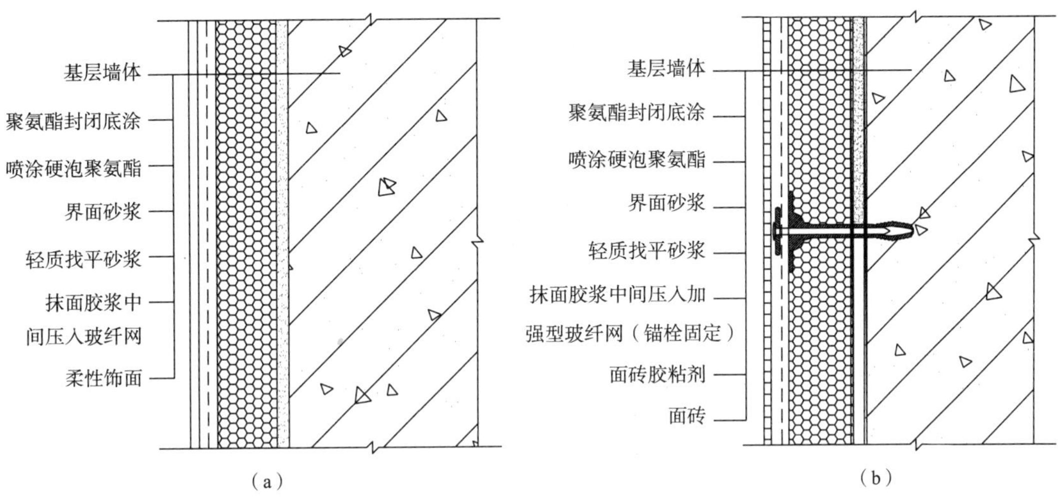

图 7.1.6 喷涂硬泡聚氨酯系统构造图

(a) 系统基本构造（柔性饰面）；(b) 系统基本构造（面砖饰面）

组合料，俗称白料；B组分料是指主要成分为异氰酸酯的原材料，俗称黑料。

3 工艺原理

喷涂硬泡聚氨酯系统是采用专用的喷涂设备，使A组分料和B组分料按一定比例从喷枪口喷出后瞬间均匀混合，之后迅速发泡，在外墙基层（混凝土或各种砌体）上形成无接缝的聚氨酯硬泡体，熟化后在聚氨酯表面喷涂界面砂浆以增强聚氨酯的粘结力（必要时用轻质砂浆找平），再用抹面胶浆做抹面层，确保与抹面层粘结牢固，同时在抹面层内铺设增强网，提高抹面层的抗裂性能，并具备防水、抗冲击和阻燃的防火性能。最后做饰面层，在增加建筑物美观同时，也增加对外保温系统的防护作用。

喷涂硬泡聚氨酯保温层能与基层墙体牢固粘结，与基层形成一个有机整体。无接缝，无空腔，减少了风压特别是负风压对建筑物外墙外保温系统的破坏。硬泡聚氨酯材料优良的防水性能能很好地阻断水的渗透。

4 施工要点

1）喷涂聚氨酯施工时应根据设计厚度，一个作业面分几遍喷涂完成，每遍的厚度不宜大于15mm，当日的施工作业面必须于当日连续地喷涂施工完毕。

2）阴阳角及不同材料的基层墙体交接处应采取适当方式喷涂硬泡聚氨酯，使保温层连续不留缝。

3）喷涂时应采取遮挡或保护措施，避免建筑物的其他部位和施工场地周围环境受污染。

4）喷涂硬泡聚氨酯完成后应于48～72h内完成表面保护处理。

5）喷涂硬泡聚氨酯及其抹面层宜按楼层每两层设置水平分隔缝，横向间距约10m设置垂直分隔缝。

6）施工工艺流程：

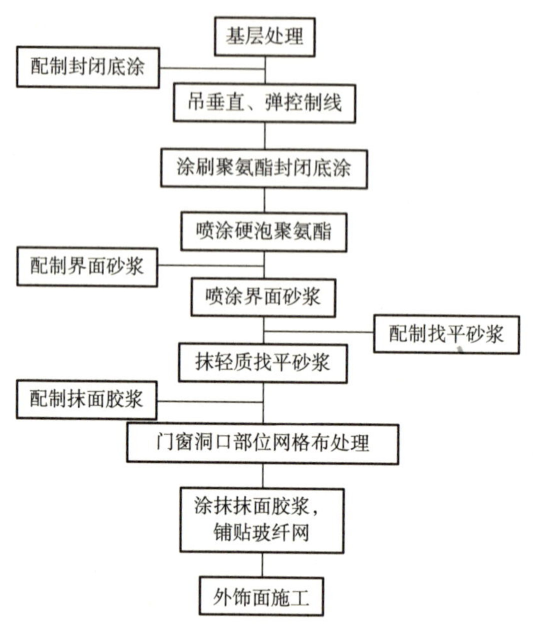

7.2 屋　　面

7.2.1 既有居住建筑屋面的特点及改造方式

1 拟定屋面节能改造方案时，应对原房屋结构进行复核、验算；当不能满足节能改造要求时，应采取结构加固措施。

2 平屋顶改造可选用下列方法之一：

1）直接铺设保温层。在原屋面上满铺一层保温材料，其厚度满足节能计算的要求，在保温层上做水泥砂浆保护层。除采用喷涂聚氨酯施工外，其他的保温材料应再增加一层防水层。

2）设架空保温层。应在屋面适当位置采用水泥石灰膏砂浆卧砌砖墩（115mm×115mm×180mm），纵横中距宜保持为500mm，砖墩宜砌在相应的承重墙上，并将预制钢筋混凝土架空板卧在砌砖敦上（铺设架空板前，在原屋面上应铺放保温材料），铺设完成后，采用砂浆勾缝，板应做找坡层、找平层，除采用喷涂聚氨酯施工外，其他的保温材料应再增加一层防水层。

3）采用倒置式屋面做法，在防水层良好的情况下，可在其上直接铺设保温材料，再采用保护层覆盖。

4）加设坡屋顶。应在原有建筑平屋顶上铺设保温层，其厚度应根据热工计算而定，并在上面加设挂瓦尖屋顶进行保护。

7.2.2 硬泡聚氨酯合成板屋面保温系统

1 硬泡聚氨酯合成板屋面保温系统组成

硬泡聚氨酯合成板屋面保温系统由屋面基层、找平（坡）层、胶粘剂、硬泡聚氨酯合成板、防水层、保护层等组成，具体见图7.2.2。

2 硬泡聚氨酯合成板

硬泡聚氨酯合成板是由硅酸钙板和硬泡聚氨酯经预制加工复合而成，是集保温和防护

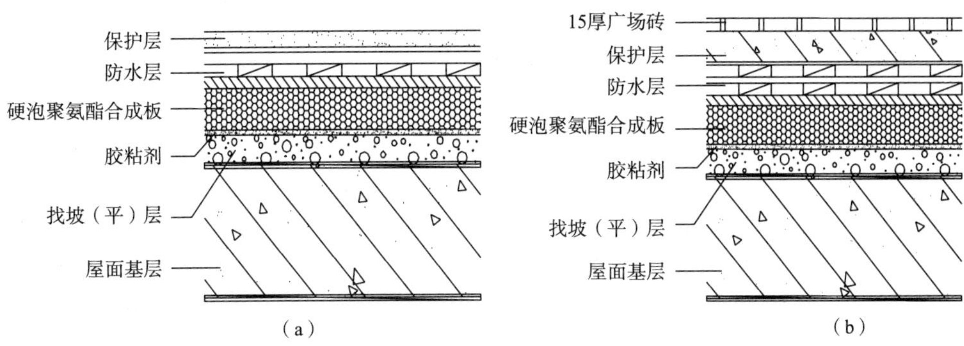

图 7.2.2　硬泡聚氨酯合成板屋面保温系统构造

（a）非上人屋面；（b）上人屋面

功能于一体的保温材料。

3　工艺原理

屋面基层验收合格后，在屋面基层上用 1∶6 水泥膨胀珍珠岩（或其他轻质材料）做找坡（平）层、最薄处不低于 40mm，然后采用胶粘剂将硬泡聚氨酯合成板与找坡（平）层粘结在一起，最后根据设计的防水级别做防水层和防护层。

4　施工要点

1）屋面基层应坚实、平整、干燥、干净。

2）粘贴方式采用满粘法。

3）硬泡聚氨酯合成板铺设后有缝隙的地方采用聚氨酯发泡剂填缝。

4）施工时应注意保温层应符合屋面坡度的设计要求，且表面要求平整。

7.2.3　喷涂硬泡聚氨酯屋面保温系统

1　喷涂硬泡聚氨酯屋面保温系统组成

喷涂聚氨酯屋面保温系统由屋面基层、找平（坡）层、现喷聚氨酯保温防水层、防护层（兼找平层）组成。针对不同类型的硬泡聚氨酯，系统应采用不同的构造方式，以防水等级为 III 级的非上人屋面为例，具体见表 7.2.3。

喷涂硬泡聚氨酯屋面保温系统组成　　表 7.2.3

<table>
<tr><th>材料类型</th><th>Ⅰ型</th><th>Ⅱ型</th><th>Ⅲ型</th></tr>
<tr><td>功　能</td><td>保温隔热</td><td>1. 保温隔热；
2. 有一定的防水功能，在其上刮抹抗裂聚合物水泥砂浆，构成保温防水复合层，砂浆的厚度宜为 3～5mm</td><td>保温隔热防水一体化</td></tr>
<tr><td rowspan="6">构造层次</td><td>保护层</td><td rowspan="4">复合保温防水层</td><td>防护层</td></tr>
<tr><td>防水层</td><td rowspan="3">保温防水层</td></tr>
<tr><td>找平层</td></tr>
<tr><td>保温层</td></tr>
<tr><td>找坡（平）层</td><td>找坡（平）层</td><td>找坡（平）层</td></tr>
<tr><td>屋面基层</td><td>屋面基层</td><td>屋面基层</td></tr>
</table>

注：喷涂硬泡聚氨酯的分类及不同类型的物理性能见《硬泡聚氨酯保温防水工程技术规范》。

2　喷涂硬泡聚氨酯屋面保温系统构造（图 7.2.3）

屋面喷涂硬泡聚氨酯宜采用 II 型或 III 型，在具有优异保温效果同时，还有良好的防水性能。

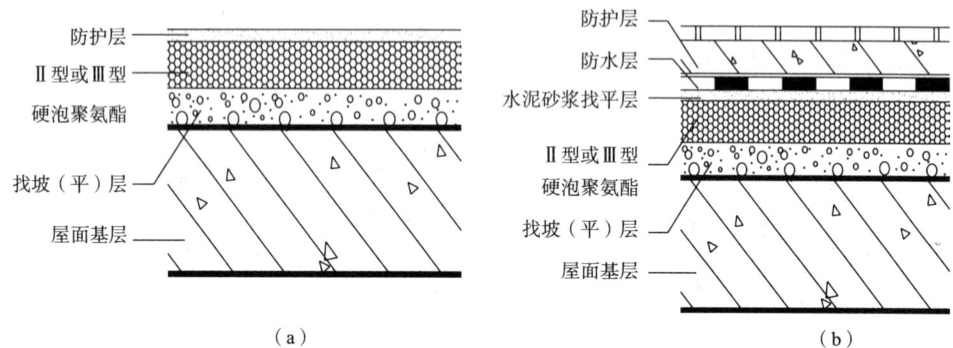

图 7.2.3　喷涂硬泡聚氨酯屋面保温系统构造

（a）非上人屋面；（b）上人屋面

3　工艺原理

喷涂硬泡聚氨酯系统是采用专用的喷涂设备，使 A 组分料和 B 组分料按一定比例从喷枪口喷出后瞬间均匀混合，之后迅速发泡，在施工工作面形成无接缝的连续壳体。保温性能优异、防水性能好。打破了传统建材功能单一，防水层一旦出现渗漏保温层随即失去保温功能的通病。所以喷涂聚氨酯屋面保温系统是保温防水一体化的屋面，具有屋面整体性好、低吸水率、与基层粘结牢固等特点。

4　施工要点

1）屋面基层应坚实、平整、干燥、干净。

2）喷涂聚氨酯施工时应根据设计厚度，一个作业面分几遍喷涂完成，每遍的厚度不宜大于 15mm，当日的施工作业面必须于当日连续地喷涂施工完毕。考虑到聚氨酯发泡、稳定及固化时间约需 15min，故规定施工后 20min 内不能上人，防止破坏保温层。

3）喷涂作业时，喷嘴与施工基面的间距宜为 800～1200mm。

4）屋面与山墙、女儿墙、檐沟的交接处应符合国家相关标准的要求。突出屋面构造的交接处，以及基层的转角处宜做成圆弧形，且圆弧半径不应小于 50mm。

5）水落口保温层的最薄处厚度不应小于 15mm，并伸入水落口 50mm。

6）施工中应做好遮挡以防污染相邻部位，喷涂次序应从屋面边缘向中心方向喷涂，发起泡后，沿发泡边沿喷涂施工。

7.3　楼梯间墙面保温

7.3.1　楼梯间节能改造可以采用硬泡聚氨酯复合板薄抹灰系统和喷涂硬泡聚氨酯保温系统，保温层厚度可根据国家或当地节能设计标准计算确定。

7.3.2　楼梯间的墙面保温做法应按内保温做法，在距楼地面或踏步 1000mm 处应采用双层网格布加强。具体见图 7.3.2.1～图 7.3.2.2。

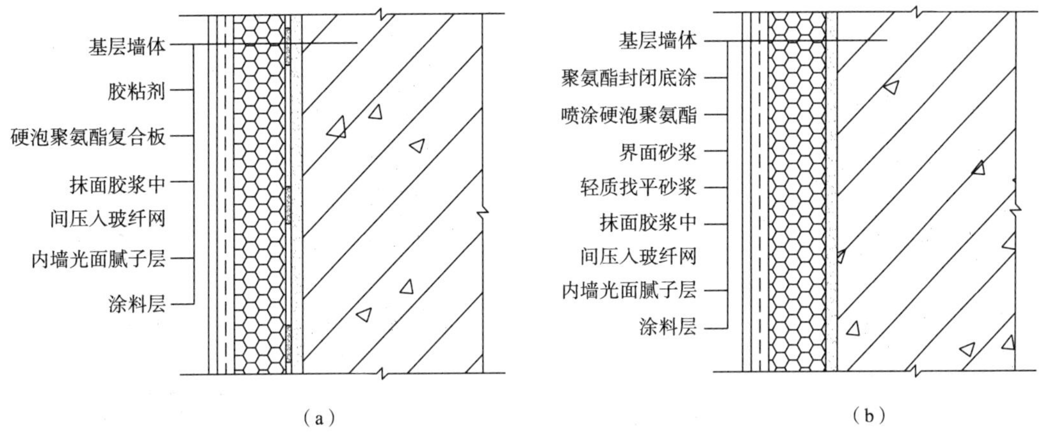

图 7.3.2.1　内保温系统构造

(a) 硬泡聚氨酯复合板薄抹灰系统；(b) 喷涂硬泡聚氨酯保温系统

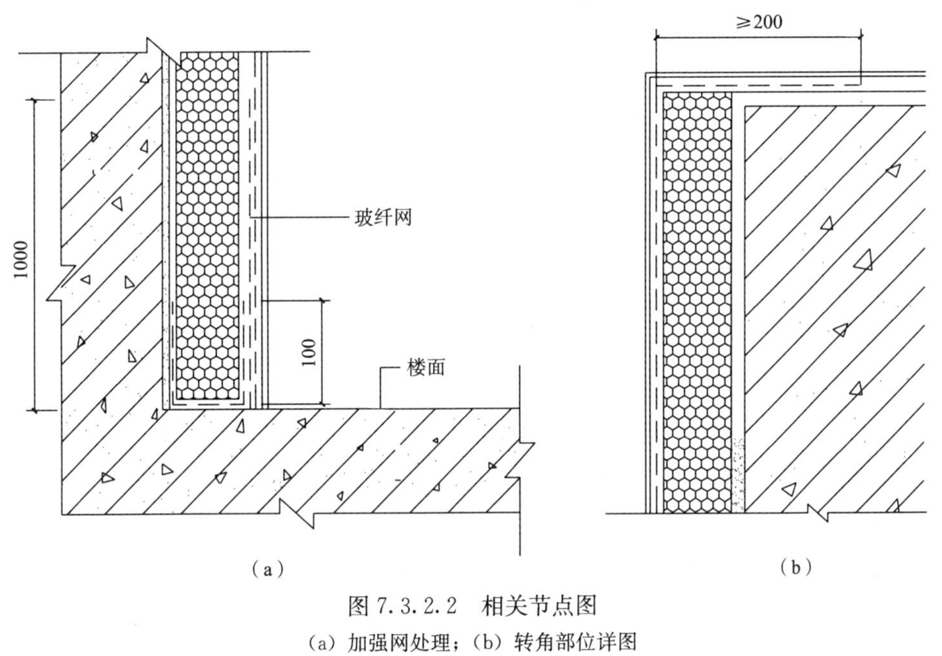

图 7.3.2.2　相关节点图

(a) 加强网处理；(b) 转角部位详图

7.4　楼地面节能改造

7.4.1　对既有民用建筑楼地面的传热系数应进行测算，对其明显超出相关标准的传热系数限值时，应进行改造。

7.4.2　楼地面节能改造可以采用硬泡聚氨酯复合板薄抹灰系统和喷涂硬泡聚氨酯保温系统，保温层厚度可根据国家或当地节能设计标准计算确定。

7.4.3　对不采暖地下室的既有居住建筑节能改造时，宜在地下室的顶板进行保温隔热处理，降低楼地面底板的热损失，以改变内表面温度、提高热源利用率，改善生活质量，具体做法见图 7.4.3。

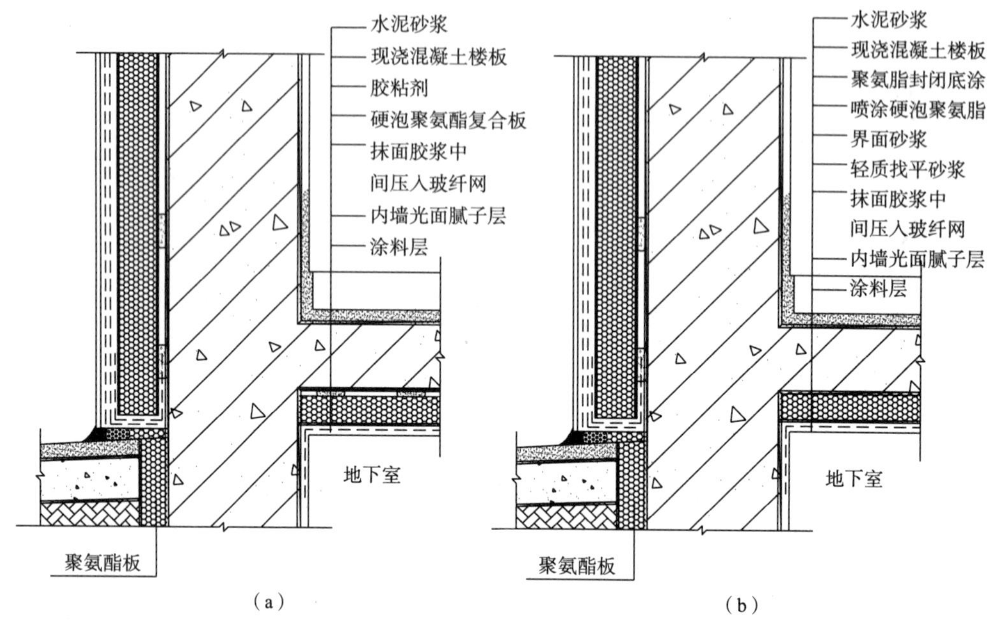

图 7.4.3 不采暖地下室顶板保温做法

(a) 硬泡聚氨酯复合板薄抹灰系统；(b) 喷涂硬泡聚氨酯保温系统

8 安全施工措施

8.0.1 建立健全安全组织机构和安全管理制度，制定各工种安全操作规程，施工前进行安全技术交底和培训工作。关键点是必须做好事前的安全技术交底工作。在每个分部、分项施工技术、质量要求交底的同时，必须做到、做好安全技术交底的工作，施工操作注意事项，脚手架、防护设施等是否符合安全操作要求；施工时要做到不伤害自己，也不被别人伤害，更不伤害别人；贯彻防患于未然、安全第一的思想。

8.0.2 所有进场作业、指导和管理人员必须佩戴安全帽。“三宝”使用和四口临边防护设施必须达标，包括：安全帽、安全网和安全带使用；楼梯口、电梯口、预留洞口、坑井、通道口防护和阳台、楼层、屋面的临边防护。

8.0.3 高空作业时，禁止穿硬底和带钉易滑的鞋，使用的脚手架、靠梯和安全带等都必须认真检查，合格后方可使用。施工人员高空作业必须遵守高空作业安全规定，系好安全带。作业所用材料要堆放平稳，工具应随手放入工具袋内，上、下传递物件禁止抛掷。

8.0.4 施工用电要做到安全用电六个一，即“一机一闸一箱一锁一接地一保护”。临时用电线路要按临时用电施工规范架设，机电设备要做好接地或接零保护，施工现场不得随意乱拉电线。

8.0.5 电动工具的使用应符合国家标准的有关规定，工具的电源线、插头和插座应完好，电源线不得任意接长和调换，工具的外绝缘应完好无损，维修和保管应由专人负责。施工机械和电气设备不得“带病”运转和超负荷作业，发现不正常情况应停机检查，不得在运转中修理。

9 节能改造工程的验收

9.0.1 既有居住建筑围护结构节能改造工程验收应符合《建筑节能工程施工质量验收规范》（GB 50411—2007）标准及设计要求。

9.0.2 围护结构节能改造工程应在全部完成并提交下列文件和记录后进行验收：

1 围护结构节能改造工程施工图、设计说明及其他设计文件；

2 主要材料、构件的质量证明文件、性能检测报告和进场验收记录、复检报告；

3 所选外保温系统有效期内的型式检验报告；

4 围护结构钻芯取样报告；

5 保温系统与基层粘结强度现场拉拔试验报告；

6 隐蔽工程验收记录；

7 施工记录；

8 围护结构各分项工程施工质量验收记录。

9.0.3 条件具备时，应提供围护结构外保温工程整体测温报告及各部位改造前后红外热图像资料。

9.0.4 对既有居住建筑节能改造工程应进行竣工验收，要求验收人员应由业主方、设计单位、施工单位、监理单位的代表及建设行政主管部门指派的人员组成。

六

《太阳能与空气源热泵采暖技术在既有建筑中的应用指南》

住房和城乡建设部住宅产业化促进中心
北京五航星太阳能科技有限公司
北京阳台山老年公寓

2011 年 6 月 5 日

前　言

截至2008年年底我国既有建筑面积达436.5亿m^2，其中绝大部分属于高能耗建筑，每年尚有近20亿m^2的新建建筑开工建设。建筑能耗已占终端能耗的1/3，而以燃煤、燃气、燃油和大功率的电锅炉为主要采暖方式的能耗占全国建筑总能耗比较大，其单位面积采暖能耗相当于气候条件相近的发达国家的2～3倍。

国家在“十一五”期间，提出加快实施节能减排重点工程，推动重大领域节能减排，大力推广节能技术和产品等一系列节能减排政策。由有关政府、研究机构、科技公司等共同在北京市海淀区阳台山老年公寓上进行了太阳能与空气源热泵耦合采暖设计的研究和应用工作，经过四年的运行，该系统以其创新的设计，高效的性能，低廉的运行成本以及简单的操作控制等方面，受到了广泛好评，同时此项技术也应用到了其他采暖项目上，为今后既有建筑采暖提供了设计依据。

利用太阳能与空气源热泵为建筑物采暖属于再生能源技术，为北方寒冷地区尤其是偏远地区的采暖提供了新的途径。为了加快资源节约型、环境友好型社会的建设，依据国家和行业有关规范、标准和技术文件，总结近年来建筑采暖技术和可再生能源利用的经验，制定本指南。

目　　录

1　总　　则

1.0.1　为贯彻落实国家有关建筑节能的法律法规和方针政策，改善我国建筑采暖能耗大、热环境质量差的现状，提高建筑热源利用效率，减少温室气体排放，特制定本技术指南。

1.0.2　本指南以运行五年的项目为依据，大量数据为本指南提供支持。

1.0.3　本指南适用于远离城区，供热面积在 2 万 m^2 左右的既有居住建筑，采用太阳能、空气源热泵、水源热泵等可再生能源作为热源的工程。新建建筑可参照执行。

1.0.4　建筑采暖工程的施工、设计和验收，除应满足本指南外，尚应满足国家现行的相关标准。

1.0.5　本指南引用标准：

《公共建筑节能设计标准》(GB 50189—2005)；

《严寒和寒冷地区居住建筑节能设计标准》(JGJ 26—2010)；

《采暖通风与空气调节设计规范》(GB 50019—2003)；

《太阳能供热采暖工程技术规范》(GB 50495—2009)；

《建筑节能工程施工质量验收规范》(GB 50411—2007)。

1.0.6　本指南适用于严寒地区、寒冷地区、夏热冬冷地区及温和地区采暖建筑。

2　术　　语

2.0.1　太阳能热泵采暖

特点要求：水源热泵解决不打井，太阳能补助无需大功率发热管，电锅炉，大量采用燃气，燃油，燃煤不可再生能源，严格控制采暖，洗浴限制一次性能源使用率达到 50%。太阳能热泵遇恶劣天气情况下在设计时应严格控制大耗能技术和产品。

利用太阳能、空气源热泵、水源热泵系统集成技术，在太阳能充足时利用太阳能初步升温，水源热泵二次提温，用于供暖，当太阳能不足时，利用空气源热泵提升温度，储存，通过太阳能与热泵集成把水源热泵提升为高温采暖。水源热泵工作原理是，由电能驱动压缩机，使工质（如 R22）循环运动反复发生物理相变过程，分别在蒸发器中气化吸热、在冷凝器中液化放热，使热量不断得到交换传递，并通过阀门切换使机组实现制热（或制冷）功能。在此过程中，热泵的压缩机需要一定量的高位电能驱动，其蒸发器吸收的是低位热能，但热泵输出的热量是可利用的高位热能，在数量上是其所消耗的高位热能和所吸收低位热能的总和。热泵输出功率与输入功率之比称为热泵性能系数，即 *COP* 值 (Coefficient of Performance)。热泵有多种，以水作为热源和供热介质的热泵称为水源热泵。水源热泵性能系数（即 *COP* 值）高于空气源热泵，系统运行性能稳定。水源热泵工程是一项系统工程，一般由水源系统、水源热泵机房系统和末端散热系统三部分组成。

2.0.2 建筑物耗热量

在采暖期室外平均温度条件下，为保持全部房间平均室内计算温度，建筑在单位时间内消耗的需由室内采暖设备供给的热量，单位为 W。

2.0.3 设计热负荷

在采暖室外计算温度条件下，为保持各房间室内计算温度，建筑在单位时间内消耗的需由室内采暖设备供给的热量，单位为 W。

2.0.4 空气源热泵

一种采用蒸气压缩式热泵原理的热水制取装置，位于室外侧蒸发器（热量收集器）中的制冷剂通过热交换吸收空气中的热量而发生气化，压缩机将由蒸发器来的气态制冷剂输送到冷凝器中，通过冷凝器（板式换热器或其他结构的换热器）将热量传递给水，被加热的水可以作为生活热水或其他用途。

2.0.5 水源热泵

水源热泵技术可利用太阳能等低位热能资源，并采用热泵原理，即通过少量的高位热能的输入，把低位热能（如太阳能）转或为可以利用的高位能，从而达到节约部分高位能的目的。

3 基本规定

3.0.1 基本原则

1 采用太阳能热泵采暖集成技术，应当符合有关法律、法规、标准、产业政策要求；

2 太阳能热泵采暖方案，应当建立在对该建筑空调负荷计算、当地气候条件和技术经济性比较的基础上，并进行详尽的技术可行性分析及论证；

3 太阳能热泵采暖方案，应当优先完善用能系统的分项计量，以保证加强建筑用能管理需要和节能效果的评估；

4 太阳能热泵采暖方案中提出的综合节能方案应协调实施，以确保项目运行阶段的真正节能。

3.0.2 基本要求

太阳能热泵采暖系统应根据建筑面积铺设太阳能集热器，以热泵作为补充热源，通过能源的综合利用达到系统节能。

3.0.3 必要条件

太阳能热泵采暖系统应首先根据项目所在地的气候条件确定太阳能的使用方式及规模，在此基础上，根据项目自身条件，考虑热泵的使用规模。

在确定最终采暖形式之前，应根据项目特点进行可行性分析，在论证合理的基础上尚可实施。

4 太阳能与空气源热泵采暖设计

4.1 一 般 规 定

4.1.1 太阳能热泵采暖系统类型的选择，应根据所在地区气候、太阳能资源、建筑条件、建筑物类型、建筑物使用功能、业主要求、投资规模、安装条件等因素确定。

4.1.2 太阳能热泵采暖系统应根据不同地区和使用条件采取防冻、防结露、防过热、防雷、防雹、抗风、抗震和保证电气安全等技术措施。

4.1.3 太阳能热泵采暖系统中热泵的设置应做到因地制宜、经济适用。

4.1.4 太阳能热泵采暖系统中，宜设置能源计量装置。

4.1.5 太阳能热泵采暖系统设计完成后及运行阶段，应分别进行系统节能、环保效益评估。

4.2 采暖系统负荷计算

4.2.1 采用太阳能热泵采暖系统进行采暖建筑的设计热负荷计算应满足《采暖通风与空气调节设计规范》(GB 50019—2003)。建筑热负荷由太阳能、空气源热泵、水源热泵共同负担。

4.2.2 太阳能热泵采暖系统的采暖热负荷是在计算采暖期室外平均气温条件下的建筑物耗热量。建筑物耗热量、围护结构传热耗热量、空气渗透耗热量的计算应符合下列规定：

1 建筑物耗热量应按下式计算：

$$Q_{H}=Q_{HT}+Q_{INF}-Q_{IN}$$

式中 Q_{H}——建筑物耗热量（W）；

Q_{HT}——通过围护结构的传热耗热量（W）；

Q_{INF}——空气渗透耗热量（W）；

Q_{IN}——建筑物内部得热量（包括照明、电器、炊事和人体散热等）（W）。

2 通过围护结构的传热耗热量应按下式计算：

$$Q_{HT}=(t_{i}-t_{e})\left(\sum \varepsilon KF\right)$$

式中 Q_{HT}——通过围护结构的传热耗热量（W）；

t_{i}——室内空气计算温度（℃）；

t_{e}——采暖期室外平均温度（℃）；

ε——各个围护结构传热系数的修正系数，参照相关节能设计行业标准选取；

K——各个围护结构的传热系数［W/（m^2·K)］；

F——各个围护结构面积（m^2）。

3　空气渗透耗热量应按下式计算：

$$Q_{INF}=(t_i-t_e)(c_p\rho NV)$$

式中　Q_{INF}——空气渗透耗热量（W）；

c_p——空气比热容，取 0.28Wh/（kg·℃）；

ρ——空气密度，取 t_e 条件下的值（kg/m^3）；

N——换气次数（次/h）；

V——换气体积（m^3/次）。

4.2.3　采用太阳能热泵采暖系统的建筑，应提高太阳能的供热比例，太阳能供热量不应低于建筑耗热量的 30%。

4.3　采暖系统选型

4.3.1　太阳能热泵采暖系统由太阳能集热系统、空气源热泵、水源热泵、蓄热系统、末端采暖系统、自动控制系统组成。

4.3.2　按集热系统的运行方式，太阳能热泵采暖系统可分为下列两种系统：

1　直接式采暖系统；

2　间接式采暖系统。

4.3.3　按所使用的末端采暖系统类型，太阳能热泵采暖系统可分为下列三种：

1　低温热水地板辐射采暖系统；

2　水—空气处理设备采暖系统；

3　热风采暖系统。

4.3.4　按蓄热能力，太阳能热泵采暖系统可分为下列两种系统：

1　短期蓄热采暖系统；

2　季节蓄热采暖系统。

4.3.5　太阳能热泵采暖系统宜根据建筑气候分区和建筑物类型按下表进行选择。

太阳能热泵采暖系统分类　　**表 4.3.5**

建筑气候分区			严寒地区			寒冷地区			夏热冬冷、温和地区		
建筑物类型			低层	多层	高层	低层	多层	高层	低层	多层	高层
太阳能与空气源热泵采暖系统类型	集热器	液体工质集热器	√	√	√	√	√	√	√	√	√
		空气集热器	√	—	—	√	—	—	√	—	—
	运行方式	直接连接	—	—	—	—	—	—	√	√	√
		间接连接	√	√	√	√	√	√	—	—	—
	蓄热能力	短期蓄热	√	√	√	√	√	√	√	√	√
		季节蓄热	√	√	√	√	√	√	—	—	—
	末端采暖形式	低温热水地板辐射采暖	√	√	√	√	√	√	√	√	√
		水—空气处理设备采暖	—	—	—	—	—	—	√	√	√
		热风采暖	√	—	—	√	—	—	√	—	—

4.4 采暖系统设计要点

4.4.1 太阳能系统设计

1 太阳能热泵供暖安装流程

太阳能热泵供暖共分五个安装步骤：集热器—水箱—空气源热泵—水源热泵—管道。

集热器安装调试：

支架、集热器→吊运→质检→支架定位→调校→支架固定→集热器敷设→集热器连接→调整→防尘、清洁→防腐处理→支架保护支墩→上下循环管连接→试水检漏。

水箱制作安装调试：

工厂按图下料、加工、制作→汽车运输→现场钢板拼接→箱体成形→整形→全面焊接→箱体开口→定位→支架固定→支架防锈处理→基础处理→水箱试水检漏→全面质量检查→保温→保温层外保护接缝防水处理→清洗→完成配管及附件安装。

空气源热泵机组安装调试：

基础制作→空气源热泵机组安装→水泵安装→管道及辅件安装→打压试水→管道防腐→管道保温。太阳能系统由太阳能集热系统、支架，水泥方块，连箱每组横排 50 根 47 型×1500 管=5 平方面积，上下连箱接管带有防真空管泄露水时可控制闸阀，不锈钢大小水箱内胆厚度应在 1.2 公分 304 板焊成，水箱底座采用 22 公分的工字钢打十字而成，和水箱底部 10cm 钢板圆板托住不锈钢水箱防止变型，采用发热加温应在水箱开 47 型与 50 型的发热管不锈钢带丝圆口。按要求对蓄热系统及相关连接管路才能起到一定规范的技术和不偷工减料的安全。

2 建筑物上安装太阳能集热系统，严禁降低相邻建筑的日照标准。

3 直接式太阳能系统宜在冬季环境温度较高，防冻要求不严格的地区使用；冬季环境温度较低的地区，宜采用间接式太阳能集热系统。

4 太阳能即热系统管道应选用耐腐蚀和安装连接方便可靠的管材。可采用铜管、不锈钢管、塑料和金属复合热水管等。

5 应根据太阳能集热系统形式、系统性能、系统投资，采暖负荷和太阳能保证率进行技术经济性分析，选取适宜的蓄热系统。

6 太阳能系统设计其他相关规定满足《太阳能供热采暖工程技术规范》(GB 50495—2009)。

4.4.2 空气源热泵设计

1 空气源热泵系统，是以空气作为热泵热源，利用热泵技术回收或提取空气中低温的热能为建筑物供暖的采暖方式。

2 空气源热泵系统一般由空气源热泵机组、蓄热装置及相关连接管路组成。

3 冬季采用空气源热泵补助采暖，其运行性能系数不宜低于 1.8。

注：冬季运行性能系数=冬季室外空调计算温度时的机组供热量（W）/机组输入功率（W）。

4 空气源热泵室外机宜安装在冬季主导风的背风面，应设遮雪篷，机组如安装在平台上，则底面应抬高至少 20cm，以免化霜结冻，机组吸风口距障碍物至少 25cm，双机之间距离至少 20cm。

5　应采取减少空气源热泵机组噪声和减振的措施，比如采用静音型风机、热泵机组整机底座选用弹簧减振器等。

4.4.3　水源热泵设计

1　机组应安装在室内，将机组安置在不低于 20cm 的水平坚实的混凝土矮基础上，并加装减振装置，用地脚螺栓紧固；机组周围应留一定工作间，以方便操作、检查和维护。

2　水管与设备的连接要用软接头，以减少振动传递，在出入水管口侧装设温度计、压力表，在出水管侧装设水流开关。

3　尽量缩短管路，避免或减少不必要的管路变向，以减少阻力损失。

4　检查压缩机电机的绝缘电阻，其数值应在 3MΩ 以上。

5　机组应采用专门的配电设备，不要与其他用电设备共用，不正当供电会对机组造成损害。

4.4.4　太阳能与空气源热泵采暖设计原则

1　根据建筑物屋面面积选择太阳能集热器面积与热泵负荷的比例。

2　从经济性角度，选择太阳能集热器面积与热泵负荷的比例。

4.5　控制系统设计

4.5.1　太阳能与热泵采暖系统应设置自动控制系统。自动控制系统的功能应包括对太阳能集热系统的运行控制和安全防护控制、集热系统和空气源热泵的工作切换控制。太阳能集热系统安全防护控制的功能应包括防冻保护和防过热保护，应严格执行电器制度。

4.5.2　控制方式应简便、可靠、利于操作；相应设置的电磁阀、温度控制阀、压力控制阀、泄水阀、自动排气阀、止回阀、安全阀等控制元件性能应符合相关产品标准要求。

4.5.3　自动控制系统中使用的温度传感器，其测量不确定度不应大于 0.5℃。

4.5.4　太阳能集热系统和热泵系统设备的相互工作切换宜采用定温控制。应在贮热装置内的供热介质出口处设置温度传感器，当介质温度低于“设计供热温度”时，应通过控制器启动热泵系统设备工作，当介质温度高于“设计供热温度”时，热泵系统设备应停止工作。

4.6　末端采暖系统设计

4.6.1　太阳能与空气源热泵采暖系统宜采用低温热水地板辐射、水—空气处理设备等末端采暖系统。系统在初次运行时先将水温控制在 25～30℃范围内运行 24h，以后每隔 24h，升温 5～10℃，直至供水温度达到设计温度。如果升温太快，地板可能会因膨胀发生开裂扭曲现象，影响木地板使用寿命。室内不再需要地热系统供暖时，应注意关闭地热系统也要有一个过程，地板的降温过程也要循序渐进，不可骤降。

4.6.2　空气集热器的太阳能与空气源热泵采暖系统应采用热风采暖末端供暖系统，宜采用部分新风加回风的风管送风系统，系统运行噪声应符合国家相关规范的要求。

4.6.3 太阳能与空气源热泵采暖系统的末端采暖系统设计应符合国家现行标准《采暖通风与空气调节设计规范》（GB 50019—2003）和《地面辐射供暖技术规程》（JGJ 142—2004）的规定。

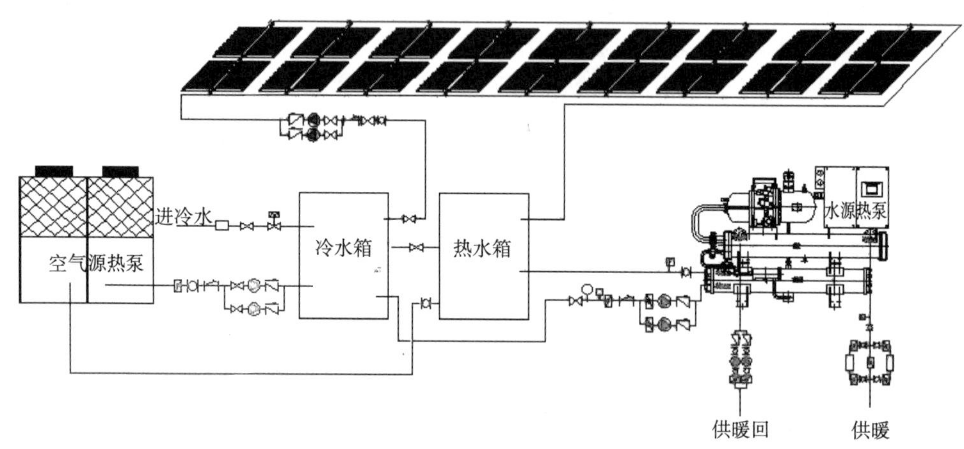

图 4.6.3 末端采暖系统设计

5 太阳能与空气源热泵采暖系统节能评估

5.0.1 太阳能热泵采暖系统的节能评估分为设计节能评估和运行节能评估。

5.0.2 设计节能评估指在设计阶段对太阳能系统的集热器效率、太阳能保证率、常规能源替代率、环境效益、经济效益和热泵系统的能效比、节能量、环境效益、经济效益等进行综合评估，根据节能评估结果，确定太阳能热泵采暖系统的设计方案。

5.0.3 运行节能评估可依据住房和城乡建设部颁布的《可再生能源建筑应用示范项目测评指南》对太阳能热泵采暖系统在实际运行阶段的太阳能系统的集热器效率、太阳能保证率、常规能源替代率、环境效益、经济效益和热泵系统的能效比、节能量、环境效益、经济效益等进行综合评估，并与设计节能评估结果对比，对运行进行优化。

5.0.4 采用太阳能热泵采暖系统的建筑，应满足《绿色建筑评价标准》（GB/T 50378—2006）中对可再生能源的要求："根据当地气候和自然资源条件，充分利用太阳能、地热能等可再生能源，可再生能源产生的热水量不低于建筑生活热水消耗量的10%。"

6 太阳能与空气源热泵采暖工程的验收

6.0.1 太阳能热泵采暖工程验收应符合《建筑节能工程施工质量验收规范》（GB 50411—

2007)、《既有采暖居住建筑节能改造技术规程》(JGJ 129—2000)、《太阳能供热采暖工程技术规范》(GB 50495—2009)及住房和城乡建设部住宅产业化促进中心编制的《既有住宅性能评定指标体系》、《既有居住建筑综合改进技术指南》、《既有居住建筑节能检验和评价方法》等标准及设计要求。

6.0.2 太阳能热泵采暖工程应在全部完成并提交下列文件和记录后进行验收:

1 太阳能热泵采暖工程施工图、设计说明书及其他设计文件;

2 热泵、太阳能集热管、管道、控制器等主要材料、构件的质量证明文件、性能检测报告和进场验收记录、复检报告;

3 设备运行检验检测报告;

4 监理工作报告;

5 隐蔽工程验收记录;

6 施工记录;

7 供暖结构各分项工程施工质量验收记录。

6.0.3 条件具备时,安装各种检测仪表测量。应提供太阳能与热泵采暖工程整体测温报告及改造前后供暖情况图像资料。

6.0.4 对既有建筑太阳能热泵采暖工程应进行竣工验收,在 1000m^2 建筑面积要求验收:(1)水源热泵应提供国家压容器证书;(2)空气源热泵应提供工业生产许可证。检测报告证书,建筑采暖必须由节能部门颁发检测报告。达到上万平方米严格执行太阳能与热泵节能采暖要求与各种有关国家部委颁发证书等,初次验收产品为安装验收,二次验收要节能的标准。经一年运行要达到减少 40%左右电,燃气,燃油,煤为标准。验收为能耗全部合格,达到给予奖励,末达到给予处理更改验收;(3)验收工程人员应由业主方、设计单位、施工单位、节能监理单位的代表及建设行政主管部门指派的人员组成。

第二章

既有居住建筑综合改造工程实例

一、北京市阳台山老年公寓综合改造工程

1. 工程概况

北京阳台山老年公寓地处北京西北郊，毗邻鹫峰、阳台山两个森林公园。依山势而建，面临杏林，侧倚青山，风景秀丽，四季怡人。这是一所由海淀区政府投资兴建，区民政局直接管理的区级社会福利机构。该公寓占地面积约 2.67 公顷，建筑面积 $10486.54m^2$。公寓为砖混结构，层数最高为 4 层，设有各类房间 180 间，其中客房 130 间，可同时容纳 300 名老人入住。于 1999 年动工兴建，2000 年 5 月基本建成并陆续投入使用。

公寓主要建筑由老年公寓（阳台山老年公寓主楼）、“龙人居”、附属用房（应急房、库房、发电机房、消防泵房、净化水房、锅炉房）和太阳能集热器停车场组成（图 1-1、图 1-2）。项目于 2002 年 5 月～2008 年 8 月期间进行了综合技术改造。园区总平面规划满足相应的规划要求，总平面布置如图 1-3 所示。主要技术经济指标如表 1-1 所示。

图 1-1　大门正面

图 1-2　群体建筑

主要技术经济指标表　　**表 1-1**

项目	指标
基地面积	$26640m^2$
总建筑面积	$10486.54m^2$
建筑密度	15%
建筑层数	最高 4 层
绿化率	60%
地上车库面积	$1200m^2$

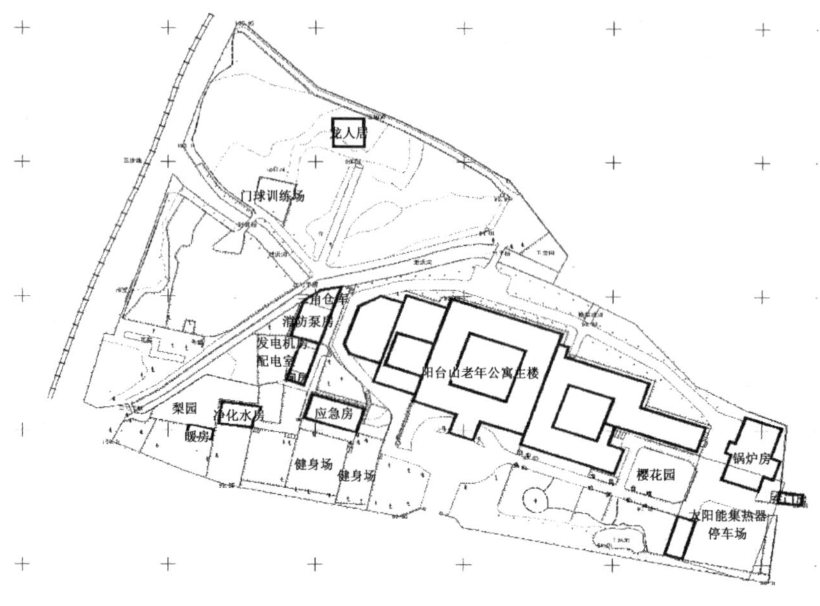

图 1－3 总平面图

2. 改造前存在的主要问题

该工程始建于 20 世纪 90 年代末，床位数量及建设标准都难以满足当今生活的需求。存在的主要问题表现在以下几点：

（1）居住功能

1）房间布局不合理，向阳房间比例少。

2）未安装消防报警系统，安全系数降低。

3）院内一些存在高差的地方未设坡道，给老人的行走带来不便。

4）农村电网、水网安全运行标准低，停电、停水时间长，频率高。因此，突发事件来临时缺少应急房间及相关设备。

（2）设备设施

1）原有燃油锅炉能效较低、污染空气，此外由于近几年油料和能源价位的不断上涨造成其运行费用越来越高，难以承受。

2）管道、管件锈蚀严重，存在着很大的安全隐患和不确定因素，造成设备维护费用和公寓的正常运行费用都居高不下。

3）电器设备技术性能落后，故障多、耗电量大。

（3）外部环境

1）周边道路不畅，出行困难。

2）室外地貌属高低起伏型山地，渗水性强，治理难度大、成本高。

3）20 余亩杏园品种单一，更新难度大，需水量多。

（4）建筑节能

1）屋面、墙体保温标准低，致使供暖不均衡，约三分之一的房间供暖温度低于 16℃而无法使用。

2）屋面防水层设计标准低，夏季有漏水现象。

3）单层铝合金推拉窗，隔热保温性能差。

3. 改造的目标及主要内容

阳台山老年公寓自2000年建院以来，一直坚持“空气好，让首都天更蓝”、“水质优，不给下游造成污染”的发展方向，经过多项综合技术改造，完成了一系列节能减排工程，基本实现了从低污染、高耗能，向零污染、低耗能的环保模式转变。为落实区领导提出“阳台山老年公寓，应使用清洁能源和可再生能源，不给下游制造麻烦”的指示精神，建院8年来，累计筹集资金1000余万元，用于环保、节能、减排项目，基本做到了上不冒烟，下不排污的环保节能型养老院。建筑的节能目标达到65%以上。

改造的主要内容有：建筑居住功能改造、建筑保温性能改造、采暖空调系统改造、给水排水系统改造、配电照明系统改造和室外环境改造。

4. 改造技术方案

（1）气候特征与节能设计标准

1）北京地区气候特征

北京的气候为典型的暖温带半湿润大陆性季风气候。四季分明，夏季炎热多雨，冬季寒冷干燥，春、秋短促；风向有明显的季节变化，冬季盛行西北风，夏季盛行东南风。年平均气温10～12℃。1月－7～－4℃，7月25～26℃。极端最低－27.4℃，极端最高42℃以上。年平均降雨量600多毫米。降水季节分配很不均匀，全年降水的80%集中在夏季6、7、8三个月，7、8月常有暴雨。

2）节能设计标准

本次综合改造工程严格按照北京市《居住建筑节能设计标准》（DBJ 01—602—2004[1]）进行，各项技术指标均符合要求。

（2）居住功能改造

1）调整使用空间

为满足不断增长的老人入住需求，2006年7月～2007年7月，筹集资金70万元，陆续将向阳会议室、活动室、办公室等公共用房改造成11套老人房间。不仅增加了向阳房间的比例，每年可增加床位费收入30万元。改造后老人房间见图1-4。

图1-4　改造后老人房间

[1] 该标准现已被《居住建筑节能设计标准》（DBJ 01—602—2006）取代。

2）旧建筑翻新

2008年3月，投资80万元，将院内北安河村破旧不堪的室内蓄水池，改造成十套应急房（图1-5、图1-6）。

图1-5　破旧不堪的室内蓄水池

图1-6　在原址新建的应急房

3）重修“龙人居”

公寓后院残存一处古代建筑遗址，约100m²。由著名华侨赵泰来先生出资20万元重修，取名“龙人居”。由著名古建筑专家刘建康老先生设计，是中式仿古风格的一层平顶平房，屋顶中央设有3m×3m透明采光玻璃，青砖青瓦（图1-7～图1-10）。

该建筑是我国首座零排放、无污染的“绿色居屋”。采用高节能专利技术的供暖、洗浴设备系统，顶部安装500支太阳能真空管，采用太阳能集热地埋式供暖。寒冷期（1月份）日均耗电50kWh，室内温度超过20℃，耗能与附近农村民房同等面积燃煤成本相当。

图1-7　公寓后花园古代建筑院墙遗址

图1-8　“龙人居”施工现场

图1-9　“龙人居”实景图

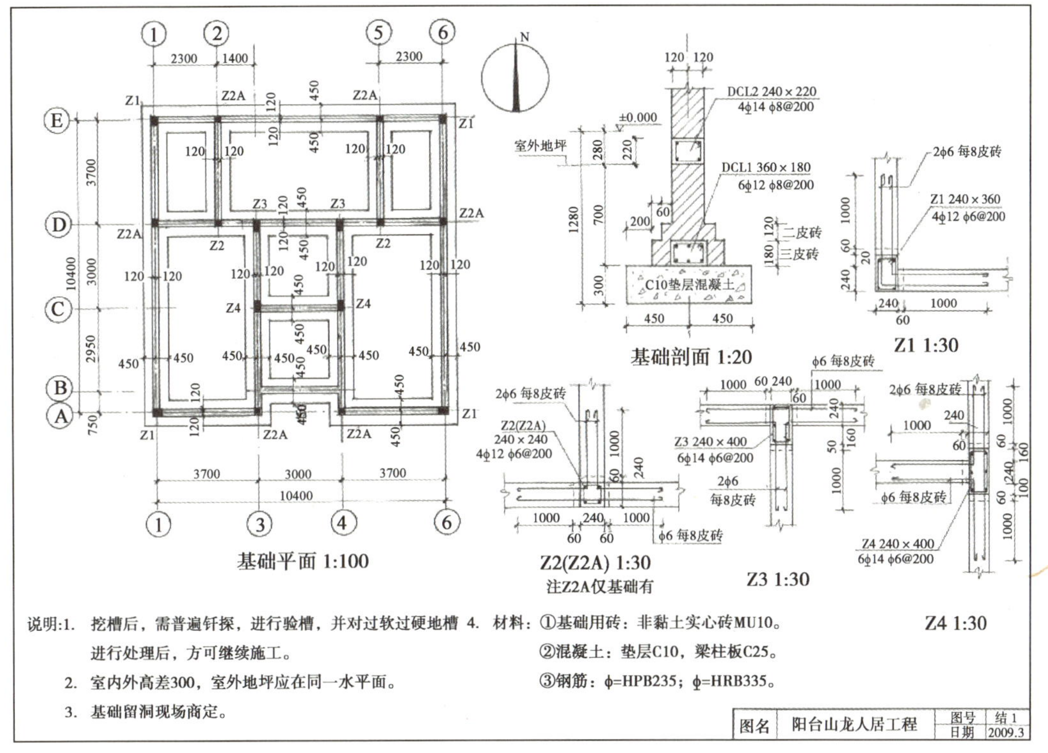

图 1－10　“龙人居”平面图

4）增加无障碍设施

为了适合老年住户的使用需求，将院内各处改造成无障碍通道（图 1－11）。

图 1－11　无障碍通道

5）增加智能化监控系统

因公寓地处偏僻，周围无多人群单位，尤其到了秋冬季节，行人稀少，加上入住老人年老体弱，自救能力差的特殊情况。为确保公寓安全，2005 年，投资 35 万元，建成公寓楼内、楼外电视监控系统及烟雾报警系统（图 1－12、图 1－13）。

图 1－12　闭路电视监控系统

图 1－13　烟雾自动报警系统

（3）维护结构节能改造

1）外墙

本工程为改建项目，为解决主楼两端 300 余平方米冷墙温度偏低的问题，2008 年，投资 10 万元，对其外向冷墙采用安全性高、维护成本低、使用寿命长、保温效果好的外墙聚苯板保温体系。经冬季使用升温效果明显。通过热工计算，选用厚度为 50mm 的挤塑聚苯板，挤塑聚苯板导热系数为 0.03，是外墙保温材料中性能比较好的材料，外围护墙传热系数达到 0.27W/(m^2·K)。项目所采用的外保温系统主要构造为：外饰面＋20mm 水泥砂浆＋50mm 厚挤塑聚苯板＋240mm 砖墙＋50mm 厚挤塑聚苯板＋30mm 混合砂浆，如图 1－14 所示。

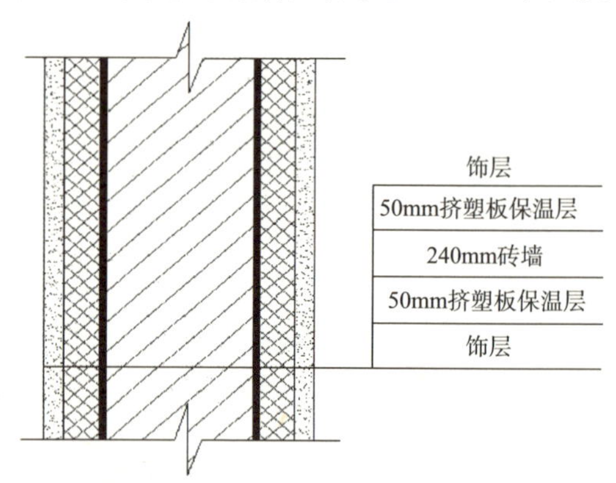

图 1－14　聚苯板外墙外保温系统构造图

因此由钢筋混凝土形成的外墙热桥部位并不多，仅出现在部分外墙与屋顶、楼板、阳台连接的部位以及框架柱。考虑到内保温对热桥的割断作用较差，为了避免建筑热桥，在柱、梁、楼板等热桥部位加强处理，如图 1－15 所示。

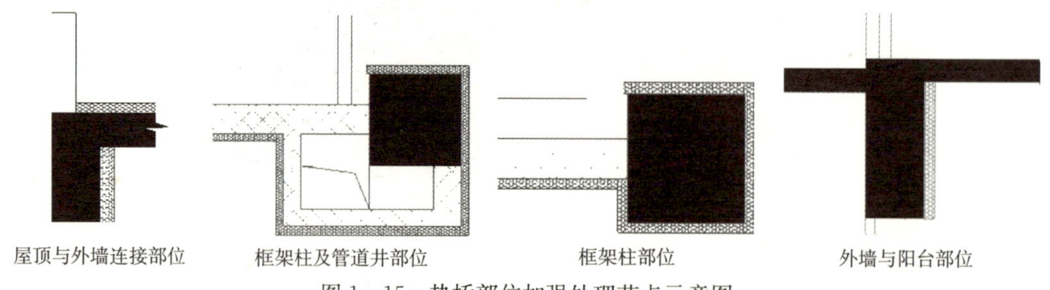

图 1－15　热桥部位加强处理节点示意图

外墙的传热系数按照平均传热系数计算。外墙平均传热系数是指考虑了墙体上的热桥的传热损失之后的一个当量传热系数。现行的几本建筑节能设计标准都采用面积加权法来计算外墙平均传热系数，随着建筑保温材料的多样化，节点的构造方式越来越复杂，面积加权法计算得到的结果误差还是很大。本工程参照《居住建筑节能设计标准（征求意见稿）》附录B提出的基于二维稳态传热计算的方法，该方法与现行的ISO标准一致，能够比较好地反映热桥的传热影响。经过DeST软件计算，改造后外墙主体传热系数达到0.27W/(m^2·K)。

2）外窗

2006年，为解决走廊及公寓房间单层铝合金窗保温效果差、室温偏低的问题，投资34万元，在原有基础上又增加1200余平方米塑钢窗。传热系数降低，经实地测量与改造前相比，锅炉出口温度可调降低5℃，室温提高2℃。改造前后对比如图1-16、图1-17所示。

图1-16　2006年以前为单层铝合金窗

图1-17　改造后全楼均增加一层塑钢窗

3）屋面

公寓楼顶面积3209.4m^2。由于屋面保温、防水层设计标准低，夏季漏水、冬季散热，冬季室温一般仅能达到14～15℃，不适宜老人居住。为此，2004年，投资40万元，铺设一层5cm聚苯保温板，增加两层SPS防水层，上贴防滑地砖。经改造，夏季顶层无漏水现象，暑期室温由改造前的40℃降至33℃，冬季室温（除东西两端冷墙房间外）基本均衡，由14℃升至18℃（见图1-18）。

图1-18　改造后公寓楼顶照片及用材剖面图

（4）采暖系统改造

1）采用太阳能热泵系统

太阳能热泵系统是将太阳能集热器、空气源二位一体的热泵。

2000年，阳台山老年公寓开始营业。但很快就发现，当时使用的燃煤供暖锅炉污染很严重，给周围的居民造成了一定影响。于是整个老年公寓投资40万元人民币，将两台燃煤锅炉改为三台燃油锅炉，大幅降低了空气污染。但随着燃油价格的上涨，取暖成本越来越高，公寓将目光投向了太阳能。2007年，阳台山老年公寓经过研究、考察，将原有的柴油锅炉系统改为更加节能、省钱、环保的太阳能热泵系统（图1-19～图1-21）。

图1-19 改造前锅炉房照片

图1-20 改造后热泵机组照片

图1-21 洗浴系统太阳能集热器

2007年8月，投资300余万元，建成1600m^{2}的太阳能集热器。形成以太阳能集热为基础，以空气热泵为补充，以水源热泵为调节的供暖、洗浴保障系统。该系统是集太阳能、空气能、污水能三者相结合的高节能专利技术。采用太阳能热泵系统热源，利用北京充足的日照时间和阳台山老年公寓能够提供宽敞的太阳能集热系统安装场地等天然条件。采用不消耗地下水的太阳能一体化热泵系统。淘汰运行费用高、能效低的燃油锅炉。热泵主机可使用两种能源，白天用太阳能集热器所采集的热量作为能源使用，夜间或阴雨天用空气源热泵作为补充。其中热泵热媒为暖水，冬季热水供回水温度为40～60℃。运行数据表明，年运行成本20余万元，低于燃煤，约为燃油成本的35%。年可减少柴油消耗110余吨，达到了节能减排的预期目的。该项目的建成，不仅为北方寒冷地区采暖、供热、开发利用新能源方面做出了示范，提供了经验，还填补了我国将太阳能用于冬季集中采暖的空白（图 1-22～图 1-25）。

图 1-22 原三台燃油锅炉

图 1-23 1600m^2 太阳能集热器

图 1-24 水源热泵

图 1-25 空气源热泵

2）管道保温

经 7 年运行，供暖、供水主管线出现锈蚀和保温层脱落现象。2007 年，投资 2 万元，对其进行防腐保温处理。处理后，不仅延长了地下管线的使用年限，还有效杜绝了热量的散失。

（5）给水排水系统改造

1）备用水源

2007 年，投资 10 万元，建成 80m^3 备用水窖和泄洪沟蓄水工程。为公寓调剂用水、科学用水、节约用水、应急用水创造了条件（图 1-26）。

图 1-26 泄洪沟蓄水工程

2）废水处理

2005 年，为减少自来水的使用量，杜绝对下游地下水的污染，投入 70 万元，建成日处理能力 100t 的废水处理系统。现每天处理生活污水 50t，用于庭院绿化，果园喷灌，道路冲洗。该系统采用“生物接触氧化处理技术”，处理后的中水可达到国家中水的标准（图 1-27、图 1-28）。

图 1-27　地上的中水池

图 1-28　地下的污水处理系统

3）雨水收集

2008 年 10 月，海淀区水务局资助并承建泄洪沟防水及屋面雨水截留喷灌系统。对屋顶雨水和其他非渗透地表径流雨水进行收集、利用。雨水收集回用系统设置雨水初期回收装置和雨水收集罐，雨水收集流入园区中水系统的雨水收集罐，用于绿化和景观水体（图 1-29、图 1-30）。

图 1-29　喷灌系统

图 1-30　雨水收集罐

（6）电气系统改造

1）照明系统

利用太阳能光伏发电，实现“零能耗”的建设理念，太阳能灯具以太阳能作为电能供给用来提供夜间道路照明，采用高光效照明光源设计，具有亮度高、安装简便、工作稳定可靠、不敷设电缆、不消耗常规能源、使用寿命长等优点，属于当今社会大力提倡利用的绿色能源产品，能源消耗为零。

① 太阳能路灯

2007 年，接受五航星太阳能公司捐赠 16.8 万元。安装太阳能路灯 10 盏、草坪灯 80 盏，实现了院内夜间不间断照明。不仅提高公寓夜间安全系数，而且每年可减少室外照明用电 8760kWh（图 1-31、图 1-32）。

图 1－31　太阳能路灯

图 1－32　太阳能草坪灯

② 室内节能灯

2008 年 7 月，北京节能环保中心为公寓置换 4800 余套节能灯具，每小时约减少耗电 48kWh。

③ 照明自动控制

楼顶灯、院内路灯均采用自动控制系统，采光不足时自动开启，进行照明。

2）电梯控制系统

2007 年，投资 13 万元，将两部电梯模拟控制系统改造成变频控制系统。不仅保障了电梯运行安全，而且减少耗电 50％以上。

3）配电系统

公寓原有一台 250kV・A 挂杆式油浸变压器，自身耗电高，安全系数低，且不能满足公寓用电需求。2003 年，筹资 63 万元，安装一台 500kV・A 箱式变压器，降低了变压器自耗，实现了用电安全（图 1－33、图 1－34）。

图 1－33　更换前变压器

图 1－34　更换后变压器

2006 年，投资 19.87 万元，购置一套 300kW 柴油发电机组，保证了公寓不间断供电。此外，还安装风力、太阳能发电机组一套，年发电约 1825kWh（图 1－35、图 1－36）。

（7）室外环境改造

1）环境治理及院内绿化

建院 9 年来，先后筹资 142 万元进行环境治理及院内绿化。分别治理荒坡地约 1.34 公

图 1－35　柴油发电机

图 1－36　太阳能风力发电机组

顷，共栽种植物 70 种，5329 棵（墩）。其中，乔木类 23 种，626 棵；果树类 12 种，435 棵；灌木类 16 种，1701 墩；多年生花卉类 15 种，1990 棵（墩）；攀藤类 4 种，577 株。初步形成三季有花、有果、四季常青的美化新格局，2008 年被海淀区评为花园式单位，2009 年被北京市人民政府授予“首都绿化美化园林式单位”。阳台山老年公寓的四季美景见图 1－37～图 1－40。

图 1－37　春天山花烂漫

图 1－38　夏天绿树成荫

图 1－39　秋天硕果累累

图 1－40　冬天雪压青松

2）道路

公寓周边原为土路，车辆通行困难。2002 年会同鹫峰公园，投资 40 余万元，建成宽 8m，长约 500m 的马路。建成后，不仅方便公寓及社会车辆通行，还为驻地新农村建设、开发利用旅游资源创造了条件（图 1－41、图 1－42）。

图 1-41 公寓周边土路

图 1-42 修建后马路

3）文化设施建设

2004 年，在平整土地时，挖掘出残存石板路段。经区文物所认定，为千年古香道遗址。为此，投资 8 万元，按原貌修复古香道 142m，收集石刻文物 6 件。不仅增加了一处历史文化景点，还提升了公寓的文化品位（图 1-43、图 1-44）。

图 1-43 原古香道遗址

图 1-44 修复后的古香道

此外，经过精心设计的小型博物馆"龙人居"不仅能提供居住功能还兼有文物展示功能，也为院区增添了一个文化亮点（图 1-45、图 1-46）。

图 1-45 "龙人居"文物收藏区入口

图 1-46 "龙人居"内部收藏的文物

4）泄洪沟改造

2004年，投资50余万元，平整土地，改造泄洪沟，架设桥梁4座，初步形成院内南、北两片公园雏形（图1-47～图1-50）。

图1-47 治理前泄洪沟

图1-48 治理后的泄洪沟

图1-49 新建青白石彩虹桥

图1-50 新建青白石平桥

（8）集约高效地使用土地

1）充分利用半地下空间

为节约土地资源，结合地形建筑采用台地式建筑方法，充分利用半地下空间，节约土地1200余平方米（图1-51～图1-54）。

图1-51 地上为消防泵房、库房，地下为菜窖、煤气间

图1-52 空中为太阳能集热器

图 1-53　地面为停车场

图 1-54　地下为污水处理系统

2）立体使用空间

实现土地多重利用，提高土地利用效率，实现节地的要求，满足太阳能安装场地的需要，阳台山老年公寓的项目中增加了 1400m^2 彩钢板遮阳棚架。上面用于敷设太阳能集热器，下面用来存放车辆及人员日常休闲使用。减少建筑（构筑物）占地面积，留出更多的室外场地（图 1-55、图 1-56）。

图 1-55　彩钢板棚上面敷设太阳能集热器后效果图

图 1-56　彩钢板棚下面休闲区图片

5. 改造技术分析

太阳能热泵系统是改造工程的主要技术方法之一。

太阳能热泵与太阳能集热器结合，其目的在于取长补短，使两者互为补充，互为备用，在日照充足时优先使用太阳能加热热水，利用太阳能集热器产生的低温热水作为热泵的辅助热源，从而改善热泵的运行工况，提高其制热性能。这种组合形式，使两者均在相对比较稳定高效的条件下工作，保证系统全年全天候的卫生热水供应。热泵制热过程本质上是对空气中蕴藏的太阳热能的提升利用，根据热泵的工作特性，在整个系统的运行过程中，热泵机组作为辅助热源运行所供应的热量中，只有一小部分来自电能，所以太阳能热泵系统大大提高了太阳能利用率，减少了对一次能源的消耗。

根据我国北方大部分地区的太阳辐照资料，按照卫生热水系统平均耗热量和太阳能集热器日平均得热量确定太阳能热水系统的集热器面积，太阳能热泵系统中，太阳能直接加热可满足热水系统全年 60％～80％的热量需求，其余 20％～40％热量由热泵机组供应，

热泵平均 *COP* 可达 3.0，即其所供应热量有 65%以上来自集热器不能直接利用的太阳能和空气热能。在整个系统运行中，集热器吸收的太阳能的利用率接近 100%，辅助加热的电力消耗只占系统总能耗的 7%～14%，较常规能源的热水系统可至少节能 85%以上。

通过阳台山老年公寓改造工程分析可见，太阳能热泵系统是一种性能可靠、环保节能的热水系统形式，该系统只使用太阳能及少量的电能，对环境没有任何的污染。在白天最低温度一15℃以上都可以使用。夏天供应热水、制冷，冬天采暖。运行时比燃气节约 60%以上。

6. 经济分析及社会效益评价

(1) 工程投资及增量成本

阳台山老年公寓改造总投资约 1000 万元，太阳能光电、太阳能光热、空气源热泵、水源热泵、外墙保温处理作为示范成本概算内容如表 1-2 所示。

阳台山老年公寓综合技术改造工程项目成本概算 **表 1-2**

措施名称		节能方案	价格	单位	数量	总价
围护结构	外墙保温改造	50mmXPS 外保温	240	m^2	3300	80 万元
	屋面改造	保温屋面	112	m^2	3200	36 万元
	固定遮阳	利用太阳能集热器遮阳	0	m^2	1600	0
可再生能源	太阳能、水源、空气源热泵	—	300 万元	套	1	300 万元
	太阳能光电系统	太阳能路灯	1866	盏	90	16.8 万元
节水措施	雨水收集	雨水罐收集	40 万元	套	1	40 万元
	污水处理	生物接触氧化处理	70 万元	套	1	70 万元
智能控制能源管理	自动照明系统	光电感应（与太阳能路灯联用）	0	—	0	0
	监控系统	楼内、楼外电视监控及烟雾报警系统	—	套	1	35 万元
	电梯系统	模拟控制系统改造成变频控制系统	—	套	1	13 万元
其他		410 万元				
总计		1000.8 万元				

(2) 投资回收期

1) 太阳能热水系统投资回收分析

采用太阳能供暖、洗浴系统主要设备初期投资为 265 万元，利用太阳能每年节省的费用为 426526 元。投资利用太阳能的回报为 6 年。太阳能集热器的寿命约为 20 年。

本设计改造完成后，老年公寓将具备星级宾馆服务水准服务的硬件设施。但是每年的供暖实际运行费用仅为 205260 元，其中包含水泵的电耗。相比原服务设施，2004 年运行费用节省 347156 元，2005 年运行费用节省 405754 元。

本设计改造完成后，每个客房收费标准相应提高 300～500 元/月不等，一年内所有 130 间客房收益增加 46.8 万～78 万元/年（北京市老年公寓收费标准为标准间：每月每床 1200 元人民币；单人间：每月每床 1800 元人民币；豪华套间：每月每套 4000 元人民币）。

综合以上，本设计改造完成后，公寓每年增加收益为77.2万～109.4万元不等。这样彻底缓解经费之不足包袱，并可以取得较好的经济和社会效益。

2）雨水收集及污水处理投资回收分析

2005年，为减少自来水的使用量，杜绝对下游地下水的污染，投入70万元，建成日处理能力100t的污水处理系统。运行数据表明，年均回收利用7个月，每月回收利用1500t，成功回收利用中水10500t，减少水费支出10500t×［3.7元/t（每吨水费）－0.6元/t（净化成本）］＝32.550元。它的建成，大大减少对下游水源的污染，这是无法用金钱来计算的。

3）安全、功能及舒适性分析

本设计改造完成后，老年公寓将具备太阳能供暖、24h热水系统等星级宾馆服务的硬件设施。采用中央采暖空调系统对于老年公寓的硬件设施是一个很大的提高。公寓档次相应提高。阳台山老年公寓将成为一所与北京市经济和社会发展水平相适应的，体现阳台山优美人居环境，满足未来养老需求，成为海淀区民政局的名片、窗口，全国一流且接轨国内的高档示范性完全退休生活社区。可以接待更高需求的顾客，对公寓的经济收入也会提高。

4）节水效果分析

采用雨水收集系统、屋面雨水截流喷灌系统以及泄洪沟截留工程，开辟了雨水、中水互补的水资源开发利用新途径。2009年截流雨水3000m^3，净化中水12000m^3，减少自来水使用量2000m^3，基本满足30亩园林喷灌、院落冲洗用水。

5）建筑寿命周期成本分析

本项目为改扩建项目，土地、规划、建设成本相同，寿命周期成本主要考虑生态技术投资、设备更换等差异所引起的成本差异，其他相同的成本相互抵消，不计入寿命周期成本的统计和比较。寿命周期按照50年计算，生态建筑的全生命周期成本比原建筑节约了50％。

6）环境效益分析

本项目采用清洁环保的太阳能光热、污水源热泵、空气源热泵系统，生活热水采用太阳能光热系统承担，污水源热泵、空气源热泵和太阳能系统均属于清洁环保的可再生能源，大量节省了电能和化石燃料的使用，减少了废热废水和温室气体排放，减缓了城市热岛效应，节省了宝贵的水资源，具有极好的环境保护作用，使本项目真正成为生态、环保、绿色、与自然和谐的可持续发展建筑。经计算，本项目一年可节约柴油110余吨，减排二氧化碳308t。

通过以上一系列的措施，我公寓基本实现了从低污染、高耗能，向零污染、低耗能的环保模式转变。已形成上不冒烟、下不排污、全方位、立体式的环保节能新格局，并已实现在遇突发事件时，停水有水、停电有电，靠自身生存一个月的能力。

综合改造后，年节水约2000m^3；公寓年耗电约18万kWh，与改造前持平；年柴油消耗由140t降至20t；年食堂做饭消耗石油液化气12t，与历年持平。年碳排放量由676t降至251t；年碳吸收量升至560t。（1200棵树×0.465t/棵＝558t，灌木、草坪约5000m^3×0.000425t/m^3＝2t。该计算方法根据中国科技馆、北京大学提供的碳排放标准计算）每年实现碳补偿309t。改造前后的能耗对比见表1-3。

改造前后的能耗对比 表 1-3

比较 名称	改造前		改造后		效果
	年消耗量	碳排放量	年消耗量	碳排放量	
电（万 kWh）	18	141t	18	141t	持平
柴油（t）	140	496	20	71	−425
液化气（t）	12	39	12	39	持平

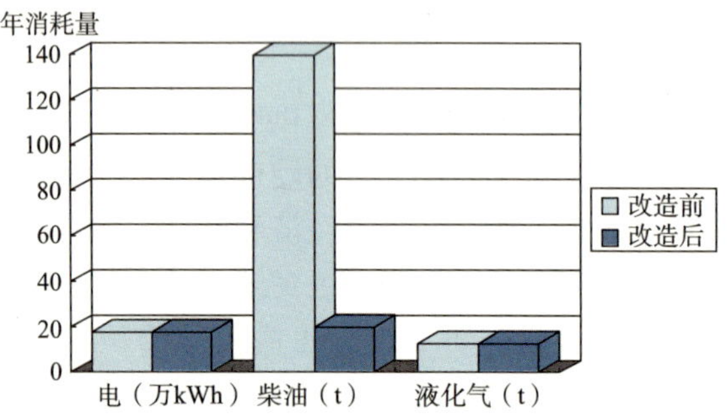

注：电碳排放系数：0.785；
柴油碳排放系数：2.77；
液化气碳排放系数：3.27；
碳吸收标准：一棵成年树年吸收碳 465～500kg；
一平方米草坪年吸收碳 0.425kg。

附：

北京市阳台山老年公寓综合改造中太阳能和热泵技术的应用

1. 工程概况

阳台山老年公寓坐落在北京西北郊，占地约 3 公顷，毗邻鹫峰、阳台山两个森林公园，这里植被覆盖率达 90%以上，空气清新，水质优良。老年公寓建筑面积 10000 多平方米，共有房屋 180 间，其中客房 130 间，可容纳 300 名老人同时入住。2000 年，阳台山老年公寓开始营业。但很快院长徐忠堂先生就发现，当时使用的燃煤供暖锅炉污染很严重，给周围的居民造成了一定影响。于是整个老年公寓投资 40 万元人民币，将两台燃煤锅炉改为三台燃油锅炉，大幅降低了空气污染。但随着燃油价格的上涨，取暖成本越来越高，公寓将目光投向了太阳能。

2007 年，阳台山老年公寓经过研究、考察，将原有的柴油锅炉系统改为更加节能、省钱、环保的太阳能热泵系统。本项目于 2007 年 10 月中旬竣工并投入使用。从而使老年公寓的居住环境和档次上有了很大的提高，运行成本也大大减少（附图 1－1、附图 1－2）。

附图 1－1 改造前锅炉房照片

附图 1－2 改造后热泵机组照

2. 项目改造前存在的问题

阳台山老年公寓改造前供暖、洗浴主要依靠燃油锅炉。室外夜间照明用普通灯具，原系统主要存在以下几个问题：

（1）消耗费用方面

1）燃油锅炉需要专人使用、维护、保养，人工费用支出大；2）近年油料价格的不断上涨，运行成本也相应大幅提高；3）用普通庭院灯作为照明工具，每年消耗的电费及维护费用也比较多。

（2）公寓硬件档次方面

传统的燃油锅炉供暖、洗浴，影响了老年公寓的服务质量及档次。

（3）能源利用方面

无可再生能源的利用。

（4）环境利用方面

1）老年公寓的空地没有得到很好的利用及二次开发；2）普通灯具经过长时间的使用，损坏及老化的比较多，对环境美化有一定影响。

3. 项目改造的必要性和紧迫性

敬老养老是中华民族悠久的文化历史积淀下来的传统美德，以孝道为核心的敬老养老道德观念，有文字记载至少有三千多年的历史。孔子曰："今之孝者，是谓能养。至于犬马，皆能有养，不敬何以别乎？"孟子提倡"老吾以及人之老，幼吾幼以及人之幼"，既要敬养老人，也要爱护小孩，家庭作为社会有机体的"细胞"，家庭和谐是社会和谐的基础。解决好养老问题，也是构建和谐社会的一项重要内容。"百善孝为先"，孝的含义，狭义上讲，是指子女要孝敬报答父母；广义上讲，是指国家、社会要回馈反哺老年人。

随着我国老龄化趋势日渐严峻，选择去养老机构养老的人越来越多，他们需要一种完全、专业的新型养老模式来满足身心生活，需要具备完善的服务设施、完全的生活规划、完备的精神追求，来实现其对退休生活的种种憧憬和设想。

阳台山老年公寓建于20世纪90年代末，建筑面积10000m^2。在数量及档次上都难以满足现实的发展和各个群体的需求。首先，由于本工程设计标准低，特别是建筑做法简单，没有对外围护结构采取保温节能措施，以及采暖管道走向不太合理，造成20%的房间不能居住。多数房间的温度不能满足使用要求和国家有关规范技术要求冬季18℃以上。管道、管件锈蚀特别严重的沟内的管线已经不能使用濒临报废，存在着很大的安全隐患和不确定性。由于这些陈旧设备和破损管线的间接能量浪费，直接造成设备维护费用超高，公寓的正常运行费用超高。如：屋面没有采取保温节能措施，致使顶层房间冬天温度太低（只有12℃），基本不能使用。通过对屋面和窗户进行整改，屋面增设了保温，窗户改为双层玻璃塑钢窗。冬天温度基本可以达到16℃，收效明显。

其次，阳台山公寓原设计采用燃油锅炉作为生活热水和冬天采暖的主要热源。由于近几年油料和能源的价位成倍上涨。运行成本相应大幅提高。利用合理能源方面存在一定的局限性和滞后性。已经几年内都入不敷出。这直接影响了公寓的正常运转和对外的正常接待工作，也成了上级单位的一个财政包袱。

另外，老年公寓的经营者也应从自身管理上、经营方式上和利用合理天然能源上寻找多种途径，控制运行成本。摆脱亏损的境况，促进老年人居住水平的提高。如：去年合理利用真空管太阳能热水器提供生活热水。解决了生活热水的耗能问题。

4. 改造技术目标

（1）供暖节能目标≥60%

本次项目把原有的锅炉供暖改为太阳能热泵供暖，晴好天气使用太阳能集热器吸收的热量供暖，太阳能是可再生能源，无污染，节能、环保。夜间或阴雨天温度不够时，使用热泵系统辅助加热，热泵机组只需消耗少量电源就可达到很高的制热效率，综合节能效率达到60%以上。

（2）室外照明零能耗

把原有的普通灯具改为使用节能环保的太阳能灯具，以太阳能作为电能供给用来提供夜间道路照明，采用高光效照明光源设计，具有亮度高、安装简便、工作稳定可靠、不敷设电缆、不消耗常规能源、使用寿命长等优点，属于当今社会大力提倡利用的绿色能源产品，能源消耗为零。

(3) 空间的利用

空地架设彩钢棚，下面可用来存放车辆及日常休息使用，上面可用来敷设太阳能集热板，空间双重利用。

(4) 充分利用原有系统

原有的室内暖气片末端，原有的管道、原有的锅炉房，都不需要改动，可以充分利用，不用二次投资，减少投资费用。

5. 改造方案

(1) 旧建筑利用

为了节省开支，本改造项目充分利用尚可使用的旧设备，既是节能的重要措施之一，也是防止大拆乱建的控制条件。

在设计中，利用阳台山老年公寓原有的管路系统，各房间利用原有的暖气片作为末端供暖，不投资新的末端设备，节能节支。

(2) 空间的利用

1) 彩钢板保温棚

实现土地多重利用，提高土地利用效率，实现节地的要求，满足太阳能安装场地的需要，阳台山老年公司的项目中增加了1400m^2 彩钢板。彩钢板高8m左右，上面用于敷设太阳能集热器，下面用来存放车辆及人员日常休闲使用（附图1-3、附图1-4）。

附图1-3 彩钢板棚上面敷设太阳能集热器后效果图

附图1-4 彩钢板棚下面休闲区图片

2) 原锅炉房的利用

阳台山老年公寓原有的旧锅炉房，重新改造，安装热泵机组，不用增加新的设备房。见附图1-2。

(3) 太阳能热泵系统安装

本工程采用太阳能热泵系统热源，利用北京充足的日照时间和阳台山老年公寓能够提供宽敞的太阳能集热系统安装场地等天然条件。设计采用太阳能一体化热泵系统。淘汰运行费用高、能效低的燃油锅炉。热泵主机可使用2种能源，白天用太阳能集热器所采集的热量作为能源使用，夜间或阴雨天用空气源热泵作为补充。其中热泵热媒为暖水，冬季热水供回水温度为40～60℃（附图1-5、附图1-6）。

附图1-5　太阳能集热器安装后照片

附图1-6　热泵机组安装后照片

（4）安装太阳能灯具安装

为了阳台山老年公寓老人们夜间出行安全，赠送阳台山老年公寓一批节能环保的太阳能灯具。

太阳能灯具以太阳能作为电能供给用来提供夜间道路照明，采用高光效照明光源设计，具有亮度高、安装简便、工作稳定可靠、不敷设电缆、不消耗常规能源、使用寿命长等优点，属于当今社会大力提倡利用的绿色能源产品，能源消耗为零（附图1-7、附图1-8）。

附图1-7　太阳能庭院灯安装后照片

附图1-8　太阳能路灯安装后照片

6. 改造后的效果

（1）经济比较（附表1-1）

全年运行供热量的估算　　**附表1-1**

区域	采暖		
	采暖负荷	采暖时间	采暖热量
公寓	600kW	2880h	1036800kWh
合计	1036800kWh		

（2）所需输入的热量

热泵制热效率为6.0，以上数据可折算成全年所需输入的热量：

1036800kWh÷6.0=172800kWh

（3）全年太阳能集热板可利用的热量见附表1-2。

全年太阳能集热板可利用的热量 附表1-2

太阳能集热器占地面积	集热量	北京地区全年晴好天气可利用太阳能的时间	全年可利用的太阳能热量
1400m^2	392Wh	2400h	940800kWh

（4）全年利用太阳能所节省的费用见附表1-3。

全年利用太阳能所节省的费用 附表1-3

全年可利用的太阳能热量	折算成全年柴油燃烧量	节能的费用
940800kWh	73539kg	426526元

注：柴油热值：11000cal/kg，柴油价格：5.8元/kg；
电热值：860cal/kWh，电价：0.678元/kWh。

（5）运行费用计算

1）基本参数值（能源、运行期、人工等，我们尽量接近实际值，可能会有些许出入）见附表1-4。

运行费用计算 附表1-4

项　目	费用标准	项　目	费用标准
同时使用系数	0.6	日开机时间	24h
平均电价	0.678元/kWh	柴油热值	11000cal/kg
热泵负荷调节系数	0.6		

2）年运行费用情况（1台DE-445LS）见附表1-5。

年运行费用情况 附表1-5

内　容	计算方法	小　计
每年供暖期燃料费用	制热总量×年运行天数×日运行时间×电价×负荷系数 135×120×24×0.678×0.6	158163元
每年供暖期耗电费用	设备总电量×运行天数×日运行时间×电价×变频系数 40.2×120×24×0.678×0.6	47097元
冬季运行总费用合计	205260元	

（6）阳台山老年公寓2004年和2005年用电及采暖费用统计见附表1-6（老年公寓管理方提供）。

老年公寓 2004 年和 2005 年用电及采暖费用统计表 **附表 1-6**

项目内容	2004 年		2005 年		备注
	柴油（t）	电量（kWh）	柴油（t）	电量（kWh）	计算金额：目前 10 号柴油价格：58000 元/t；用电价格：0.678 元/kWh
用量	69.0	224508.0	75.0	259608.0	
费用（元）	400200.0	152216.0	435000.0	176014.0	
总计（元）	552416.0		611014.0		

7. 经济效益

（1）本设计改造完成后，老年公寓将具备太阳能供暖、24h 热水系统等星级宾馆服务的硬件设施。采用中央采暖空调系统对于老年公寓的硬件设施是一个很大的提高。公寓档次相应提高。阳台山老年公寓将成为一所与北京市经济和社会发展水平相适应的，体现阳台山优美人居环境，满足未来养老需求，成为海淀区民政局的名片、窗口、全国一流且接轨国内的高档示范性完全退休生活社区。可以接待更高需求的顾客，对公寓的经济收入也会提高。

（2）采用太阳能供暖、洗浴系统主要设备初期投资为 265 万元，利用太阳能每年节省的费用为 426526 元。投资利用太阳能的回报为 6 年。太阳能集热器的寿命约为 20 年。

（3）本设计改造完成后，老年公寓将具备星级宾馆服务水准服务的硬件设施，但是每年的供暖实际运行费用仅为 205260 元，其中包含水泵的电耗。比现在服务设施的 2004 年运行费用节省 347156 元，2005 年运行费用节省 405754 元。

（4）本设计改造完成后，每个客房收费标准相应提高 300～500 元/月不等，一年内所有 130 间客房收益增加 46.8 万～78 万元/年（北京市老年公寓收费标准为标准间：每月每床 1200 元人民币；单人间：每月每床 1800 元人民币；豪华套间：每月每套 4000 元人民币）。

（5）综合（3）和（4）项，本设计改造完成后，公寓每年增加收益为 77.2 万～109.4 万元不等。这样彻底缓解经费之不足包袱，并可以取得较好的经济和社会效益。

8. 推广应用前景分析

阳台山老年公寓太阳能供暖、洗浴改建工程，对既有建筑的节能改造和绿色建筑的推广都有积极的意义。

太阳能以其无污染、无运输、无垄断、维护简单、运行安全和用之不竭等特点，被认为是解决能源与环境两大问题的一个最佳选择。

项目采用的彩钢板遮阳棚、绿色节能的太阳能灯具、太阳能建筑一体化、地源热泵、空气源热泵、太阳能热水系统等都有很强的应用和推广价值。

9. 思考与启示

太阳能热泵与太阳能集热器结合，其目的在于取长补短，使两者互为补充，互为备用，在日照充足时优先使用太阳能加热热水，利用太阳能集热器产生的低温热水作为热泵的辅助热源，从而改善热泵的运行工况，提高其制热性能。这种组合形式，使两者均在相对比较稳定高效的条件下工作，保证系统全年全天候的卫生热水供应。热泵制热过程本质上是对空气中蕴藏的太阳热能的提升利用，根据热泵的工作特性，在整个系统的运行过程中，热泵机组作为辅助热源运行所供应的热量中，只有一小部分来自电能，所以太阳能热泵系统大大提高了太阳能利用率，减少了对一次能源的消耗。

根据我国北方大部分地区的太阳辐照资料，按照卫生热水系统平均耗热量和太阳能集热器日平均得热量确定太阳能热水系统的集热器面积，太阳能热泵系统中，太阳能直接加热可满足热水系统全年60%～80%的热量需求，其余20%～40%热量由热泵机组供应，热泵平均*COP*可达3.0，即其所供应热量有65%以上来自集热器不能直接利用的太阳能和空气热能。在整个系统运行中，集热器吸收的太阳能的利用率接近100%，辅助加热的电力消耗只占系统总能耗的7%～14%，较常规能源的热水系统可至少节能85%以上。

通过阳台山老年公寓供暖、洗浴改造工程分析可见，太阳能热泵系统是一种性能可靠、环保节能的热水系统形式，该系统只使用太阳能及少量的电能，对环境没有任何的污染。在白天最低温度－15℃以上都可以使用。夏天供应热水、制冷，冬天采暖。运行时比燃气节约60%以上。

北京五航星太阳能科技有限公司

二、北京市惠新西街12号住宅楼综合改造工程

1. 工程概况

惠新西街12号楼节能改造项目是住房城乡建设部中德技术合作“中国既有建筑节能改造项目”第二批示范工程，由北京市住房城乡建设委员会组织，北京住总集团有限责任公司负责实施。在住房城乡建设部科技司、德国技术合作公司（GTZ）的领导和支持下，项目于2007年9月28日正式启动，2008年6月30日完成。

项目引进德国既有建筑节能改造的先进理念、技术和经验，并吸取唐山在既有建筑节能改造的成功经验，通过12号楼的改造实践，探索适合中国国情和北京地区特点的既有建筑节能改造之路。

项目按照“全面保温、综合改造”的理念进行设计，改造内容包括围护结构、采暖系统、通风系统和照明系统，采用了外墙外保温技术、屋面保温防水技术、节能门窗技术、室内采暖系统改造技术、室外管网改造技术、热源节能改造技术、住宅同步新风技术和声控照明等八大项技术，其中外墙保温和住宅同步新风全套引进了德国材料和工艺。在引进德国先进的理念、材料和技术的基础上，通过消化、吸收和应用，总结出先进、合理、可行的既有建筑综合节能改造成套技术，大大提升了国内既有建筑综合节能改造领域的技术水平。

通过12号楼的改造实践，项目组在工程组织管理和群众工作方面摸索出一套行之有效的思路和方法，并在融资等方面进行了有益的尝试。这些工作为北京市进一步开展大规模的节能改造提供了宝贵的经验。

12号楼的节能改造工作圆满完成了工作任务书中的内容，居民的舒适度大幅提高，消除了室内墙壁结露、发霉的现象，改造效果经初步检测达到了预期目标。

本项目作为北京市第一个既有建筑综合节能改造示范项目，在社会上产生了巨大影响，为北京市大规模的节能改造起到了良好的宣传和示范作用。

惠新西街12号楼节能改造进程：

2006.5　北京住总集团有限责任公司将惠新西街12号楼申报为市节能改造试点项目。

2007.1　12号楼改造前进行能耗检测诊断和墙体传热系数测定，第一次入户调查。

2007.2　北京住总集团有限责任公司、北京市住房城乡建设委节能办与GTZ首次沟通，介绍初步改造方案。

2007.4　惠新西街12号楼节能改造项目通过市住房城乡建设委组织的专家论证。

2007.5　惠新西街12号楼节能改造列为北京市候选示范项目，向住房城乡建设部申报。

2007.8　住房城乡建设部科技司确定惠新西街小区节能改造为中德技术合作“中国既有建筑节能改造”第二批示范城市示范工程项目。

2007.8　惠新西街12号楼居民赴唐山参观节能示范工程。

2007.8　中德技术交流、研讨确定最终改造方案。

2007.9 完成外窗、外墙外保温、新风系统及热源和外管网相关设备招标投标。

2007.9 完成第二次入户调查并与居民签订节能改造协议书。

2007.9 惠新西街12号楼节能改造示范项目启动仪式举行，第一阶段改造工作正式开始。

2007.11 中央电视台焦点访谈采访惠新西街项目，并于12月4日播出。

2007.11 北京电视台、北京日报等电视、平面媒体相继对12号楼进行了报道。

2007.12 完成12号楼节能改造示范项目第一阶段改造，并于12月26日召开了一阶段节能改造工作会。

2008.3 德意志联邦共和国国务秘书恩格尔贝格·吕特克·达尔德霍普参观惠新西街12号楼。

2008.4 完成二阶段方案优化，散热器等设备招标投标，二阶段改造工作启动。

2008.5 北京市政协副主席熊大兴及部分政协委员参观惠新西街12号楼。

2008.6 二阶段改造工作完成。

2008.8 住房城乡建设部、GTZ对项目完成验收工作。

2. 改造前存在的问题

(1) 立项背景

随着我国经济的发展，建筑能耗的总量逐年上升，在能源总消费量中所占的比例已从20世纪70年代末的10%，上升到近年的30%左右，建筑节能作为贯彻可持续发展战略的一个重要方面，已经刻不容缓。经过十多年的努力，北京市的建筑节能工作取得了很大进展，目前新建居住建筑已全面执行65%节能设计标准。但既有住宅中尚有9300多万平方米的非节能建筑，其中建于1976年以后，按照8度抗震设防建造的具有节能改造价值的住宅有6300多万平方米（包括1900万m^2预制大板住宅），这些非节能住宅建筑物平均每平方米采暖耗热量指标是现行的建筑节能设计标准的2.17倍，造成了大量能源浪费。因此北京市在制定的“十一五”建筑节能发展规划中，提出要加快既有建筑节能改造的步伐，通过试点探索既有建筑节能改造方法、筹融资模式，评估节能改造综合成本和节能效果，并将完成400万m^2既有居住建筑的节能改造任务。

惠新西街12号楼建于1988年，位于朝阳区惠新西街，紧邻北四环，距奥运主会场鸟巢仅2000m，建筑面积约11000m^2，共18层，计144户。该楼为内浇外挂预制大板结构，属于北京市典型的非节能住宅，由于保温效果差，冬季室内温度低、部分墙体结露发霉，已成为百姓投诉的重点。经检测，该楼外墙传热系数为2.04W/(m^2；K)，屋面为1.26W/(m^2；K)，均远大于北京市65%节能标准所要求的小于或等于0.6W/(m^2；K)，而中国建研院对12号楼的围护结构和供暖系统的综合测试也表明，12号楼耗热量指标为26.2W/m^2，也远高于北京市现行65%节能要求的14.65W/m^2。从使用寿命上看，该楼仍有20～30年的使用期，节能改造价值明显，因此此类建筑被列为北京市“十一五”期间节能改造的重点。

经过认真调研，北京住总集团有限责任公司将惠新西街12号楼申报为北京市既有建筑节能改造的试点工程，并进行了大量的前期准备工作，在完成市住房城乡建设委组织的专家论证之后，在北京市正式立项并由市新型墙体材料专项资金提供支持。同时，该项目作为北京市的推荐项目，列入了住房城乡建设部中德技术合作“中国既有建筑节能改造”第二批示范城市示范工程，得到了德国技术合作公司（GTZ）的技术和资金支持。

（2）技术路线及改造内容

本项目为住房城乡建设部中德技术合作示范项目，同时也是国内第一个高层壁板式住宅的综合节能改造工程。因此该项目在具有突出技术特点的同时，还应具备代表性、适用性和可推广性。

虽然国内也有过一些已有建筑节能改造工程，但在高层既有住宅综合节能改造上还是空白，德国已经基本完成了既有居住建筑的节能改造，有着丰富的经验，但德国的国情和中国存在一定差异，因此项目组在引进德国技术的同时，进行了吸收、转化、实践和总结，探索出了一套既有鲜明技术特点，又适合在中国应用和推广的既有居住建筑节能改造方案。

1）技术路线

项目方案由北京市住宅设计研究院有限公司进行设计，在德国技术合作公司的安排下，技术人员与德国专家进行了多次交流和研讨，德国 BBP 设计事务所对项目设计提供了技术咨询服务。在满足北京地区《居住建筑节能设计标准》（DBJ 11—602—2006）的基础上，吸收了“全面保温，综合改造”的设计理念。按照该理念，确定了具体改造思路：

① 改造围护结构，提高既有住宅保温性能、改善室内居住环境；

② 改造采暖系统，增加了平衡、调节、控制和计量的装置，做到分室可控温；分户、分系统可计量；小区热源按需供热；

③ 增加通风系统，引入了德国住宅同步新风技术，提高室内空气品质。

通过上述 3 方面的改造，使 12 号楼真正达到保温、节能和舒适的目标。

2）改造内容

根据技术路线，项目改造主要包括围护结构、采暖系统、新风系统和照明系统四方面的内容，共采用了 8 大项改造技术，具体内容如下：

	外墙保温技术
① 围护结构	屋面保温防水技术
	节能窗技术
	室内采暖系统改造技术
② 采暖系统	室外管网系统改造技术
	热源改造技术
③ 通风系统	住宅同步新风技术
④ 照明系统	公共位置声控照明

为配合上述改造和改善居住环境还进行的改造工作包括：

① 空调机拆、移、装；

② 拆除墙体附属结构，包括护栏和遮阳篷等；

③ 楼梯走廊粉刷、增加入口门、修整防火门；

④ 统一安装窗护栏。

3. 改造中采用的新技术

（1）外墙外保温技术

外墙外保温工程改造采用德国 MAXIT 公司的全套外保温技术，与国内做法相比，更加注重细节的处理，与国内普通做法相比共采用包括首层托架、阴阳角、窗口滴水檐、窗台、窗口侧边、防火隔离带和燃气热水器排气管共 7 项节点处理新技术，这些技术实用、方便、高效，并首次在国内既有建筑节能改造中采用。

1）外保温主墙面做法

外保温基本构造见图 2-1。

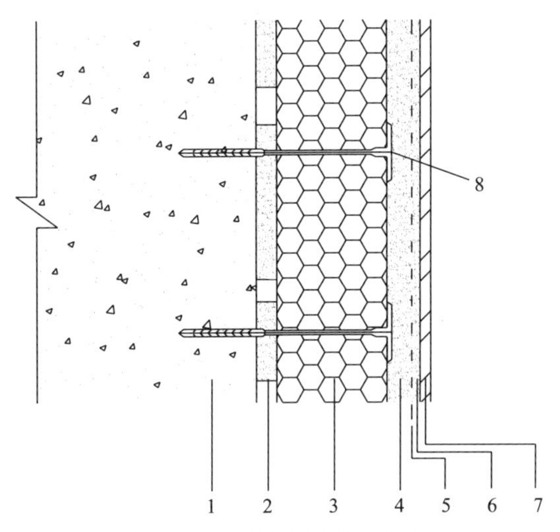

图 2-1 外墙保温基本构造

1—陶粒混凝土墙；2—粘结砂浆，粘结面积不小于 50%；3—保温板 EPS，厚度 100mm，表观密度 18kg/m^3；4—抹面砂浆 4mm；5—耐碱玻纤网格布，4mm×4mm；6—抹面砂浆 2mm；7—装饰砂浆/涂料；8—锚固件 160mm

外保温的施工工艺流程如下：

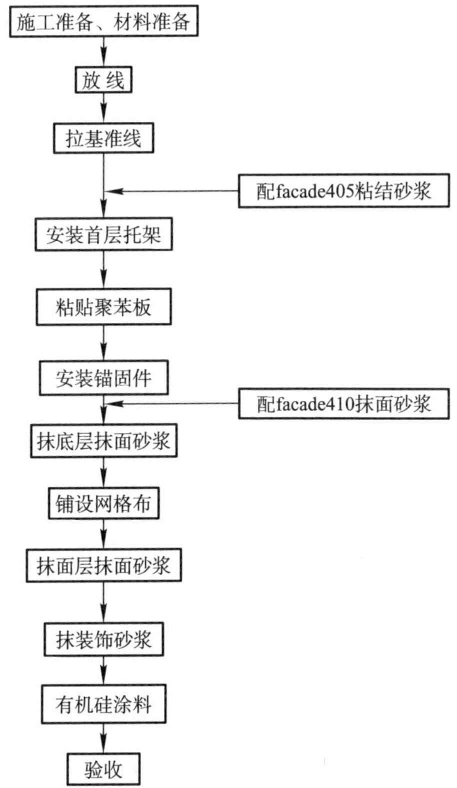

① 施工准备

由于本项目为对既有旧住宅楼节能改造工程，故需对外墙外表面进行检查，通过检测确认其与所用粘结砂浆达到应有的粘结强度。即

$$f=b\cdot s\geqslant 0.10\text{N/mm}^2$$

式中 f——应有的粘结强度（N/mm^2）；

b——基层墙体与所用粘结砂浆的实测粘结强度（N/mm^2）；

s——粘结面积率。

按照上述要求项目组对原墙面进行了基面粘结效果的检测，结果见表 2－1，图 2－2、图 2－3。

基面拉拔强度检测数据 表 2－1

试验部位	试验内容	试件拉拔力（kN）	拉拔强度（MPa）	破坏形态
首层外墙	在水刷石基面上粘贴试件	3.49	0.81	水刷石界面破坏
		2.64	0.62	水刷石界面破坏
		3.33	0.78	水刷石界面破坏
	在水刷石基面上粘贴试件（基面作打磨处理）	3.48	0.81	水刷石界面破坏
		3.55	0.83	水刷石界面破坏
		3.26	0.76	水刷石界面破坏
	在水刷石基面抹粘结砂浆，粘贴试件	2.55	0.60	砂浆破坏
		1.23	0.29	试件未粘牢
		1.68	0.39	砂浆破坏
标准层外墙	在涂料饰面上粘贴试件	2.51	0.59	涂料剥落
		1.69	0.40	涂料剥落
		2.09	0.49	涂料剥落
		2.13	0.50	涂料剥落
		2.26	0.61	涂料剥落
		2.62	0.61	涂料剥落
	在涂料上抹粘结砂浆，粘贴试件	1.22	0.28	涂料剥落
		2.20	0.51	砂浆破坏
		1.32	0.31	涂料剥落

根据试验结果，项目采用原墙面进行清洗后直接粘贴聚苯板的粘结方式，为确保安全，粘结面积≥50％。

基面清洗时应彻底清理暴皮、粉化、松动的原外装饰面层，出现裂缝空鼓的抹灰面层，修补缺陷，加固找平。先使用 facade410 聚合物砂浆作界面处理 3～4mm 横纹齿状条纹，然后用 S06 砂浆找平。

② 放线

根据建筑立面设计和外墙外保温技术要求，在墙面弹出外门窗水平、垂直控制线及装饰线条、装饰缝线等。

图 2-2 拉拔试验破坏面（水刷石基面）

图 2-3 拉拔试验破坏面（涂料饰面）

③ 拉基准线

在建筑外墙大角（阳角、阴角）及其他必要处挂垂直基准钢线，每个楼层适当位置挂水平线，以控制聚苯板的垂直度和平整度。

④ 配粘结砂浆 facade405

25kg 装外墙外保温聚合物粘结砂浆 facade405 的加水量为 4.5～5.0kg，采用干净的自来水。机械快速搅拌 3～5min，不能有干粉或结块，静置 10min 后再轻轻搅拌即可使用（见图 2-4）。

图 2-4 施工现场搅拌砂浆

⑤ 粘贴聚苯板

外保温用聚苯板宽度不宜大于 1200mm，高度不宜大于 600mm，局部不规则处可现场裁切，但必须注意切口与板面垂直。整块墙面的边角处应用最小尺寸超过 300mm 的聚苯板。

排板时按水平顺序排列，上下错缝粘贴，阴阳角处应作错槎处理；聚苯板的拼缝不得正好留在门窗口的四角处（图 2-5、图 2-6）。

图 2-5 墙角聚苯板排列

图 2-6 窗口聚苯板排列

粘板应轻柔、均匀挤压聚苯板，随时用2m靠尺和托线板检查平整度和垂直度。粘板时注意清除板边溢出的粘结砂浆，使板与板之间无“碰头灰”。板缝拼严，缝宽超出2mm时用发泡聚氨酯填塞。拼缝高差不大于1.5mm，否则应用砂纸或专用打磨机具打磨平整，打磨后清理至表面无浮颗粒（图2-7～图2-9）。

图2-7　检查聚苯板平整度

图2-8　聚苯板裁切、打磨

图2-9　聚苯板缝密封

⑥ 安装锚固件

锚固件安装应至少在聚苯板粘贴24h后进行。打孔深度依设计要求，钻锚固孔洞深度≥18cm。猛拉钻孔机几次，除去钻孔内的所有粉末。作涂料系统时，拧入锚固钉，锚固件压盘宜压住聚苯板的边角处（图2-10、图2-11）。

图2-10　锚栓打孔与安装锚栓

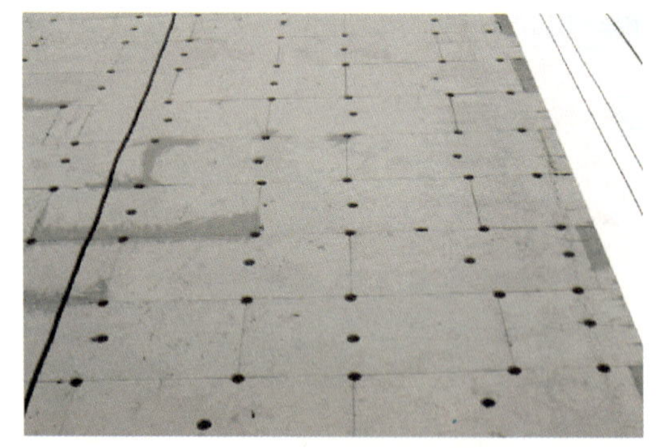

图2-11　锚栓排列示意图

标高在50m以下的不宜少于4个/m^2；标高在50m以上的不宜少于6个/m^2。锚固件宜均匀分布，靠近墙面阳角的部位可适当增多。

⑦ 配抹面砂浆facade410

配制外墙外保温用聚合物砂浆facade410时应有专人负责，严格计量，机械搅拌，确保搅拌均匀。25kg 装外墙外保温用 facade410 聚合物砂浆的加水量为 4.5～5.0kg，应采用干净的自来水。机械快速搅拌需要 4～5min。

使用时注意事项：

a. 拌料时若加水过多，只应加 facade410 调节，不应加水泥、砂及其他材料；

b. 已拌好的砂浆应注意防晒避风，以免干化结皮，气温较高时可适当增加用水量调节稠度；

c. 一次拌料量不宜过多，料浆应在 2h 内用完，已干结硬化的砂浆不应再使用；

d. 施工过程中气温应在 5～35℃之间，避免在雨天及大风天气施工，必要时采取防护措施。

⑧ 抹底层抹面砂浆 facade410

抹面层前，要仔细检查保温板表面是否干净，所有的污垢和灰尘都应该被清除掉。保温板的表面是否平整均匀，所有不平整之处都应该被去掉。

聚苯板安装完毕检查验收后进行聚合物砂浆抹灰。抹灰分底层和面层两次进行。在聚苯板面抹底层抹面砂浆，厚度 4～5mm。门窗口四角和阴阳角部位所用的耐碱玻纤网格布随即压入砂浆中。

图 2-12　抹面层砂浆

聚苯板安装完毕后，其底层抹面砂浆施工应在 20d 内进行（图 2-12）。

⑨ 铺设网格布

在底层抹面砂浆可操作时间内，将网格布绷紧后贴于底层抹面砂浆上，用抹子由中间向四周把网格布压入抹面砂浆中，要平整压实，严禁网格布褶皱。铺贴遇有搭接时，搭接长度必须满足横向不少于 100mm、纵向不少于 80mm 的要求（图 2-13、图 2-14）。

图 2-13　铺设网格布

图 2-14　压入网格布

⑩ 抹面层抹面砂浆 facade410

在底层抹面砂浆凝结前抹面层抹面砂浆，厚度 2mm。抹面砂浆总厚度不应小 6mm。面层砂浆切忌不停揉搓，以免形成空鼓（图 2-15）。

砂浆抹灰施工间歇应在自然断开处，如伸缩缝、挑台等部位，以方便后续施工的搭接。在连续墙面上如需停顿，面层砂浆不应完全覆盖已铺好的网格布，需与网格布、底层砂浆形成台阶形坡槎，留槎间距不小于150mm，以免网格布搭接处平整度超出偏差（图2-16）。

图2-15 抹面层砂浆

图2-16 网格布搭接

⑪ 外饰面作业

待抹面砂浆基面达到饰面施工要求时可进行外饰面作业。

2）主要节点处理技术

① 首层托架技术

基面处理完毕后、粘贴聚苯板前，在首层聚苯板起步处，安装不锈钢金属托架（图2-17），托架为聚苯板提供了一个基准面，避免聚苯板粘贴后向下流坠，保证起始聚苯板在同一个水平面上，有利于聚苯板排列整齐（图2-18）。

图2-17 起步托架

图2-18 托架安装效果

② 阴、阳角处理技术

在聚苯板安装完毕后，抹底层砂浆前，在阴、阳角预埋角网（图2-19、图2-20）。预埋角网降低了阴阳角抹灰难度，容易保证施工质量（图2-21）。

图 2-19 角网

图 2-20 预埋角网施工

③ 窗口滴水檐处理技术

常规滴水檐做法见图 2-22，本工程采用预埋滴水檐预制件（图 2-23）的做法，方便、高效地解决了窗口滴水檐处理问题（图 2-24、图 2-25）。

④ 窗台处理技术

普通窗台处理方法见图 2-26，该做法施工复杂，处理稍有不当，易形成质量通病，造成水从窗户和外保温间渗入，本项目采用预制窗台板做法（图2-27），该做法具有如下优点：

图 2-21 安装效果

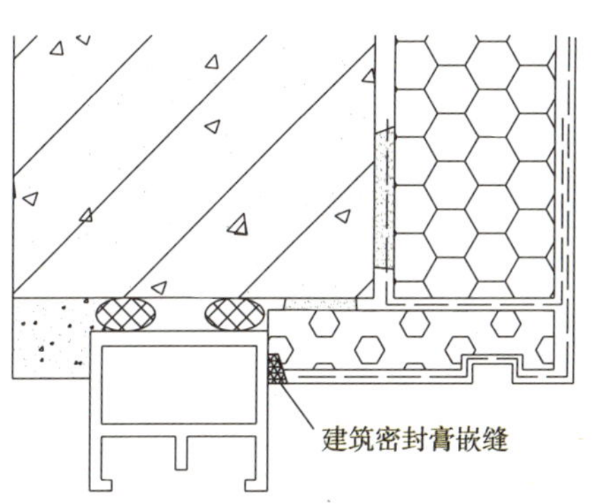

图 2-22 常规滴水檐做法

图 2-23 滴水檐预制件

图 2-24 安装滴水檐

图 2-25 安装效果

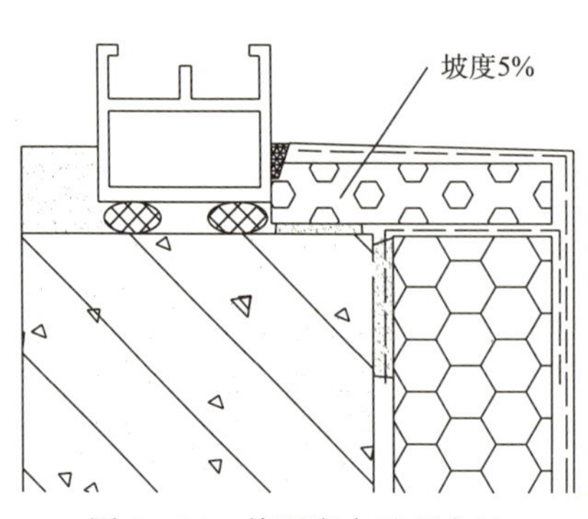

图 2-26　普通窗台处理方法

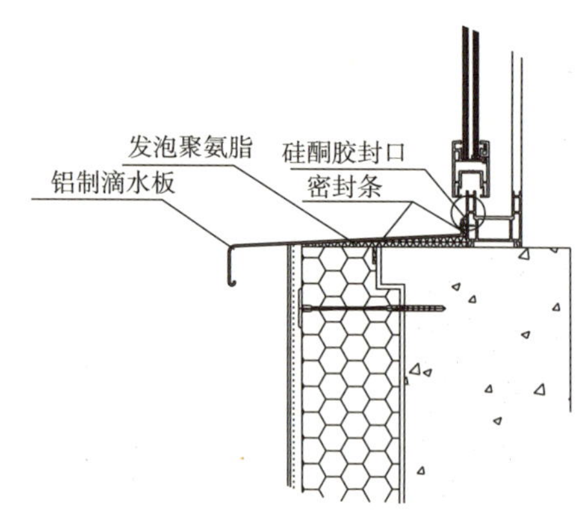

图 2-27　本工程窗台处理方法

铝制滴水板将雨水直接导流至地面，避免雨水沿窗口流下污染墙面；

铝制滴水板与窗框节点采用密封条和硅酮胶双重防水措施，防水性能优异；

铝制滴水板增加了窗台的承载能力。

窗台板安装完毕的效果见图 2-28。

图 2-28　窗台板安装完毕效果图

⑤ 窗口侧边处理技术

在保温层和窗口侧边的节点上增加了膨胀止水密封条，提高了节点的防水性能（图 2-29、图 2-30）。

图 2-29　粘贴止水密封条图

图 2-30　聚苯板与窗框节点处理

⑥ 防火隔离带技术

本工程首次考虑了既有居住建筑节能改造外保温防火问题，在窗口设置了防火隔离带。

防火隔离带设置方法见图 2-31，在图示位置采用保温性能与聚苯板接近但防火性能优异的岩棉作为保温材料。一旦发生火灾，岩棉构成的防火隔离带延缓窗口火向上蔓延，为住户从窗口逃生提供时间。

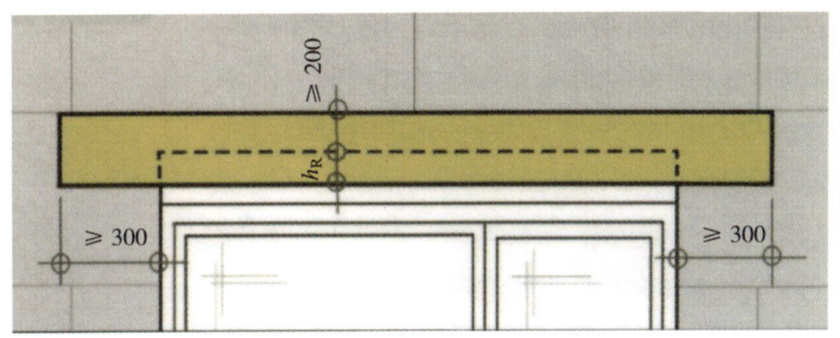

图 2-31　防火隔离带设置示意图

本项目采用的国产岩棉，自身强度较低，为保证岩棉与基层的连接安全，采取如下处理措施：

用玻纤网包裹岩棉并抹一层抹面砂浆，增加岩棉的整体性能（图 2-32）；

在预留的岩棉洞口预设玻纤网，并翻包岩棉板（图 2-33）；

用岩棉专用锚栓固定岩棉板（图 2-34）。

防火隔离带效果图见图 2-35。

图 2-32　用玻纤网和聚合物砂浆增强岩棉

图 2-33　翻包岩棉的玻纤网格布

图 2-34　岩棉专用锚栓

图 2-35　防火隔离带效果图

⑦ 燃气热水器排气管处理技术

12 号楼很多住户家中安装燃气热水器，燃气热水器的排烟管道要通过保温层，聚苯板的耐温性能较差，高温的排烟管可能导致聚苯板熔融，从而造成保温系统的破坏。经与德方专家反复讨论，最终形成如下处理方法：

在排烟管周围 250mm×250mm 范围内，用岩棉板取代聚苯板，用两层防火布包裹排烟管，按照排气管尺寸在岩棉板预留排烟洞口，洞口稍小于排气管，岩棉板两侧抹好砂浆后压入（图 2－36）。

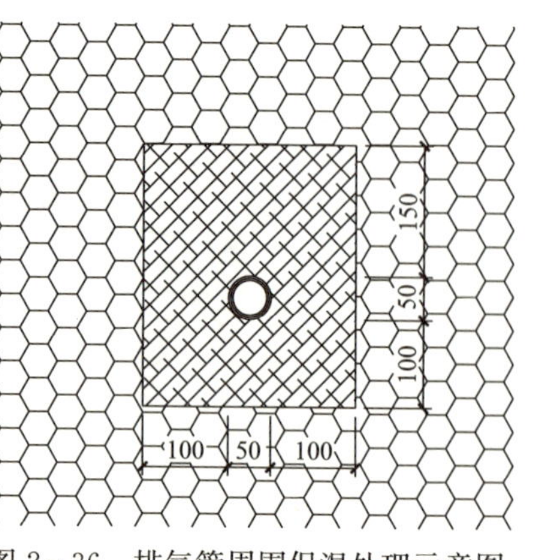

图 2－36　排气管周围保温处理示意图

（2）屋面保温技术

屋面的改造包括屋地面的保温、天沟和女儿墙的保温及面层防水和排水四部分内容，由于设备间的设备运行年限已久，需要经常维修，原设计不上人屋面难以满足要求，因此屋面保温垫层由 20mm 厚水泥砂浆变更为 30mm 厚 C20 豆石混凝土，同时考虑到混凝土对屋面的压力增大，可能破坏原防水层，为消除隐患，在垫层上重新作防水一道（图 2－37）。屋面保温施工共采用以下四方面技术：

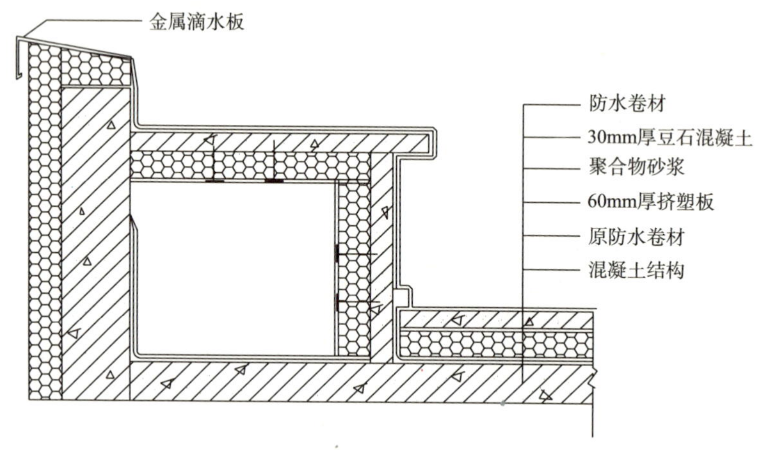

图 2－37　屋面保温构造图

1）屋顶地面保温技术

屋顶地面的保温采用倒置与正置结合的方式，为避免施工中遇雨造成顶层住户损失，确保防水效果，原屋面的防水保留，直接在防水上面加铺保温板，本项目选用 DOW 公司的 60mm 厚舒泰龙保温板，导热系数为 0.28W/(m·K)，吸水率仅为 0.24%，可以确保屋面的保温效果。

保温材料与基层连接采用粘结方式，基面清理后，用聚合物砂浆做胶粘剂，将保温板粘贴于屋面基层之上，然后在保温板上表面抹聚合物砂浆防护层，并加设玻璃纤维增强网。防护砂浆终凝后，进行豆石混凝土垫层施工。混凝土采用现场拌合。到场原材料具有相应资质的试验室进行试配试验，严格按照试验室提供的配比通知单进行现场拌合，按顺序分段浇筑。垫层成品表面平整、洁净、无裂缝（图 2－38、图 2－39）。

2）天沟及女儿墙保温处理技术

天沟保温做法：由于天沟结构内壁平整度较差，不宜采用粘结法，所以将舒泰龙挤塑板与结构采用固定件连接，将保温板裁成相应的尺寸，用 $\phi 8\times 100$mm 固定件固定于天沟顶板及侧壁内侧，固定件密度为 4～5 个/m^2。

图 2-38 粘贴保温板

图 2-39 豆石混凝土垫层

女儿墙保温做法：保温板与结构采用粘钉结合连接方式。用聚合物砂浆将保温板粘结在女儿墙顶部，再打锚固件进行固定。然后做聚合物砂浆防护层（图 2-40、图 2-41）。

图 2-40 固定女儿墙保温板

图 2-41 抹防护砂浆

3）女儿墙顶排水技术

与窗台的处理类似，女儿墙顶加装铝合金滴水板，滴水板由厂家按照设计尺寸加工成型，运送到现场。女儿墙保温施工完毕 24h 后，可开始安装滴水板。滴水板用锚固件进行固定，锚固件穿过金属板和挤塑板，进结构墙体约 40mm。金属板向墙内侧呈 10%坡度，锚固件孔处用密封胶密封，金属板之间用连接片连接（图 2-42、图 2-43）。

图 2-42 安装金属滴水

图 2-43 安装完毕的金属滴水板

4）面层防水技术

待混凝土垫层达到14d强度后，在屋面加做防水卷材一道。卷材覆盖屋面、天沟及女儿墙顶面，消除了改造后可能出现的屋面渗水、漏水等隐患（图2-44）。

图2-44 加做的屋面防水

（3）外窗改造技术

原方案采用内平开塑钢窗，考虑到12号楼住户大部分已经自行更换为推拉或平开的塑钢窗，但质量良莠不齐，为保证12号楼的节能改造效果，提高住户更换窗户的积极性，在北京市住房城乡建设委组织的窗户招标会上，项目组最终选择了东亚铝业生产的断桥铝合金内平开窗，公共部分采用断桥铝合金悬开窗。

1）铝合金断桥技术

铝合金的导热系数较高，但通过聚氨酯灌注技术进行断桥处理后，大大降低了窗户型材的传热系数。由灌注式断桥铝合金门窗型材和5mm＋15mm＋5mm的中空双层玻璃组成的窗户，完全达到现行节能标准的要求。型材利用铝合金强度高与聚氨酯的传热系数低的特性，两者优势互补，具有保温、美观、耐久和环保的优点（图2-45、图2-46）。

图2-45 断桥铝合金窗剖面图

图2-46 保温原理图

2）外窗安装技术

外窗有居中安装和靠外侧安装两种方式（图2-47、图2-48），目前国内窗户大多居中安装，在国外的节能改造施工中，窗户都靠外侧安装。项目组经认真分析研究，采纳的德方专家意见，采用了靠外侧安装技术。居中安装相比，靠外侧安装有如下优点：

① 靠外侧安装省掉了外侧窗框的保温处理环节，降低施工成本，提高施工速度。

② 靠外侧安装不存在外侧窗框保温效果薄弱问题，整体保温性能较好。

本项目原则上窗户都靠外侧安装，如遇特殊情况可以居中安装，但外侧窗框必须进行保温处理。住户室内为内平开窗，公共部分由于空间较小，考虑到通行问题，采用了悬开窗。

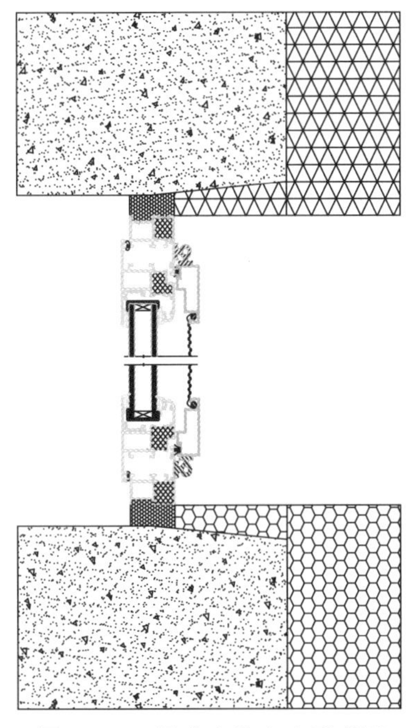
图 2-47　居中安装窗户示意图

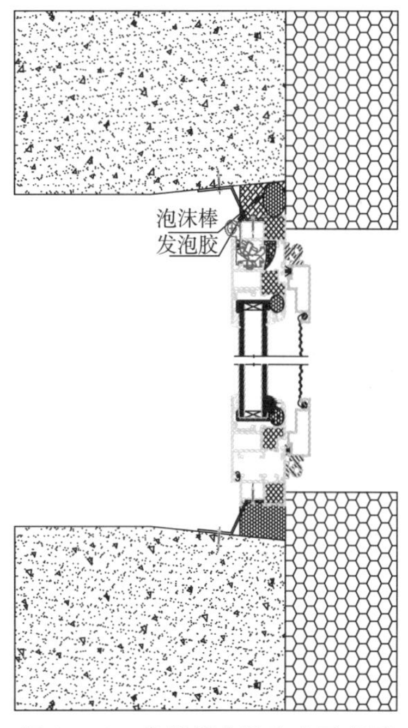

图 2-48　靠外侧安装窗户示意图

3）安装工艺

安装工艺流程：准备工作——测量放线——门窗准备——钻窗框安装孔——安装固定片——窗框固定——装窗扇并调整——塞泡沫条做框密封——装零配件——检查清洗——验收。

① 安装前的准备工作

安装所用工具机具：无齿锯片切割机、手电钻、冲击电钻、射钉枪、线坠、尼龙线、钢卷尺、手动吸盘、注胶枪、玻璃刀、安全带等。

材料进场前的准备工作：依据施工进度计划表和工程现场的实际情况做出本工程的加工计划，合理组织、安排生产，保证产品及时到场。

② 测量放线

首先检查洞口，洞口尺寸应比门窗实际尺寸大至少 15mm。同一类型的门窗及相邻的上下左右洞口应保持通线，洞口应横平竖直。

阳台窗安装时下部根据实际需要进行 100mm 左右的定位支点，其支点用与窗同样型材，保证形成断桥。

③ 门窗准备

门窗安装前，应按设计图纸和技术交底的要求检验门窗的数量、品种、规格、开启方向、外形等；门窗五金件、密封条、紧固件等应齐全。

④ 旧窗户的拆除

依据进度安排，以户为单位拆除原有钢窗、铝合金窗。

⑤ 固定片的安装

于安装位置处用拉铆钉将固定片与窗框铆在一起。固定片的位置应距窗角、中竖框、中横框 150～200mm，固定片之间的间距应不大于 600mm。

⑥ 窗框固定

将窗框置于安装洞口内，用薄木楔挤好门窗的上下框四角及中横框的对称位置作临时固定，然后按设计要求确定门窗框在洞口墙体厚度方向的安装位置，调整门窗框的垂直度、水平度及直角度。当安装位置确定后，用暗装固定，然后进行涂胶处理。

⑦ 装窗扇并调整

将窗扇放置于安装好的窗框内调整好，使窗扇上下横边平行于窗框上下横边，并使其在窗框内开启自如。

⑧ 塞泡沫条做框密封

门窗框与洞口之间的伸缩缝内采用聚乙烯泡沫板材及棒材等弹性材料填塞，清理尘土后用密封膏进行密封处理，要求密封膏与墙体间密封严密，外观整齐。

⑨ 装零配件

将各种门窗所需零配件依次安装于门窗上，并加以固定，要求不缺件，位置适当。

⑩ 检查清理

安装后的门窗要仔细保护，及时检查保护膜有无脱落，在已安装了门窗的洞口禁止作运料通道，严禁在门窗上安装脚手架，悬挂重物，严禁蹬踢窗框、窗扇、窗撑。交叉作业时严禁碰撞门窗，检查所用门窗各项指标及零配件，做到无遗漏，用清水对所有门窗进行清洗。

（4）新风技术

本次改造第一次在既有建筑节能改造中引进德国 LUNOS 公司的住宅同步新风系统，可以在有效改善室内空气品质、保证人体健康舒适的同时，减少室内能量损失，达到节能环保健康的目的。

新风系统采用负压通风方式。由安装在浴室卫生间的排风机，向室外排风，产生室内负压；根据大气平衡原理，室外新风通过外墙进风口，经隔尘降噪处理后进入室内（图 2-49）。

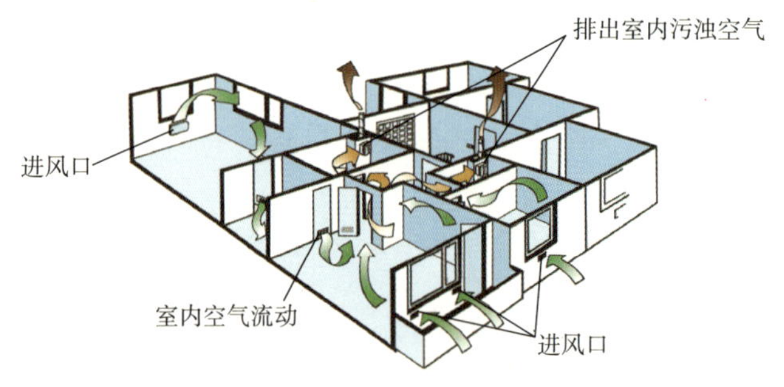

图 2-49 新风系统工作原理图

安装工艺：

1）按照图纸所标位置，在阳台、居室外墙打直径 110mm 的圆孔（图 2-50、图 2-51）。

图 2-50　打孔示意

图 2-51　打孔效果

2）待外墙外保温完成后，将通风管插入打好的孔内，用发泡剂密封固定，并安装室外格栅及室内面板（图 2-52～图 2-54）。

图 2-52　进风口安装效果

图 2-53　室外部分

3）卫生间排风安装；将风机用 M6 膨胀螺栓固定在天花板上，将原有的通风竖井上的铁网换成圆形出风口，并用通风从风口处连接到风机上，在卫生间门口处装明盒墙开关，用护套线从开关引线到风机，按风机上端规定的位置接线（图 2-55）。

4）在屋面通风井出口安装无动力风机。在 5 个卫生间通风道出口处（每层共 8 户，其中 3 个通风道为 2 户共用，共 5 个卫生间通风道）安装无动力风机。无动力风机在空气流动时自行转动，可加速卫生间通风道内的气体向上流动，增强新风系统的换气功能（图 2-56）。

图 2-54　室内部分

图 2-55 排风机安装效果

图 2-56 无动力风机安装效果

(5) 热源改造技术

小区热源在 2000 年已进行过改造，现状采用了 32 台斯朗特芬燃气式模块炉，热源一次侧、二次侧之间用板换连接。模块炉自带气候补偿装置可根据设定的住宅室内温度及室外温度的变化调节模块炉的启停台数，从而达到改变二次侧供水温度的目的，但由于安装位置不合理，难以起到调节作用，此次改造：

1) 调整了气候补偿装置的摆放位置，将其放置在锅炉房北墙外高约 2.5m 处。

2) 在热源二次侧加热计量总表，加过滤装置。

(6) 室外管网改造技术（图 2-57）

1) 在小区热力管网各楼热力入口处，均安装自力式流量平衡阀，安装热计量装置及水质过滤装置。

2) 由于 12 号楼进行了室内管网的改造，系统阻力增大，因此在热力入口处增设了二次加压泵。

3) 在 12 号楼热力入口处加设电动三通调节阀，利用设定设置在系统最不利房间的温度传感器的温度，调节楼内系统的供热流量。

图 2-57 12 号楼入口改造

4) 利用电动三通调节阀的旁通使外网仍保持定流量系统。

5) 由于仅 12 号楼内的采暖系统通过改造改为变流量系统，通过在系统入口加设旁通装置保证了楼外热网仍为定流量系统，因而原定二次侧循环泵加变频装置的方案取消。

(7) 室内管网改造技术

由于原设计垂直双管系统需 100%住户同意方可实施，而住户意见短期内不能完全统一，且双管系统施工存在一定的技术难度。垂直单管加跨越管系统供热效果虽比双管系统稍差一些，但通过加跨越管、散热器温控阀已大大改善了原单管系统垂直失调问题。经综合考虑，住总集团作为实施单位建议更改原设计为垂直单管家跨越管系统，经专家论证认可，最终批准变更。具体改造内容如下：

1) 楼内地上住宅部分供热系统上下区均改为上供下回垂直单管加跨越管系统；楼内地

下一层增加采暖系统，系统形式为上供上回双管；楼内地下二层为人防层仍维持原系统不变。

2）楼内原有散热器均改为钢制扁管散热器，楼内地下一层每个采暖房间增加一组散热器，种类相同，所有散热器一律不得加装暖气罩（图 2-58）。

3）住宅部分每组散热器均安装单管低阻温控阀一个。

4）楼内大系统地下一层、二层采暖系统分支处，均安装热力计量分表，安装流量调配阀，楼上住宅部分所有散热器均安装热分配表（图 2-59）。

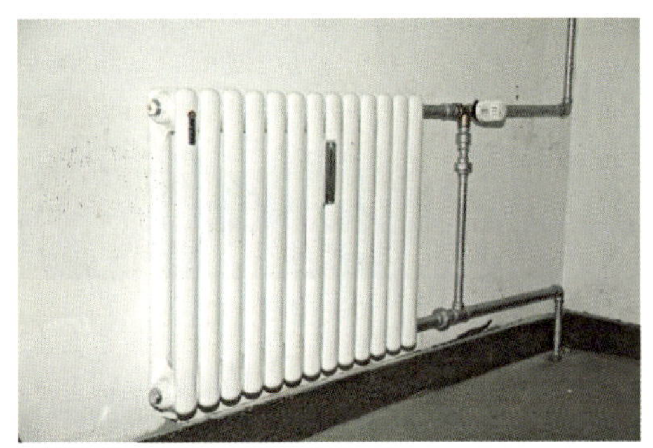

图 2-58　散热器及管网改造

图 2-59　地下室入口处改造

采暖系统改造按照设计文件和北京市地方标准《建筑安装分项工程施工工艺规程》（DBJ/T 01—26—2003）及设备生产厂家的技术说明书进行施工。具体施工过程如下：

1）管道安装

管材进场后，先进行材质检验，合格后方可使用。将钢管表面进行除锈并将铁屑、油污、灰尘等清刷干净，露出金属本色，然后刷两道铁丹防锈漆，钢管两边留出 100mm 不刷油漆。

管道对口之前，应将管道进行拉堂，把管道内杂物清理干净。管径≥50mm 时钢管应打磨坡口，坡口坡度以 45°为宜。焊接时应用吊链吊正后进行点焊。管径≥100mm 时焊点 4 个，管径<100mm 时焊点 3 个，调直后再进行管道焊接。焊接中严禁夹渣、气孔等焊接缺陷。焊接完成后应及时进行防腐刷油处理。管道对口间隙为 1.5～3mm，对口错口小于 1mm。

采暖系统采用焊接钢管，$DN \leqslant 32$mm 时丝接，$DN > 32$mm 时焊接，管道焊接时，压制弯头外径必须与管外径一致，采暖管道平管坡度保持在 3‰，穿墙管焊缝离墙距离不小于 30cm。穿墙管加钢套管用油麻封堵套管口。

管道焊接的外观表面应光滑，宽窄均匀整齐，根部应焊透，无裂缝、焊瘤、夹渣、溶合性飞溅等缺陷。钢管安装应保持横平竖直，钢管的高度应符合设计要求。

2）散热器安装

散热器为采暖系统中的重要设备，由生产厂家制作完成后运至现场，进行外观检查，按不少于总量的 2%进行打压抽查，并抽取不少于现场总量的 1%进行抽样复检。合格后按照相关施工工艺标准及厂家说明书进行安装（图 2-60、图 2-61）。

3）安装温控阀和单向阀

阀门安装前，将阀门内腔擦拭干净，不得存有灰尘、纤维及颗粒杂质。安装前作阀门单项抽样强度试压及密封实验，试压标准按规范要求，抽样数量为阀门总数的 10%，主控阀门抽样数量 100%。管道阀门和仪表的安装要严格按图纸进行。

图 2-60　钢柱扁管散热器

图 2-61　安装完毕的温控阀

单向阀、温控阀安装注意保持水流方向与阀门箭头方向一致。

阀门应安装在便于操作的地点。

管道的截止阀门和调节阀门上，应有明显的标记，指示水流的方向和阀门开关的方向。

4）管道支架

管道支架安装必选图施工，参照《室内热力管道支吊架》（95R417—1）施工，同时要做到牢固、美观。

5）压力表安装应符合下列要求

应装设在便于观察和冲洗的位置，并应防止受到高温、冰冻和振动得影响；应有缓冲弯管。

6）管道保温

执行《管道及设备保温》（98T901）。

7）系统冲洗及水压试验

系统施工完毕后，以系统的最大流量进行冲洗，冲洗时阀门全部打开，直至出水水质清澈、透明、无杂质，进出口水质一致时为合格。

进行水压力试验时，水压应缓慢的升降。当水压上升到额定压力时，应暂停升压，检查有无漏水和异常现象，然后再升至试验压力下保持 20min，压力下降不大于 0.2MPa，然后降至额定压力进行检查。

8）安装热分配表

为测量改造后系统的热分配状况，在采暖系统改造完成后，在每组散热器上安装了热分配表（图 2-62、图 2-63）。

4. 改造后的效果

（1）改造效果检测

为全面掌握 12 号楼的节能情况，准确评价 12 号楼节能改造效果，在第一阶段节能改造完成后项目组邀请中国建筑科学研究院、北京建工学院、北京市建筑设计研究院及中建科研院的相关专家，针对 12 号楼的节能检测工作先后召开了两次专题研讨会，与会专家经过深入讨论，提出了一套完善的检测方案，具体检测内容如下：

图 2－62 安装在散热器上的热分配表

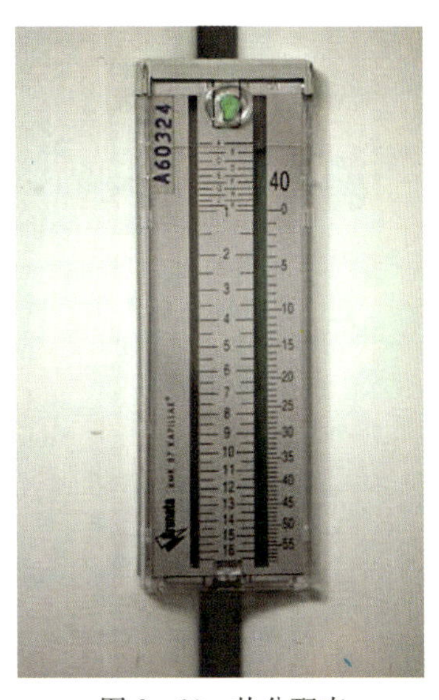

图 2－63 热分配表

1）建筑外围护结构的热工检测

采用红外热像仪对建筑物外围护结构进行检测，本项测试分为室外检测与室内检测两部分，测试结果及分析如下：

图 2－64、图 2－65 显示各层外墙外表面温度较均匀，表明各层外墙外保温性能较一致。外墙表面温度略高于室外温度，表明外墙外保温效果较好。

图 2－64 改造后的北向立面

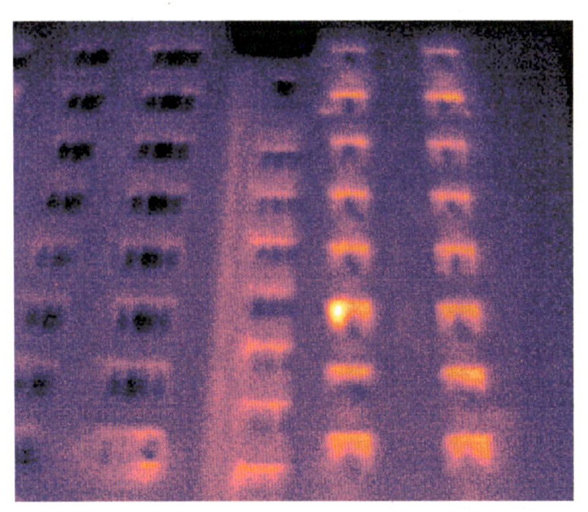

图 2－65 红外照片

建筑物外窗节能改造前后的红外照片（图 2－66～图 2－69）对比显示出：改造后的外窗外表面温度明显低于改造前的外窗外表面温度。改造前，外窗为橘红色，表明其外表面温度相对较高，改造后，外窗为蓝色，表明其外表面温度相对较低，说明建筑物内热量经过外窗传到室外的量较少。

上述测试表明，建筑物外窗的保温性能得到明显改善。经过节能改造后，不仅相对减少了外窗的传热耗热量，而且还相对减少了因大部分楼道外窗破损造成的冷风侵入耗热量（图 2－70、图 2－71）。

图 2-66　建筑楼梯间北向外窗（改造前）

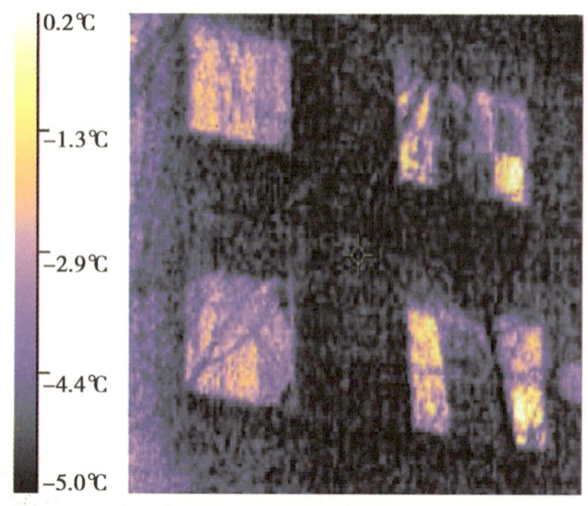

图 2-67　红外照片

图 2-68　建筑楼梯间北向外窗（改造后）

图 2-69　红外照片

图 2-70　红外照片：908 室北向卧室东侧外墙内表面

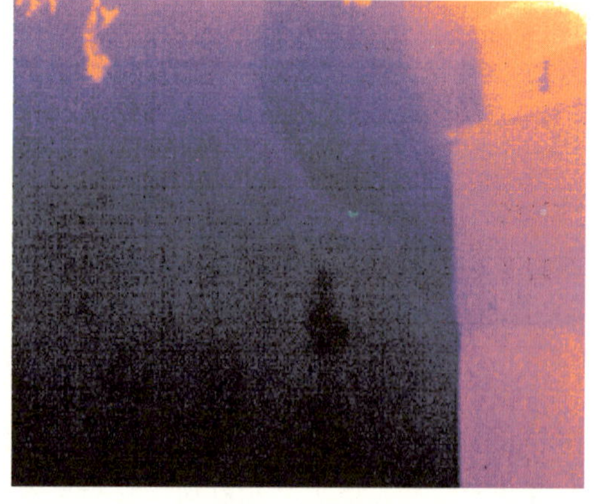

图 2-71　红外照片：908 室东向客厅外窗及外墙内表面

外墙内表面温度在 20℃左右，相对室温低 2～4℃，且明显高于室外温度（当时室外气温为零下 3℃）。节能改造前，部分住户的外墙内表面温度在 7～9℃。表明外墙外保温效果较显著。

2）供暖能耗相关测试

① 室内温度测试

选择有代表性的5个住户，每户放置1块温度自动记录仪进行室内温度测试。表2-2为测试周期内（2008年1月12～21日）各户室内平均温度。

室内平均温度 **表2-2**

序号	住户号	室内平均温度（℃）
1	305南	24.7
2	305北	24.2
3	301	24.8
4	308	25.0
5	908	25.6
6	1008	27.1
平均值		25.2

② 室外温度测试

在锅炉房外设置两个室外温度测点，分别放置两块温度自动记录仪进行室外温度测试。12号楼室外平均温度为－3.3℃。

③ 建筑物总供热量测试

2007～2008年采暖期前，在建筑物热力入口安装1块超声波热量表测试建筑物的实际供热量。因热表调试原因，热量表从2007年12月17日开始正式测试、记录供热量。建筑物总供热量数据见表2-3。

建筑物总供热量 **表2-3**

楼号	测试周期	建筑物总供热量（吉焦，GJ）
6	2007.12.17～2008.3.15	1864
8	2007.12.17～2008.3.15	1963
12	2007.12.17～2008.3.15	1331

2007～2008年采暖期前，12号楼建筑物热力入口安装了电动调节阀，在2007～2008年采暖期实现了建筑物总供热量的调节。但在测试周期内，12号楼室内平均温度值为25.2℃，表明12号楼仍具有节能潜力。

④ 建筑物耗热量指标测算

建筑物耗热量指标按下列公式计算：

$$q_{\mathrm{Hm}}=\frac{Q_{\mathrm{Hm}}}{A_0}\cdot\frac{t_i-t_{\mathrm{e}}}{t_{ia}-t_{\mathrm{ea}}}\cdot\frac{278}{H_{\mathrm{r}}}+\left(\frac{t_i-t_{\mathrm{e}}}{t_{ia}-t_{\mathrm{ea}}}-1\right)q_{\mathrm{IH}}$$

式中 q_{Hm}——建筑物耗热量指标（$\mathrm{W/m^2}$）；

Q_{Hm}——检测持续时间内在建筑物热力入口处测得的总供热量（MJ）；

t_i——全部房间平均室内计算温度，一般住宅建筑取16℃；

t_e——计算用采暖期室外平均温度，按《民用建筑节能设计标准（采暖居住建筑部分）》（JGJ 26—1995❶）选用；

t_{ia}——测试期间室内平均温度；

t_{ea}——测试期间室外平均温度；

A_0——建筑物的总采暖面积（m^2）；

H_r——检测持续时间（h）；

278——单位换算系数；

q_{IH}——单位建筑面积的建筑物内部得热，按 JGJ 26—1995❶取 3.8W/m^2。

将以上的测试结果代入上式，推算出 12 号楼耗热量指标为 14.58W/m^2。

⑤ 室内热舒适度测试

使用手持式热舒适仪对几户进行室内热舒适度瞬时测试。测试时间为 2008 年 1 月 22 日。热舒适度 *PMV* 值在－0.5～＋0.5 之间为较舒适区域。热舒适度值小于－0.5 时，表明室内偏凉，热舒适度值大于＋0.5 时，表明室内偏热（表 2-4）。

室内热舒适值 **表 2-4**

住户	热舒适度 *PMV* 值
1008 室	＋1.08
308 室	＋0.71
303 室	＋0.54
305 室	＋0.18
平均值	＋0.63

3）测试结论

上述检测将在几年内完成一套完整的节能改造能耗数据，从初步的检测结果来看，12 号楼节能改造前的耗热量指标测试值为 26.16W/m^2，一阶段节能改造后的耗热量指标测试值为 14.58W/m^2，表明建筑物外墙、外窗的保温性能得到明显改善。通过红外热像仪对建筑物热工性能的定性检测也表明，建筑物的外墙、外窗的整体保温状况得到改善。12 号楼的供回水温度与其他三栋楼差别不大，但流量减少了 1/3，且室内平均温度保持在 25℃左右，其他三栋楼的室温只能勉强保持在 16℃以上。从舒适度的检测结果来看，12 号楼存在室内环境过热的问题，而同时建筑耗热量则有了较明显的降低（图 2-72、图 2-73）。

图 2-72 测试室内舒适度

❶ 该标准现已被《严寒和寒冷地区居住建筑节能设计标准》（JGJ 26—2010）替代。

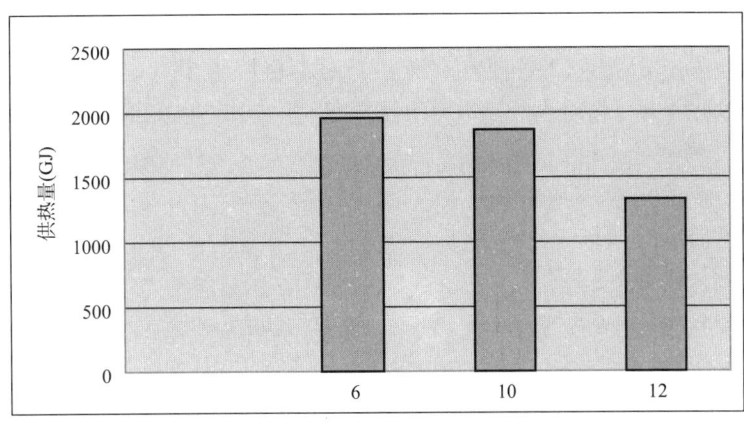

图 2-73　12 号楼与未改造的 6 号、10 号楼能耗对比

（2）住户反映

12 号楼的节能改造全面达到北京市 65%节能的要求，具体的节能效果通过实际的检测工作来量化，从住户的反映来看，效果已体现得非常明显了：

1）经过改造后户内的舒适度提高了

一阶段 12 号楼在外保温粘完保温板后，北京来了几次小的寒流，虽然还没有开始供暖，但户内与其他没有改造的三栋楼相比已有了区别，据住户反映坐在屋内不再觉得吸腿了，温度要比另三栋楼高 2～3℃；这种差别在供暖后就更为明显，在媒体采访时 4 层 5 号的住户表示：现在室内温度要比往年高不少，不但摆脱用了多年的电暖器，而且室内也不用再穿棉袄和大棉鞋了；而 1703 的住户更是感到：在更换新窗后，马路上的噪音一下子小了很多，以至于晚上都不习惯了。其他住户也都反映冬天要好过多了，而进入夏天之后，也有住户反映空调开的比往年要晚一些，使用频率也要少多了。

2）百姓对节能改造的认知和意愿大大加强了

随着改造工作的逐步进行，住户有了切身感受，认识到节能改造是一件利国利民的好事，因此使得 12 号楼的绝大多数居民不但接受和欢迎节能改造，并积极配合各项入户改造工作，更使得没有改造的另三栋楼的很多居民与社区和居委会主动联系，表示积极支持节能改造工作，同时也期盼着今年能完成其余三栋楼的节能改造。

（3）社会反响

节能减排是当前一个社会热点，本项目作为北京市第一个既有建筑综合节能改造示范项目，在社会上产生了巨大影响。

在项目开工时，包括北京青年报、法制晚报、新京报、竞报在内的多家媒体进行了报道；在施工期间及完成后中央电视台、北京电视台及德国西南之声电台等多家广播新闻媒体到现场进行采访，并在 CCTV-1 的新闻联播、焦点访谈、早间新闻和北京新闻、BTV-5 新闻等栏目播出，同时还有十多家平面媒体进行了相关报道。

为充分发挥 12 号楼的宣传示范作用，2007 年 12 月 26 日针对 12 号楼专门组织召开了“北京市惠新西街小区项目 12 号楼建筑节能综合改造示范工程第一阶段工作会”，会议邀请了二十余家媒体进行采访，通过现场参观、领导讲话、项目介绍、住户代表发言、答记者问等环节，向媒体全面展示了惠新西街 12 号楼的节能改造成果。

北京市政协、国家开发银行、山东省住房城乡建设厅等部门的领导和德国交通、建设与住房部国务秘书也先后到12号楼参观考察，对项目给予了肯定和好评，宁夏银川市房管局、中国建筑业协会材料分会、天津市河西区等有关单位也先后主动联系，专门组织相关人员赴12号楼考察。

截至目前已有近40余家单位到惠新12号楼参观和采访。

5. 改造后可借鉴的成果

（1）项目造价和经济性评价

项目总改造成本见表2-5。

项目总改造成本 **表2-5**

序号	名称	明细	建筑面积（m^2）	总造价（元）	单位造价（元/m^2）
1	外保温工程	外保温材料费 外保温施工费 空调移机 楼内粉刷、防火门 窗护栏	10451	1836429.4	175.72
2	节能窗	材料费 安装费	10451	565651.87	54.12
3	室外管网改造	热表购置费 三通阀购置费 加压泵购置费 电磁阀购置费 施工费	10451	227837	21.8
4	新风系统	设备费 施工费	10451	72790	6.96
5	室内采暖系统（预估）	—	10451	1000000	95.68
6	合计	—	—	3702708.27	354.28

从上表来看项目改造费用总体来说偏高，主要原因有以下几点：

1）外保温的附加费用高

外保温采用德国全套的外保温技术和材料，与国内相比造价较高，同时既有建筑节能改造与新建建筑的外保温工程相比，需增加额外费用，如空调移机、窗护栏的拆除与安装及顺带的楼内粉刷和防火门更换等多项费用。

2）外保温施工费用高

项目开工时间较晚，由于天气、十七大、设计变更等多方面因素的影响，工期比预定日期推迟了一个多月，造成人工费和吊篮租赁费用大大增加。

3）外窗费用

原方案采用内平开塑钢窗，为保证12号楼的节能改造效果，提高住户更换窗户的积极性，项目组最终选择了性价比更高、住户更容易接受的断桥铝合金内平开窗，造成了外窗费用的增加。

4）其他费用

尚未考虑设计费、检测费和群众工作费用，待二期结算后补充。

如果对以上因素进行扣除，按照合理的改造方案，不考虑维修等相关附属工作费用，节能改造的实际成本估算见表 2-6。

项目改造实际成本估算　　**表 2-6**

序号	名称	明细	建筑面积（m^2）	总造价（元）	单位造价（元/m^2）
1	外保温工程	外保温材料费 外保温施工费 空调移机	10451	1300000	124.4
2	节能窗	材料费 安装费	10451	565651.87	54.12
3	室外管网改造	热表购置费 三通阀购置费 加压泵购置费 电磁阀购置费 施工费	10451	—	12
4	新风系统	设备费 施工费	10451	72790	6.96
5	室内采暖系统（预估）	—	10451	1000000	95.68
6	合计	—	—	2938441.87	293.16

（2）项目改造经济性评价

12 号楼进行节能改造后带来的经济效益可以从以下 3 个方面衡量：

1）节能带来的经济效益

改造后 12 号楼的能耗大大降低，天然气的消耗量减少，项目组在楼前加装了热表，用来测量 12 号楼实际的供热量，由于项目改造今年才全部完成，需在下一供暖期才能反映整体节能效果，但通过 12 号楼改造前后的耗热量指标的计算对比，也能在一定程度上反映改造的经济效益：

每平方米耗热量：

改造前：$26.2\times24\times125=78.60\text{kWh}$

改造后：$14.59\times24\times125=43.77\text{kWh}$

每平方米耗气量：

改造前：$\dfrac{78.60}{10\times0.8\times0.9}=10.92\text{m}^3/(\text{m}^2\cdot\text{a})$

改造后：$\dfrac{43.77}{10\times0.8\times0.9}=6.08\text{m}^3/(\text{m}^2\cdot\text{a})$

每平方米天然气节约量：$10.92-6.08=4.84\text{m}^3/(\text{m}^2\cdot\text{a})$

每平方米节约耗热量：$78.60-43.77=34.83\text{kWh}$

每平方米供热节约费用：$4.84\times1.92=9.29$ 元/m^2

目前北京市供暖的收费标准为 30 元/m^2，燃气消耗成本 11.72 元/m^2，水电人工成本

3.5 元/m^2，利润 14.78 元/m^2，静态投资回收期 19.8 年。

2）减排带来的经济效益预期

燃气消耗量降低的同时也减少了二氧化碳的排放：

每平方米二氧化碳减排量：10.4kg/m^2；

12 号楼减排量：10.4×10180=105t。

按照目前国际碳交易市场 15 美金/t 的价格，可以带来 11025 元人民币/年，即 1.05 元/(年・m^2) 的收益预期。

(3) 节能改造带来的潜在收益

节能改造前，12 号楼外墙存在严重的渗漏、发霉问题，物业多次维修，效果均不理想，修缮的费用共计 300 多万元，节能改造完成后，由于墙体增加了保温，有效解决了墙体渗漏和发霉问题，节省了修缮的费用。

外保温的存在，使墙体不受外界气候的影响，提高了墙体的耐久性，延长建筑的使用寿命，使国家投资、住户投资最大化。

6. 改造的推广应用价值及思考

惠新西街 12 号楼节能改造项目在住房城乡建设部、德国技术合作公司（GTZ）和北京市住房城乡建设委的大力支持下，住总集团精心组织、严格管理，历时近十个月，按计划全部完成了节能改造任务。作为北京市第一个综合节能改造工程，北京住总集团迈出了北京市节能改造实施工作的第一步，初步对施工技术、施工管理、群众工作、投融资模式等多个方面进行了探索和尝试，取得了丰富的经验，同时也有深刻的教训。

(1) 节能改造技术是根本

节能改造最根本目的是节能，即选择合理的改造技术，使既有建筑达到节能的目标，如何选择合理的技术必须综合考虑技术的成本、效率、实现的难易程度等，具体有如下几点：

1）应选择成熟的技术

对于墙体保温来说，有很多的外保温技术。但对于既有建筑节能改造来说，基面情况复杂，节点处理繁多，同时还要尽量减少对住户正常生活的干扰，因此应优先选用技术成熟度高的产品。12 号楼的节能改造作为中德技术合作示范项目，采用了德国应用最为广泛的膨胀聚苯板薄抹灰系统全套技术，在阴阳角、窗台和滴水檐等节点做法上按德国做法进行了全新的尝试，还根据德国的成熟经验，增加了防火构造措施。虽然由于部分外保温材料尚未国产化，需要从国外进口，给施工进度造成一定影响。但这些德国成熟经验的采用，提升了国内保温施工的技术水平，也取得了更加良好的保温效果。12 号楼的外保温改造技术作为一个示范，代表了节能改造技术的方向，今后随着这部分外保温材料的国产化，将会促使外墙节能改造技术最终要走上规范化、规模化的道路。

2）应选择可行的技术

① 技术不一定是最先进的，但一定要是最合适的

本项目为中德技术合作示范项目，但由于中国的国情和德国存在差异，因此项目组没有并且也不可能完全照搬德国的改造技术，而是在学习和吸收德国改造经验的基础上，采用了一套适合国内实际情况和水平的改造技术。如室内采暖系统改造，在德国多采用垂直双管系统进行改造，但垂直双管系统需 100%住户同意方可实施，在中国由于房屋产权基本上都已经私有化，加之有些历史遗留问题的影响，使得住户意见短期难以完全统一，因

此项目组选择了效果稍差的单管跨越系统，这样保证了改造工程的按期完成，同时也使得综合节能效果得以体现。

② 技术要模块化，并且有多个预案

综合节能改造需要采用多项改造技术，由于建筑情况的差异，并不是所有的技术都能实现，因此节能改造技术的模块化将起到十分关键的作用。所谓模块化即只要能达到节能标准和设计要求，可以根据实际情况选择多种改造技术中的几种进行组合或分步实施，同时每种模块技术也可有多种方案，以保证最终的节能效果。

3）应选择经济的技术

在节能改造技术模块化的基础上，应认真分析各个模块的投入产出比，尽量从经济性角度选择模块技术。同时对各个模块的经济分析应不仅仅计算改造当时的情况，还应基于建筑物全生命周期的基础上进行评估，根据不同地区的气候环境制定合理的改造技术和方案。

（2）节能改造群众工作是重点

节能改造工作离不开群众的支持与参与，因此如何做好群众的思想工作，是节能改造工作的重点。为此项目组专门成立的群众工作部，专门负责群众工作，经过 12 号楼的实践，做好群众工作总结起来有以下四个方面：

1）大力宣传，加深节能改造认识

宣传节能改造首先要选择好宣传的切入点，除了要介绍国家的能源形势和节能的法律法规之外，应结合老百姓的实际情况，重点宣传节能改造给老百姓带来的好处。12 号楼在改造前保温效果差，冬季室内温度低、部分墙体结露发霉，这是老百姓关注和投诉的重点，也是迫切希望解决的问题。因此宣传的重点放在改造给老百姓带来的好处，让他们认识到节能改造一方面可以节约能源，另一方面可以极大改善室内居住的舒适度，是利国利民的大好事。

其次要丰富宣传手段，采用群众大会、改造实物展示、工程实例参观等方式，多角度、全方位进行宣传。让居民亲身感受到节能改造的好处。

2）妥善安排，提高入户施工效率

节能改造施工中、空调机拆装、窗户的拆装、采暖系统的拆装、新风系统的安装都需要入户，入户次数过多、时间过长都可能引起住户的反感，影响改造工作的顺利进行，因此必须统筹规划、妥善安排，尽量降低入户次数，提高入户施工效率。为此项目组主要采取如下措施：

① 实行入户施工预约制，一般提前 3 天预约；

② 合理组织，一次入户尽量完成多项施工；

③ 提高施工效率，每家的所有窗户的拆装，必须在一天完成；

④ 施工人员必须统一着装，佩戴项目组核发的胸卡，做到文明施工、礼貌施工。

3）深入调查，掌握群众思想动态

老百姓的支持与配合是项目顺利进行的保证，因此项目组应配合项目的进度，深入细致地调查老百姓对节能改造的意见和态度，包括开工前对节能改造的态度、对收费的态度；开工后对施工的态度，更换窗户的态度、窗户安装位置的态度、暖气改造的态度等，根据调查结果进行分析总结，尤其是总结住户反对的原因，为项目组决策提供依据。

4）密切联系，及时化解矛盾

由于各种各样的原因，在施工中可能与住户产生一些矛盾，为此项目组在现场指挥部设立电话，派专人值守，负责记录住户意见和投诉，发现问题及时妥善处理，避免矛盾扩大。

（3）节能改造政策是关键

虽然我国既有建筑节能改造工作刚刚起步，但各级政府已充分认识到既有建筑节能改造的重要性，并努力推动其实施，住房城乡建设部于2008年颁布了《民用建筑节能条例》等法律法规，北京市也出台了《北京市既有建筑节能改造专项实施方案》等多个文件，但由于还有很多与之配套的政策法规尚在酝酿和制定之中，这在一定程度上制约了既有建筑节能改造的进程。作为试点工程之一的惠新西街节能改造工程在实施之中也深有感触，为推动既有建筑节能改造的批量化和规模化进程，尽快完善相关政策法规，项目组结合惠新西街的改造实践，认为应关注以下几点：

1）进一步完善法律法规建设，理顺节能改造中各利益主体的关系。通过适当的政策倾斜如税收优惠等鼓励有志的企业积极参与其中，引导城市既有建筑的节能改造有序地良性地发展。同时对于一些新颁布的法律法规尽快出台配套的政策文件予以补充和说明。如我国物权法的实施，加强了对私有财产的保护，极大地促进了百姓的维权意识，这是我国走向法治社会的又一大进步。但在既有建筑节能改造中很多的部分如外墙、楼内管道的改造等既涉及某户及全体住户的利益，对此如何界定还应有相关的法律法规进行进一步的阐述和明确。否则如个别住户拒绝对相关部分进行改造抑或借机寻求高额补偿，将会使整个建筑物的节能改造无法实施或节能效果大打折扣，更会严重挫伤实施单位的积极性甚至使其知难而退。

2）加快相关标准的更新速度，适应节能改造形势的发展。目前对于既有建筑节能改造，虽然都有相应的行业和地方标准，但由于当时编制的背景有了很大的变化，有些条文已不适应现在的要求；同时鉴于既有建筑节能改造的特殊性，在实施时如无法一次改造完成全部项目或囿于住户配合等原因某分项工程达不到100%改造时，如何与现有的设计和验收标准接轨，也是需要认真考虑的。建议结合节能改造试点，及时总结完善，尽快对现有标准进行修订。

3）尽快在试点的基础上进行供热体制改革，加强老百姓的节能意识、促进行为节能，提高百姓节能改造的积极性。

4）建立节能改造在政府引导下的市场化运作方式，实现节能改造的产业化，提高企业参与节能改造的积极性。

5）建立节能改造评价和监管体系。

（4）资金筹措是瓶颈

资金始终是制约既有建筑节能改造的一个重要因素。12号楼节能改造的资金来源有北京市政府墙改基金的支持，有代表德国联邦政府的德国技术合作公司的支持，还有实施单位北京住总集团的支持，该楼住户也承担了少部分费用。但总的来说，其融资方法是难以复制的。

虽然目前国家财政对于既有建筑节能改造有45元/m^2的补助，但还是远远不够的；关于住户方面，居住于此类房屋中的大多属于中低收入群体，对于节能改造的资金承受能力有限，改造资金以住户为主也是不现实的；而对原产权单位而言由于房改后的房屋产权绝大多数已属于住户，对于这部分房屋原产权单位与之从根本上说已没有关系，在资金投入上如果原产权单位是企业的话则缺乏改造动力。

因此，推动既有建筑节能改造的进行还需要针对不同情况制定相应的融资办法、建立融资模式、拓宽融资渠道来保证节能改造资金来源。因此建议可根据建筑物竣工年限的不同来区别对待。如在实施节能标准前修建的不节能建筑。主要是由于当时相关政策和标准的缺失而导致，因此建议改造资金以政府各级财政投入为主，为调动大家参与的积极性，少部分资金可以由各受益方分摊；而对于在北京市实施节能标准后修建的房屋，则应谁的责任谁负，由房屋开发单位全额承担节能改造的相关费用。

目前，为应对全球金融危机的影响国家投入 4 万亿元以刺激经济扩大内需，在节能减排上也进一步加大了力度。而既有建筑的节能改造一方面可以促进节能减排，另一方面也可以有效改善住户的居住条件，还可以促进建筑相关行业的发展，是改善民生、建设和谐社会的有利之举。因此也建议抓住此契机进一步推动中国的既有建筑节能改造的发展，为社会创造良好的环境。

三、北京市某部队营房和干休所综合改造工程

（一）北京某部营房节能改造工程

1. 工程概况

按照总部“创建节约型军营”的要求，对某部所属营区进行节能改造。该营区内有一营，二营，三营营部、汽车连、修加连，综合仓库，军乐队的生活训练区。占地面积57.92亩，建筑面积23511m²。营区共有建筑物21栋，包括4栋宿舍楼，3栋食堂，2栋家属临时来队住房，1栋综合仓库，锅炉房、水泵房、配电室、浴室、卫生所、服务社各1座，另有停车场2个。所有建筑均为砖混结构，平屋顶，都未做外墙保温。该项目主要针对本工程9栋营区宿舍、食堂及临时来队宿舍的外墙围护结构改造、屋面平改坡改造、门窗改造、供暖系统改造及雨水收集系统改造。宿舍楼改造前后对比见图3-1、图3-2。

图3-1　宿舍楼改造前

2. 改造目标

（1）国家现行的规范和规定

北京市地方标准《居住建筑节能设计标准》（DBJ 11—602—2006），节能要求65%；《公共建筑节能设计标准》（DB 50189—2005），节能要求50%。中华人民共和国行业标准《外墙外保温工程技术规程》（JGJ 144—2004）、《既有采暖居住建筑节能改造技术规程》（JGJ 129—2000）等。

图3-2　宿舍楼改造后

（2）节能目标及设计理念

依据北京市地方标准《居住建筑节能设计标准》（DBJ 11—602—2006）和《公共建筑节

能设计标准》(DB 50189—2005)，节能目标分别达到未改造前的65%和50%，每个采暖期耗煤量由25.2kg/m² 下降为8.78kg/m²。

建设节约型社会，减少建筑能耗，充分考虑建筑的节能效率、装饰效果和施工工艺，尽量做到保温、防水、装饰一体化。体现绿色环保的理念。重点抓好下列成套节能技术和产品的应用：

1）新型节能墙体、保温隔热屋面、节能门窗、遮阳等节能技术产品；

2）供暖采暖系统调控与热计量和空调制冷节能技术和产品；

3）太阳能、地下能源、风能等可再生能源的应用技术和设备；

4）建筑节能照明的节能技术与产品；

5）其他技术成熟、效果显著的节能技术和节能管理技术。

运用DBJ 11居住建筑节能热工计算程序，采用“参考建筑对比法”在体形系数和窗墙比不能改变的前提下，满足建筑耗热量指标，调整外围护结构各部分的传热系数，确定保温层的厚度及做法。

(3) 改造内容

本次节能改造的主要内容涉及下列6项内容：

1）外墙节能改造；

2）屋面节能改造；

3）门窗节能改造；

4）设备节能改造；

5）增加太阳能热水系统；

6）增加雨水利用系统。

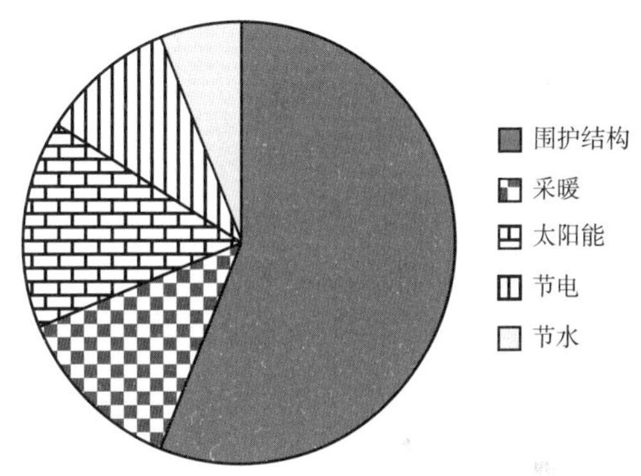

图3-3　各项改造费用比例

围护结构改造费用，约占建安费的56%；太阳能改造费用，约占建安费的13%；采暖改造费用，约占建安费的15%；用电设备改造费用，约占建安费的10%；节水改造费用，约占建安费的6%。各项改造费用比例见图图3-3，拟改造的既有建筑规模及技术改造措施见表3-1。

拟改造的既有建筑规模及技术改造措施　　**表3-1**

序号	既有建筑物名称	建筑规模		节能技术改造措施及施工工艺		节能标准(%)
				外墙	屋顶	
		面积(m^2)	层数	方案	方案	
1	一营食堂	1185	1	硬泡聚氨酯喷涂复合胶粉聚苯颗粒(88J2—9、88JZ13)	清除原有屋面残破部分，局部修补，喷双组分聚氨酯，再在表面铺聚合物砂浆保护层。(88J5—1)	65
2	一营战士食堂	4669	5			65
3	二营食堂	1062	1			50
4	二营战士食堂	3492	4			65
5	三营食堂	537	1			50
6	三营营部、军乐队战士宿舍	1980	3			65
7	三营汽车连战士宿舍	1964	3			65

续表

序号	既有建筑物名称	建筑规模		节能技术改造措施及施工工艺		节能标准（%）
				外墙	屋顶	
		面积(m^2)	层数	方案	方案	
8	三营修加连战士宿舍、仓库	3694	2			65
9	士官家属临时来队住房1	903	5	EPS聚苯板（88JZ13）	金属绝热夹芯板，坡屋面结合太阳能热水（88JZ21）	65
10	士官家属临时来队住房2	903	5			65

3. 改造技术

（1）外墙改造

考虑到现有建筑外装饰均为水刷石做法，且施工质量完好，外墙保温采用方案——硬泡聚氨酯喷涂复合胶粉聚苯颗粒做法，即可省掉清除面层及抹灰程序，且保温层厚度相对较薄，节约投资（图3-4）。

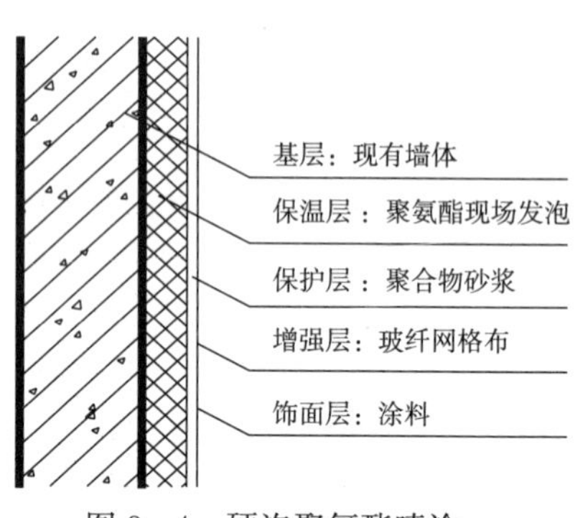

图3-4 硬泡聚氨酯喷涂保温系统结构

（2）屋面改造

工程对原有的平屋面改造成坡屋面。所依据的标准图适用横墙承重且开间在2700～4000mm的多层住宅。本工程采用混凝土屋面瓦构造。这种方式能最大限度地体现原方案的意图，混凝土瓦的构造层次是冷摊瓦的做法，在钢檩条上直接挂瓦。

改造方案的主屋面为两坡屋面，山墙按悬山设计。改造屋面的基础是支撑在屋面卧梁上的钢屋架，它有别于正常的木屋面和现浇混凝土屋面，钢梁之间的空隙支撑脊瓦要做一些构造处理，脊瓦不可能直接安装在屋脊处的钢檩条上。脊瓦的安装通过焊在屋脊檩条上的金属配件固定木条，在木条上安装脊瓦来实现。天沟两边的瓦材需要裁剪，并需要金属瓦扣来固定，天沟内可铺天沟瓦或金属天沟（硬质天沟），并且还要对脊瓦和屋面瓦交接处缝隙作好处理。

（3）门窗改造

对营区内的所有建筑物进行更换门窗改造：断桥塑钢（密封处理），单层中空玻璃，车库门增加保温措施，楼门入口设双层门（增加密封条及4cm硬泡聚氨酯喷涂复合胶粉聚苯颗粒保温处理），楼门口设双层门。一、二营战士宿舍楼门更换为不锈钢玻璃门，在原双层门位置安装，并要具备密封功能。三营、军乐队在楼门处增加不锈钢门斗，设内外双层门。

（4）建筑采暖设备的节能改造

1）在全场区所有建筑物的散热器供水支管上加装温控阀，做到各房间的温度可以根据用户需要自行调节，以达到节能的目的；

2）锅炉进行检修，不满足节能的地方应进行修改。主要是将原采暖循环泵安装变频控制柜或更换变频泵以便于自动调节系统流量。并在锅炉房内增加温控、热计量设施，做到按室外温度的变化调整供水温度，以达到节能的目的；

3）改造宿舍区供暖主管线，在各建筑物入口的供水管上安装热计量装置，在回水管上安装平衡法，达到水力平衡；

4）检修宿舍区内全部供暖外线、重新作保温层，更换漏水阀门，减少能耗损失；

5）安装锅炉、管线智能控制系统；

6）节能改造采暖耗煤量指标下降了 15.7kg/m^2。

（5）安装太阳能热水系统

1）本工程太阳能热水系统的设计要求是在无人看守状态下全天候提供足量且温度适宜而恒定的生活热水。采用集中式供应系统，以便更有效地利用太阳能，并采用集中燃气锅炉配容积式交换器作为辅助热源。集热器采用“九阳”牌平板式集热器，同时，为解决平板式集热器在冬季抗冻不利的问题，北京九阳公司对该平板集热器进行了改良设计，抗冻问题得到解决。

2）为使建筑既能有效利用太阳能又能增强建筑的表现力，在本工程中根据太阳能平板集热器坡度的要求，采用坡屋面——集热器嵌入式方案，集热器嵌入南向坡屋面并和瓦面相平，各种管线均为暗装。

3）在住房屋面上增加太阳能热水器，并在各户安装智能淋浴卡系统，做到节水节电。同时将卫生间地面更新并作防水处理。

4）浴室屋面上增加集中太阳能热水系统，同时对室内管道、淋浴器更新改造，重新装修墙地面，地面铺设防滑地砖，墙面贴墙砖，并安装智能淋浴卡系统，做到节水节电运行。

一栋宿舍太阳能系统主要设备报价表　　　　表 3-2

名称	单位	数量	规格、型号	单价（元）	总价（元）
太阳能集热器	m^2	10	采光面积：0.078m^2；24 根	2700	33600
排水系统	m^2	18	—	48	864
热水循环水泵	台	2	CH2-30	1140	2280
Pl 泵	台	1	CH2-40	1347	1347
气压罐	台	1	1000-0.3	12409	12409
给水泵	台	2	FLGR-40-160A	1400	2800
WE 稳压泵	台	2	FLGR-25-160A	1050	2100
变频控制柜	台	1	一控二	12000	12000
储水罐	台	1	6.7m^2	12100	12100
容积式换热器	台	1	FGLV900-1.2	11400	11400
电脑控制器	台	1	JYWC-1	2400	2400
合计					93300

（6）雨水利用

该营院占地 56 亩，规划后占地 103 亩，目前绿化面积 17 亩，根据该营院的地形地貌，结合当前的雨水利用措施，将宿舍小区南北方向分两部分，总雨水管设置在目前的排污管平行附近处，即南北中间处，在汇水处雨水井设置闸板，将初期雨水排入小区内的污水管网外排，只收集雨水干净部分进行利用。收集后的雨水自流入雨水调节池进行处理后利用，处理后的中水主要用于小区绿化，道路冲洗，洗车等。目前小区绿化需中水量为40t/d。雨水收集利用采用常规设计方法，处理工艺采用过滤消毒工艺或湿地处理系统。

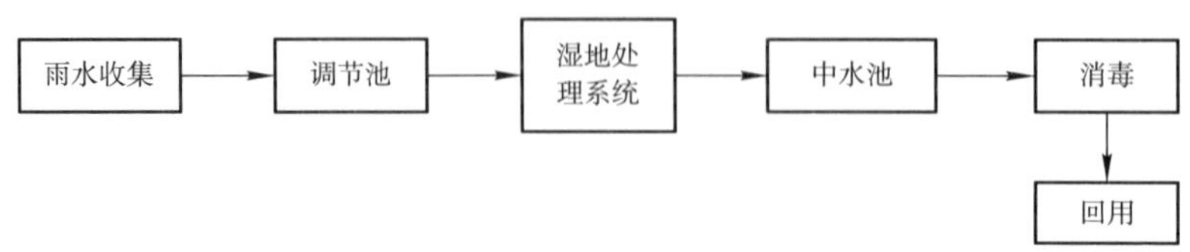

图 3-5　工艺流程

4. 营房建筑节能改造投资综合经济分析

节能改造项目全寿命周期费用是指对既有建筑物进行节能改造的过程中，从设计、改造、使用和运行（含维护），直到退役和材料回收的全过程费用。将节能改造项目放在全寿命周期费用，才能科学合理地进行投资和收益的比较分析。周期运行费用是指节能改造项目投入使用后，一个运行周期的正常运行（含维护）费，此费用包括燃料费、人工费、设备费及其他相关费用。对于节能改造项目而言，设计、改造费用是一次性的，且基本确定，因此测算一个周期运行费用就成为计算全寿命周期费用的关键。

（1）围护结构改造经济分析

经计算外墙外保温、屋面节能改造及门窗改造的投资回收期分别为 5.3 年、5.5 年及 4.6 年，经济效果明显（见表 3-3）。

节能统计表　　**表 3-3**

结构	建筑物的耗热量指标（kWh/m²）	采暖热量指标（kWh/m²）	节煤量（t）	节能率（%）	节能收益（万元）	节能投资回收期(年)
外墙外保温	20.7	13.2	19.3	59.40	12.35	5.3
屋面	19.9	12.0	20.5	63.10	13.12	5.5
窗	33.1	23.9	8.6	26.46	5.50	4.6

（2）太阳能系统经济分析

本项目采用集热器的单根采光面积为 0.078m²，每组太阳能集热器的根数为 24，则每组热水器的采光面积为 1.872m²；则每组太阳能热水器所获得的热量为：

$$Q=0.58\times5000000\times0.5\times1.872=2714400\text{kJ/y}$$

采用的 24 根管的热水器每台初投资为 2700 元，回收年限为：

$$t=y/n_0=2700/378=7.14\text{ 年}$$

（3）雨水利用经济分析（表 3-4～表 3-6）

雨水利用的经费主要含三大块：雨水收集管线、处理单元、回用管线及设施。该项目建成后，将可以实现雨水的综合利用，按照北京市常规降雨量计算，每年可以节省绿化自来水 1.1 万 t，经济效益和社会效益显著。

5. 改造的推广应用价值

大量的既有建筑是我国当前的建筑能耗大户，对其进行有效的节能改造对于我国的可持续发展策略的实施具有重要意义。

雨水收集管线经费估算　　表 3-4

序号	管径（mm）	长度（m）	埋深（m）	经费（万元）
1	300	25	1.2	0.5
2	400	50	1.3	1.125
3	500	80	1.3	2.0
4	800	60	1.7	2.1
5	900	180	1.8	7.2
6	1100	60	2.0	2.7
合计（钢筋混凝土管）				15.625

回用管线及回用设施估价　　表 3-5

序号	管径（mm）	长度（m）	埋深（m）	经费（万元）
1	50	100	1.2	1.5
2	800	300	1.2	5.4
3	喷灌设施			15
合计（PVC 管）				21.9

方案二处理设施经费估算　　表 3-6

序号	名称	数量	估价（万元）
1	调节池（地下）	$300m^3$	10.5
2	湿地处理系统	1	15
3	消毒设施	1	4.5
4	中水池	$30m^3$	1.2
5	泵	2	3.6
合计			34.8

该项目总结了国内外既有建筑节能改造技术应用做法，并根据北京市特点提出改造应对策略：围护结构如墙体、门窗、屋面；暖通设备方面的节能改造及雨水利用情况等。

结合实例，基于北京军队建筑现状，提出对既有建筑的改造方案，并对改造方案的经济性进行了分析，提出对既有建筑进行节能改造，虽然初投资较大，但是节能效果和投资回收效益是巨大的。证明了既有建筑节能改造是经济的、可行的。

（二）某部干休所住宅改造工程

1. 工程概况

建设资源节约型、环境友好型社会是党中央的重要战略部署，工程建设领域中的资源节约、可持续发展不仅体现在新建项目中，也包含在既有建筑的改造之中。该项目是根据全军建设节约型营区“十一五”规划，为军队各干休所旧有建筑加装电梯，以改善老干部的居住条件，实际解决老干部上下楼难的问题。建设和谐社会、体现以人为本的需要。随着人们生活水平的提高，人们对工作、生活、学习、居住等空间的室内外环境质量的要求也随之提高。既有建筑功能提升改造可提高空气质量、热环境、光环境和声环境，增强使用者舒适度和健康水平，保证安全，最大限度降低对基础设施的影响，提高整体生活质量。

本项目位于北京市海淀区大慧寺 19 号院，拟对院内南 1 号楼、南 3 号楼、南 8 号楼、北 1 号楼、北 2 号楼和北 3 号楼共 6 栋楼 13 个单元的老干部住房加装电梯改造。项目于 2010 年 5 月～2010 年 10 月期间进行了加装电梯改造。

2. 改造项目存在的问题

改造建筑始建于 80 年代初，为砖混结构，抗震设防烈度 8 度，耐火等级一级；南 1 号楼、南 3 号楼、南 8 号楼、北 2 号楼和北 3 号楼均为地上 5 层，建筑高度 15.6m，层高 2.9m；北 1 号楼地上 3 层，建筑高度 8.65m，层高 2.9m。北 2 号楼改造前标准层平面图见图 3－6。

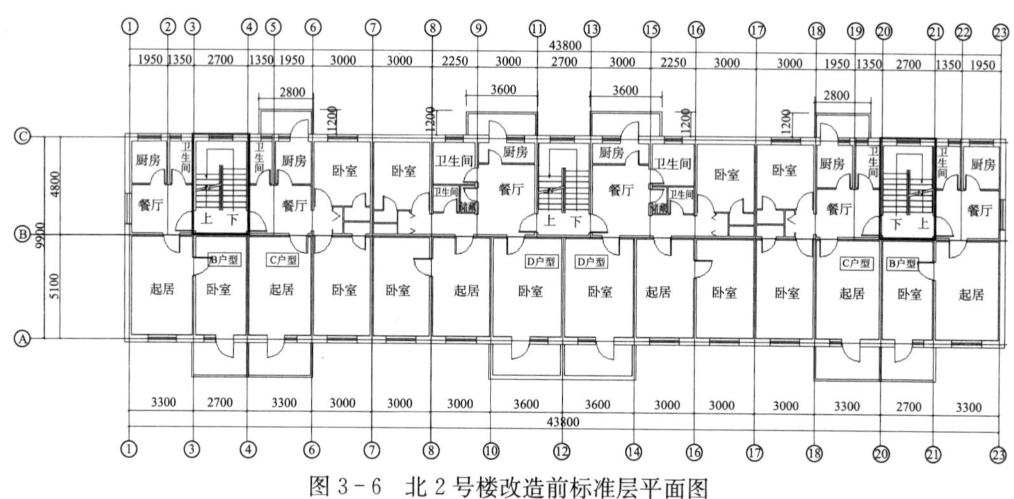

图 3－6 北 2 号楼改造前标准层平面图

改造前建筑存在有以下几个方面的缺陷问题：

（1）该项目居住者为部队离休老干部，平均年龄在 80 岁以上，居住在 2 层以上的老干部行动非常不方便。

（2）由于建设年代久远，屋面防水做法老化，雨水排放不通畅。

（3）原有南侧阳台进深小（1200mm），利用率低。

3. 改造方案

（1）原有建筑为砖混结构，外墙为 360 厚清水砖墙，内墙为 150 厚混凝土墙，除在图中要求拆除和封堵部分外，其他均不作变动。

（2）改造共 6 栋楼均拟在南向增加楼电梯间，本着不破坏原住宅的基本布局的原则，为节省用地，拆除原南阳台，增设电梯和暖廊（见图 3－7～图 3－9）。

（3）扩建部分采用框架混凝土结构，柱距基本与原建筑轴线取齐。分户墙和电梯围护墙均为 200 厚加气混凝土砌块。

（4）供暖系统均由原管线引接，空调室外机重新安装，统一设置空调室外机架，使立面美观整洁。室内强弱电系统均由原管线引接，电梯供配电管线单独引自营区配电室。

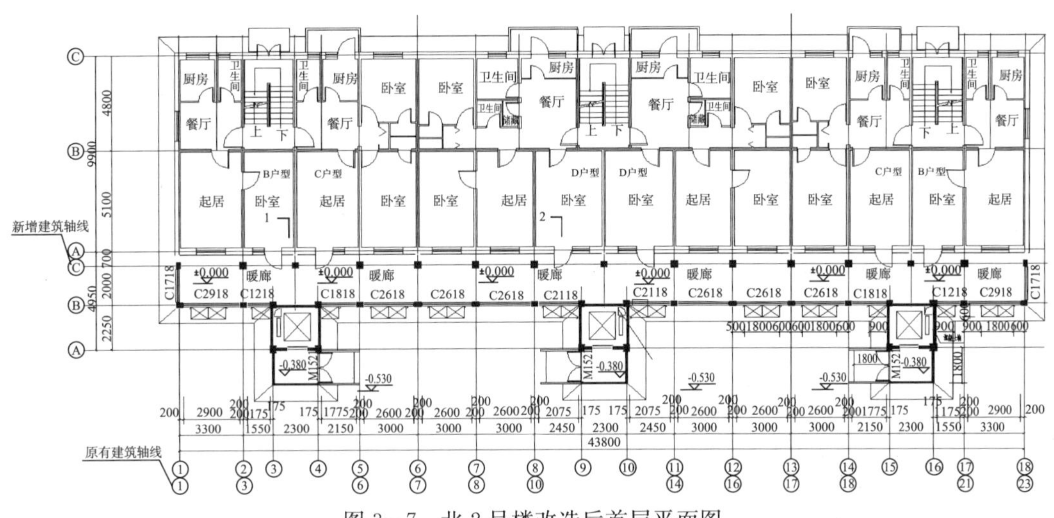

图 3－7　北 2 号楼改造后首层平面图

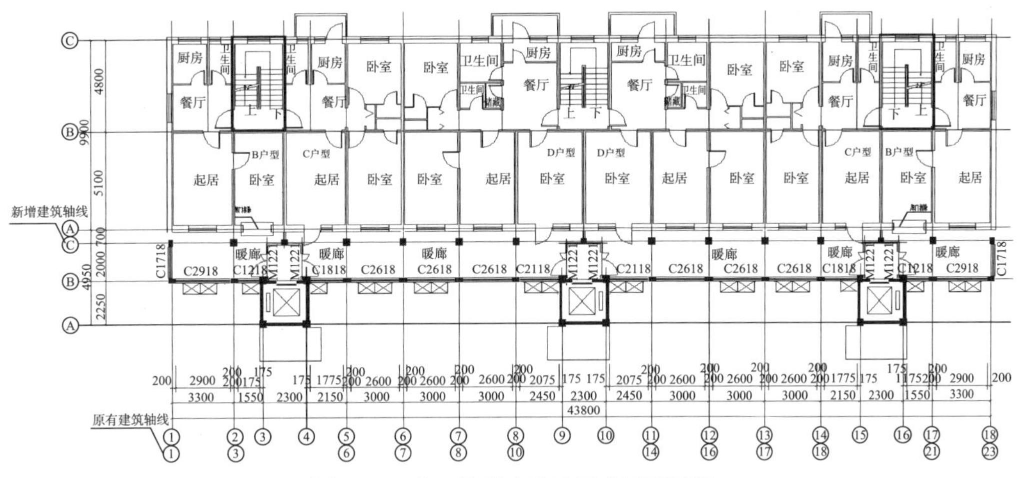

图 3－8　北 2 号楼改造后标准层平面图

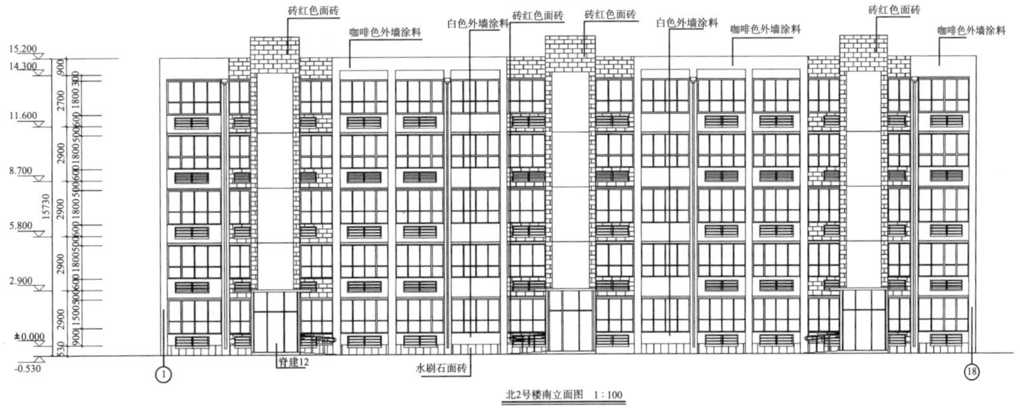

图 3－9　北 2 号楼改造后立、剖面图（一）

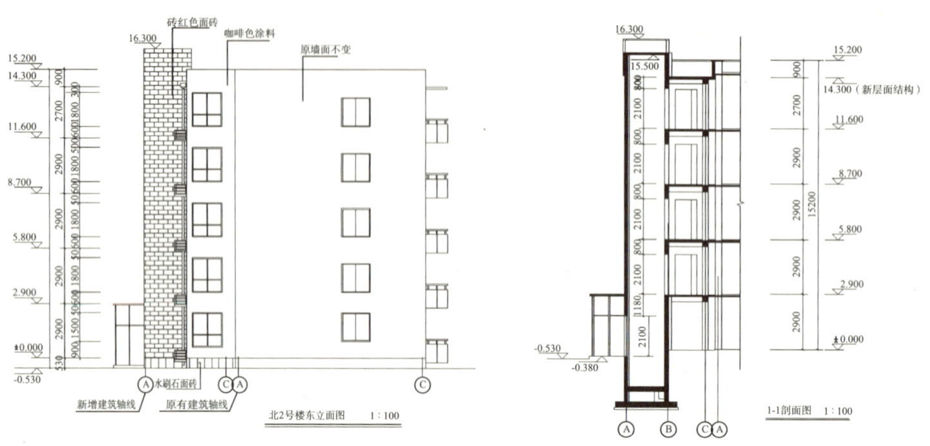

图 3-9 北 2 号楼改造后立、剖面图（二）

4. 改造后效果分析（图 3-10～图 3-13）

既有建筑改造无论从结合人文环境、生活习惯与舒适要求方面考虑，还是从材料选择和施工方法方面考虑，都会因地区不同、建筑使用者需求不同而策略不同。我国地域辽阔，相关的技术和方法种类繁多，该项目针对北京地区军队老干部住房的功能提升改造进行了几方面的有益探索。

（1）提升建筑功能质量，提高建筑舒适度

由于在南侧加建电梯，暖廊外窗尽可能开大（除去梁柱和安装采暖设备的窗下墙外），改善原有建筑的热环境和光环境。统一安装空调设备，既美化环境，又节省投资。建筑细

图 3-10 增加电梯后的住宅立面图

图 3－11　增加电梯后单元入口设无障碍坡道

图 3－12　电梯厅与户门空间

图 3－13　两个单元增加电梯后的外立面效果

部设计均执行《老年人建筑设计规范》（JGJ 122—1999），充分改善提高建筑的舒适度。新老建筑屋面排水统一考虑，重新铺设防水层、保温层和设置雨水管，彻底解决顶层屋面漏水和热环境差的问题。

（2）节能环保

原有建筑建于20世纪80年代，没有节能措施。在该项目的设计实施过程中，遵守低碳环保的理念，充分考虑了加建后的暖廊对原有建筑的保温隔热作用，将新老建筑作为一体进行节能计算，弥补了老建筑的缺陷，使其基本满足现有的居住建筑节能规范要求。

（3）安全性

由于原有建筑的建设年代的抗震标准与现行的结构抗震标准差距较大，加之原建筑施工不规范，基础情况不详，故在改造设计时，新建部分结构与原有建筑主体完全分开，相对独立，使改造后的建筑安全可靠，一旦有特殊情况（如地震等），改造部分可作为临时避难场所。

（4）与人文环境的衔接

该干休所内除居住建筑外，还有许多其他功能的建筑。住宅改造后原营区规划的整体文化氛围没有改变，立面风格体现营区特点，与原有建筑协调统一。

四、北京市时代之光·名苑住宅小区综合改造工程

1. 工程概况

北京时代之光·名苑住宅小区综合改造技术集成示范工程，总建筑面积为88800m²，有4栋塔楼，最高16层。住宅面积6.74万m²，住户516户，其中办公建筑占50%。1～2层为商业用房，3～16层为住宅，是一个商住两用型的小区。

项目于2006年12月～2007年12月期间进行了综合技术改造。园区总平面规划满足相应的规划要求，总平面布置如图4-1所示。绿化率、绿化面积和停车数等规划指标，主要技术经济指标如表4-1所示，改造后效果图如图4-2所示。

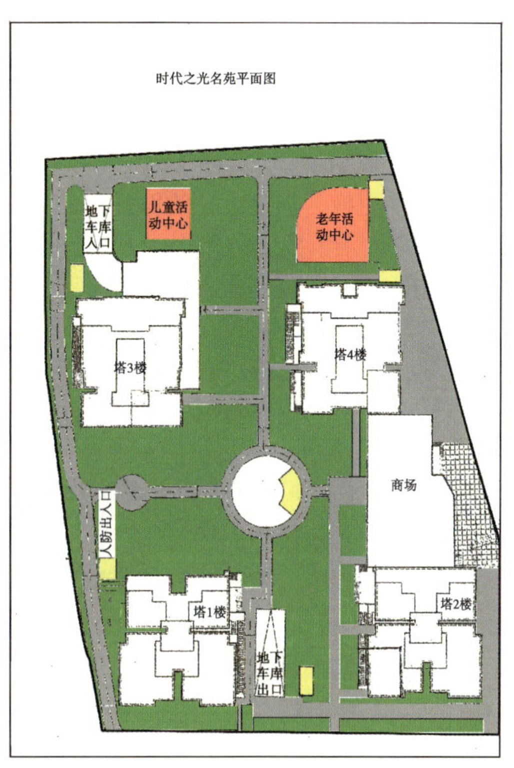

图4-1　总平面布置图

2. 改造前存在的问题

（1）项目背景

北京时代之光·名苑小区建成于2005年，共建有塔楼4栋，1～2层为商业用房，3～16层为住宅，用途为商业居住两用。由于项目建设较早，当时无论是从设计理念，使用理念方面都跟不上时代步伐。

主要技术经济指标表　　**表4-1**

基地面积（m²）	18596	地下车库面积（m²）	18598.89
总建筑面积（m²）	100686.6	地下停车位	530个
绿化率	40%	非机动车停车位	200个

（2）存在的问题

改造前的项目能源消耗大，在供暖、照明等方面都存在着一些问题，主要有以下几个方面：

1）供暖系统方面

① A原设计有两个独立锅炉房，分别运行，一号锅炉房供塔1和塔3，二号锅炉房供塔2和塔4。两套值班人员，两套热水循环系统同时运行，使得能源和运行费用增加；

② 设备选型：原设计容量与实际使用相差太大，设备容量远远大于实际所需容量，

造成能源浪费；

图 4-2　名苑项目改造后效果图

③ 水利平衡调整有误差，造成有的部位高热，有的部位不热，为解决个别不热的现象，只从单纯加大燃烧方面采取了措施，没从根本上找出供热不均匀的原因，水利失衡这些问题导致了热效率低，能源费用浪费。

2）照明系统方面

① 停车场采用传统光源 T540W 日光灯管，路标指示牌采用 T518W 日光灯管，24h 长明。由于规划不合理，光照度不够，灯管损坏率高，更换工作量大。使得整个车场管理工作由于光照原因而影响了服务品质；

② 路灯采用传统 60W 白炽灯泡，整个小区安装路灯 65 盏，每盏路灯使用 2 支 60W 普通白炽灯泡，光照度达不到要求，不方便业主出行，存有安全隐患；

③ 电梯轿厢照明采用环形 4 支 32W 日光灯，灯罩为磨砂罩，遮光度高。造成了用电功率虽然大，但照度达不到要求，业主时有反映；

④ 名苑小区共有电梯厅 76 处，电梯厅照明采用双管 T5 日光灯管，每层电梯厅安装 6 支 40W 日光灯管，造成了能源浪费；

⑤ 用电插座为传统型普通插座，当电气设备不用电时，普通插座不具备自动断电功能，致使设备停用时仍旧耗电。

这些问题导致了整个照明系统光源分配不合理，光照度差，能耗高，达不到安全经济运行的目的。

3）能源利用方面

① 无非传统能源的利用，能源使用单一；

② 无非传统水源的利用，造成了水资源自然流失。

(3) 改造技术特点

针对供暖系统，与专业供暖单位合作，发挥专业单位的技术优势，采用了水利平衡测试，锅炉联网等技术改造措施。针对照明系统，对路灯采用了节能灯改造，对特殊场所尝试应用 LED 发光二极管新型照明光源。针对能源利用，采用了太阳能光伏发电，雨水回收利用等节能技术，对小区进行了综合技术改造。

(4) 改造技术目标

1）供暖系统技术改造目标：通过改造，每个供暖季耗气量每平方米控制在 7～8m^3。每个供暖季耗电量每平方米控制在 2～3kWh。在上年度使用天然气耗量的基础上燃气降低 20%，电能耗量节约 30%，达到降低运行成本的目的。

2）照明系统节电 50%：照明系统通过改造路灯、车场应用节能光源、电梯厅光源改造，电梯轿厢光源改造等措施，在保证服务品质的前提下，在原使用基础上降低用电量 50%，最大限度节约能源。

3）充分利用非传统能源，保护环境：应用太阳能光源、对雨水进行回收利用、改造便道地面渗水砖增加蓄水功能，最大限度节约能源。

3. 改造中采用的新技术

(1) 供暖系统改造——锅炉房联网改造

北京名苑小区共有塔楼 4 座，针对供暖原设计有两个独立燃气锅炉房，各安装 0.48MW 模块燃气热水锅炉 10 台，两个锅炉房相距 150m，分别各为两栋塔楼供暖并提供生活热水，总供热面积为 6.905 万 m^2。锅炉房见图 4－3、图 4－4。

图 4－3 1 号锅炉房

图 4－4 2 号锅炉房

2006 年至 2007 年供暖季节，名苑小区两个锅炉房根据实际统计：天然气总消耗量 78.03 万 m^3，每平方米消耗天然气 11.3m^3；总耗电量 39.68 万 kWh，每平方米耗电量 5.74kWh，仅此两项能源费用每平方米合计达 26.97 元。按北京供热收费标准每平方米 30 元，加上运行人员等运行费用，处于亏损状态。针对这种情况，经认真分析和研究，能耗大的主要原因有三个方面：一是原设计两个锅炉房分别供暖，循环热水有两套循环管道和循环泵单独运行；二是循环泵不匹配，循环泵功率大；三是水利平衡调整不到位，致使冷热不均。这三种原因造成了燃气和电能消耗量过大。锅炉房改造前示意图见图 4－5。

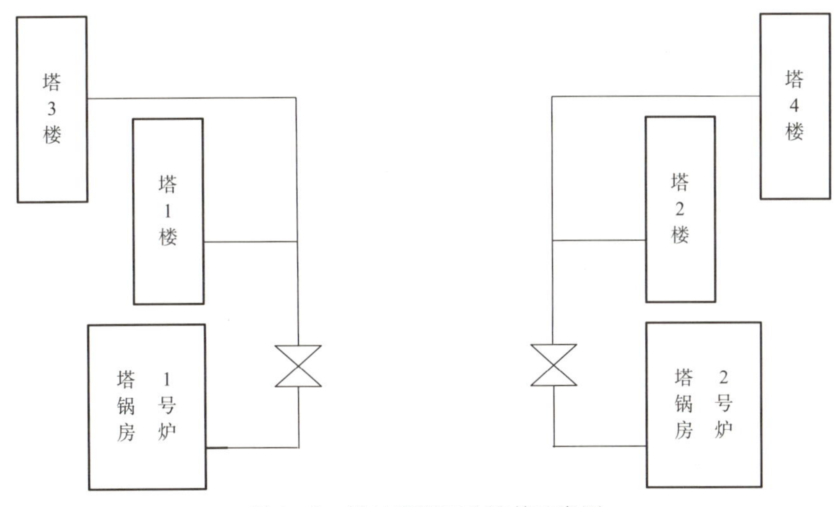

图 4－5 锅炉房联网改造前示意图

针对上述三种原因，和专业供暖单位合作，制订了技术改造方案，具体方案是：

1）锅炉房联网：在塔1楼锅炉房和塔4楼锅炉房之间敷设一条管道，将小区内的两个锅炉房的热力系统通过管道联网实现双热源联合供热，冬季供暖只运行一个锅炉房，另一个锅炉作为备用热源。锅炉联网后，塔1楼锅炉房作为主热源，塔4楼锅炉房作为备用热源，塔1楼与塔4楼用直径 $\phi150$ 的管道进行连接。联网后，4个塔楼共用一套热水循环系统，减少了一套循环动力55kW。改造后示意图见图4-6。

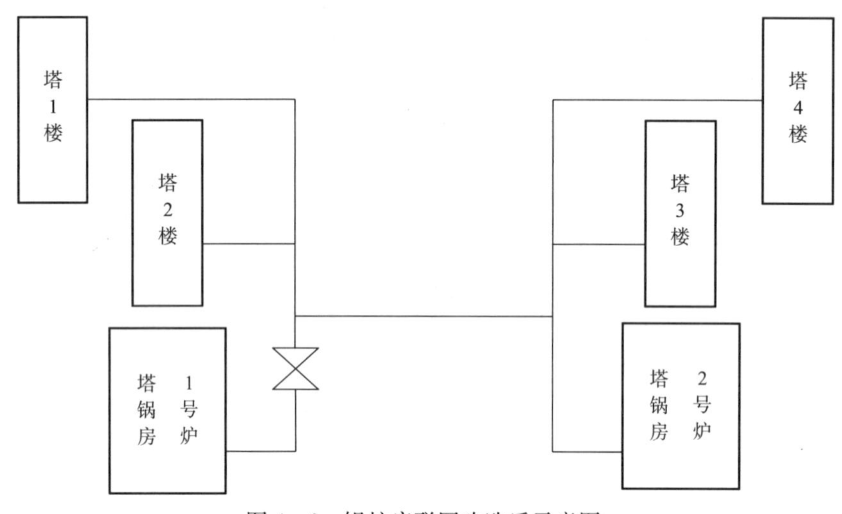

图4-6 锅炉房联网改造后示意图

2）减小热网循环阻力：

① 取消循环泵出口止回阀和消声器，减小系统循环阻力；

② 将循环泵出、入口管与母管的T形接口改造为Y形接口，减小系统循环阻力。

3）循环热水泵改造：

① 采暖循环泵改造。塔1锅炉房和塔4锅炉房原各运行一台55kW的循环水泵。塔1锅炉房和塔4锅炉房联网后，根据往年运行数据进行测算，两个锅炉房水流量共计 $240m^3/h$，原运行中的55kW循环泵流量为 $400m^3/h$，扬程32m，设计容量远大于实际使用容量，造成能源浪费。针对此种状况，采取了改造措施，将塔1锅炉房的循环泵中的一台重新选型，选用功率30kW，扬程28m，流量 $260m^3/h$ 的循环水泵，满足了实际需要。为确保今后增容，保留一台原55kW循环泵作为备用泵。这种技术方案即节约了改造投入资金，又满足了实际需要，同时不妨碍今后增容使用，从实际运行中解决了“大马拉小车”现象，降低了运行成本。采暖循环泵改造前后见图4-7、图4-8。

② 生活热水循环泵改造。生活热水系统由一次循环水、二次循环水和储水换热罐组成。

生活热水一次循环泵改造：生活热水循环泵设计使用功率9kW，流量 $100m^3/h$，扬程20m。经测量，实际使用流量 $42m^3/h$。根据实际使用数据，由原来的使用功率9kW，改为功率7.5kW，流量 $56.3m^3/h$，扬程21m的热水循环泵。改造前、后的生活热水一次循环泵见图4-9、图4-10。

图 4-7　改造前 55kW

图 4-8　改造后 30kW

图 4-9　改造前一次循环泵（9kW）

图 4-10　改造后一次循环泵（7.5kW）

生活热水二次循环泵改造：二次热水循环泵原设计使用功率 15kW，流量 100m³/h，扬程 32m，实际测量数据流量为 16m³/h。根据实际使用数据，二次热水循环泵由原来的使用功率 15kW 改为功率 4kW，流量 23.4m³/h，扬程 28m 的热水循环泵。改造后的二次热水循环泵见图 4-11、图 4-12。

一次热水循环泵和二次热水循环泵改造后均满足了使用，达到了改造目的。

（2）照明系统技术改造

1）停车场照明光源改造。

停车场采用传统光源 T540W 日光灯管，24h 灯光长明。我们在调研中发现，LED 发

图 4 - 11 改造前二次循环泵（15kW）

图 4 - 12 改造后二次循环泵（4kW）

光二极管作为一种新型光源，可在特定的场所替代传统光源。LED 发光二极管的特点：

① 在正常使用的环境下有长达 10 万 h 的超长寿命；

② 可组成各种颜色（如 RGB 等）；

③ 驱动相对简单（无需触发电压）；

④ 节能，效率比节能灯高，并有进一步提高的潜力（与传统的白炽灯、荧光灯相比，可节电达到 70%以上）；

⑤ 较其他光源相比体积更小、更轻，灯具设计更灵活，可以做成点、线、面各种形式的轻薄短小产品；

⑥ 环保：由于光谱中没有紫外线和红外线，既没有热量，也没有辐射，且无有害金属汞，废弃物可回收，没有污染，属于典型的绿色照明光源；

⑦ 低压，安全性高，控制极为方便。只要调整电流，就可以随意调光。不同光色的组合变化多端，利用时需控制电路，还能达到丰富多彩的动态变化效果。

鉴于上述特点，我们进行了对比测试论证，设定灯具规格：LEDT8（标准密度）对比飞利浦 T8 荧光灯管，测试距地高度 2.5m，具体进行了照度测试、同等照度 LED 日光灯与 T8 荧光灯功率测试。测试结果如表 4 - 2、图 4 - 13 所示。

照度测试对比表 **表 4 - 2**

测试距地高度 2.5m	照度值（lux）		
	左侧	正中	右侧
城市日月 LED 管灯 13.5W	29	42	31
飞利浦荧光灯管 T8 40W	27	40	33

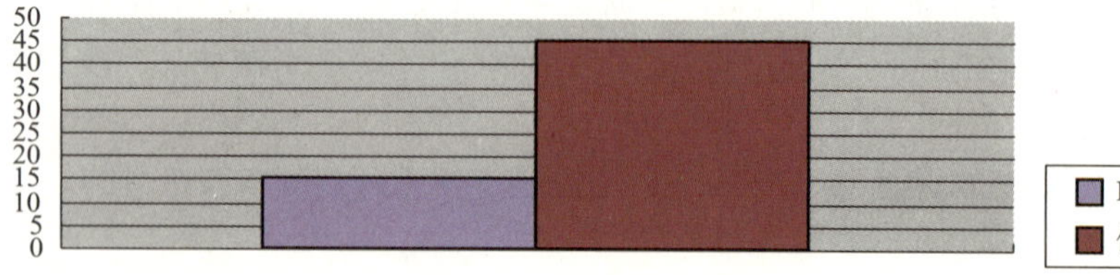

图 4 - 13 等同照度功率测试图（W）

根据测试数据，确定应用 LED 灯具进行地下车场照明节能改造。本着“节能降耗、提高照明亮度、降低使用费用”的原则，最终选定与北京城光日月科技有限公司进行合作，采用一种基于市场的节能新机制——合同能源管理（EMC）。在保证原有场所照度标准的前提下，由北京城光日月科技有限公司出资为物业公司进行照明系统节电改造，免费提供 LED 节能灯具，免费进行灯具后期维护；物业公司将协议期内的节电收益按商定的比例支付给该公司；协议期满后所有节能灯具无偿移交给物业公司。

名苑停车场照明在不改变车场原有照明线路及保障原有照度的前提下，对车场所有灯具进行更换改造。将原有飞利浦 T8 型 44.5W 日光灯管更换为 13.5W 的 LED 节能型日光灯管，改造灯管共计 163 支。改造前、后的停车场见图 4－14、图 4－15。

图 4－14 改造前停车场照明

图 4－15 改造后停车场照明

2）电梯轿厢照明改造

名苑小区共有电梯 12 部，轿厢照明原采用 4 支 32W 环形日光灯管，主要是因为灯罩透明度差，见图 4－16 所示。我们对灯罩进行了更换，采用了 30W 日光灯管 2 支，每个轿厢减少 68W，12 个轿厢共计减少照明功率 816W，比没改造前提高了亮度。改造后的轿厢照明见图 4－17。

图 4－16 改造前电梯轿厢照明

图 4－17 改造后电梯轿厢照明

3）电梯厅照明改造

改造前电梯厅照明采用双管 40W 日光格栅灯，一层灯管 6 支，计 240W，76 处电梯厅照明功率18240W。功率大，造成能源浪费。改造前电梯厅见图4-18。改造时采用2支LED15W日光灯管，一层计30W，76处电梯厅共计改造使用152支，功率2280W，减少功率15960W。改造后的电梯厅照明见图4-19。

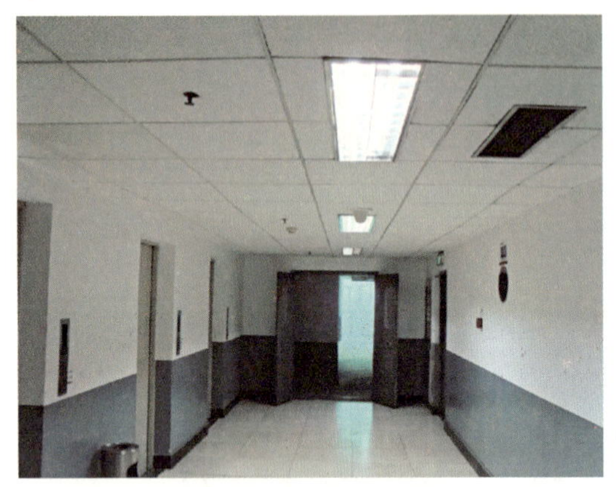
图4-18 改造前电梯厅

图4-19 改造后电梯厅

4）路灯照明改造

路灯照明原采用2×60W普通白炽灯泡，照度不够，浪费电能。为提高照度更换了透明灯罩，把普通白炽灯泡更换为2×11W的节能灯泡。共计改造路灯65盏，在原功率7800W的基础上减少路灯照明功率6370W，改造后照度比改造前增加。改造后的路灯见图4-20。

图4-20 改造后的路灯

5）电源插座更换节能插座

许多电气设备在使用过程中由于各种原因没有注意及时断电，造成能源浪费，如使用微机、复印机等，停机后不切断电源便认为不用电了，其实这是一种误解，停机后部分元器件仍在耗电，普通插座不具备自动断电功能。为解决这个问题，我们更换了具有自动断电功能的节能插座，这种插座具有自动断电功能，设置上断电时间，当不用电时插座自动断电，杜绝了无效用电时的浪费。节能插座见图4-21。

(3) 非传统能源利用技术改造

1）太阳能利用

名苑小区有草坪灯60个，采用11W普通节能灯泡。考虑到草坪灯照度要求是在光度不高的情况下使用，为了降低能耗，我们在楼顶改造加装了太阳能极板，利用太阳能光伏发电，太阳能组件容量为3kW，采用400AH蓄电池8块，电源电压48V，输出电源采用逆变方式输出。在连续三个阴天情况下，确保太阳能光伏驱动负载每天不小于8h用电需要。太阳能光伏发电极板见图4-22。

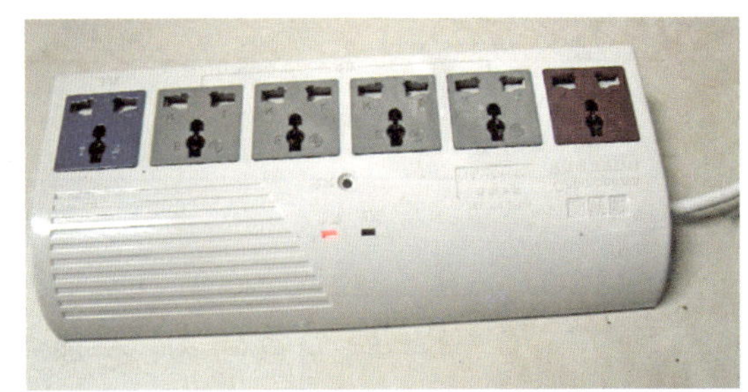

图 4-21 节能插座

图 4-22 太阳能光伏发电极板

2）便道渗水砖改造

原便道为混凝土砖，雨水不能自然渗透，为减少雨水流失，增加蓄水功能，在便道地面上改造增加了渗水砖 1300m²，利用雨水自然渗透减少绿化用水量。渗水砖便道改造布置平面图见图 4-23、改造后的渗水砖便道见图 4-24。

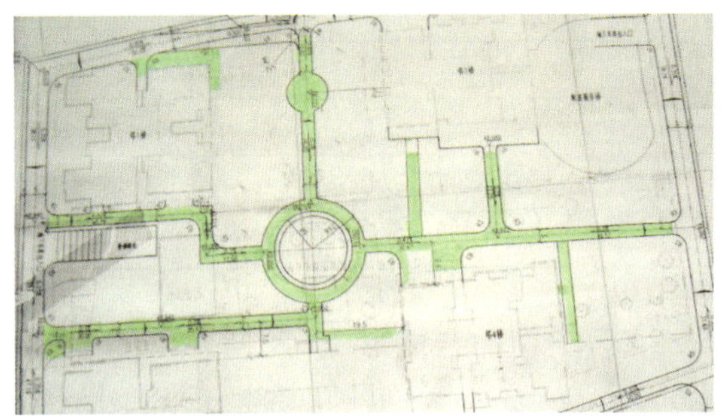

图 4-23 渗水砖便道改造布置平面图

图 4-24 改造后的渗水砖便道

3）雨水回收利用

小区内楼顶设有雨水明排管道，雨水随管道排入雨水管道。为节省水资源，利用雨水明排管道改造加装了雨水收集灌，利用雨水储存对绿地进行灌溉。改造后的雨水收集系统见图 4-25。

图 4-25 雨水收集系统

4. 改造后的效果

（1）锅炉房联网改造

1）节约燃气效果分析：通过锅炉房联网、减小热网循环阻力、改造循环泵等一系列改造后，节能效果显著，根据 2006～2007 年、2007～2008 年燃气使用实际数量，改造前后天然气能耗对比如表 4-3。

从天然气消耗对比表中，可以看出，改造后，天然气消耗量显著降低。以 2008～2009 年供暖期为例，其中：供暖面积 6.905 万 m³，天然气总消耗量为 43.93 万 m³。改造前，天然气消耗量每平方米为 8.50m³，改造后为 6.36m³，每平方米降低 2.14m³，一个供暖期节约天然气 14.78 万 m³，节约费用 28.81 万元。

改造前后天然气消耗对比 表 4-3

项目＼时间	2006～2007 年（改造前）	2007～2008 年（改造中）	2008～2009 年（改造后）
总天然气耗量（m^3）	587095	528037	439269
供暖面积（m^2）	69050	69050	69050
供暖面积每平方米耗气量（m^3）	8.50	7.64	6.36
改造后每平方米节气量（m^3）	—	0.86	2.14

2）节约电能效果分析：通过锅炉联网、循环泵重新选型等一系列改造，节电效果非常显著，改造前后电能消耗对比见表 4-4。

改造前后电能消耗对比 表 4-4

项目＼时间	2006～2007 年（改造前）	2007～2008 年（改造中）	2008～2009 年（改造后）
总耗电量（kWh）	396800	201156	188249
供暖面积（m^2）	69050	69050	69050
供暖面积每平方米耗电量（kWh）	5.75	2.91	2.73
改造后每平方米节电量（kWh）	—	2.84	3.02

从电能消耗对比可以看出，改造前，2006～2007 年总耗电量为 396800kWh，供暖面积每平方米电能消耗量 5.75kWh。改造后，以 2008～2009 年为例，总耗电 188249kWh，供暖面积每平方米电能消耗量 2.73kWh，每平方米减少 3.02kWh，2008～2009 年供暖期共节约电能 20.85 万 kWh，节约费用 17.94 万元。

表 4-3、表 4-4 所列数据均为实际使用数据，是根据燃气表和电能表的使用数字所统计。通过以上节能技术改造，节能效果显著，天然气、电能的消耗显著降低。不仅使运行费用降低，效益提高，还降低了天然气燃烧量，减少了二氧化碳、二氧化硫等气体的排放，减少了环境污染。

（2）照明系统改造效果分析

1）车场照明效果分析

车场 24h 长明灯改造由 44.5W 日光灯更换为 13.5W LED 日光灯 163 支，改造前用电功率 7269W，改造后用电功率 2200W，减少功率 5068W。改造后年节电量对比见表 4-5。

车场照明改造后对比 表 4-5

改造前 40W	改造后 13.5W	改造前年耗电量（kWh）	改造后年耗电量（kWh）	年节电（kWh）	节电率（%）
163 支	163 支	63540	19276	44263	69

从表 4-5 可以看出，车场照明经改造后，在照度相同的情况下，节电效果比改造前节约了 69%。按电价每千瓦时 0.85 元计算，节约费用 3.7 万元。

2）电梯轿厢照明改造效果分析

电梯轿厢照明改造后，由于更换了灯罩，减少了光损失，提高了照度，同时降低功率816W。电梯运行时间每天6h，年节电比改造前节约电量1787kWh。电梯轿厢照明改造后效益对比见表4－6。从表4－6可以看出，节约的电量费用不到一年就收回了全部投资。

电梯轿厢照明改造效益对比　　**表4－6**

改造前 32W×4	改造后 30W×2	改造前 功率（W）	改造后 功率（W）	年节电量 （kWh）	节约费用 （元）	投资 （元）
轿厢12个	轿厢12个	1536	720	1787	1518	1152

3）电梯厅照明改造效果分析

电梯厅照明为24h长明灯，从安全方面要求照度效果必须保持一定亮度，在保证照度的前提下，用T8 40W日光灯管与15W LED日光灯管进行了光源对比测试。测试照度对比见表4－7。测试后，利用LED 15W日光灯进行了改造。

照度测试对比表　　**表4－7**

测试距地高度2.5m	照度值（lux）		
	左侧1.5m	正中	右侧1.5m
LED管灯15W	43	52	42
飞利浦荧光灯管T8 40W	40	49	39

电梯厅共计76处，照明改造后，减少了灯管304支，减少用电功率15960W，年节电费用按0.85元/kWh计算，节约费用118837元。LED灯管价格每支280元，更换152支，总投资42560元，5个月节电费用即可收回全部投资。

电梯厅照明改造效果对比　　**表4－8**

改造前 40W×6	改造后 15W×2	改造前功率 （W）	改造后功率 （W）	减少功率 （W）	年节电 （KWH）	节约费用 （元）	投资 （元）
76处	76处	18240	2280	15960	139809	118837	42560

4）路灯照明改造效果分析

路灯照明改造65盏，每盏由普通白炽灯泡120W改为节能灯22W，减少了用电功率6370W。平均照明时间为10h，年节电23250kWh，按电价0.85元/kWh计算，年节电费用19762元。路灯照明改造效果对比见表4－9。

路灯照明改造效果对比　　**表4－9**

改造前 60W×2	改造后 11W×2	改造前 功率（W）	改造后 功率（W）	减少功率 （W）	年节电 （KWH）	节电费用 （元）
65盏	65盏	7800	1430	6370	23250	19762

（3）非传统能源利用技术改造效果分析

1）太阳能利用效果分析

名苑小区太阳能光伏发电太阳能组件容量为3kW，电池容量400AH，照明负载功率

660W。年平均上网使用电量2409kWh，节约了传统能源，达到了节能目的。

2）渗水砖改造效果分析

便道渗水砖的改造增加了雨水利用率，减少了雨水的流失，使雨水可以自然渗透到地表，减少了绿化用水使用量。

3）雨水回收利用效果分析

雨水回收集水器是利用明排水管进行改造的，施工无难度，仅用几个连接弯头将雨水收集器连接，改造费用低。改造后，利用水差接上管道就可对绿地进行灌溉，起到了节水的目的。

5. 改造后可借鉴的成果

（1）工程投资及增量成本

北京名苑小区围绕节能减排从供暖设备改造、照明系统改造及非传统能源利用改造方面，加大了节能改造力度，总投资共计63.36万元，工程部分是改造，部分是新增，都是增量工程，各项工程投资见表4-10。

综合改造工程投资 **表4-10**

措施名称		节能方案	价格（元）	单位	数量	总价（元）
供暖系统改造	锅炉房联网改造	加装ϕ15管道	1166	m	300	350000
	循环水系统	30kW水泵	56000	台	1	56000
照明系统改造	车场照明	更换LED灯	280	支	163	45640
	电梯轿厢	更换日光灯	48	支	24	1152
	电梯厅	更换LED灯	280	支	152	42560
	路灯	更换节能灯	20	支	130	2600
非传统能源利用	太阳能发电	加装装置	42000	套	1	42000
	渗水砖	便道敷设	68	m	1300	88400
	雨水储存	加装集水罐	1300	个	4	5200
合计						633552

（2）投资回收期分析

1）供暖系统回收期分析

供暖系统改造总计投资406000元，改造后，年节电208531kWh，节约电费按0.85元/kWh计算，年节约电费177251元。年节约燃气147767m^3，按北京天然气价格1.95元/m^3计算，节约费用288145元。电、气两项合计节约费用465396元。当年供暖期将投资全部收回。

2）照明系统回收期分析

照明系统改造总投资91952元，年节电见照明系统节电明细表4-11。总计节电209109kWh，按0.85元/kWh计算，节约费用177740元，7个月即将投资全部收回。

照明系统节电明细表　表 4-11

项目	节电（kWh）	节约费用（元）	投资额（元）
车场照明	44263	37623	45640
电梯轿厢	1787	1518	1152
电梯厅	139809	118837	42560
路灯	23250	19762	2600
合计	219109	177740	91952

3）非传统能源利用回收期分析

非传统能源利用总投资额 135600 元，单纯从投入产出比较，回收期比较长，效益不明显。但从环境保护，社会效益方面分析，有利于节约资源，有着长远意义的。

五、北京市金隅嘉华大厦综合改造工程

1. 工程概况

北京金隅嘉华大厦位于上地信息产业基地中心地带，总体占地约 5 万 m^2，建筑面积近 20 万 m^2。嘉华大厦由三个景观花园组成，总绿化面积约为 15000m^2，外围铺落有致的绿色植被，环绕内部兼备功能性的开放式广场，园林广场设置了可供休息的座椅、台级，力求使客户享受绿荫惬意，尽享“天然氧吧”自由呼吸之快，放松身心，转换工作心境。

嘉华大厦按户配置户式中央空调，室内温度自由控制，24h 享受舒适，使业主不必再受中央空调温度无法调节，定时开闭时间的限制，充分享受到人性化自由办公的乐趣。

2. 改造前存在的问题

(1) 大厦概况

2010 年 3 月下旬，我公司创建节能大厦工作小组对大厦的配电室、冷冻机组、新风机组、冷却塔、给水排水系统、中水系统、供热系统等进行了现场考察。认真核查大厦主要电耗、水耗等指标，查找电耗、水耗大的环节、检查设备运行及维修状况，进一步明确了公司的组织机构、运行情况。

1) 大厦基本情况

大厦基本情况如表 5-1 所示。

嘉华大厦基本情况一览表（一期）　　表 5-1

物业管理公司	北京金隅物业管理有限责任公司　金隅嘉华分公司							
员工人数（人）	76		占地面积（m^2）			5 万		
建筑面积（m^2）	19.1 万		绿化面积（m^2）			1.5 万		
建筑高度（m）	38		楼层数量（层）			地下 2 层，地上 11 层		
营业收入（万元）	2009 年	2942	能耗（万元）	2009 年	620	节能投入（万元）	2009 年	30
	2010 年	2522		2010 年	519		2010 年	120

注：2010 年的数据截至 10 月 31 日。

2) 大厦电耗情况

大厦电耗情况如表 5-2 所示。

大厦电耗情况　　表 5-2

项目	2008 年	2009 年	2010 年 1～10 月
总用电量（万 kWh/a）	1552	1477.9	1151.5
客户用电量（万 kWh/a）	840	862	728
自用电量（万 kWh/a）	712	615.9	423.5
单位面积耗电量（kWh/m^2）	81.3	77.4	—

注：2010 年的单位面积耗电量无法计算。

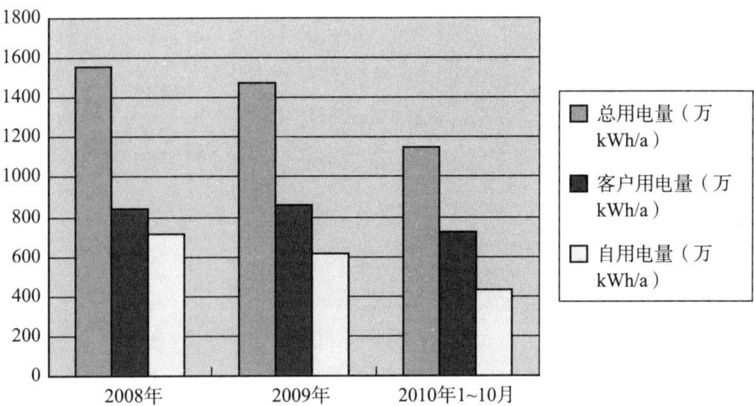

3）大厦水耗情况

大厦水耗情况如表5-3所示。

大厦水耗情况　　**表5-3**

项目	2008年	2009年	2010年1～10月
新鲜水用量（t/a）	176.4	158.7	141.7
客户水电量（t/a）	26.4	30	24.9
自用电量（t/a）	150	128.7	116.8
单位面积用水量（t/m²）	9.2	8.3	—

注：单位面积的耗水量无法计算。

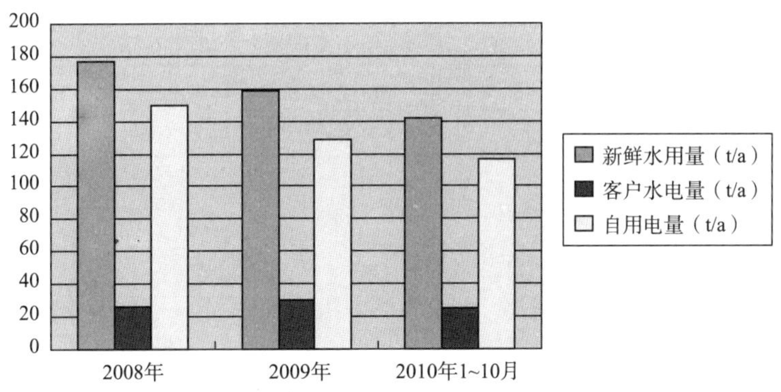

4）大厦天然气消耗情况

大厦天然气消耗情况如表5-4所示。

大厦天然气消耗情况　　**表5-4**

项　目	2007～2008年供暖期	2008～2009年供暖期	2009～2010年供暖期
供暖用天然气（万 m³）	98.2	94.5	97
单位面积天然气消耗（m³/m²）	5.14	4.94	5.07

注：2009年至2010年北京冬季气温很低，造成天然气用量剧增。

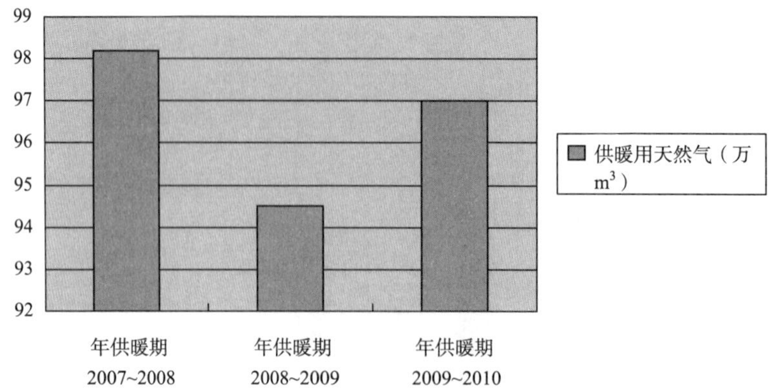

（2）确定本次节能改造的重点

通过对嘉华大厦基本情况进行现状调研和现场考察发现：

1）能源消耗、水源消耗、天然气消耗在大厦经营成本中所占比例较大；

2）大厦的节电潜力较大。

综合以上原因，我们本着循序渐进的原则选择用电系统节能作为本次节能改造的重点。

（3）设置节能改造目标

嘉华大厦用电分为客户和自用两部分。考虑客户消耗在近一阶段很难控制，在制订节能目标时，首先从自用方面考虑，电耗按自用量5%逐年递减，并通过宣传，逐步提高客户节水、节电意识。目标如表5－5所示。

2009～2011年节能改造的目标 表5－5

项目	2009年	近期目标（2010年底）	远期目标（2011年）
单位面积耗电量［kWh/(m²·a)］	77.4	75.4	74
能源管理	建立能源管理制度，对各系统能耗统计分析		

3. 改造中采用的新技术

（1）方案产生与筛选的依据

紧紧围绕用电系统节能开展工作方案的制订与筛选工作，突出新型灯具的推广与运用、系统优化与服务品质提升并举的方针。车场及公共区域的照明系统节能、供暖系统的优化是本次节能改造的重点，打造具有嘉华特色的节能项目。

（2）方案产生与筛选的任务

节能改造方案产生与筛选阶段的任务是根据本次节能改造重点选取合理的突破口，进行节能改造。

（3）方案的产生

方案划分依据见表5－6。

方案划分依据 表5－6

方案类型	划分依据 N（单位：万元）	方案类型	划分依据 N（单位：万元）
管理方案	＜0.5	技术改造方案	≥5

方案如表 5-7 所示。

方案一览表　表 5-7

序号	类型	方案
1	技术改造	车场照明灯具改造（用 T5 节能灯\LED 灯代替 T8 36W 日光灯）
2		公共区域照明系统节能改造（利用先进的 LED 集成灯具代替原有的 11W 节能灯）
3		公共区域卫生间及保洁间加装人体感应开关达到节电的目的
4		12 部奥的斯电梯加装电梯能量回馈器，利用电梯自身动能发电
5		供暖系统节能改造工程（实现底商与办公区分区控制，提高锅炉及换热效率）
6	过程优化控制	控制机房照明设施
7		控制大厦室外照明
8		控制大堂空调使用
9		夏季大厦室内温度控制在 26℃以上，冬季室内温度控制在 16±2℃
10		根据用电情况合理使用变压器，关闭不使用的变压器；制冷季结束后，关闭两台变压器
11		调整制冷机运行时间，使离心机组与螺杆配合合理化
12	管理	物业办公室要求人走灯灭；关闭空调开关、电脑等办公设备电源；关闭饮水机电源
13		加强对空调、供热制冷设备的管理
14		加强员工的培训
15		加强制度管理
16		加大宣传力度，提高节能意识
17		公共区域照明开关加装节能提示标识

（4）备选方案的筛选

经过领导小组成员认真细致地分析和讨论，作为进行可行性分析的备选方案，各个方案权重见表 5-8。

备选方案权重分析表　表 5-8

权重因素			环境可行性	经济可行性	技术可行性	可实施性	总分（$\sum R \cdot W$）	排序
权重 W			10	9	7	6	—	—
方案得分	1	R	10	9	9	6	298	1
		$R \cdot W$	100	81	63	54		
	2	R	8	8	9	9	269	4
		$R \cdot W$	80	72	63	54		
	3	R	9	8	9	9	279	3
		$R \cdot W$	90	72	63	54		
	4	R	9	9	9	9	288	2
		$R \cdot W$	90	81	63	54		
	5	R	8	6	7	6	219	5
		$R \cdot W$	80	54	49	36		

注：方案 1——供暖系统改造；
方案 2——一、二期车库照明系统改造；
方案 3——电梯安装能量回馈器；
方案 4——D 座公共区域照明系统节能改造；
方案 5——公共卫生间及保洁间安装人体感应开关。

(5) 可行性分析的主要任务

本阶段的主要任务是对筛选出来的降低水和能源消耗、减少污染物排放的备选方案进行综合分析，包括技术可行性分析和经济可行性分析。通过方案的分析比较，选择技术上可行又能获得较高经济效益，提升服务品质的方案供公司领导层进行决策，以确定最后实施的方案。

在方案的产生和筛选阶段，初步筛选出5个方案。在方案的可行性分析阶段，只针对权重值较高的方案进行细致的可行性分析。

(6) 重点方案的可行性分析

1) 供暖系统节能改造

① 方案简述

通过对供暖系统设备及管道的改造，达到一期高低区分开控制，实现分时分区集中控制及室外温度补偿。在改善客户室内办公环境的同时，达到节能的效果。

② 技术可行性分析

锅炉房设备改造前后对比（表5-9、表5-10）：

锅炉房设备改造前后对比表 **表5-9**

名　称	原热水泵	改造后水泵	名　称	原热水泵	改造后水泵
水泵型号	—	TP150-280/4	电费单价（元/kWh）	1	1
流量（m^3/h）	290	200	每年运行天数（d）	120	120
扬程（m）	27	26	每天运行时间（h）	24	24
电机输入功率（kW）	29	19	每年运行费用（元）	83520	54720
水泵效率（%）	—	81.1	节能率（%）	—	34.48
水泵总效率（%）	—	75.6			

换热站设备改造前后对比表 **表5-10**

名　称	原热水泵	改造后高区水泵	改造后低区水泵
水泵型号	KQL150345/300/4	TP150-280/4	TP65-340/2
流量（m^3/h）	223	196	41.5
扬程（m）	38	26	30
电机输入功率（kW）	31.8	18.8	5.37
水泵效率（%）	—	80.7	71.1
水泵总效率（%）	47.7	75.2	63.6
电费单价（元/kWh）	1	1	1
每年运行天数（d）	120	120	120
每天运行时间（h）	24	24	24
每年运行费用（元）	91652	54144	15466
节能率（%）	—	40	83

③ 经济可行性分析（表 5－11）

方案经济分析指标汇总表　　**表 5－11**

序号	项　目	供暖系统改造
		金额
1	总投资（万元）	70
2	新增效益（万元）	30.24
3	投资回收期	3 个供暖期

2）车库照明系统改造

① 方案简述

车场照明系统采用 T8 灯管不仅能耗大且亮度较 T5 节能灯也存在一定差距，在综合考虑后，公司决定对原有 T8 灯管进行更换。

② 技术可行性分析

T5 灯管与 T8 灯管参数对比详见表 5－12：

T5 灯管与 T8 灯管参数对比　　**表 5－12**

比较项目	T5 超级节能荧光灯	T8 灯管	比较项目	T5 超级节能荧光灯	T8 灯管
功耗	20～28W	36～44W	光效	94lm/W	61lm/W
功率因素	0.98	0.55	使用寿命	12000H	3000～5000H
电流	0.43A	0.13A	显色性	85	62
光通量	2350lm	1600lm	荧光粉	稀土三基色	普通卤粉

③ 经济可行性分析

经济可行性分析见表 5－13：

方案经济分析指标汇总表　　**表 5－13**

序号	项　目	T8 灯管更换为 T5 灯管
		金额
1	总投资（万元）	16
2	新增效益（万元）	17
3	投资回收期	1 年

3）电梯安装能量回馈器

① 方案简述

12 部奥的斯电梯运行频率高，耗能较大且在运行中产生大量热量不利于设备的安全运行，通过安装电梯能量回馈器不仅可以将电梯运行产生的动能转变为电能，同时还可以降低电梯运行中产生的热量，增加电梯安全运行系数。

② 技术可行性分析（表 5 - 14）

实测数据 表 5 - 14

序号	电梯编号	电梯电表			回馈装置电表			装表日期	总用电量
		上月底数	本月抄表数	本月用量	上月底数	本月抄表数	本月用量		
1	3	1	446	445	1	143	142	9 月 24 日	587
2	4	1	512	511	1	172	171		682
3	5	1	593	592	1	230	229		821
4	7	1	628	627	1	250	249		876
5	8	1	436	435	1	131	130		565
6	9	1	376	375	1	104	103		478
7	16	1	782	781	1	256	255	9 月 18 日	1036
8	17	1	645	644	1	188	187		831
9	18	1	553	552	1	242	241		793
10	21	1	948	947	1	269	268		1215
11	22	1	630	629	1	198	197		826
12	23	1	521	520	1	176	175		695
电梯实际耗电合计				7058	回馈器发电合计		2347	电梯总耗电量合计	9405
节电率				2347/9405＝24％					

③ 经济可行性分析

需要一次性投资费用见表 5 - 15：

一次性投资费用 表 5 - 15

名称	型号	功率	数量	单价	金额（元）
电梯节能柜	IPC - PF - HLF37 - C	30～37kW	12	10800	129600

④ 经济可行性分析详见表 5 - 16：

方案经济分析指标汇总表 表 5 - 16

序号	项 目	电梯安装能量回馈器
		金额
1	总投资（万元）	12.96
2	新增效益（万元）	3
3	投资回收期	5 年

4）公共区域照明系统改造

① 方案简述

公共区域照明系统改造的主要目的是在节能的基础上提升大厦的档次，同时降低人员工作的强度，通过 T5＋节能灯具及 LED 灯具的综合使用达到节能的目的。

② 技术可行性分析（表 5－17）

方案分析指标汇总表　　表 5－17

地点	工作时间（h）	灯具名称	原功率（W）	单只年电费（元）	数量	年电费（元）	改造方案	现功率（W）	节省（W）	节电率（%）	年节省电费（元）
一期地下车场	24	电感 T8 日光灯	45	394	220	86680	1200cmT5＋灯管	16	29	64	55860
一期地下车场	24	电感 T8 日光灯	45	394	16	6304	LED＋车库灯	4～18	41	91	5744
二期走廊	24	电感 T8 日光灯	21	184	1200	220752	60cmT5＋灯管	10	11	52	115632
一期走廊	15	T5 灯管	14	61	488	37405	60cmT5 LED	8	6	43	16084
一期首层至顶层大小核心筒	15	节能灯	8	44	444	19447.2	LED 面光源球泡	4	4	50	19447
一期步行梯	24	节能灯	11	96	60	5781.6	5/1 感应 LED 吸顶灯	1	10	91	5256
一期首层大小核心筒	15	T5 灯管	28	153	82	12570.6	LED 灯条	12	16	59	7363
一期首层大小核心筒	15	T5 灯管	21	115	22	2529.45	LED 灯条	12	9.4	45	1132
一期首层大核心筒	15	卤钨灯	18	99	24	1314	LED 灯盘	8	142	95	1244
保洁间	3	节能灯	8	8.76	12	105.12	3 瓦亮灭感应 LED 吸顶灯	0.5	7.5	94	99
合计	—	—	—	—	—	392889	—	—	—	58	227861

③ 经济可行性分析（表 5－18）

方案经济分析指标汇总表　　表 5－18

序号	项　目	公共区域照明系统改造
		金额
1	总投资（万元）	22
2	新增效益（万元）	23.2
3	投资回收期	1 年

5）公共卫生间及保洁间安装人体感应器

① 方案简述

由于公共区域卫生间及保洁间在夜间使用频率低，但是室内的照明灯具又不能关闭，安装人体感应器后，将解决夜间耗能大的问题。

② 经济可行性分析

需要一次性投资费用见表 5－19：

一次性投资费用　　表 5－19

材料名称	数量（个）	金额（元）
人体感应器	104	6023

③ 经济可行性分析（表 5－20）

方案经济分析指标汇总表　　表 5－20

序号	项　目	金额
1	总投资（万元）	0.6
2	新增效益（万元）	1
3	投资回收期	6 个月

4. 改造后的效果

方案实施情况汇总见表 5－21、表 5－22：

重点改造方案实施及完成情况汇总（1）　　表 5－21

序号	方案内容	实施手段	投资费用	取得成效
1	一、二期车场照明灯具改造	用 T5 节能灯/LED 灯代替 T8 36W 日光灯	15 万元	按照 2009 年全年用电 42 万 kWh，年节电率 42%计算，可节约用电 17 万 kWh，实现经济利润 17 万元
2	D 座公共区域照明系统	节能改造利用先进的 LED 集成灯具代替原有的 11W 节能灯	22 万元	新更换的灯具节电率在 58%，按照 D 座公共区域照明每年用电 40 万 kWh 计算，可以带来经济效益 23 万余元
3	公共区域卫生间及保洁间节能改造	加装人体感应开关达到节电的目的	6023 元	每年将实现 1 万元的经济利润
4	一期 12 台奥的斯电梯节能改造	加装电梯能量回馈器，利用电梯自身动能发电	12.9 万元	通过实测，电梯能量回馈器每年可以发电 3 万 kWh，实现经济效益 3 万元
5	供暖系统节能改造工程	通过更换设备及对管线的改造，实现底商与办公区分区控制，提高锅炉及换热效率	70 万元	按照理论计算，改造后每个供暖期将产生 30.4 万元的经济效益
6	办公室节电	物业办公室要求人走灯灭；关闭空调开关、电脑等办公设备电源；关闭饮水机电源	无	34 台×30%×300W×15h×300d＝13770 元
7	加强配电室变压器的管理	根据用电情况合理使用变压器，关闭不使用的变压器；制冷期结束后，关闭两台变压器	无	每年可节电 60480kWh 电，节约费用 60480 元
8	加强对空调，制冷供热制冷设备的管理	加强对空调滤网，室外机等影响制冷供暖排风效果设施的管理，定期清洗保养，减少能源浪费	无	—

续表

序号	方案内容	实施手段	投资费用	取得成效
9	加强员工的培训	加强培训，提高员工节能意识	无	—
10	加强制度管理	将节能节水节电纳入员工考核制度，指定奖惩机制	无	—
11	加大宣传力度，提高节能意识	定期开展节能，环保宣传工作，提高节能意识	无	—
12	调整制冷机运行时间，使离心机组与螺杆配合合理化	根据离心机组运行负荷情况开启螺杆机组，当离心机组负荷达到80%，出水温度高于8.5℃才开启螺杆机组；离心机组负荷小于70%，出水温度达到正常值关闭螺杆机组	无	每年可节约用电80080kWh，节约费用80080元

重点改造方案实施及完成情况汇总（2）　　表5-22

序号	方案内容及实施手段	时间进度	设备更新情况
1	一、二期车场照明灯具改造工程主要利用T5节能灯管代替原有T8灯管，在降低电耗的同时延长灯具的使用时间，从而在节约成本的前提下达到提升车场整体照明亮度的效果	2010年7月开始实施，9月完成全部更换工作	一期车场共计更换T5灯具1500根，二期车场更换LED灯400根。总投资15万元，节电率22%
2	D座公共区域照明系统节电改造主要利用LED球形灯、光带等集成灯具代替T5 14W、T5 26W灯管在在降低照度的前提下完成灯具的节能改造	2010年9月开始实施，10月份完成全部更换工作	D座地下及地上部分共更换LED灯2500支
3	公共区域卫生间及保洁间人体感应开关的广泛使用。对夜间使用率较低的卫生间及保洁间加装人体感应开关，在保证使用照明需要的同时减少了无人使用时的消耗	2010年5月实施，7月份完成	公共区域卫生间及保洁间共安装人体开关104个
4	12部奥的斯电梯节能改造，为12部奥的斯电梯安装12台电梯能量回馈装置，利用电梯运行中产生的动能进行发电，回馈给电梯运行使用	2010年5月实施，7月份完成	12部奥的斯电梯共安装电梯节电器12台，下一步考虑为东芝电梯安装此种节电设备
5	供暖系统节能改造工程，对原有功率大，出力小的供暖用水泵进行更换，引入气候调节系统实现整体系统优化	2010年9月实施，目前正在进行中	—

为了充分挖掘嘉华大厦的节能潜力，对存在能耗不合理的环节进行优化，寻找相应的解决方案，以提高公司的管理水平和核心竞争力，降低公司运行成本，实现利润最大化，公司聘请了物协资深专家对节能工作的开展进行指导，在2007年清洁生产审核的基础上开展工作。

在2010年3月份，我公司制订了全年的节能工作计划配合创建节能大厦工作的推进，通过对员工的培训教育广泛征集节能创意，筛选出了一批行之有效的节能方案，目前已经全部实施，其中投资在 5 万元以上的 5 项改造项目，除供暖系统改造正在进行中以外，其他 4 项已经全部完成。

在公司全体员工的积极参与下，经专家的指导，公司的节能工作成效十分显著：

(1) 共筛选出节能方案 20 项，其中投资在 5 万元以上的技术改造项目 5 项。

(2) 确立了嘉华大厦节能改造的目标及思路。

(3) 2010 年我公司对节能改造总投入 120 万元，实现经济效益 59.4 万元。

(4) 通过本次节能改造工作，公司培养了一批技术骨干，建立了节能工作管理制度，为持续开展节能工作奠定了坚实的基础。

六、北京市住房和城乡建设部住宅小区综合改造工程

1. 工程概况

住房城乡建设部机关大院居住区综合改造技术工程，该工程位于北京市海淀区三里河路 9 号，东西南北分别与三里河路、首体南路、增光路、车公庄西路相临。社区总设计户数为 3300 户，总占地面积 27 万 m^2，住宅建筑面积 23.7 万 m^2，绿化面积 6 万 m^2，社区住宅楼共计 31 栋，其中高层框架结构的 12 栋，多层砖混结构的 19 栋。总平面示意图见图图 6－1，局部改造后的情况见图 6－2、图 6－3。

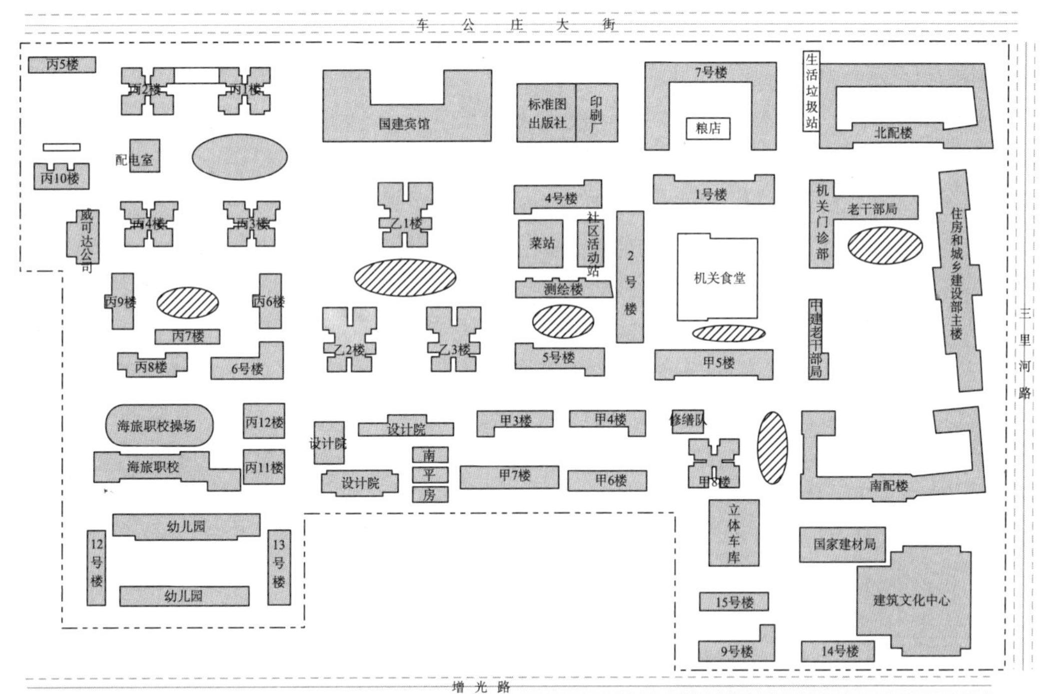

图 6－1　住房城乡建设部机关大院总平面示意图

图 6－2　局部改造后的照片（1）

图 6－3　局部改造后的照片（2）

2. 改造前存在的问题

（1）存在的问题

改造前的项目能源消耗大，从供热、能源利用等方面都存在着一些问题，主要有以下几个方面：

1）供热系统方面

① 围护结构保温性能不满足两步节能设计标准要求

由于建设年代较早，多数多层砖混住宅楼的围护结构保温性能较差不能满足节能设计标准的要求。大部分住宅楼外墙为370厚实心黏土砖，缺少保温材料，其墙体传热系数为1.57W/(m^2·℃)，远远高于北京地区外墙传热系数0.90W/(m^2·℃)的限值要求，造成其建筑物耗热量指标约为节能设计标准规定值的2倍；部分住宅楼仍沿用原有普通钢窗或铝合金窗，其传热系数在6.0W/(m^2·℃)以上，而北京地区窗户传热系数限值为4.70W/(m^2·℃)；大部分住宅楼为平屋顶，虽然进行过屋顶保温，但由于当时设计标准偏低，已无法满足现节能标准要求，另外长期使用，部分住宅楼存在屋面漏水问题。

② 无热量表、户间热量分摊装置，无法实现按热量计量收费

大院共设有6个锅炉房，锅炉全部采用美国斯特朗芬牌模块燃气锅炉，共计252块，总装机容量20.66MW，总供热面积31.6万m^2。其中：A区锅炉房、B区锅炉房、C区锅炉房采用间接供热方式，锅炉房内设有热交换器，D区锅炉房、E区锅炉房、F区锅炉房采用直接供热方式，大院热源及供热范围见表6-1。大院室外供热管网均采用直埋敷设方式。

大院所有锅炉房没有安装热量总表，办公、住宅楼热力入口未安装热量表，居住建筑室内未安装热量分摊装置，从而无法满足供热系统按热量进行收费的硬件条件，供热企业无法知道自己供出多少热量，热用户也无法得知自己消耗多少热量。由于住房城乡建设部大院供暖费收取仍沿用按面积收费的方法，供暖费与实际消耗热量的多少无任何关系，造成室内温度高的热用户开窗放热的现象普遍存在，热能被人为地大量浪费。

部大院热源及供热范围 **表6-1**

序号	名　称	容量（MW）	供热面积（万m^2）	供热范围及主要建筑
1	A区锅炉房	7.2	10.5	A1～A10楼居民住宅和住房城乡建设部办公楼、建材工业局、规划设计院等办公建筑
2	B区锅炉房	5.9	10	B1～B10楼居民住宅及配套公共建筑
3	C区锅炉房	3.24	5.7	C1～C4楼居民住宅及配套公共建筑
4	D区锅炉房	1.26	1.7	D1～D5楼居民住宅及配套公共建筑
5	E区锅炉房	1.62	3.3	E1楼
6	F区锅炉房	1.44	2.4	F1楼

③ 无室内温控装置，热用户无法自主控温

大院内绝大部分住宅楼室内供热系统为垂直单管顺流形式，每组散热器进水支管未安

装调节控制阀。由于室内供热系统缺乏室温控制装置，热用户即无法根据自身对室内舒适度的差异需求对室内温度进行调节，也无法在上班、下班、室外温度升高以及太阳辐射强等条件下，对室内温度进行调节，造成能源浪费。

④ 室外管网水力失调问题严重

绝大部分住宅楼前未安装水力平衡装置，给供暖维护人员进行水力平衡调试带来一定困难，只能凭感觉对供热系统流量进行调节，调节带有一定的随意性和不确定因素，造成各住宅楼热量分配不均。

2）能源利用方面

① 无非传统能源的利用，能源使用单一；

② 无非传统水源的利用，造成了水资源自然流失。

（2）改造技术特点

针对节能系统，与专业供暖单位合作，发挥专业单位的技术优势，采用了外墙外保温、平改坡、热计量、热分配、温度控制等技术改造措施。针对照明系统，对路灯进行了节能灯改造，应用LED发光二极管新型照明光源。针对能源利用，采用了太阳能光伏发电，雨水回收利用等节能技术，对小区进行了综合技术改造。

（3）改造技术目标

1）节能系统技术改造目标：通过改造，每个供暖期耗气量每平方米控制在7～8m^3。每个供暖期耗电量每平方米控制在2～3kWh。在上年度使用天然气耗量的基础上燃气降低20%，电能耗量节约30%，达到降低运行成本的目的。

2）照明系统节电50%：照明系统通过改造路灯、电梯厅光源改造，电梯轿厢光源改造等措施，在保证服务品质的前提下，在原使用基础上降低用电量50%，最大限度节约能源。

3）充分利用非传统能源，保护环境：应用太阳能光源、对雨水进行回收利用、改造便道地面渗水砖，增加蓄水功能，最大限度节约能源。

3. 改造中采用的新技术

（1）供热系统改造

1）建筑节能改造

① 平改坡：院区全部多层平屋顶楼实施“平改坡”改造，总体改造面积为19866m^2。

② 外墙保温：院区内11栋多层砖混结构住宅楼（A1、A4、A8、D3、D4、B6、B7、B9、B10、D1、D2）进行了外墙保温改造，外墙外贴50厚聚苯板并同步安装了单元门及门禁系统，既提高了楼宇的保温绝热性能，也增加了楼内的安全防护等级（图6-4）。

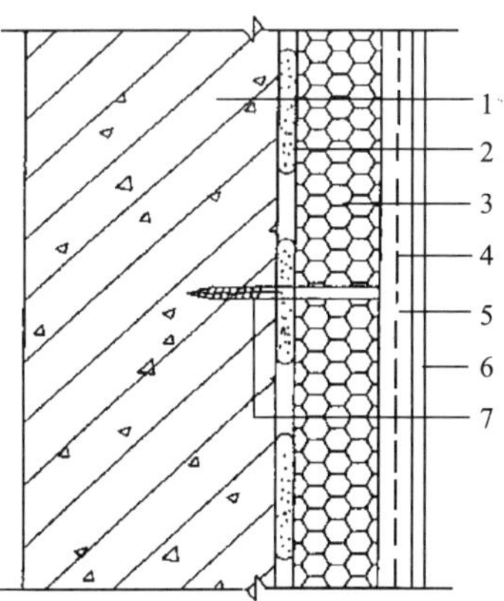

图6-4 EPS板薄抹灰系统

1—基层；2—胶粘剂；3—EPS板；4—玻纤网；5—薄抹面层；6—饰面涂层；7—锚栓

③ 外窗更换改造：针对全院唯一沿用铝合金窗体的甲8楼进行窗体改造，采取加贴一层塑钢窗或拆改为塑钢双玻的方式，全楼窗体改造面积约4000m^2（图6-7、图6-8）。

2）采用气候补偿系统，实现按需供热

气候补偿系统能够根据室外气温、太阳辐射等因素的变化，调整供热系统的二次供回水温度，以保证在整个供暖期期间，锅炉房或热力站的供热量、散热设备的散热量和建筑物的需热量相一致，并维持室内温度恒定满足热用户的要求，防止用户室内室温过低或过高。气候补偿系统通过及时而有效地运行调节可以做到在保证供热质量的前提下，达到最大限度的节能。间接供热系统气候补偿系统原理图见图 6－5，气候补偿系统的实际运行曲线见图 6－6。研究数据表明：气候补偿系统实现供热系统节能 5%以上。

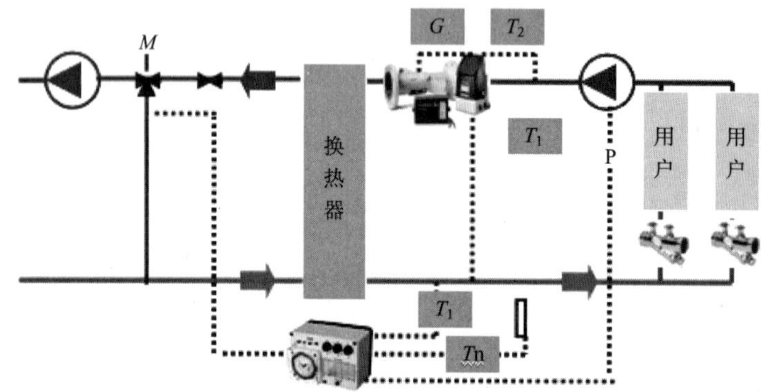

图 6－5 间接供热系统气候补偿系统原理图

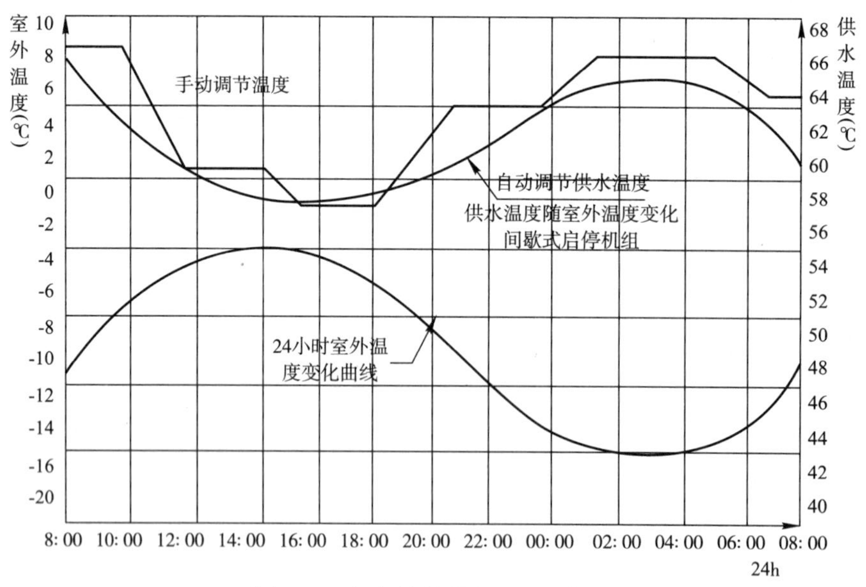

图 6－6 气候补偿器实际运行曲线

3）安装热量计量和热量分配装置，实现按热量计量收费

① 在各个锅炉房的出口安装热量计量装置，用以计量供热系统总供热量，大院所有楼宇前安装超声波热量表，其中包括：办公区各楼、部产权住宅楼及非产权住宅楼，全院共有热计量表 45 块。

图 6-7 多层住宅楼改造前外观

图 6-8 多层住宅楼改造后外观

② 丙 6、丙 7、丙 8、丙 9 楼，楼内采用流量温度系数法进行户间热量分摊。每户发放一张 IC 卡，可随时查询户用热值。

流量温度系数分摊法工作原理与特点：

a. 系统组成及分摊原理

将流量热能分配器、温度采集器处理器等装置测量出的每个热用户的流量比例系数和温度系数作为各热用户分摊建筑物内热量的依据，通过单元热能仪表、无线信号接收器、通信线路等仪表、装置，将楼栋热量表计量的总供热量进行按户分摊。

b. 特点及适用范围

该方法应用的系统中将室内温控与供热计量进行了集成，通过系统中安装的智能分时平衡调节阀等阀门进行建筑物层间分时调节。该系统还通过设置手动三通平衡调节阀、回水管球阀进行建筑物的层间平衡调节。流量温度系数分摊法适用于经过改造的既有建筑室内垂直单管加跨越管系统和分户水平独立成环系统。

③ 1、5、12、甲 5、甲 7、丙 11、丙 12、乙 3 楼内采用热分配表法进行户间热量分摊。

热分配表分摊法工作原理与特点：

a. 系统组成及分摊原理

该分摊系统由各个热用户的散热器热分配表以及建筑物热力入口设置的楼栋热量表组成。通过修正后的各热分配表的测试数据，测算出各个热用户的用热比例，按此比例对楼栋热量表测量出的建筑物总供热量进行户间热量分摊。修正因素包括散热器的类型、散热量、连接方式等。

b. 特点及适用范围

按照基本的工作原理，散热器热分配表分为蒸发式热分配表与电子式热分配表两种基本类型。蒸发式热分配表初投资较低，但需要入户读表。电子式热分配表初投资相对较高，但该表具有入户读表与遥控读表两种方式可供选择。电子式热分配表有传感式和一体式两种，若散热器被遮蔽，可选择安装传感式热分配表。

安装散热器热分配表时，不需要对既有室内采暖系统进行改造。热分配表分摊法适用于以散热器为散热设备的室内采暖系统。采用热分配表分摊法。同一建筑物内所选用的热量分摊仪表和散热器的类型应相同。

④ 建立住房城乡建设部大院供暖个人账户信息平台，平台中含有建筑基本信息、各

锅炉房日常维护管理记录、热用户基本信息、热用户采暖耗热量等，尤其是引入个人账户的概念，可大大减少供暖费收费人员的工作量，提高收费效率。

4）加装室内温控装置，实现用户自主控温

将住房城乡建设部大院住宅楼室内单管串联供热系统形式进行改造，改为垂直单管+跨越管或双管系统，在散热器入口支管安装两通散热器恒温阀，或根据具体的室内热量分摊方法设置其他调节装置。室内供热系统改造前原理图见图 6-9，改造后室内供热系统原理图分别见图 6-10、图 6-11。另外，为了满足散热器恒温阀的使用要求，防止散热器恒温阀在使用过程中出现堵塞的可能性，对部分住宅楼室内散热器进行更换，其中包括：1 号楼、5 号楼、甲 5 楼（属大锅炉房）；6 号楼、12 号楼（属幼儿园锅炉房）；丙 2、丙 3、丙 4 楼（属丙区锅炉房）。

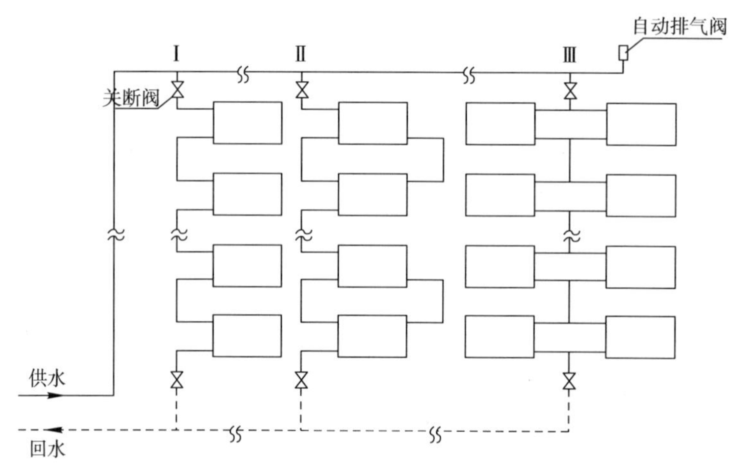

图 6-9　室内系统改造前系统原理图

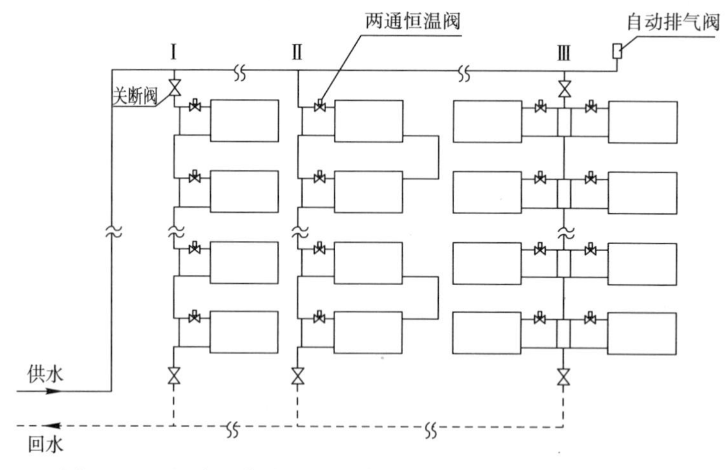

图 6-10　室内系统改造后系统原理图（单管+跨越管系统）

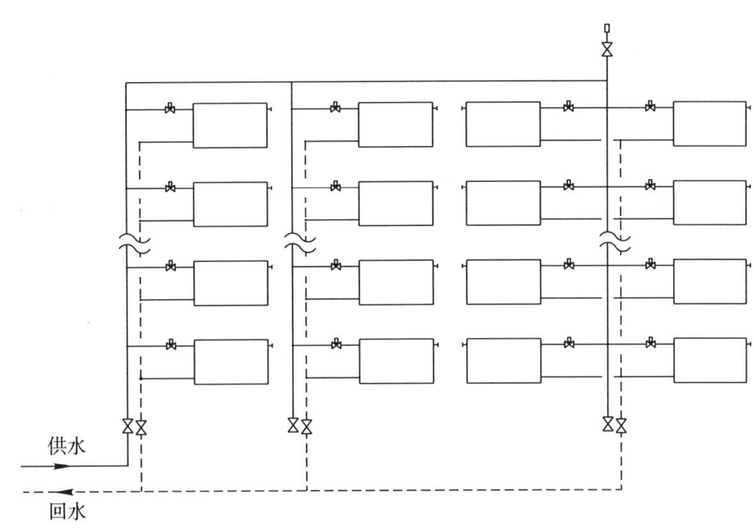

图 6－11　室内系统改造后系统原理图（双管系统）

① 流温法分摊的楼宇每组散热器供回水支管间加装跨越管，并安装三通手动调节阀，兼有调节垂直平衡的功能，通过无线远传式控制将丙区各楼宇的实时用热量传至丙区中心控制室，还可直接传至供暖管理人员的电脑上，丙 6、丙 7 楼的住户可以通过 IC 卡每日到楼道内的读卡器上读出其实际用热值。

② 进行热分配表分摊热费的楼宇，部分更换了全部暖气，同时每组散热器进行了供回水支管安装跨越管、散热器供水支管安装恒温阀的改造，很好地改善了楼层垂直失衡的问题，改造后热用户普遍反映供热舒适度有所提高。

（2）新能源利用技术改造

1）楼内光伏蓄电发电系统

对部大院 8 栋高层产权楼（丙 2、3、4、8、9、10，乙 1，乙 3）楼道照明进行光伏蓄能式节能改造，仅此一项，每年可节省高层楼楼道照明用电费用 10 万元左右。

2）太阳能光伏发电建筑一体化

在部主楼、北配楼（城市规划院）、北附楼及住宅楼（包括丙 3 楼、丙 4 楼、甲 8 楼、7 号楼）屋顶，进行建筑一体化光伏电项目设计，安装应用薄膜、晶体硅等太阳电池光电产品。整个光伏系统总装机容量 270.6kWp，年发电量约为 31.8 万 kWh，主要为主楼、配套办公楼公共用电及部大院路灯照明提供电能（图 6－12～图 6－15）。

① 丙 3、丙 4、甲 8 三栋住宅楼铺设电池组件总面积约为 770m^2，装机容量约为 58.32kWp，预计年发电量为 8.643 万 kWh。系统拟采用单晶硅光伏组件平铺在屋顶，通过防雷汇流箱汇流接入室内直流配电柜，通过不带变压器的并网逆变器、270V/10kV 升压变压器、交流柜接入 10kV 公用电网，或通过带变压器的并网逆变器、交流柜接入 380V 厂用电网。考虑光伏阵列在能量转换与传输过程中的损失，经计算可知本光伏系统效率为 80.7%。

三幢屋顶电站白天发出来的电能，全部并入内部电网供办公室使用，夜晚从公用电网取电供路灯使用。这样设计可以降低建设成本、减少后期维护成本、提高路灯照明可靠性。

图 6－12 多层住宅楼改造前外观

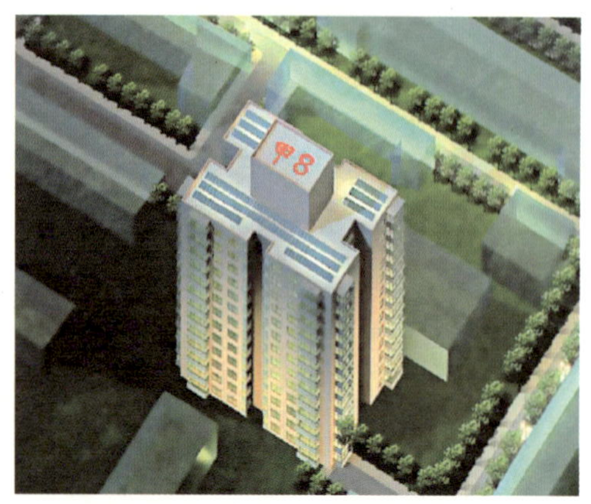

图 6－13 多层住宅楼改造后外观

图 6－14 屋顶电站效果图

图 6－15 太阳能光伏发电极板

② 住房城乡建设部 7 号楼整体光伏应用装机规模为 25kWp，本次住房城乡建设部 7 号楼的公共建筑部分 BIPV－LED 采用屋顶太阳能并网发电公共照明技术，是针对 1.16 万 m^2 地下车库及 5000m^2 住宅楼公共照明需求设计的，光电池矩阵装机规模为 25kWp，光电转换率 18%以上，节能率达 85%以上。

a. 系统采用多系统组合双备急方案，增加公共设施的备急功能、提高系统可靠性、提升系统效率。

b. 采用直流供电制度，解决了该建筑包括楼道、消防通道、地下车库在内的照明需要，避免和解决了长期以来在太阳能光伏逆变方案中逆变高压传输过程中危险性、逆变损耗、并网谐波干扰以及孤岛效应等一系列问题。

c. 采用光效高、低能耗的 LED 灯具作为照明负载，结合其他低压直流光源，提升建筑公共照明档次，使整体系统可控性高、光效高、寿命长；既保证照明亮度要求又节能环保。

3）路灯

对院区路灯节能改造，整个院区公共照明全部实现 LED 节能灯照明，可节电 40%～50%。改造后的路灯见图 6－16。

LED 发光二极管的特点：

① 在正常使用的环境下有长达 10 万小时的超长寿命；

② 可组成各种颜色（如 RGB 等）；

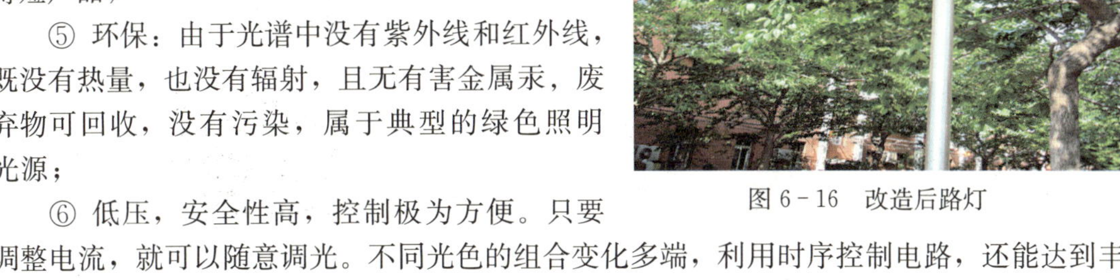

图 6－16　改造后路灯

③ 节能，效率比节能灯高，并有进一步提高的潜力（与传统的白炽灯、荧光灯相比，可节电达到 70％以上）；

④ 较其他光源相比体积更小、更轻，灯具设计更灵活，可以做成点、线、面各种形式的轻薄短产品；

⑤ 环保：由于光谱中没有紫外线和红外线，既没有热量，也没有辐射，且无有害金属汞，废弃物可回收，没有污染，属于典型的绿色照明光源；

⑥ 低压，安全性高，控制极为方便。只要调整电流，就可以随意调光。不同光色的组合变化多端，利用时序控制电路，还能达到丰富多彩的动态变化效果。

4）便道渗水砖改造

原便道为混凝土砖，雨水不能自然渗透，为减少雨水流失，增加蓄水功能，在便道地面上改造增加了渗水砖 8000m^2，利用雨水自然渗透减少绿化用水量。

5）雨水回收利用

小区内楼顶设有雨水明排管道，雨水随管道排入雨水管道。为节省水资源，利用雨水明排管道改造加装了雨水收集灌，利用雨水储存对绿地进行灌。

（3）通风系统改造

采用无动力自然通风排风器系统，见图 6－17。

图 6－17　无动力自然通风排风器

（4）功能性改造

增加了厨房和卫生间。

（5）室内、外环境改造

室内：对原有多层住宅的公共走廊重新装修，统一更换防盗门及节能灯具。高层住宅更换节能电梯。见图 6－18、图 6－19。

室外：住栋单元入口增设无障碍坡道，小区道路两旁更换全新的分类垃圾桶。见图6-20、图6-21。

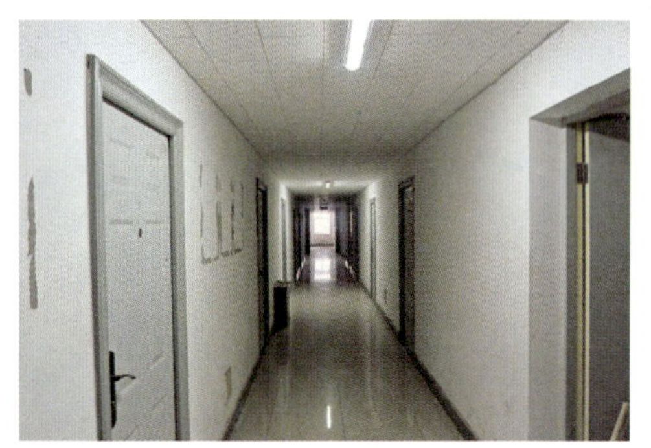

图6-18　多层住宅改造后的公共走廊

图6-19　高层住宅更换节能电梯

图6-20　增设无障碍坡道

图6-21　分类垃圾桶

4. 改造效果分析

（1）改造的投资模式

工程投资及增量成本：

北京住房城乡建设部大院围绕节能减排从供暖系统改造、照明系统及非传统能源利用改造方面，加大了节能改造力度，总投资共计1955.69万元，光电公共照明系统总增量投资为465.24万元，路灯增量投资38.75万元，渗水砖增量投资60万元。各项工程投资见表6-2。

（2）投资回收期分析

1）供暖系统回收期分析

对住房城乡建设部大院住宅区实施供热计量和节能改造的投资和效益进行估算，经估算：住房城乡建设部大院住宅区实施供热计量和节能改造总投资额为1330.85万元，其中供热计量和节能改造工程费1070.85万元，其他工程费用150万元，预备费110万元，单位建筑面积改造投资为62.48元/m^2。

供暖系统改造总计投资6471000元，改造后，年节电208531kWh，节约电费按0.85元/kWh计算，年节约电费177251元。年节约燃气147767m^3，按北京天然气价格1.95元/m^3计算，节约费用288145元；电、气两项合计共计节约费用465396元；随着居民行为节能意识的增强，节能量还会进一步增加，预计8个供暖期将投资全部收回。

综合改造工程投资　表 6-2

<table>
<tr><th colspan="2">措施名称</th><th>节能方案</th><th>价格（元）</th><th>单位</th><th>数量</th><th>总价（万元）</th></tr>
<tr><td rowspan="4">供暖系统改造</td><td>锅炉房
热量输出控制</td><td>改造室外管网
加装热量计量表</td><td>2</td><td>m²</td><td>21.3 万</td><td>42.6</td></tr>
<tr><td>气候补偿系统</td><td>调节装置</td><td>3 万</td><td>套</td><td>6</td><td>18</td></tr>
<tr><td>楼栋热计量</td><td>加装热计量表</td><td>1.2 万</td><td>块</td><td>45</td><td>54</td></tr>
<tr><td>户内热计量</td><td>加装热分配表、户用热量表、加装散热器恒温阀及室内供暖管线改造</td><td>25</td><td>m²</td><td>21.3 万</td><td>532.5</td></tr>
<tr><td rowspan="3">建筑围护结构改造</td><td>外墙保温</td><td>外贴保温材料</td><td>133</td><td>m²</td><td>28940</td><td>385</td></tr>
<tr><td>屋顶保温</td><td>平改坡</td><td>149</td><td>m²</td><td>17446</td><td>260</td></tr>
<tr><td>节能门窗</td><td>更换塑钢双玻窗</td><td>238</td><td>m²</td><td>4200</td><td>100</td></tr>
<tr><td rowspan="2">照明系统改造</td><td>路灯</td><td>更换 LED 灯</td><td>2500</td><td>支</td><td>155</td><td>38.75</td></tr>
<tr><td>光电公共
照明系统</td><td>楼道及地下车库光电照明系统</td><td></td><td></td><td></td><td>185.24</td></tr>
<tr><td rowspan="2">非传统能源利用</td><td>太阳能发电</td><td>光伏发电
建筑一体化</td><td>56 万</td><td>套</td><td>5</td><td>280</td></tr>
<tr><td>渗水砖</td><td>便道敷设</td><td>75</td><td>m²</td><td>8000</td><td>60</td></tr>
<tr><td colspan="6">合计</td><td>1956.09</td></tr>
</table>

2）光电照明系统回收期分析

光电照明系统改造总投资 185.24 万元＋路灯投资 38.75 万元＝224 万元，年节电见照明系统节电明细表 6-3。总计节电 38.37 万 kWh，按 0.8 元/kWh 计算，节约费用 30.7 万元，3.95 年将投资全部收回。

照明系统节电明细表　表 6-3

项目	节电（kWh）	节约费用（万元）	投资额（万元）	传统投资（万元）	增量投资（万元）	回收期（年）
地下车库照明	25.91 万	20.73	137.58	69.6	67.98	3.28
楼道照明	8.16 万	6.53	47.66	18.12	29.54	4.5
路灯	4.3 万	3.44	38.75	15	23.75	6.9
合计	38.37	30.7	223.99	102.72	121.27	3.95

注：路灯照明计算方法。
路灯整体总投资为 38.75 万元。按照现有传统照明，路灯灯具经测算每年的节电量为 4.3 万 kWh。
1. 按 0.8 元/kWh 计算为：4.3 万 kWh×0.8＝3.44（万元）；
2. 安装传统路灯照明安装费用约为 15 万元；
3. 安装 LED 路灯照明增量投资为 38.75 万元- 15 万元＝23.75（万元）；
4. 增量投资回收期为“3”/“1”＝6.9 年。

3）建筑一体化光伏发电站回收期分析

丙 3、丙 4、甲 8 三栋住宅楼铺设电池组件总面积约为 770m²，装机容量约为 58.32kWp，预计年发电量为 8.643 万 kWh，光伏系统效率为 80.7%，实际发电量约为

6.975 万 kWh，该屋顶光伏电站系统的建设总投资约为 204.12 万元。按 0.8 元/kWh 计算一年发电量节约费用为 5.88 万元，34 年收回初始投资。单纯从投入产出比较，回收期比较长，效益不明显。但从环境保护，社会效益方面分析，有利于节约资源，有着长远的意义。

5. 改造后的效果

(1) 供暖系统改造

1) 节约燃气效果分析

通过锅炉房联网、减小热网循环阻力、改造循环泵等一系列改造后，节能效果显著，根据 2006～2007 年、2007～2008 年燃气使用实际数量，改造前后天然气能耗对比如表 6-4。

改造前后天然气消耗对比 **表 6-4**

项目 \ 时间	2006～2007 年（改造前）	2007～2008 年（改造中）	2008～2009 年（改造后）
总天然气耗量（m^3）	2913000	2557000	2389000
供暖面积（m^2）	342688	336480	336480
供暖面积每平方米耗气量（m^3）	8.5	7.6	7.1
改造后每平方米节气量（m^3）	—	0.9	1.4

从天然气消耗对比表中，可以看出，改造后，天然气消耗量显著降低。以 2008～2009 年供暖期为例，其中：供暖面积 336，480 万 m^2，天然气总消耗量为 2，389，000 万 m^3。改造前，天然气消耗量每平方米为 8.50m^3，改造后为 7.1m^3，每平方米降低 1.4m^3，一个供暖期节约天然气 47.1 万 m^3，节约费用 91.845 万元。

2) 节约电能效果分析

通过锅炉管网、气候调节系统等系列改造，节电效果非常显著，改造前后电能消耗对比见表 6-5。

改造前后电能消耗对比 **表 6-5**

项目 \ 时间	2006～2007 年（改造前）	2007～2008 年（改造中）	2008～2009 年（改造后）
总耗电量（kWh）	1542096	979156	918590
供暖面积（m^2）	342688	336480	336480
供暖面积每平方米耗电量（kWh）	4.5	2.91	2.73
改造后每平方米节电量（kWh）	—	1.59	1.77

从电能消耗对比可以看出，改造前，2006～2007 年总耗电量为 1542096kWh，供暖面积每平方米电能消耗量 4.5kWh。改造后，以 2008～2009 年为例，总耗电 918590kWh，供暖面积每平方米电能消耗量 2.73kWh，每平方米减少 1.77kWh；2008～2009 年供暖期共节约电能 595570 万 kWh，节约费用 50.6 万元。

表 6－4、表 6－5 所列数据均为实际使用数据，是根据燃气表和电能表的使用数字所统计。通过以上节能技术改造，节能效果显著，天然气、电能的消耗显著降低。不仅使运行费用降低，效益提高，还降低了天然气燃烧量，减少了二氧化碳、二氧化硫等气体的排放，减少了环境污染。

（2）非传统能源利用技术改造

1）太阳能利用效果分析

住房城乡建设部大院住宅楼整个光伏系统总装机容量 83.32kWp，年发电量约为 12.35 万 kWh，节约了传统能源，达到了节能目的。太阳能照明工程安装之后，每年可节约电量为 34.07 万 kWh＋路灯节约电量 46.42 万 kWh。

2）渗水砖改造效果分析

便道渗水砖的改造增加了雨水利用率，减少了雨水的流失，使雨水可以自然渗透到地表，减少了绿化用水使用量。

6. 改造后可借鉴的成果

（1）适宜性的技术

住房城乡建设部大院社区综合改造技术集成示范工程的重要推广价值首先在于整个改造工程采用了科学的工作方法，理性的分析社区原有建筑耗能的主要原因，抓住能源输送、分配、使用等主要环节，采用相对应的适宜技术如气候补偿技术、热计量热分配技术、自主温控技术等等，通过这些相对成熟并且经济适用的技术手段实现最终的节能效果，而不是盲目应用多种高新技术集成。由于在国内类似的社区非常多，因此该工程在节能改造方面具有很好的示范意义和推广价值。

（2）新能源技术的应用

本工程在采用适宜技术的同时，也尝试新能源技术的应用，如楼内光伏蓄电发电系统、太阳能光伏发电建筑一体化等，充分利用建筑的屋顶设置太阳能光伏发电设施。虽然目前前期的投入比较高，回收期较长，但是利用太阳能技术在节约传统能源方面效果是直接而且显著的，因而该工程对于推动新能源利用有积极的示范意义。随着这种技术的推广普及，有助于促进新能源应用技术的进一步成熟，并且使其成本进一步降低，最终实现经济效益和环境效益的平衡。

（3）科学理性的工作方法

大院社区综合改造技术集成示范工程的成功实施对于我们进一步推动节能减排事业提供了许多有益的启示。首先就是采用科学理性的工作方法，分析和把握改造项目的关键环节，有针对性的采用适宜技术，而非跟风式的盲目模仿，充分体现了在节能减排工作中贯彻科学发展观的精神。这种科学理性的工作方法对于我们继续推动社区节能改造工作，采取因地制的技术措施，有着积极的借鉴意义。

（4）节能技术与节能行为

适宜技术的应用能够在环境效益和经济效益上取得很大的平衡，同时有效引导节能行为，这对于节能减排的意义是重大的。例如采用住户自主温控设施、分户热计量的技术措施，不仅技术难度小，而且将住户的能源消费和节能措施结合起来，有效地促进了每个住户的自主的节能意识。由此我们看到不仅需要进行节能技术上改造，更需要通过节能技术引导使用者的能源消费行为，这将进一步推动节能减排工作。

（5）改造与新建

本次改造工程主要是针对设施较差的老社区进行的更新改造，其对于老社区的改造非常有示范意义。然而该工程给我们的启示并不仅仅在于推动老社区的改造更新，更在于在新建社区中积极推动适宜的节能技术、新能源技术的应用，从而进一步提高建筑和居住环境的质量，促进引导居民自觉的节能行为。

七、北京市中国铁道建筑总公司住宅小区 18号楼综合改造工程

1. 改造背景

18号职工住宅楼竣工入住于1997年，在当时的居住条件下，人们刚从砖混结构的住房移居到钢筋混凝土的住宅中，无论是安全、保温、采光、通风等方面都有了很大的提高，当时的18号职工住宅楼居住功能健全、舒适性较高，可以满足居民的居住需求。

从2000年以来，国家倡导的“以人为本，创建和谐社会”的理念也在影响着住宅建设的变化，特别是强调了建设的使用功能人性化和全面化，同时随着人们生活水平的不断提高、生活模式的变化，功能配套系统也越来越完备，18号职工住宅楼已经不能满足人们的要求，另外18号楼的居民都是处级以上的国家干部，按房改政策住房面积均未达到国家标准的要求。因此要求完善住宅功能的呼声也是越来越高。

2. 工程概况

(1) 改造前基本情况

18号楼位于北京市海淀区复兴路40号中铁总公司大院内。该建筑是一栋跃廊式高层住宅，地上12层，地下2层，总建筑面积17225.58m²。改造前楼内共有居民204户，平均每户建筑面积101.61m²，整栋仅设有两部电梯作为主要垂直交通工具。改造前建筑外观及标准层平面见图7-1、图7-2。

图7-1　改建前建筑外观

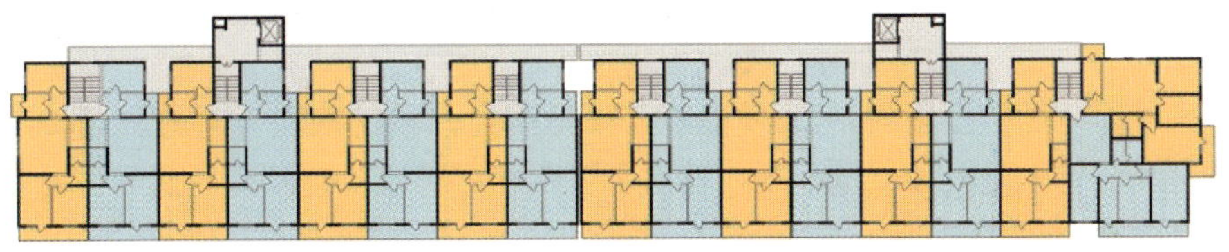

图7-2　改造前标准层平面示意图

（2）改造后基本情况

本工程改造于2007年3月16日正式开工，2008年1月25日竣工，历时10个月零9天。改造后总建筑面积22463m²，地上12层（局部13层），地下2层。增加面积5237.42m²。改造后建筑总长度未变，进深由原来的14.4m往北增加到21.81m，建筑高度由12层局部增加到13层（不影响周边建筑的日照条件），其他外形尺寸基本没有变化。改造后建筑外观与平面见图7-3～图7-5。

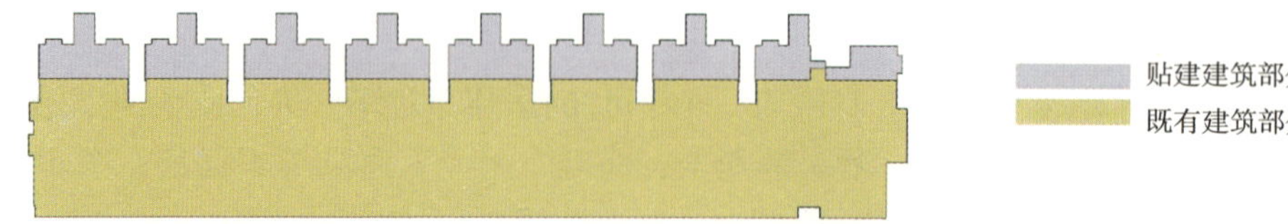

图7-3　改建后总平面示意图

图7-4　改建后建筑总体立面

图7-5　改建后建筑单元立面

3. 改造的原因与目标

18号楼的居民都是处级以上的国家干部，按房改政策住房面积均未达到国家标准的要求。解决办法有两种：一是货币补贴；二是异地改善。这两种办法居民均不愿意接受。首先居民很希望增加居住面积，改善居住条件。货币补贴的费用很少，不足以用来实现居民愿望。另外，这是居民生活多年的社会环境，邻里之间的相互守望，已经变成家庭生活的一部分。因此，就地改善是他们共同的愿望。就地改善，也就意味着改造工程需“要带户施工”，即改造过程中居民需要在楼内生活。

从建筑学专业的角度来看，18号楼不仅仅是居住面积的问题。它的交通体系对居住品质影响很大。首先是电梯数量不足，其次水平跃廊对居住私密性和自然通风条件有很大的影响，见图7-6～图7-8。

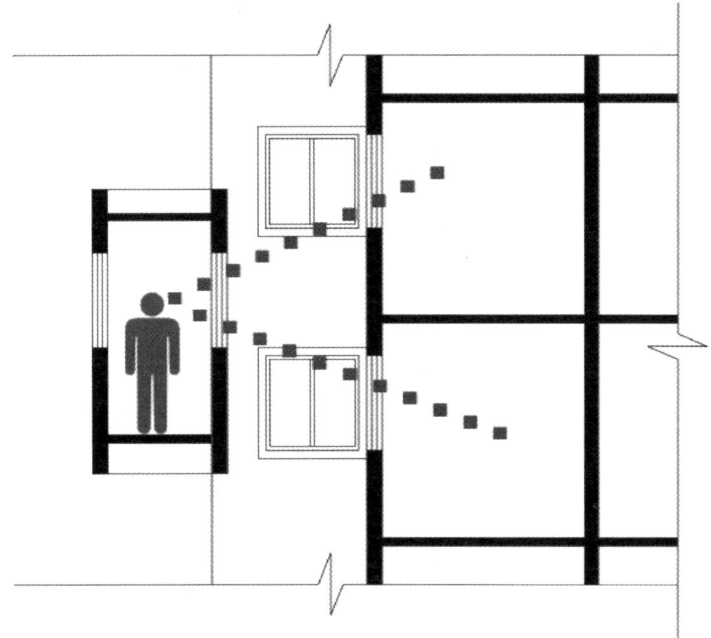

图 7-6 跃廊视线分析图

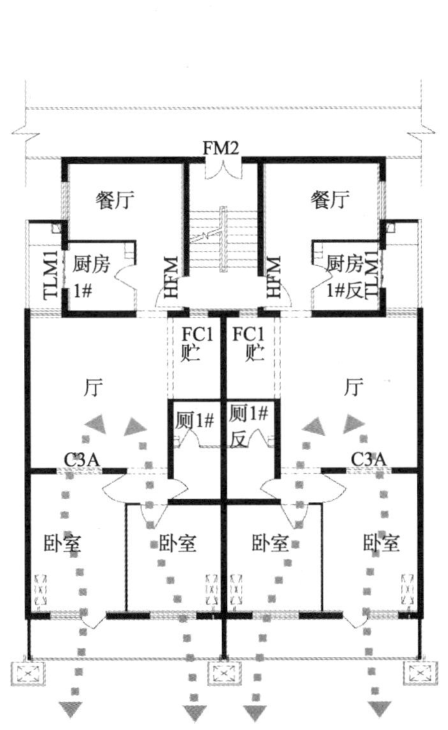

图 7-7 改造前单元通风示意图

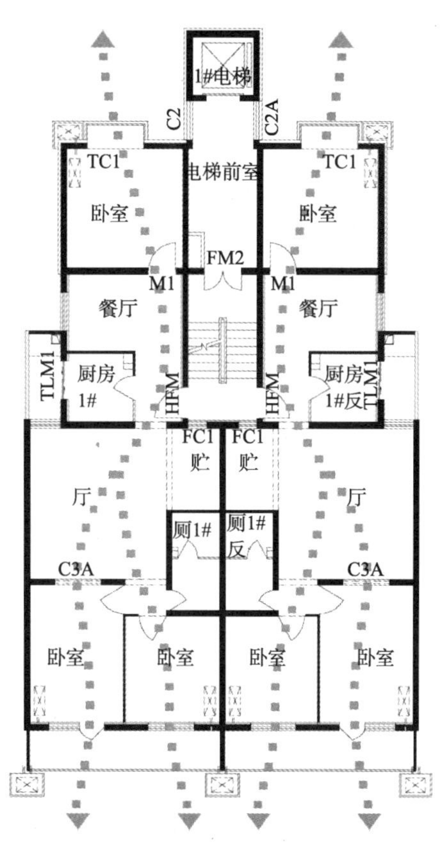

图 7-8 改造后单元通风示意图

4. 改造方案设计

为了实现以上四个目标，改造方案首先采用北侧贴建和上部加建相结合的方式扩大建筑形体，贴建的厚度和加建的高度以不影响周边建筑的日照条件为准则。改造方案示意见图 7－9。其次在北侧增加了 8 部电梯，并与原每个单元内的疏散楼梯间一一对应，构成了 8 组垂直交通核。然后拆除水平跃廊，将通廊式高层板楼，改为南北通透的单元式住宅。改造后不仅为居民出行提供安全便捷的交通设施，还改善了居住的私密性和室内自然通风及采光的条件。

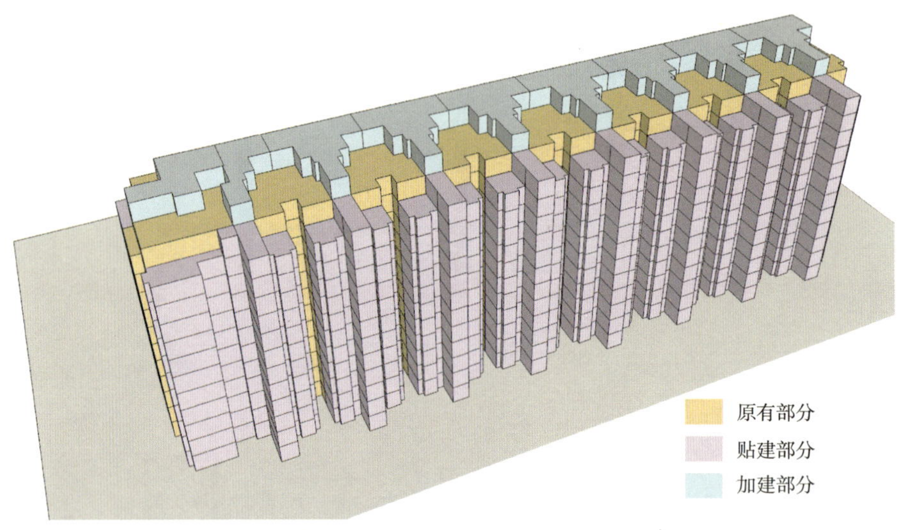

图 7－9 改造方案示意图

改造方案使得每户建筑面积均有增加，其中有 80％的户型由原来的三室一厅改为三室两厅；8.3％的户型由三室一厅改为四室两厅。改造前后套型与面积变化见表 7－1。对于提高居住品质而言，居住空间的增加比居住面积的增加更具有实际意义。为了进一步提高建筑空间使用的舒适性，将南侧阳台由原来的 1200mm 加宽到 1500mm。标准户型改造方案见图 7－10 和图 7－11。

改造前后套型与面积对比 **表 7－1**

	A	B	C	A′（顶层局部）	B′（顶层局部）	C′（顶层局部）
原有建筑面积（m^2）	101.5	101.2	103.7	101.5	101.2	103.7
新加建筑面积（m^2）	19.4	1.25	33.08	49.96	53.76	28.48
原套型形式	三室一厅 单卫	三室一厅 单卫	三室一厅 单卫	三室一厅 单卫	三室一厅 单卫	三室一厅 单卫
新套型形式	三室二厅 单卫	三室一厅 单卫	四室一厅 双卫	四室一厅 双卫	四室二厅 双卫	四室一厅 双卫

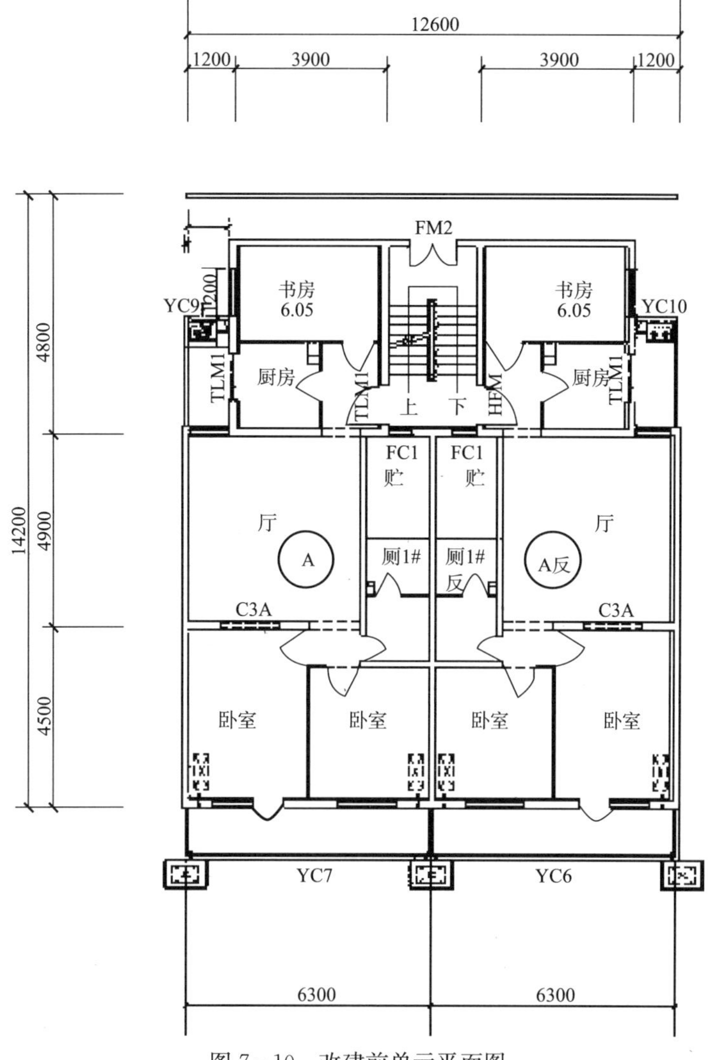

图 7－10 改建前单元平面图

加建部分采用外墙外保温方式，增加了室内实际使用空间。同时将原有建筑外门窗更换为保温性能好的中空玻璃塑钢窗，建筑外窗抗风压性能、气密性能、保温性能、隔声性能、水密性能等均满足现行建筑规范要求。18 号楼的建筑保温性能得到整体提高。

结合屋顶加建工程，更换原有建筑的屋顶保温和防水材料，屋顶构造做法见图 7－12和图 7－13。在建筑改造的同时，对设备设施也进行改造：在室内采暖系统上增加了压力调节阀和温控调节阀，实现采暖系统节能要求；生活热水系统改为集中式太阳能热水器，积极利用新能源；将原水箱供水方式改为无负压供水方式，减少生活用水的二次污染，保证饮用水安全性；增加门禁系统；将消防给水系统与院内办公楼建筑地下消防水池连接，实现消防联动，确保防火安全。另外，更换厨房排烟道，提高室内空气品质。

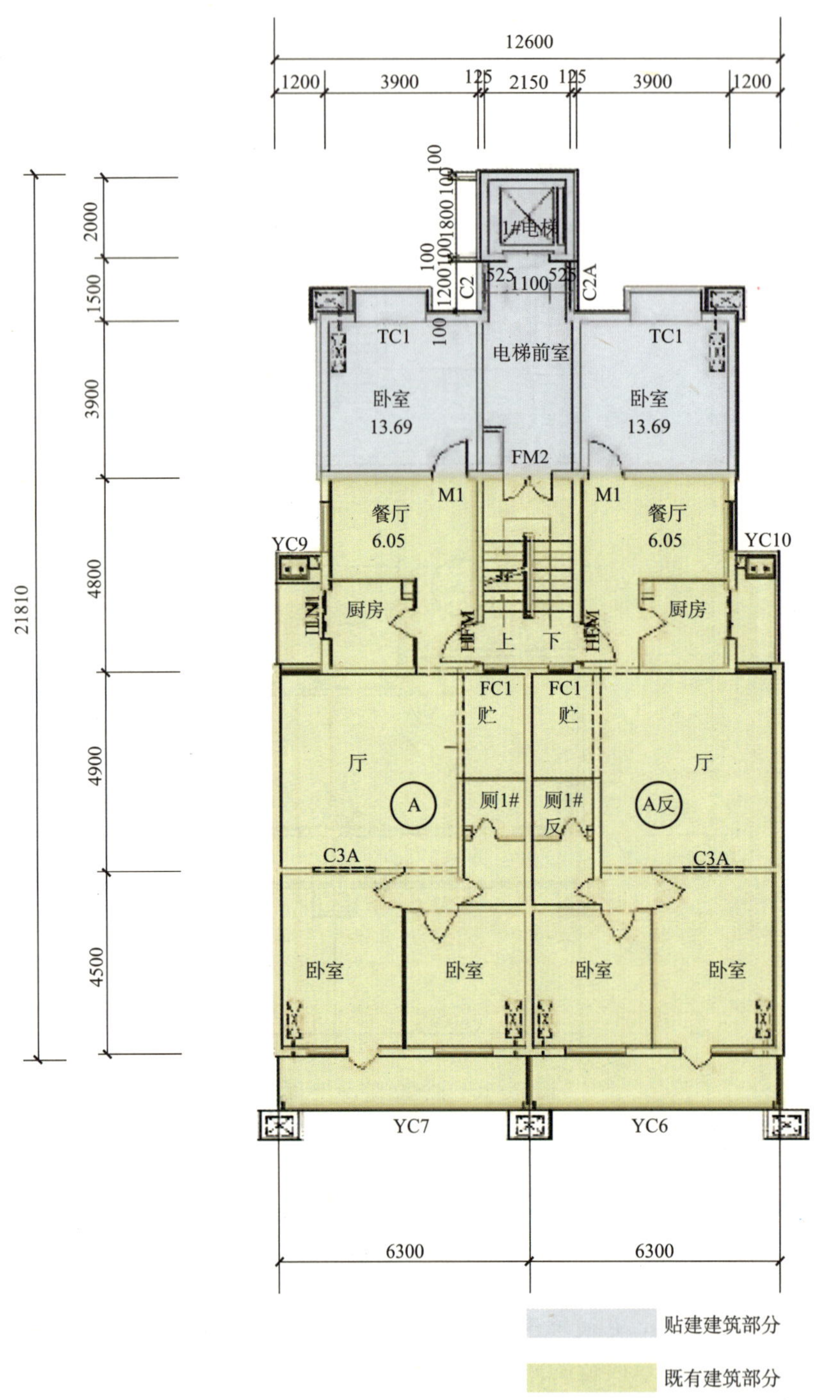

图 7－11 改建后单元平面图

贴建和加建部分均采用现浇钢筋混凝土墙体，与原有结构构成一个统一的剪力墙结构体系。但在施工过程中，结合现有条件贴建部分与主体设缝分离。

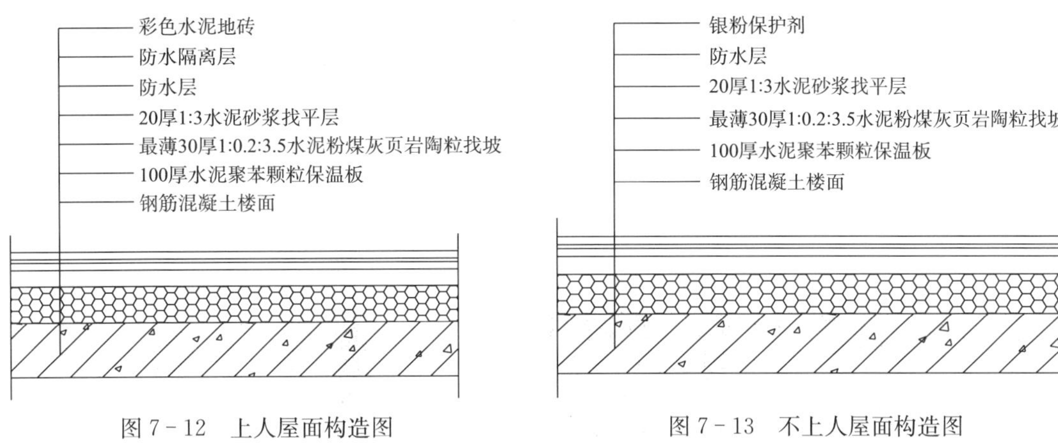

图 7－12　上人屋面构造图

图 7－13　不上人屋面构造图

5. 改造准备

（1）组织准备

随着国家住房政策的改革，由国家分配、提供住房的形式转由职工自行购买，18 号职工住宅楼的房屋产权归全体业主所有。要对 18 号职工住宅楼进行改造，以及改造的相关事宜必须得到全体业主的一致同意。为了使改造符合广大业主的切身意愿，改造的第一步便是成立 18 号职工住宅楼改造业主委员会。业主委员会负责与业主沟通的相关工作，参与改造建设过程，指导、监督施工过程。

在居委会的组织指导下，由 18 号职工住宅楼全体业主投票选举 17 名业主代表（每个纵向户 1 名），成立 18 号职工住宅楼改造业主委员会，对改造提出具体的要求和意见，对不同的改造意见做出解释、说服工作，同时取得每户同意改造的书面证明。

（2）改造手续准备

18 号职工住宅楼的改造与以往的改造不同，涉及的方面比较多，结构安全、功能改善、增加面积、保温节能、环境配套等等，因此本改造工程必须按照国家的相关规范和程序实施，从房屋安全检测、规划设计、规划意见书、规划许可证、节能备案、环境评测、人防、消防审批，开工许可证，施工设计监理公开招标、质检站过程监督、竣工四方验收、竣工备案、房产证变更等，完全按照新建项目的一整套施工手续办理，施工也完全纳入北京市住房城乡建设委的管理之中。

（3）现场准备

带户施工，是本工程的特殊要求。在改造过程中保证居民正常生活是工程顺利进行的前提。因此，施工组织必须科学、缜密。

改造工程开工于 2007 年 3 月 15 日，北京市冬季供暖的结束日，同时也要求在下一个供暖日开始之前完成（11 月 1 日，需要 15 天的上水及准备时间），因此一切施工工艺、办法及措施都应满足缩短施工工期的需要。

1）迁移外网

根据改造要求，将拆除建筑北侧原有连廊，每个单元增加一部电梯，同时每户在北侧还需要贴建一间卧室，而北侧又是整个建筑的单元出口，所有各单元的入户、出户的管线也在贴建区域内。所以在改造前一个采暖期结束后，建设单位首先迁移北侧外部管线，以便为贴建清理出场地，为改造赢得更多时间。

2）增加临时通道

改造方案要改变原有交通系统，在拆除跃廊和电梯后，必须保证居民正常出行。本工程利用原有疏散楼梯间，将每个单元的疏散楼梯与地下一层打通，使地下一层变成临时交通枢纽，在地下一层南侧开设通往室外的临时出口与外部联系，建立了临时通道。见图7-14、图7-15。

图7-14　首层楼板开洞

图7-15　由地下一层至南侧地面的临时通道

3）妥善安排特殊居民

18号楼离退休老人较多，有些还体弱多病。改造工程开始前，建设单位在附近招待所为老人们开设了临时客房，避免施工作业对老人的影响。在十个多月的施工过程中，没有一位老人因施工扰民发生意外。

4）合理组织施工流程

虽然增加了临时通道，但对于高层建筑来说，上下楼梯还是十分不便。为了尽可能地缩短居民不能使用电梯的时间，施工组织方案中，将连廊的拆除放在所有准备工作的最后，采用先进行人工土方开挖，拆除地下一层的混凝土通风采光井的外墙，进行桩基施工、混凝土基础施工、外墙防水完成后进行级配砂石的回填，然后搭设拆除混凝土的支撑和安全防护，再拆除跃廊和电梯井道，进行结构施工，结构封顶后立即安装电梯。结构工程施工分地下和地上两个阶段进行，中间间隔连廊拆除用了30天。

6. 改造技术

（1）基础工程

1）贴建部分基础施工

贴建部分基础拟采用现浇混凝土板与原有建筑基础连接。但在施工现场北侧地下管线繁多，其中包括燃气、电力、上下水、暖气等共62条，土方开挖，施工机械无法展开，只能采用人工挖土；特别是电力、燃气管道错综复杂，而且施工稍有不慎，就会危及工人和住户的生命安全，而切断管线施工，必将影响楼内居民正常生活。

因此，在施工时将原筏板基础改为混凝土人工挖孔桩基础，同时将原设计基础从地下二层提高到地下一层开始，减少了人工土方工程量，缩短建设工期。桩基设计承载力2000kN，极限承载力4000kN；基础桩直径800mm，扩底直径1000mm，扩底高度1000mm，混凝土强度等级C25，桩长5.50m，共计122根，主筋ϕ12、ϕ16，箍筋8@200螺旋箍筋，挖孔桩穿透圆砾层及黏质粉土层进入卵石层长度不小于1200mm，其中29根桩基位于原结构窗井及电梯间处，需要穿越800mm厚混凝土底板，底板标高−8.5～−7.6m，桩顶标高−4.61m，混凝土灌注340m³，钢筋18t。

在地上土方开挖过程中一方面需要小心谨慎地避开各类管线，同时还需要破碎原建筑已经板结的3∶7灰土和原基础施工遗留的基础支护混凝土护壁。施工难度大。施工现场见图7-16～图7-19。

图7-16 北侧众多管道

图7-17 北侧土方开挖现场

图7-18 挖出的原结构抗压板

图7-19 人工挖孔桩洞

为增加基础回填的速度以及保证回填质量，减少回填地面的沉降量，给拆除连廊提供稳定的外墙脚手架基础，回填采用级配砂石料，恢复了地下室外墙防水及防水保护层，如图7-20所示。

2）沉降缝处理

因建设年代不同，存在新老结构基础不均匀沉降，导致新老结构间产生裂缝的可能。因此，原设计采用加建部分基础与老楼完全分开，在新老建筑之间设置沉降缝的方法，避免主体结构产生裂缝。

图 7-20 北侧基础级配砂石回填

但是实际的工期是不允许的，计划 8 月初才开始地面混凝土结构的施工，同时贴建的北侧卧室有四边与原有建筑相连，每个贴建的卧室又是相对独立的，施工后浇带的留取繁多，还需要为贴建部分预留沉降时间，这些根本不能满足工期的要求。

为了保证施工工期，经过设计的反复验算，采用增加桩长和桩的数量的方法，提高桩基础的承载力、减少结构相对沉降值，新建与既有建筑结构是一次性连接、浇注。从目前二三年的使用效果来看，没有发生新老建筑沉降裂缝的现象。

（2）拆除工程

拆除是改造工程的重点。在进行拆除招标的过程中，先后对静态爆破、机械拆除等方案从安全性、施工工期、对既有建筑的破坏、可操作性、经济性等几方面进行了专家论证。最后拆除选用水钻切割及小型液压钳配合，塔吊将拆除部件吊运至地面的施工方法。拆除工程是分步进行的，首先将确定拆除部位腾空，相关人员迁移，并将与拆除部位连接的门窗洞口进行封堵和隔离，然后开始拆除。

1）屋顶机房拆除

屋顶机房是现浇混凝土剪力墙结构，墙和顶板均为 200mm 厚的钢筋混凝土。拆除时楼下有居民在家，为了减少对居民的影响施工采用低噪声的方法，即用人工水钻将各墙体切割成 $2m^2$ 左右的块状（荷载小于塔吊安全起吊能力），同时在混凝土块上打两个 10cm 的孔，系上钢丝绳，用吊车吊到地面外运。

2）北侧跃廊拆除

根据实际情况，采用从上至下拆除，先非承重后承重，先拆顶板及外立面、再拆各侧立面、最后拆除底板。拆除前先在拆除层之下的二层范围内（即通廊的顶部及底板）全部搭设满堂的支撑脚手架，然后开始分块拆除，采用现场塔吊吊运而下，然后直接装车运出现场。

具体工艺为：先做好外围及跃廊下部的脚手架支撑，然后在要切割的地方画好线，拆除时按线所在位置打孔切割（切割成 2m×1.5m 长宽的块状，保证在塔吊的能力范围之内），打孔时，按照跳打间隔的顺序，均匀卸载，防止一端坍塌；拆除时先拆除通廊顶板，然后拆通廊的栏板，最后拆除通廊底板；拆除过程中，为防止墙体倒塌，在水平挑板与外墙连接处，预留部分钻孔不切割，为保证拆除的混凝土块与原有建筑脱离之后的自重安全，先用钢丝绳固定，吊车吃力后，再进行最后的切割。如此往复，拆除所有的通廊。墙上残留突出的混凝土用人工手锤及小手钻清除到规定的平整要求。

拆除顺序是：外窗→顶板→栏板→底板。跃廊拆除工程见图 7-21～图 7-25。

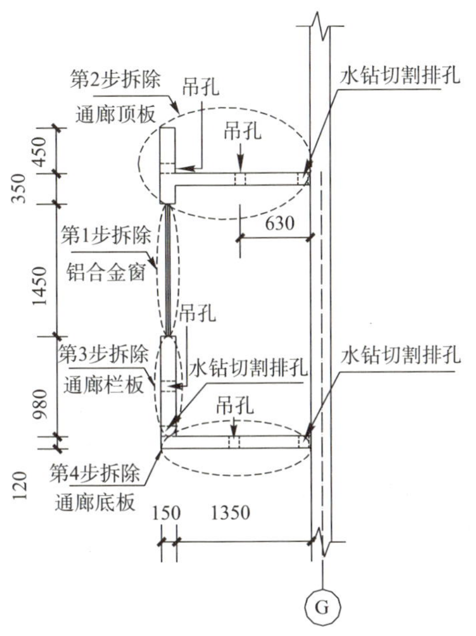

图 7-21　连廊拆除施工剖面图

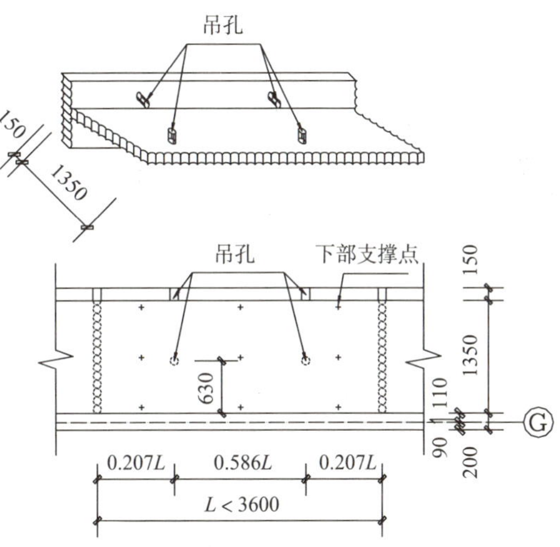

图 7-22　连廊拆除施工平面图

图 7-23　正在吊装混凝土块

图 7-24　已拆除混凝土块

图 7-25　正在拆除北侧跃廊

3）电梯间及前室拆除

同其他部位拆除工艺，在拆除时应特别注意楼板的临时支护。电梯间及前室拆除工程见图 7－26～图 7－28。

图 7－26 拆除北侧电梯

图 7－27 正在拆除的电梯井道

图 7－28 北侧拆除完毕

4）原结构基础底板拆除

原结构底板开洞，直径 1m。同样，沿开洞的地方画好线，用水钻在四周向下打孔，剩留中间部分是一个直径为 800mm 的独立的圆柱，由于圆孔间的混凝土连接无法采用人工剔除的办法，在圆柱上打孔注入膨胀剂，24h 后混凝土松动，此时再人工将混凝土掏出洞外，最后清理到指定位置。

5）阳台拆除工程

因为底板的钢筋要保留，故采用静态破碎的方法对其拆除，这样可以将混凝土拆除而钢筋保留完好。破碎后的混凝土用编织袋装好后运到楼下。阳台拆除工程见图 7－29。

图 7－29 正在拆除阳台板

（3）结构加固工程

对原有结构不满足设计要求的部位，主要是开孔的地方，如室内高窗，进行粘钢加固。粘钢加固工艺流程为：放线→混凝土表面和钢板表面打磨→钻孔→配胶粘剂→夹具固定→胀栓固定→封缝→固化养护→验收。

（4）混凝土墙体开洞

为改善室内通风效果，需按照设计图纸要求位置在剪力墙上开高窗，因本工程为带户施工，室内施工、运输更为不便，现场操作和运输均以人工为主，采用水钻将混凝土切割成不大于 0.5m×0.5m 块，再用人工搬运至指定地点。

开洞工艺流程及施工防护措施见图 7－30、图 7－31。

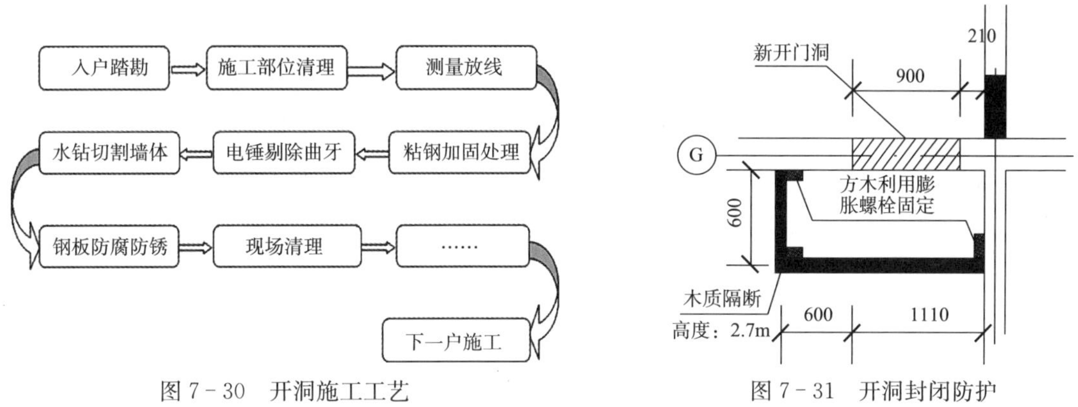

图 7－30　开洞施工工艺　　图 7－31　开洞封闭防护

（5）南侧阳台的施工

根据业主的要求，将南侧阳台的净宽由原有的 1.2m 扩展到 1.5m，尽管是短短的 30cm，混凝土工程量微乎其微，但是工序繁杂，拆除、剔凿、植筋、模板、混凝土施工一样不少，而且全部是人工进行，机械设备无法展开，也不允许入户施工。

原阳台结构为悬挑结构，在原结构上增加悬挑长度，钢筋受力验算设计不通过，而且在 9cm 厚的悬挑板上进行植筋，往往钻裂混凝土，造成混凝土脱落，影响植筋质量。

具体的处理措施是：将新增加的 30cm 阳台板做成简支结构，而简支的部分通过植筋锚固在外墙上，如图 7－32、图 7－33 所示。

南阳台改造后效果如图 7－34 所示。

南阳台改造后不仅加宽了阳台宽度，而且降低了阳台栏板的高度，由原来的 90cm 降低到 30cm；将原有单层铝窗改为双玻中空塑钢保温窗，极大扩展了采光面积和密闭性。

南阳台的改造，增加了空调板和空调冷凝水管；整体规划了住户的空调位置，美化了建筑立面。

（6）太阳能系统的增加

改造前，屋面存留一些高层住户的独立太阳能，由于没有预留空间，几乎所有的太阳能上下水的管道都是通过卫生间的通风竖管进入住户，直接影响本单元所有住户的卫生间排风，并且破坏屋面防水，有些管道漏水直接影响下层住户。

新增加的太阳能系统将采取集中供热，每户 2.5m^2 的采热面积，共计约 500m^2，每户产生 150kg 热水，共计约 30t，按照单元分配成 3 个集热水箱，按照同时使用系数，大于单个太阳能提供的热量储存。

图 7-32 南阳台改造施工现场

图 7-33 南阳台改造施工局部

为了保证使用效果，特别是低层住户，避免每次使用之前需放空竖管中存留的凉水，在保证保温效果的同时，采用电脑控制，特别在热水使用集中的时间段，管道泵主动间时循环，保证竖管水温和集热水箱的温度相同。

图 7-34 南阳台改造后效果

改造后太阳能系统如图 7-35、图 7-36 所示。

(7) 无负压供水设备的改移

原来的 18 号职工住宅楼给水系统采用的是屋顶水箱和变频给水泵系统，这套系统存在着两

图 7-35 太阳能采光板支座

图 7-36 太阳能采光板

个缺点：屋顶水箱存在污染的隐患，且需要每年清洗，高压给水泵处在地下一层，工作噪声严重影响了居民的生活和休息。水泵工作时大量从院内管网抽水，致使院内给水管网压力迅速下降，造成低层建筑的顶层住户供水不足。

改造方案将原供水系统改造成无负压封闭供水系统，并从建筑内改移到建筑外的绿地内，杜绝了水箱污染，避免了噪声污染，稳定了市政管网水压。如图 7-37 所示。

图 7-37 无负压封闭供水系统

图 7-38 室外烟风道的安装

（8）厨房改移至北阳台

拆除原来居室隔墙，厨房改移至阳台，使居室功能发生变化。在改造过程中还需要保证居民日常生活，必须先在阳台完备厨房的功能，其中包括给水、排水、燃气、排烟等，然后就是以单元为单位，进行集体的上水下水、燃气的切割和接驳。

安装室内排烟风道的结构要求，用镀锌铁皮加工，内做保温和防腐处理，如图 7-38 所示。

7. 改造效果分析

（1）居住空间

标准户型在北侧卧室面积扩大的基础上添建了一个独立的就餐空间（小餐厅），由原来的三室一厅改为三室两厅，增加了每户居住面积；南侧阳台加宽，家庭生活更加舒适。

（2）公共空间

交通方式的改变，不仅使居民上下楼方便便捷，还使得跃廊式板楼改为单元式板楼，户户南北通透，改善了建筑通风采光条件。

（3）设备设施

更换排烟管道改善家庭通风条件；门禁系统为居民生活安全提供保障；改造供水系统供水方式，减少生活用水的二次污染。

（4）建筑节能

外墙和屋面的保温措施以及更换建筑门窗，整体提高了 18 号楼的建筑保温性能。另外，采暖系统的节能改造，生活热水系统利用太阳能，楼梯间安装声控节能灯以及室外增加太阳能路灯，全方位多层次地满足了建筑节能要求。

在贴建的同时，修补了原结构局部楼板裂缝和结构破损部位，提高了主体结构的安全性；更换老化设备管线提高设备运行的安全性。

18 号楼居民对改造效果比较满意；而且对周边影响很大，其他楼的居民也纷纷提出建议，要求仿效。

8. 项目价值分析

本工程是国内高层住宅楼进行以增加面积为主的综合改造的首个案例。工程的顺利实施并取得良好的效果，它的价值是多方面的。其一，20 世纪 70 年代后期，为了解决人地矛盾，缓解城市住房压力，北京、上海等大城市开始建设高层住宅。由于当时我国经济能力有限，居住面积和建设标准受到了国家严格的控制，从今天的现实看，90 年代中期以前建的高层住宅大部分属于低标准住宅，其居住品质与现在的社会生活要求已不相适应。如何解决这一民生问题，各级政府采取了很多措施，如：外墙粉刷、更换电梯、居住区环境综合治理等，但由于各种原因，尚未触及到核心问题——扩大居住面积。18 号居民楼的成功改造，说明对低标准高层住宅进行就地改造，增加面积，提升居住品质，在技术上是可行的，在经济上是划算的，是低成本的。其二，低标准高层住宅存在的问题是多方面的，虽然居民反映最强烈的是户型面积特别是厨房卫生间面积偏小、居住功能不完备。但应该看到，居住品质是一个综合的概念，影响居住品质的除了面积因素以外，还包括设备设施、建筑构造、公共空间、外部环境等因素，这些因素相互关联、相互影响。这些问题若得不到解决，仅仅扩大户型面积，住宅品质仍然得不到提高。因此，改造工程，除了抓住增加户型面积、完善居住功能的主要矛盾外，还要考虑其他因素，形成综合性的改造方案，使居住品质有一个全面的提升。以扩大居住面积为切入点，采用综合改造的方案是非常具有推广意义的。

此外，根据国家节能减排的要求，很多省市已经把住宅建筑节能改造列入议程，20 世纪建设的低标准高层住宅是改造的重点。利用这个契机，把居住功能改造与住宅节能改造结合起来，可以发挥国家投入节能改造资金运用的更大效益。

其三，我国现阶段，城市集合住宅的改造，最大的难度在于居民的认同和配合。以北京“迎奥运”的外墙粉刷工程为例，许多项目延误工期的主要原因就是居民不予配合。北二环某工程，某户居民拒绝拆除阳台鸽子窝，满足市政封闭阳台统一沿街立面的要求，致使工程延误一个月之久。18 号楼改造工程的实施难度远大于外墙粉刷，204 户人家却积极配合，说明改造的目标符合居民的心愿。18 号楼就区位而言，居民特别是老年居民出行、购物、就医、子女上学十分便利，与较远的新建住宅小区相比，生活成本无疑要低一些。另一方面，它是机关大院集中生活区的一栋建筑，居民们共同生活和工作多年甚至一辈子，相互形成了情感寄托，并由此产生出对社区的依赖以及对单位的依赖。因此，大部分居民虽然不满意现在住房条件，但并不愿外迁。作为低标准住宅楼改造，既要满足居民扩大居住面积、提升居住品质的要求，还要保留社区网络，保留原有的生活资源。总之，就地改造是大多数居民的共同愿望，也是低标准住宅改造的现实方法。

其四，居民参与是改造工程顺利开展的重要条件。改造工程由中铁总公司牵头，在实施过程中居民委员会全程参与。改造工程的设计方案、施工组织方案、材料选型都要居民委员会参与讨论并代表全体居民确认。在工程的实施过程中，居民的意愿得到充分的表达。因而，改造工程对居民的生活的确干扰较大，但居民都能克服困难，积极支持。

八、青海石油管理局西安办事处住宅小区综合改造工程

1. 工程概况

青海油田西安办事处办公家属区，位于西安市长安区凤栖东路，占地面积 15 亩，建筑面积约 13000m²，建筑结构形式为砖混结构，体形系数均为 0.3，其中：其中 5 号楼、7 号楼、8 号楼、9 号楼、10 号楼为居住建筑，面积为 6958m²；1 号楼、4 号楼为公共建筑，其用途为宾馆及日常办公，面积为 4315m²。此次改造主要从两个方面着手：一是外围护结构改造，即指按照现行节能 65%的设计标准，对既有建筑的屋顶、外墙、门窗等部位实施保温隔热改造；二是生活热水供应系统改造和供暖系统改造；三是室外环境的改造。图 8-1 为鸟瞰图。

图 8-1　青海油田西安办事处鸟瞰图

2. 改造前存在的问题

（1）工程背景

随着我国经济建设的快速发展，能源问题备受关注，我国人口多，资源相对不足，主要矿产资源人均占有量不到世界平均水平的一半。而且我国能源利用率较低，主要用能产品能耗比发达国家高 40%，其中建筑用能已达全社会能源消耗的 27.6%，建筑节能已成为国家发展战略的重大问题。同时国家规定"十一五"期间全国节能 20%的总目标，折成标准煤 2.4 亿 t，其中建筑节能 1.1 亿 t，占全国节能目标近 50%。这其中包括新建建筑实现节能 7000 万 t，既有建筑改造实现 3000 万 t，随后《国务院关于印发节能减排综合性工作方案的通知》明确提出了"十一五"期间推动北方采暖区既有建筑节能改造 1.5 亿 m² 的任务，在实施方案中又明确提出北方采暖地区既有建筑节能改造要实现节能1600 万 t标煤。从这项措施中，我们可以看出国家明确的态度和节能降耗的决心。青海油田各级领导积极响应国家号召，逐年加大资金投入，淘汰高耗能设备，加快旧房改造进程。我们西安办事处在青海油田的直接领导下，在西安市各级政府的帮助支持下，从 2008 年开始分期

分批对基础设施及旧房进行更新和改造。

（2）改造前存在的缺陷与需求

1）青海油田西安办事处建造于20世纪80年代中期，由于墙体主要为厚度240mm的黏土砖，而屋面未作相应的保温处理，所以整个建筑物保温隔热性能很差，冬冷夏热，严重影响了居住质量，而且采用空调制冷和管网供暖的能耗相当大。故必须进行建筑节能改造以提高居住和办公环境的舒适度。

2）生活供热系统，青海油田西安办事处自成立以来一直使用产于80年代的两台2t卧式链条压力原煤锅炉，属高耗能、高污染锅炉，每年基本启动一台炉。全年耗原煤大约650t左右，每年用煤开支就要22万～28万元。

3）供暖管网无保温措施，热量散失大。

4）既有建筑的单层玻璃的隔热隔声效果差，在过渡季节外窗开启面积和通风系统不能直接利用新风达到降温需求。

5）室外没有活动场所，环境差。

（3）改造的目标

1）通过建筑改造，降低青海油田西安办事处既有建筑的采暖和空调能耗，使建筑节能达到陕西省节能设计65%的标准。

2）围护结构经过保温隔热处理，保护主体结构，延长建筑物寿命。

由于保温层置于建筑物围护结构外侧，缓冲了因温度变化导致结构变形产生的应力，避免了雨、雪、冻、融、干、湿循环造成的结构破坏，减少了空气中有害气体和紫外线对围护结构的侵蚀。事实证明，只要墙体和屋面保温隔热材料选材适当，厚度合理，外保温可以有效防止和减少墙体和屋面的温度变形，有效地消除常见的斜裂缝或八字裂缝。因此外保温有效地提高了主体结构的使用寿命，减少长期维修费用。为建筑结构提高了可靠的保护，相应地就延长建筑物的使用寿命。

3）既有建筑节能改造时，应对原有结构的安全性进行复核和验算，对结构安全性达不到要求时，应采用加固措施。

4）通过建筑节能改造，保证室内热舒适环境，改善居住和办公条件。

5）采用新的洁净能源。

3. 改造中采用的新技术

（1）既有建筑改造的原则

1）对改造的必要性、可行性、安全性以及投入收益比进行论证。

2）综合改造前，应对既有建筑围护结构、采暖空调系统及建筑结构状况、热工性能、外装饰情况以及公共环境进行勘查、判定和设计，必要时应进行现场检测。

3）围护结构改造应与室内供热、空调系统改造同步进行。

4）应充分考虑应用可再生能源或低品位能源。

5）实施既有公共建筑改、扩建时，应同步进行节能改造。

6）屋面宜采用倒置式保温做法。

7）外墙保温应优先采用外保温形式，宜选用预制的保温装饰一体化外保温系统、薄抹灰外保温系统。

（2）建筑改造内容

1）建筑外墙保温；

2）屋面保温；

3）门窗；

4）供暖系统；

5）生活热水供应系统。

（3）外墙外保温

1）青海油田西安办事处外墙外保温简况

青海油田西安办事处外墙保温面积共计 6800m^2，其中 1 号楼（金岛宾馆）的南立面、东西立面，4 号楼（办公楼）的南立面、东立面采用 WH 硬泡聚氨酯保温装饰一体化板外墙外保温系统，饰面材料为氟碳漆；5 号楼、7 号楼、8 号楼、9 号楼、10 号楼、1 号楼（金岛宾馆）的北立面，以及 4 号楼（办公楼）的北立面、西立面采用 WH 硬泡聚氨酯复合板薄抹灰外墙外保温系统，饰面材料为白色涂料。

2）外墙外保温系统简介

A. WH 硬泡聚氨酯保温装饰一体化板外墙外保温系统特点及工艺原理：

① WH 硬泡聚氨酯保温装饰一体化板外墙外保温系统简介

WH 硬泡聚氨酯保温装饰一体化板外墙外保温系统（具体见图 8－2）是置于建筑物外墙外表面具有保温隔热和装饰作用的非承重构造。主要由 WH 硬泡聚氨酯保温装饰一体化板（简称：PUR－112 板）、胶粘剂、辅助锚固件、塑料膨胀锚栓、嵌缝材料、硅酮耐候密封胶组成，简称“保温装饰一体化板系统”。主要饰面材料有面砖、涂料、薄石材等，生产的规格尺寸为（600～1200mm）×（1200～2400mm）主要规格尺寸为：1200mm×800mm，1200mm×600mm，900mm×600mm。其主要构造如图 8－3 所示：

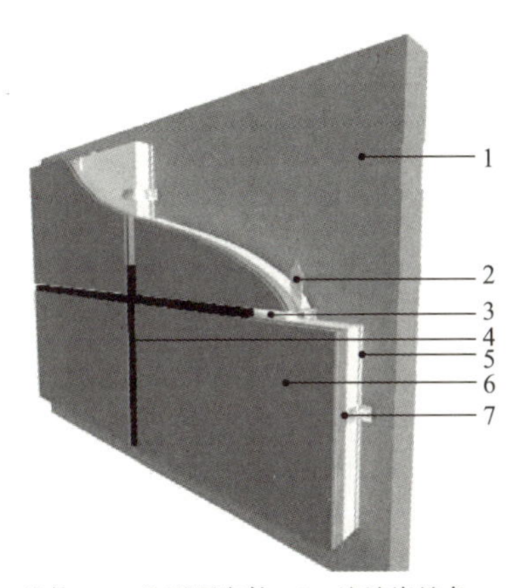

1—墙体；2—Ⅰ型固定件；3—泡沫嵌缝条；4—密封胶；5—胶粘剂；6—WH—体化板；7—Ⅱ型固定件（锚栓）

图 8－2 保温装饰一体化板系统

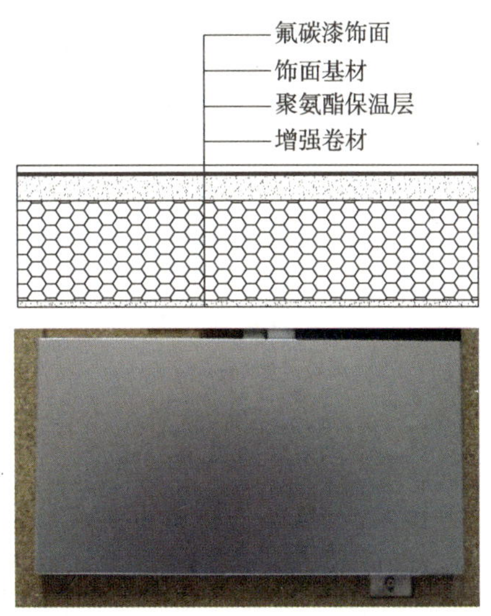

图 8－3 保温装饰一体化板（PUR－112 板）

② PUR－112 板简介

PUR－112 板是利用聚氨酯自粘结性能，将硬泡聚氨酯保温材料与增强卷材和饰面基材（硅酸钙板）或具有饰面功能的板材（铝板、铝塑板等）通过发泡粘结而成。

③ WH硬泡聚氨酯保温装饰一体化板外墙外保温系统工艺原理

WH硬泡聚氨酯保温装饰一体化板外墙外保温系统是以硬泡聚氨酯高效保温材料作为保温层，用水泥基胶粘剂将PUR-112板粘贴于基层墙体外表面，并辅以金属固定件（铝制承重件、I型固定件、II型固定件、转角卡件）锚固，确保PUR-112板与基层墙体的可靠连接；然后在相邻板块之间填充发泡聚乙烯软棒或聚氨酯棒等具有保温性能的弹性材料，避免板间缝口部位形成热桥；最后用耐候型密封胶嵌填板缝表面，可防止外界水分渗入保温系统。

④ WH硬泡聚氨酯保温装饰一体化板外墙外保温系统的特点

a. 施工工期短

保温装饰一体化系统施工工法中只需在现场粘贴PUR-112板、锚固、嵌缝、打胶密封即可。从以上工序可以看出它可以把大量的现场工人操作施工的挂网、抹灰、找平等工序转化到工厂内实现工业化生产，缩短了施工周期，提高了产品质量的稳定性，较好地解决了保温层和墙体的脱离、面层开裂、平整度低的系统问题，提高了系统的寿命。

b. 安全可靠

保温装饰一体化系统采用“承托＋粘贴＋锚固”的固定方式，以粘结为主锚固为辅，任何锚固不得以牺牲粘结强度为代价。粘贴采用点框粘贴方式，有效粘贴面积不少于50％。锚固件可在胶粘剂终凝前起稳定和承托作用，并作为临时连接以防止脱开。锚固件的数量不少于6个/m^2，有效锚固深度大于30mm，单个锚栓抗拉承载力大于0.6kN，在女儿墙、阳角、门窗洞口等部位受风压的影响大，适当增加PUR-112板的有效粘贴面积；挑出墙面部位的底板，在安装PUR-112板时增加辅助锚固件的数量。以上构造方式有效地保证了保温系统的安全性。

c. 质量稳定可控

由于PUR-112板在工厂中预制而成，能够得到良好的质量监控，故对体系的质量可控性有所增强。另外，由于工序较少，施工失误引起的质量隐患就更小。

d. 系统防火性能好

PUR-112板采用硬泡聚氨酯作为保温材料，硬泡聚氨酯属于热固性材料，遇火碳化，其骨架附着于基层墙体，可阻止火焰蔓延。

e. PUR-112板的利用率高

保温装饰一体化板工程深化设计时，根据测量的建筑外立面实际尺寸，采用电脑精确化排板分格设计，板材现场无切割。

f. 环境污染小

保温装饰一体化系统排板设计时采用精确化排板、现场基本无切割材料浪费少，施工时不会对周围环境产生污染。

B. WH硬泡聚氨酯复合板薄抹灰外墙外保温系统特点及工艺原理：

① WH硬泡聚氨酯复合板薄抹灰外墙外保温系统简介

由硬泡聚氨酯复合板（简称PUR-101板）、胶粘剂、塑料膨胀锚栓、耐碱玻纤网格布、抹面胶浆、饰面材料等组成的用于建筑外墙外表面的保温系统，饰面材料有涂料、面砖、干挂石材等。主要规格为1200mm×600mm。如图8-4所示。

② PUR-101板简介

PUR-101板是以连续或间歇生产工艺生产的聚氨酯板材为芯板，两面辅以增强卷材为界面层，在生产线发泡复合一次成型的保温材料。

③ WH 硬泡聚氨酯复合板薄抹灰外墙外保温系统工艺原理

WH 硬泡聚氨酯复合板薄抹灰外墙外保温系统是用胶粘剂将 PUR－101 板粘贴于基层墙体外表面，并辅以塑料锚栓，确保 PUR－101 板与基层墙体的可靠连接；然后在保温层上用抹面胶浆做抹面层，同时在抹面层内铺设增强网，确保保温层与抹面层粘结牢固，提高抹面层的抗裂性能，并具备防水、抗冲击和阻燃的防火性能。最后做饰面层，在增加建筑物美观同时，也增加对外保温系统的防护作用，如图 8－5 所示。

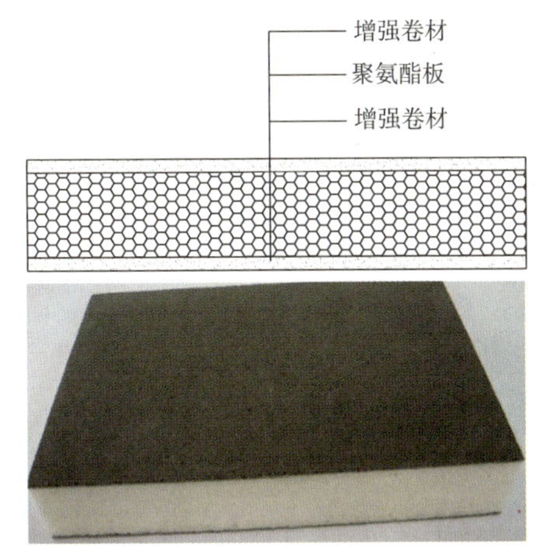

图 8－4　硬泡聚氨酯复合板（PUR－101 板）

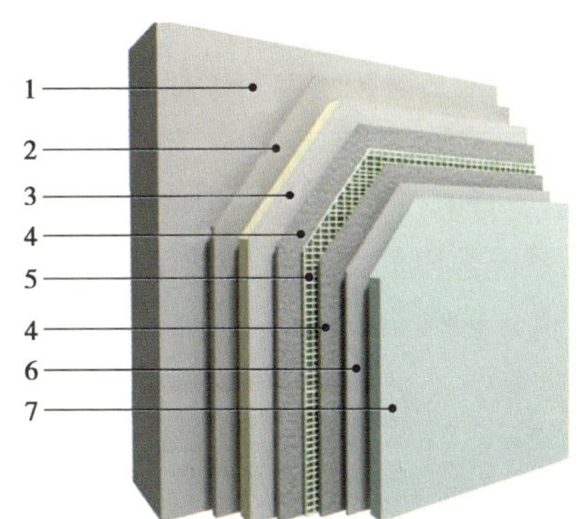

1—基层墙体；2—胶粘剂；3—硬泡聚氨酯复合板；4—抹面胶浆；5—耐碱玻纤网格布；6—柔性耐水腻子；7—涂料（或面砖）

图 8－5　硬泡聚氨酯复合板薄抹灰系统

④ WH 硬泡聚氨酯复合板薄抹灰外墙外保温系统的特点

本工法采用 PUR－101 板作为保温材料，其导热系数很小，具有优良的保温性能。

PUR－101 板是以聚氨酯为芯材，两面辅以增强卷材为面层，在生产线发泡复合一次成型的保温材料，由于聚氨酯具有主动粘结性能，故聚氨酯与卷材之间融为一体，拉伸粘结强度与聚氨酯一致，再加上本工法采用拉伸粘结强度性能稳定的胶粘剂和抹面材料，且对保温系统采用锚固件作辅助固定，即其与基层墙体的连接采用粘锚结合方式，提高了系统的粘结强度和拉伸强度。大幅度提高了系统以及系统与基层墙体之间的整体性。

本系统保温层的 PUR－101 板结构紧密、抗压强度高，有利于提高系统抗冲击和抵御各种外力作用的能力；抗拉伸强度高，保温层本身的整体性好，能提高抗负风压的能力（不易被拉开）。

本系统采用具有抗裂作用的胶粘剂和抹面胶浆，具有高弹性和整体性，对建筑物墙面变形适应性强，特别对陈旧的墙面局部裂纹有整体的覆盖的效果，有效地解决了传统墙体由于多种原因而产生的龟裂问题。

本系统对门窗洞口边等部位以及系统与非保温部位接口处均采用了网格布和锚栓的加强处理，增加了系统的强度，能够有效地防止面层开裂、脱落等现象的出现。

工法中对面砖饰面系统的采用加强型耐碱玻纤网格布处理，减少了施工复杂程度，有利于提高施工效率。

3）热工计算

① 设计要求

陕西省西安市在我国气候区域划分中属于寒冷地区，建筑节能设计主要考虑冬季保温，而外墙保温材料的保温效果主要取决于导热系数。按照陕西省公共建筑和居住建筑围护结构传热系数限值的要求，该项目外墙热工性能指标应满足表 8－1 要求：

外墙围护结构热工性能要求 **表 8－1**

围护结构	外墙传热系数［W/(m²·K)］限值	热阻限值（m²·K/W）
公共建筑	$K_m \leqslant 0.60$	$R_m = 1.67$
居住建筑	$K_m \leqslant 0.70$	$R_m = 1.43$

② 热工计算

外墙系统热阻值 R 由墙体热阻值 $\overline{R}$、保温层热阻值 R_b 和墙体系统内外表面的换热阻值 $R_{换}$ 组成，即 $R=\overline{R}+R_b+R_{换}$。

$$K=\frac{K_{混凝土}\times F_{混凝土}+K_{砌}\times F_{砌}}{F_{混凝土}+F_{砌}},\qquad 而\frac{1}{K}=\overline{R}\text{ 则可推出：}$$

$$\overline{R}=\frac{R_{混凝土}\times R_{砌}\ (F_{混凝土}+F_{砌})}{R_{混凝土}\times F_{砌}+R_{砌}\times F_{混凝土}}$$

③ 现有围护结构墙体平均热阻值

钢筋混凝土导热系数 $\lambda_{混凝土}=1.74\text{W/(m·K)}$；

该部分墙体热阻 $R_{混凝土}=d\div\lambda_{混凝土}=0.24\div1.74=0.138\text{m}^2\cdot\text{K/W}$。

粘贴砖的导热系数 $\lambda_{砌}=0.81\text{W/(m·K)}$；

则该部分墙体热阻：$R_{砌}=d\div\lambda_{砌}=0.24\div0.81=0.30\text{m}^2\cdot\text{K/W}$。

在 240mm 厚的钢筋混凝土和黏土多孔砖墙体中，黏土多孔砖墙体所占的面积为 65％，构造柱、圈梁和墙体内楼板所占面积为 35％，所以现有墙体平均热阻值为：

$$\overline{R}=\frac{R_{混凝土}\times R_{砌}\ (65\%F+35\%F)}{R_{混凝土}\times65\%\times F+R_{砌}\times35\%\times F}=\frac{0.138\times0.30}{0.138\times65\%+0.30\times35\%}=0.213\text{m}^2\cdot\text{K/W}$$

（上式中 F 为外墙总面积）

④ 水泥砂浆墙体粉刷层

水泥砂浆导热系数为 $\lambda_0=0.93\text{W/(m·K)}$，内外两层水泥砂浆厚度 40mm。

$$R_0=\frac{d}{\lambda_0}=\frac{0.04}{0.93}=0.043\text{m}^2\cdot\text{K/W}$$

⑤ 防护层、粘结层及找平层

防护层厚度为 5mm，找平层厚度为 20mm，粘结层厚度为 5mm，导热系数 $\lambda_0=0.93\text{W/(m·K)}$；

水刷石厚度为 10mm，导热系数 $\lambda_0=1.2\text{W/(m·K)}$。

$$R_0=\frac{d}{\lambda_0}=\frac{0.03}{0.93}=0.04\text{m}^2\cdot\text{K/W}$$

$$R_0=\frac{d}{\lambda_0}=\frac{0.01}{1.2}=0.01\text{m}^2\cdot\text{K/W}$$

⑥ 墙体内外表面的换算热阻 $R_{换}$

$$R_{换}=R_i+R_e=0.15m^2\cdot K/W$$

⑦ 计算保温系统的热阻补充值 R_b

公共建筑：$R_b=R_m-\overline{R}-R_{换}=1.67-0.224-0.15-0.043-0.05=1.203m^2\cdot K/W$

居住建筑 $R_b=R_m-\overline{R}-R_{换}=1.43-0.224-0.15-0.043-0.05=0.963m^2\cdot K/W$

⑧ 计算最小保温层厚度 δ

根据传热系数设计要求计算最小保温层厚度 δ_K

硬泡聚氨酯板导热系数 $\lambda_c=0.024W/(m\cdot K)$，修正系数取 1.10，因而

公共建筑：$\delta_K=R_b\times\lambda_c\times1.10=1.203\times0.024\times1.10=0.031m$

居住建筑：$\delta_K=R_b\times\lambda_c\times1.10=0.963\times0.024\times1.10=0.025m$

按照施工要求，选择 30 厚的硬泡聚氨酯板即可完全满足设计要求。

4）施工工艺

WH 硬泡聚氨酯保温装饰一体化板和 WH 硬泡聚氨酯复合板薄抹灰系统的施工工艺流程见图 8-6 和图 8-7。

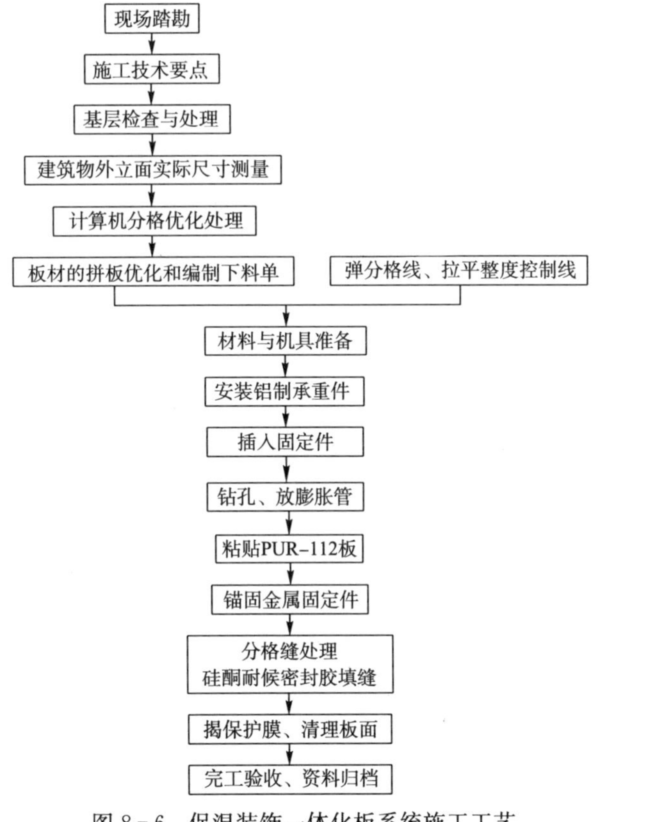

图 8-6 保温装饰一体化板系统施工工艺

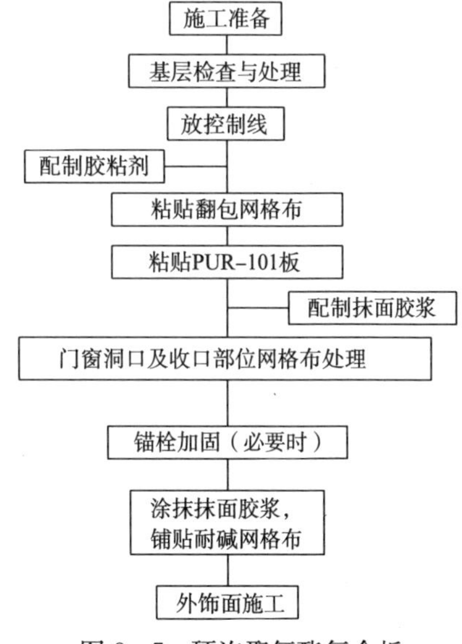

图 8-7 硬泡聚氨酯复合板薄抹灰系统施工工艺

5）质量要求

① 基层墙体的质量要求

基层墙体应坚实、干燥、干净，找平层应与墙体粘结牢固，不得有脱层、空鼓、裂缝，平整度应达到普通抹灰标准，基层与胶粘剂的拉伸粘结强度不得低于 0.3MPa。基层墙体的尺寸允许偏差见表 8-2。

基层墙体的尺寸允许偏差 **表 8-2**

项目			允许偏差（mm）	检测方法
墙体垂直度	每层		5	2m 托线板检查
	全高	≤10m	10	经纬仪或吊通线检查
		>10m	20	
表面平整度			4	2m 靠尺检查
伸缩缝（装饰线）平直度			3	2m 靠尺检查

② 硬泡聚氨酯复合板薄抹灰系统施工完成后质量要求（见表 8-3）

硬泡聚氨酯复合板施工完成后的尺寸允许偏差 **表 8-3**

项目			允许偏差（mm）	检测方法
垂直度	每层		5	2m 托线板检查
	全高	≤10m	10	经纬仪或吊通线检查
		>10m	20	
表面平整度			3	2m 靠尺检查
阴阳角垂直度			3	2m 托线板检查
阴阳角方正度			3	角尺检查
接缝高差			1.5	用直尺和楔形塞尺检查

③ 保温装饰一体化板系统施工完成后质量要求（见表 8-4）

保温装饰一体化板施工完成后面层尺寸偏差 **表 8-4**

项目			允许偏差	检测方法
墙面垂直度	墙体高度	$H \leqslant 30$m	≤5mm	经纬仪测量
		30m$<H\leqslant$60m	≤10mm	
		60m$<H\leqslant$90m	≤15mm	
		$H>$90m	≤20mm	
横向顺直度			≤5mm/5m 或≤3mm/2m	5m 拉线检查 2m 靠尺检查
阴阳角方正			≤4mm	直角尺检查
墙面平整度			≤3mm	2m 靠尺检查
相邻两块板高低差			≤1.5mm	2m 靠尺检查
分格缝平直度			≤2mm	5m 拉线检查不足 5m 用钢直尺检查

6）施工完成前和完成后的图片对比

① 外墙保温施工前照片（图 8-8～图 8-13）

图 8-8 1号楼（金岛宾馆）北面水刷石饰面

图 8-9 1号楼（金岛宾馆）南面水刷石饰面

图 8-10 8号楼北面

图 8-11 4号楼南面

图 8-12 7号楼南面

图 8-13 5号楼北面

② 外墙保温施工中照片（图 8－14～图 8－16）

图 8－14 PUR－112 板施工图

图 8－15 PUR－101 板膨胀螺栓固定

图 8－16 PUR－101 板抹灰图

③ 外墙保温施工完成后照片（图 8－17～图 8－19）

(4) 屋面保温

1) 屋面保温简况

屋面保温系统采用 WH 现场喷涂硬泡聚氨酯体系，其保温材料采用密度≥55kg/m^{3}的硬泡聚氨酯。

2) WH 现场喷涂硬泡聚氨酯体系的特点和工艺原理

图 8-17　1 号楼北面硬泡聚氨酯复合板薄抹灰

图 8-18　1 号楼南面保温装饰一体化板系统

图 8-19　硬泡聚氨酯复合板薄抹灰系统完成后照片

WH 喷涂聚氨酯屋面保温系统由屋面基层、找平（坡）层、现喷聚氨酯保温防水层、防护层（兼找平层）组成。喷涂施工后在施工工作面形成无接缝的连续壳体，打破了传统建材功能单一：防水的不保温、保温的不防水，防水层一旦出现渗漏保温层随即失去保温功能的通病。所以喷涂聚氨酯屋面保温系统是保温防水一体化的屋面，具有屋面整体性好、低吸水率、与基层粘结牢固等特点。其构造形式如图 8-20 所示。

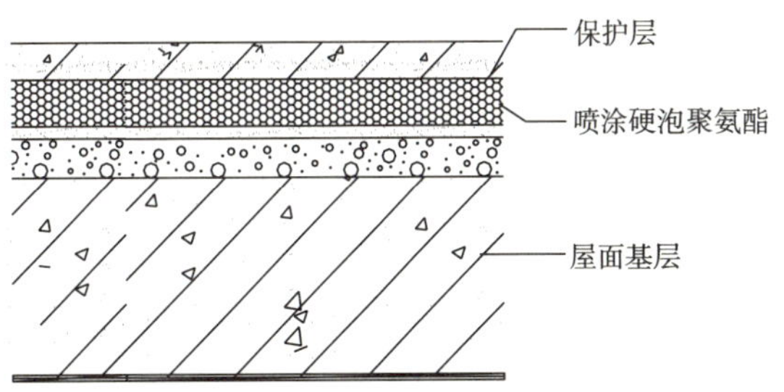

图 8-20　WH 喷涂硬泡聚氨酯屋面保温系统构造图

3）热工计算

① 设计要求

该地区在我国气候区域划分中属于寒冷地区，建筑节能设计主要考虑冬季保温，而屋面保温材料的保温效果主要取决于导热系数。按照陕西省公共建筑和居住建筑围护结构传热系数限值的要求，该项目屋面热工性能指标应满足表 8－5 要求：

屋面围护结构热工性能要求　　表 8－5

围护结构	屋面传热系数［W/(m^2·K)］限值	热阻限值（m^2·K/W）
居住建筑	$K_m \leqslant 0.60$	$R_m = 1.667$
公共建筑	$K_m \leqslant 0.55$	$R_m = 1.818$

② 热工计算

外墙系统热阻值 R 由墙体热阻值 $\overline{R}$、保温层热阻值 R_b 和墙体系统内外表面的换热阻值 $R_{换}$ 组成，即 $R=\overline{R}+R_b+R_{换}$。

③ 现有围护结构屋面平均热阻值

钢筋混凝土导热系数 $\lambda_{混凝土}=1.74$W/(m·K)；

该部分热阻 $R_{混凝土}=d\div\lambda_{混凝土}=0.20\div1.74=0.115$m^2·K/W。

水泥保护层的导热系数 $\lambda_{砌}=0.93$W/(m·K)；

则该部分热阻：$R_{砌}=d\div\lambda_{砌}=0.040\div0.93=0.043$m^2·K/W。

$\overline{R}=0.115+0.043=0.158$m^2·K/W

$R_{换}=R_i+R_e=0.15$m^2·K/W

④ 计算屋面保温系统的热阻补充值 R_b

居住建筑：$R_b=R_m-\overline{R}-R_{换}=1.67-0.158-0.15=1.362$m^2·K/W

公共建筑：$R_b=R_m-\overline{R}-R_{换}=1.818-0.158-0.15=1.51$m^2·K/W

⑤ 计算最小保温层厚度 δ

根据传热系数设计要求计算最小保温层厚度 δ_K：

硬泡聚氨酯导热系数 $\lambda_c=0.024$W/(m·K)，修正系数取 1.10，因而

公共建筑：$\delta_K=R_b\times\lambda_c\times1.10=1.51\times0.024\times1.10=0.039$m

居住建筑：$\delta_K=R_b\times\lambda_c\times1.10=1.362\times0.024\times1.10=0.036$m

按照施工要求，选择 40mm 厚的硬泡聚氨酯即可完全满足设计要求。

4）设计与施工要求

① 设计要求

屋面保温防水层的设置按《屋面工程技术规范》(GB 50345—2004)。

突出屋面构造的交接处，以及基层的转角处宜做成圆弧形，且圆弧半径不应小于 50mm。

② 施工要求

屋面基层应坚实、平整、干净。

喷涂聚氨酯施工的环境温度不应低于 10℃，空气相对湿度宜小于 85%，风力不宜大于三级。严禁在雨天、雪天施工，当施工中途下雨、下雨时应采取遮盖措施。

喷涂聚氨酯施工时应根据设计厚度，一个作业面分几遍喷涂完成，每遍的厚度不宜大

于 15mm，当日的施工作业面必须于当日连续地喷涂施工完毕。考虑聚氨酯发泡、稳定及固化时间约需 15min，故规定施工后 20min 内不能上人，防止破坏保温层。

施工时严禁损坏已固化的硬泡聚氨酯保温层。

5）质量要求

① 硬泡聚氨酯保温层厚度必须符合设计要求。

② 水泥砂浆防护层应与硬泡聚氨酯粘结牢固，不得有破损。

③ 天沟、檐沟、水落口伸出屋面管道、变形缝等的做法应符合设计的要求。

6）屋面保温相关照片

屋面保温施工前、施工中和施工后的有关照片见图 8－21～图 8－23。

图 8－21　屋面保温施工前

图 8－22　屋面保温施工中

图 8－23　屋面保温施工完成后

（5）外窗改造

1）外窗改造简况

外窗改造采用中空玻璃塑钢窗，面积约为 2100m²，将旧式钢窗换成新式中空玻璃塑钢窗，双层玻璃有效提高了建筑持续保温隔热的性能，加大了室内外的温差。同时还提高了窗户的隔声和采光性能，使建筑外形更加美观。

2）中空玻璃塑钢窗的性能与特点

① 中空玻璃由于在两片玻璃之间形成了一定的厚度并被限制了流动的空气或其他气体层，从而减少了玻璃的对流和传导传热，因此它具有了较好的隔热能力。其传热系数 $K=2.37\mathrm{W/(m^2 \cdot K)}$，气密性 $A=0.53\mathrm{m^3 \cdot h}$。

② 透过玻璃进入室内的太阳辐射是造成空调能耗的原因之一。辐射传递是能量通过射线以辐射的形式进行的传递，这种射线包括可见光、紫外线等的辐射，就像太阳光线的传递一样。中空玻璃可以最大限度地降低能量通过辐射形式的传递，从而降低能量的损失。

③ 由于中空玻璃内部存在着可以吸附水分子的干燥剂，气体是干燥的，在温度降低时，中空玻璃的内部也不会产生凝露的现象，同时，在中空玻璃的外表面结露点也会升高。

3）外窗改造相关照片

外窗改造施工前后的照片见图 8-24～图 8-27。

图 8-24 住宅外窗改造前

图 8-25 宾馆外窗改造前

图 8-26 住宅外窗改造后

图 8-27 宾馆外窗改造后

(6) 供热系统和生活热水供应系统改造

1) 供热系统和生活热水供应系统改造简况

供热系统和生活热水供应系统改造主要包括锅炉改造、供热管网的改造、生活热水供应系统的改造。

2) 改造措施与技术特点

① 锅炉的更新改造

2008年初，根据西安市政府的要求标准，经过考察调研，选用了一台3t的环保节能常压型煤锅炉，共投入更新改造资金近80万元（包括锅炉房的基础设施改造及安装费用）。从2009～2010年冬季采暖期锅炉运行的参数上看，这个采暖期中，在天气正常情况下，锅炉出水温度基本保持在50～54℃之间，回水温度比出水低于8～10℃。遇到雨雪天气，最高出水温度也没有超过60℃，回水温度最大差也只有18～20℃。就是在这种运行参数下，室内温度一般都在22℃左右。而同比2008～2009年，正常情况下锅炉出水温度都在80℃左右，最高出水温度85℃，出水温度和回水温度之差30℃左右，而且很多住户还是感觉室内温度不高。

在这个保温期结束后，我们还对整个锅炉运行参数进一步做了一些分析认为，锅炉的煤耗还是大有潜力可挖，下一个保温期里我们将在去年的基础上，把锅炉运行参数再调整得更加科学合理一些，再多节约30～40t型煤是完全有把握的。也就是说同期相比，保温改造后和保温改造前燃煤节约40%是完全能够实现的。同时我们还应该看到这个效益只是一年的节煤量、节电效益暂时还无法计算出来，还需一两年的摸索，计量、统计，但我们有理由相信效果也一定会很明显。

② 供热管网采用喷涂硬泡聚氨酯保温处理

供热管道采用聚氨酯保温后，在暖气输送过程中热网热损失不到2%；

供热管网采用喷涂硬泡聚氨酯保温处理，防腐，绝缘性能好，使用寿命长。由于聚氨酯硬质泡沫保温层紧密地粘结在供热管道外皮，隔绝了空气和水的渗入，能起到良好的防腐作用，同时它的发泡孔都是闭合的，吸水性很小。

③ 生活供水系统采用太阳能集中供热水系统

a. 为什么选用太阳能集中供热水系统

2007年以前我们办事处宾馆一直用一台小型型煤热水锅炉向客房提供洗漱热水，每年耗煤约160余t，每吨400元左右，每年支出费用6万多元，加上人工费支出共7万余元。费用太高，为此2008年将其淘汰。我们投入约25万元资金，更新为太阳能集中供热水系统。

b. 太阳能集中供热水系统特点

该系统包括太阳能集热装置和水箱，其优点是常规能源集中供热水系统无法具备的，系统的特点如下：

能耗免费：当太阳能集中供热水系统设计功率足够大时，其系统同时具备了蓄热、蓄能的功效，在不配备其他辅助能源的情况下，同样能满足全天候热水供应。

运行免费：按目前的科技条件，太阳能集中供热水系统以能实现全面自动控制，运行中无需专人负责运行管理，无需多余开支。

环保免费：采用太阳能集中供热水系统，在运行过程中没有“三废”产生，没有任何污染，无需花费治理。

安全可靠：合格达标的太阳能集中供热水系统本身即无任何安全隐患，在运行过程中也不会出现意想不到的安全事故。

节约水资源。

3）供热系统和生活热水供应系统改造相关照片

供热系统和生活热水供应系统改造前后的状况见图 8－28～图 8－31 所示。

图 8－28　改造前锅炉

图 8－29　改造后锅炉

图 8－30　改造后太阳能集热器

图 8－31　改造后太阳能贮水罐

（7）室外环境改造（图 8－32～图 8－33）

图 8－32　增加休息座椅

图 8－33　增加健身器材和场地

4. 改造后的效果

（1）节能效益

本项目改造完成经运行相应的时间后，与改造前相比室内热环境得到了明显改善，在 2009～2010 年采暖期，室内平均温度由原来的 14～15℃提高到 23℃以上，大大降低了建筑的耗热量指标，与改造前相比能耗分别下降约 38%，按标准年份和设计室内温度条件修正后都能达到相关的节能设计标准。

（2）社会效益

既有建筑节能改造，无论政府、供热企业，还是居民都是受益群体。从社会经济可持续发展的角度出发，通过既有建筑节能改造措施，降低建筑能耗、提高住宅舒适度，达到节约能源、保护环境、提高生活质量的目的，减少能源消费开支。

（3）环境效益

① 老式锅炉烧原煤，使用量为 780t/a，累计排放二氧化碳 1742t/a，二氧化硫 9.2t/a，粉尘 6.24t/a。老式锅炉改为清洁锅炉后，烧型煤，使用量为 650t/a，型煤燃烧时基本不产生粉尘和煤烟，二氧化硫产出量极低，累计排放二氧化碳 1625t/a，相对原煤节煤 20%以上。

② 既有建筑进行节能改造后每年每平方米减少二氧化碳排放量 29kg，全年减少近 400t 二氧化碳，以本小区 400 人估算，人均减少近 1t，比中国人均二氧化碳排放量少了 40%，符合低碳城市生活的需求，为环境改善做出了较大的贡献。

③ 本项目改造使用了中空玻璃塑钢窗，使整个建筑的抗风压性能、气密性能、水密性能、隔声性能得到很大的提高。

大大降低了外界噪声对居住和办公环境的影响，中空玻璃可将噪声下降 27～40dB，外面 80dB 的交通噪声到了室内，只有 50dB；

消除霜露：室内外温差过大，单层玻璃会结霜。中空玻璃则由于与室内空气接触的内层玻璃受空气隔层影响，即使外层接触温度很低，也不会因温差在玻璃表面结露（中空玻璃露点可达－70℃）；

减少室外的太阳热辐射对室内温度的影响，改善生活环境。

5. 改造后可借鉴的成果

(1) 生活热水供应系统和供暖管网改造经济性分析

1) 本项目选用了一台 3t 的环保节能常压型煤锅炉，共投入更新改造资金近 80 万元（包括锅炉房的基础设施改造及安装费用)。11 月中旬投入使用，通过一个冬季运行，共耗型煤 725t（发热量 5000 大卡左右)，每吨单价 695 元（当年煤价偏高)，共计支出 50.4 万元。改造后从经济指标上看，对企业来说不是很理想，但是环保指标达到了政府的要求，大大减少了煤灰粉尘和二氧化硫等有害物质向大气层的排放量。社会效益十分明显。

2) 选用最洁净能源，更新淘汰高耗能设施。2007 年以前我们办事处宾馆一直用一台小型型煤热水锅炉向客房提供洗漱热水，每年耗煤约 160 余吨，每吨 400 元左右，每年支出费用 6 万多元，加上人工费支出共 7 万余元。2008 年将其淘汰。我们投入约 25 万元资金，更新为太阳能集中供热水系统，通过两年多的运行情况，每年节约燃煤 160 余吨，不仅减少了向大气层排放的各种污染物。经济效益更是显著，仅节煤一项 4 年时间就可以收回投资，达到了社会效益、经济效益双赢。

3) 供热管网采用硬泡聚氨酯保温，减小输送过程中造成的热量散失，提高了采暖的利用率。

(2) 围护结构（包括外墙、屋面、门窗）改造经济性分析

1) 本项目耗资 200 万元对围护结构进行改造，改造按陕西省 65%的节能标准设计，相对于未改造前冬季采暖部分每年每平方节约煤约 16kg，总共 208t，每吨单价按 695 元，则每年可节约 14.5 万元。

2) 围护结构改造前夏季制冷空调能耗为 18.0kWh/m^2，围护结构改造后夏季制冷空调能耗约为 10kWh/m^2，按 0.5 元/kWh 计，则每年可节约 5.2 万元。

通过本次对既有建筑的改造，我们主要有以下几点体会和建议：

① 既有建筑改造是一个系统工程，不仅要对围护结构作保温，还要对供暖系统，生活热水系统等进行全面的节能改造，集中力量一次到位，打“歼灭战”。这样成本最低，效果最佳，也只有这样才能真正地实现节能，达到相应的节能标准。

② 节能改造提高了生活和办公环境的舒适度，降低了建筑能耗，减少了环境污染，是转向低碳生活方式的重要途径之一。

③ 节能降耗保温改造利国利民，效益明显，前景远大。既要看经济效益指标，也要看社会效益指标；既要看近期的经济效益指标，更要看远期经济效益指标，还要看潜在的经济效益指标。

④ 既有建筑节能改造是我国发展的潮流和趋势，是建筑业技术进步的重要标志，也是建筑业实施可持续发展战略的一个关键环节，对于缓解我国人口资源匮乏、减轻大气污染，改善建筑热环境起着举足轻重的作用。

九、新疆乌鲁木齐市昌吉水木融城住宅小区综合改造工程

1. 工程概况

特变·水木融城既有建筑综合改造是由新疆特变电工房地产开发有限责任公司开发（后称“房产公司”）的既有建筑综合改造技术集成示范工程，工程位于新疆昌吉市特变·水木融城居住小区一期区域，共计 8 栋既有住宅楼，总建筑面积为 16606.5m²，原建筑建设时间为 1989～1993 年，建筑结构类型为砖混结构，每栋楼地上 5 层，地下一层。

项目于 2008 年 1～12 月期间进行了综合技术改造。小区总平面规划满足相应的规划要求，总平面布置如图 9-1 所示，绿化率、绿化面积和停车数等规划指标、主要经济技术指标如表 9-1 所示，改造后实际照片如图 9-2 所示。

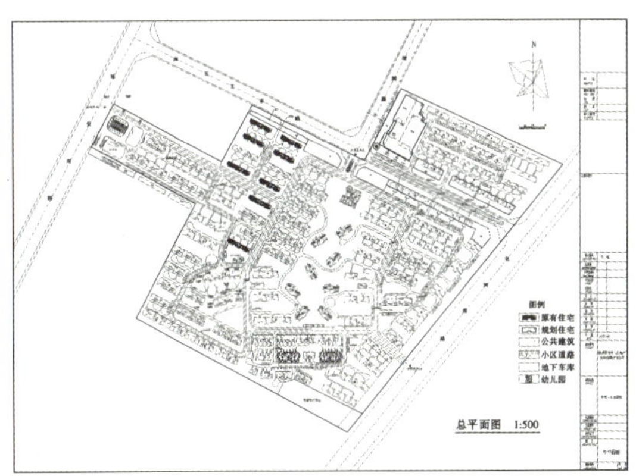

图 9-1 特变·水木融城规划总平面
（图中涂黑部分为 8 栋既有住宅楼）

图 9-2 改造完工后的实景照片

主要技术经济指标表 **表 9-1**

项 目	技术经济指标
建筑总面积（m²）	41.08 万
住宅建筑总面积（m²）	37.47 万
公建总面积（m²）	3.61 万
容积率	1.33
住宅建筑净密度（%）	26.92
绿地率（%）	37.49
居住户数户	3796
居住人口（人）	12147
停车位（辆）	1080

2. 改造前存在的问题

(1) 工程背景

特变·水木融城项目是特变电工房产公司开发的，国家财政部、住房城乡建设部联合立项的可再生能源在建筑中应用示范的项目。项目占地 30.92 公顷，建筑总面积 41.08 万 m^2，其中新建筑面积 39.42 万 m^2，既有建筑 1.66 万 m^2。本着打造国家示范工程的目标，倡导绿色、生态，鼓励和引导走可持续发展的道路，提炼出三大主题：运动与健康的主题；景观与人文的主题；科技以人为本的主题。

本着节约资源、保护环境、可持续发展的目的，既有 8 栋住宅楼，在小区整体规划时，就客观、积极地将其纳入整体规划布局中，无论是从规划结构体系、景观系统、节能、环保，还是设备、设施方面都充分结合现状因素，并站在改造提升可持续使用的立场上，配置资源，使既有建筑充分融入小区整体规划建设中，为建设高品质、绿色、环保、生态社区做出了积极的贡献。

(2) 项目改造前存在的问题

既有 8 栋住宅楼外墙为 370 厚实心砖墙，内隔墙为 240 厚实心砖墙，楼板为预应力空心楼板，是原昌吉化肥厂厂建职工住宅楼，建设年代相对较长，缺乏整体配套，单体建设标准较低。改造前的建筑见图 9-3，主要存在着以下一些问题。

图 9-3　既有住宅改造前背立面实景

1) 整体环境方面

① 该 8 栋既有建筑原环境脏、乱、差，原建的管线、设施老化，无人维护，设施的破、漏、损随处可见，环境状况比较恶劣；

② 无基本配套设施，几十年生长的树木缺乏灌溉、修剪，死枯树木随处可见；

③ 个别居民生存在贫困线上，生活环境无序。

2) 建筑围护方面

由于在工程建设时，8 栋既有建筑外围护结构未作任何节能保温措施，单元门为木制弹簧门，入户门为木门，外窗为单层玻璃空腹钢窗，阳台为开敞式阳台或单层玻璃空腹钢窗封闭阳台。

3) 能源利用方面

①无可再生能源利用；②无非传统水源的利用。

(3) 项目改造技术特点

特变·水木融城小区采用了太阳能光伏电站庭院照明、地源（水源）热泵采暖技术、完善的外墙外保温体系等，使示范项目的节能目标达到 50%、65%以上，小区设备设施如恒压供水、消防、商业、医疗、体育馆、社区服务综合配套、景观系统、市政给水排水、采暖、照明等综合达到高品质社区的目标。针对既有建筑的改造，就是在充分分享小区综合资源的前提下，改造建筑单体及周边的设施条件。

(4) 改造的技术目标

1) 建筑节能目标≥50%

外墙实体部分采用性能优良、技术成熟的外保温构造；屋面也采用高效的保温隔热材料，并结合防水构造，以达到节能和改善顶部楼层室内热环境的良好效果；建筑外立面遵从小区多层住宅相协调、统一的立面效果进行处理，达到改旧如新的目的。

2）建筑设备系统改造

根据8栋既有建筑原有的设备管线，对给水、排水、采暖系统依照现行的国家和地方相关技术标准改造利用。

3. 改造中采用的新技术

（1）建筑改造

1）建筑外围护结构的保温改造

按照新疆维吾尔自治区住宅50%节能规定，对该8栋既有建筑经过建筑节能设计，外围护结构的保温改造做法如下：

① 外墙外保温

外墙外保温采用胶粉聚苯颗粒贴砌聚苯板外墙外保温体系，外墙保温采用70厚带凹凸槽聚苯板保温（EPS板）。技术构造做法如下：1）将原有墙面抹灰铲除、凿毛，抹界面砂浆；2）15厚胶粉粘结灰浆；3）80厚模塑聚苯板（EPS板双面界面砂浆处理）；4）10厚胶粉粘结灰浆；5）抗裂砂浆复合耐碱网格布；6）弹性底涂，柔性腻子；7）外墙涂料。如图9－4所示。

② 屋面保温

屋面保温材料采用100厚模塑聚苯板（EPS板）保温，技术构造做法如下：1）3厚SBS改性沥青防水卷材二层（面层带砂）；2）30厚C20细石混凝土找平层；3）120厚模塑聚苯板（EPS板）保温层；4）30厚粉煤灰陶粒混凝土找坡层；5）预应力空心楼板；6）室内饰面层。如图9－5所示。

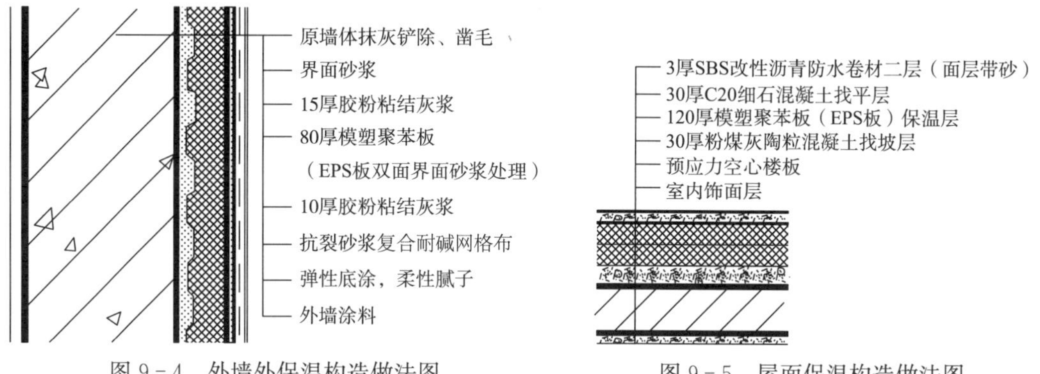

图9－4　外墙外保温构造做法图

图9－5　屋面保温构造做法图

③ 外窗

外窗为单框两玻塑钢窗。型材采用三腔二密封60型材，玻璃选用二玻一腔（4＋9A＋4）中空玻璃。窗密封条全部采用三元乙丙原生橡胶条，外窗、门靠墙体部位的缝隙采用聚氨酯发泡剂填缝，窗框四周与抹灰层之间的缝隙采用嵌缝密封膏密封（如图9－6所示）。

2）建筑外立面的改造

① 建筑外立面的造型改造

原 8 栋既有住宅的屋面为平屋面，为了使其同小区内的新建建筑外立面风格保持一致，将既有建筑外立面按新建筑造型统一改造。

② 建筑外立面粉刷

8 栋既有住宅的外立面颜色为浅黄色，同小区新建建筑的建筑色彩风格不同，故对原有住宅的外立面进行了重新改造设计、粉刷翻新（如图 9－7 所示）。

图 9－6　完成外墙保温及塑钢窗安装的实景

图 9－7　完成坡屋面、外立面粉刷改造的既有建筑同新建建筑的对比图片
（前为改造建筑，后为新建建筑）

（2）采暖管网的改造

8 栋既有住宅的采暖采用的是铸铁暖气包的采暖，系统采用整层为一个串联的方式供暖，这一供热方式导致位于暖气干管近端和远端的住户室内温度相差很大，往往是近端用户在采暖期热的需要开窗散热，而远端用户的室内温度只有十几度，达不到当地采暖居住建筑≥18℃的冬季室内采暖温度最低要求。为了解决这个问题，对 8 栋既有住宅楼内的采暖系统进行了改造，改为一个单元为一个并联系统的方式采暖，降低由于距采暖干管的距离而产生的室内温差。

（3）给水排水改造

1）消防系统的改造

原有 8 栋住宅楼是昌吉化肥厂为了解决内部职工的住房问题而建设的职工住房，修建的年代较早，规划布局带有一定的局限性，在消防方面未作任何的考虑。在特变·水木融城项目的规划设计阶段，将原有 8 栋住宅楼纳入整个小区的消防系统进行考虑，根据相关规范的要求在改造住宅区设置了消防给水窨井，可供消防车在扑灭火灾时，获得稳定的消防用水水源，为原有 8 栋住宅楼配置建设了完善的消防设施（如图 9－8 所示）。

图 9－8　室外消防给水窨井

2）给水系统改造

原有住户供水方式为单位自供式，即原化肥厂在厂区内打井利用水泵将地下水送至各户，出于用电节约的考虑，水泵的工作时间为间歇式，不但住户的用水得不到保障，在用水高峰期还经常出现顶层供水压力不足的现象，而且从饮水的安全性上来说，直接从地下抽取的地下水未经过必要的水质净化处理，存在不安全的隐患。特变房产在特变·水木融城小区的开发过程中，将市政自来水引进小区，同时为了保证在用水高峰期，住在较高楼层的住户能正常的用水，小区的给水外网采用了平衡常压给水系统，通过变频式水泵的自调节功能，实现了在保证供水压力的同时兼顾节约的目的。

3）室内水表系统改造

原有户内水表为普通旋翼式水表，在进行收费时需要专人上门抄表，不但需要大量的人力、时间，而且收费率也一直无法保证。改造后将水表更换为预付费式插卡式水表，不但节约了人员和时间的投入，而且养成了住户主动缴纳用水费用的良好习惯。

（4）电气系统改造

1）电源的改造

原有 8 栋住宅楼的用电是由市政变压器，通过室外电杆直接引入建筑，为单电源引入，保证率不高，在特变·水木融城项目的电力外网设计阶段，就将原有 8 栋住宅楼纳入整个小区的电力外网系统进行考虑。小区是通过两条市政供电线路引入开闭所，由开闭所再引向各个箱式变压器，从而实现了整个小区的双电源供电，从而使得用电的保证率大大地提高（如图 9－9 所示）。

2）户内电表系统的改造

原有户内电表为普通电表，在进行收费时需要专人上门抄表，不但需要大量的人力、时间，而且收费率也一直无法保证。改造后将电表更换为预付费式插卡式电表，不但节约了人员和时间的投入，而且养成了住户主动缴纳用电费用的良好习惯（如图 9－10～图 9－12 所示）。

（5）室外环境改造和可再生能源利用

1）室外庭院照明改造

通过太阳能电站的 110 块电池板（每块电池板的电压是 2V）串联的方式，将电池板上的电压提升至 220V，将升高的直流电通过逆变器的电力电子开关的导通与关断从而将 220V 的直流电通转化为 220V 的交流电。为了充分利用、吸收太阳能，电池板的倾斜角度一般于所在地的纬度相同，在昌吉为 23°～24°。

原有 8 栋改造住宅楼的周边在改造前无室外照明，给居民的生活和日常出行带来了极大的不便。在改造过程中对原有住宅周边进行了亮化，在住宅前的绿化中及道路两侧设置了室外景观照明灯具。结合小区标志性建筑物——“水木融城标志塔”，集中设置了太阳能集中发电站，既充分利用了建筑，又使得太阳能电池板成为了建筑的装饰，做到了太阳能光伏发电同建筑的一体化。太阳能发电站利用太阳能电池板（半导体器件）在白天收集太阳光，并将太阳光能转化为电能，储存至干式蓄电池组内，在夜晚来临时，通过蓄电池组供给室外景观庭院照明。通过合理的配置，系统可以在连续 3 个阴雨天气的情况下，正常为灯具提供电源。同时为了提高系统的可靠性，室外照明以市政电力作为系统的后备电源，在碰到连续的阴雨天，太阳能发电站无法为室外照明供电时，通过转换装置就可以变为市政电力供电，保障庭院照明的正常使用（如图 9－13～图 9－15 所示）。

图 9－9　在既有住宅改造区域设置的箱式变压器

图 9－10　改造前的电表箱

图 9－11　改造后的预付费式插卡式电表

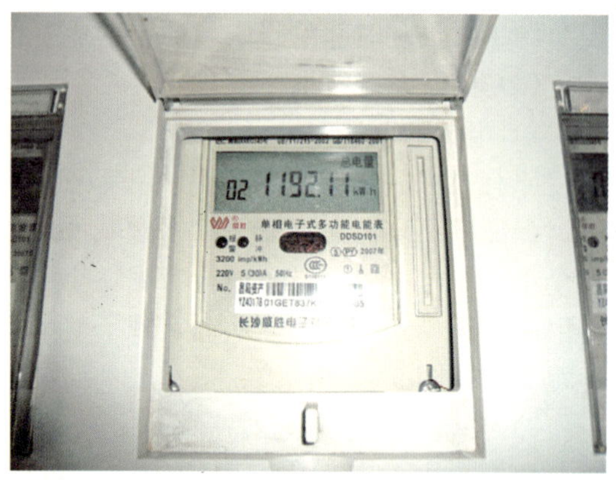

图 9－12　改造后的预付费式插卡式电表

图 9－13　标志性塔上的太阳能集中发电站

图 9－14　绿化中的室外景观照明灯具

太阳能光伏发电与市电和其他发电方式相比有诸多优越性：

①电源清洁、无污染、无二次能耗，是真正的“绿色能源”；②长期工作运行费、维

修和维护费用低；③系统的应用领域广泛，使用寿命长；④在用电地点发电，减少传输和分电损失（5%～10%），降低了电力传输和电力分配的投资和维修成本；⑤系统的可靠性、稳定性、自动化程度高，无人监控性能好。

2）地源（水源）热泵采暖技术

小区采用地源热泵采暖技术，充分利用可再生能源。系统原理图及照片见图9-16～图9-18。

图9-15　住宅旁的室外景观照明灯具

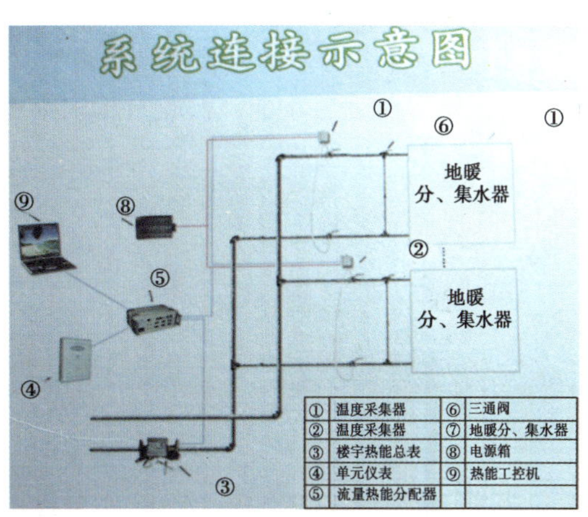

图9-16　标志性塔上的太阳能集中发电站

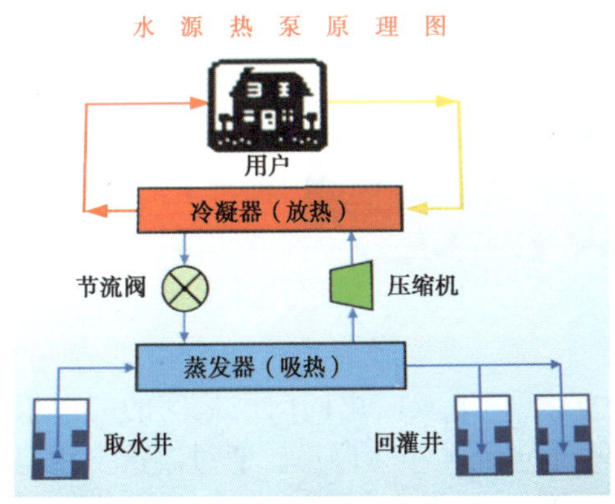

图9-17　绿化中的室外景观照明灯具

图9-18　热泵机组

3）户外景观、绿化、美化环境、节水

8栋既有建筑的景观是整个小区的一部分，在绿植、小品、铺装小广场等，都作了系统有效的配置和完善，特别是绿化灌溉技术得到了较高的提升，由原来的大水漫灌改为微喷灌溉。新疆深居内陆，是我国离海最远的省份，由于地理位置的特殊性也造就了新疆特殊的气候环境。昌吉市属于半干旱大陆气候，年日温差大，降雨稀少，蒸发强烈。年平均降水量200mm左右，年均蒸发量1760mm左右。城市人饮用水的水源，主要依靠高山融雪作为补给源的地下水，在面临全球水资源日渐匮乏的情况下，对水资源的合理、充分利用的需求就显得更加迫切。小区的绿化灌溉用水，占了小区公共用水的80%以上。在景观的绿化灌溉设计中充分考虑对用水的节约，采用节水效果较好的微喷灌技术，节约用水30%～50%。微喷灌溉技术由于采用管道运输，避免了传统灌溉方式中在水输送过程中的跑、冒、滴、漏及沿程的蒸发损失；同时微喷灌溉的喷头同主管用支管连接具有一定的灵活性，可根据实际情况对灌溉的范围进行调整；可根据不同乔木、灌木、草本植物的根系深浅的不同，通过对灌溉时间的控制调整灌溉的水量，从而达到节约用水的目的（如图 9-19 所示）。

4）道路改造

车行道：利用原有车行路基，在路基上新铺沥青粗砂面层，改善行车环境、节约投资。

宅间园路：完善功能，美化环境（如图 9-20 所示）。

图 9-19 改造后草地中的微喷灌溉喷头

图 9-20 改造后的宅间景观及宅间路

5）增设植草砖停车位

增设配置户外停车场，停车场采用植草砖铺筑方式，既解决了功能问题，又美化了环境。植草砖的植草孔洞结构，能够有效吸收地面、甚至与之相连的道路排过来的雨雪水。既解决了道路排水，又增加绿化的自然灌溉（如图 9-21 所示）。

（6）安全性改造、小区安防及周界防护

1）单元门改造

原有 8 栋住宅楼的单元门为木制弹簧门，首先由于门下及门扇同门扇之间的缝隙很大，在冬季基本无法保证楼梯间的保温，而且在安全上也存在很多隐患。通过改造工程将原有的木制单元弹簧门更换为电子对讲钢制安全门，不但起到了对楼梯间的保温作用，同时也增加了住户的安全性，以及建筑的美观耐久性（如图 9-22 所示）。

2）小区安防及周界防护

为了向小区的业主提供一个安全的居住环境，在小区的智能化安防上也进行了全方位的配置，在小区的周界设立了闭路电视监控、围墙红外线监控、电子巡更、小区背景音乐、小区应急广播等智能化安防措施，在小区的主入口设立了智能车辆、人员出入管理系统。原有 8 栋住宅楼作为小区的一部分，也同样分享了这些智能化安防系统带来的安全的居住环境（如图 9-23 所示）。

（7）小区公用资源的共享

特变·水木融城项目正在建设中的 11000m^2 的顶级社区综合型现代体育馆，内设篮球

图 9-21 改造后的道路及停车位

图 9-22 更换的电子对讲钢制安全门

图 9-23 小区入口处的智能车辆、人员出入管理系统

馆、羽毛球馆、游泳馆、健身馆、乒乓球、桌球、跆拳道、瑜伽馆、运动器械、体操房、动感单车多种康体项目，可以满足业主不同的运动需求。在特变·水木融城西区广场与中心景观广场之间，还设有一条 240m 长的绿荫晨练长廊。室内运动场所与户外有氧运动场所的合理搭配，满足一年四季居民的不同锻炼需求。在规划设计中北区广场建有近 2200m^2、硬件设施先进的幼儿园，位于北大门两侧 3 万多平方米的商业街配备了能满足业主日常生活的米店、菜店、银行网点、通讯缴费网点、医疗、超市、餐饮等多种业态。特变·水木融城的物业服务由新特房物业公司负责。8 栋既有建筑作为小区的重要组成部分，将同小区其他业主一同享有小区配套资源所带来的便捷、高品质生活。

4. 改造后的效果

通过对 8 栋既有建筑的建筑外围护结构的保温改造、建筑外立面的改造、采暖系统、电气系统、给水排水系统、消防、室外环境改造及小区安防的改造，8 栋既有建筑不论从建筑的保温性能、舒适性，还是室外环境都有了质的提高。

(1) 环境效益

8 栋既有建筑的外围护保温改造是依据国家相关规定及新疆维吾尔自治区建筑 50%节能的相关要求进行设计的，通过改造建筑达到 50%节能的标准。根据项目所在地昌吉的统计，单位面积建筑采暖耗煤量为 90kg 原煤（约合 66kg 标准煤），改造后耗煤量每平方米将减少 33kg 标准煤。项目总建筑面积为 16606.5m^2，目前建筑已投入使用 20 年，根据建筑设计使用寿命 50 年计算，在剩余的使用寿命 30 年中，8 栋既有建筑将节约标准煤：

$$16606.5\text{m}^2 \times 33\text{kg/m}^2 = 548014.5\text{kg} = 548\text{t}$$

共节约原煤： $548\text{t} \times 1.4 = 767.2\text{t}$

每年节省开支： $767.2\text{t} \times 180$ 元/t $= 138096$ 元

减少燃煤排放的气体污染量：

二氧化碳＝767.2×2.662＝2042t

二氧化硫＝767.2×0.024＝18t

粉尘＝767.2×0.035＝26.9t

通过以上测算，对8栋既有建筑的改造，每年节约548t标准煤，减少烟尘排放量2042t，二氧化硫及氮氧化合物18t，粉尘26.9t。直接带来的是能源的节约，使供热能源消耗、制冷用电消耗减少，相对使烟尘、二氧化硫及氮氧化合物等排放量减少，减轻了对大气的污染，有助于昌吉市的环境，特别是冬季大气环境得以改善。

同时，该项目通过对室外环境的改造，增加了植被的覆盖率，减少了沙尘的污染，生活环境的改造，为在此区域生活的人们带来了生活的愉悦。

（2）社会效益

特变·水木融城既有建筑综合改造技术集成示范工程项目的实施，为新疆乃至全国今后推进既有住宅建筑综合改造建立了科学的理论体系和实践经验，也为新疆下一步推进既有住宅建筑综合改造作了积极的经验积累。通过该项目的实施，为既有建筑居民提供了舒适、环保、运行费用低廉的高性能住宅，为社会大幅度降低能源消耗，为降尘、降噪、保护环境提供了保障，将既有建筑改造也纳入到社会可持续发展之中。

5. 改造后可借鉴的成果

单项改造费用（如表9-2所示）：

改造项目费用表　　　　**表9-2**

改造项目		费用（万元）
外围护结构的改造	外墙保温	118.52
	女儿墙、阳台底版保温	8.06
	屋面保温	4.98
	塑钢窗、单元门	57.23
外立面的改造	外墙涂料、抹灰	59.98
	屋面造型改造	30.27
户外环境的改造	绿化	83.22
	灯具	33.67
	太阳能发电站	41.47
给排水、消防、采暖系统改造		26.51
电气系统改造		39.97
合计		503.88
投资回收		0

新疆地域辽阔，跨越了严寒和寒冷两个气候带，建筑节能显得尤为重要，目前建筑节能已在全疆全面开展，居民所关注的分户计量、按热收费的问题，自治区将出台相应的政策，居民将真正体会到高舒适度，低耗能的住宅带来的实惠，通过建筑节能将使人们建立自觉节能意识和行为。为使既有建筑的住户同样能分享节能建筑所带来的舒适性，节约能源、保护环境，国家、自治区积极推进了既有建筑（公建、住宅）的改造进程，并出台了

相对应的政策。特变·水木融城既有建筑综合改造技术集成示范工程项目的实施，为新疆乃至全国今后推进既有住宅建筑综合改造积累了实践经验，也为新疆下一步推进既有住宅建筑综合改造做好示范。在技术和材料运用方面项目所采用的基本是成熟技术，投入成本不高，推广工作除却人为因素，难度不大。

新疆特变电工房地产开发有限公司通过特变·水木融城既有建筑综合改造技术集成示范工程项目的实施一方面积累了既有建筑改造的经验，也为新疆下一步推进既有住宅建筑综合改造做出了自己的努力。（注：项目的改造已经完成，但由于极少数住户的反对及计量方式的科学性等问题，改造中并没有能实现分户计量、按热收费，也没有热力公司按热收费的政策保障，如果没有相应的计量和政策，就谈不上老百姓自觉地节约能源。所以在对既有建筑改造的同时热力公司按热收费的政策保障，配合分户计量、按热收费，这样才能实现改造的目的。）

十、新疆乌鲁木齐市操场巷住宅小区综合改造工程

1. 工程概况

乌鲁木齐市操场巷小区位于乌鲁木齐市新民路和红山路的交汇处，属城市繁华区域。该小区是于1984～1990年所建的8栋6～7层清水墙单元式住宅小区，建筑面积为21736m^2（共349户），砖混结构，设计抗震设防烈度为7度，一梯三户共7栋，一梯两户1栋。

该小区建筑物特性：砖混结构外墙；炉渣保温屋顶、SBS防水；原设计为非封闭式阳台；外窗均为双层钢窗；城市热力集中供热；采暖系统采用四柱760散热器，上供下回水平串联。屋面清水墙墙体风化剥落，悬挑阳台底板、顶板、厨房、卫生间部位、顶层室内热桥现象严重；冬季采暖期室内温度低，结露发霉现象十分严重。

操场巷小区既有建筑节能改造示范工程于2008年7月15日正式开工；同年10月16日在质量监督站监督下，五方验收一次通过。

2. 改造前存在的问题

冬季的乌鲁木齐是全国污染最严重的城市之一，全市每年社会用煤（原煤）约1200多万吨，而冬季采暖耗煤就达400万t以上，约占总耗能的44%以上；平均每平方米建筑采暖耗煤约47kg（原煤），最高达81.8kg，是全国民用建筑节能设计标准规定的2倍多，是发达国家的5～8倍。当前，“治理污染，还市民蓝天”已是政府刻不容缓的任务，虽然乌鲁木齐市政府已为治理大气污染做了大量工作：如公交车、出租车油改气；拆除千余座锅炉房，采取集中供暖；实施热电联产工程等措施；但城市的主要污染源——采暖期的烟尘及有害气体仍未能得到根本有效地解决。而开展和推广既有建筑节能改造工作对节约能源、提高能源效能，减少大气污染具有十分重要的现实意义。

为此，乌鲁木齐市政府启动了中德合作既有建筑节能改造工程并将操场巷小区列为第一项既有居住建筑节能改造重点启动项目。经与德方专家多次探讨，最终形成改造方案——对8栋单元式住宅建筑采用“4－2－2”方式实施改造，即四栋采用小改方案使之达到50%节能标准，两栋采用中改方案使之达到65%的节能标准，两栋采用大改方案使之达到大于65%的节能标准。该示范改造项目旨在：

（1）进一步节约建筑采暖耗能，缓解乌鲁木齐市采暖期污染严重的局面；改善该区域大气环境质量；

（2）为我市（我区乃至三北地区）既有建筑达到节能50%、65%的目标以及实现低能耗建筑提供示范借鉴，推动我市量大面广的既有建筑节能改造；

（3）根据我市的实际情况，探索出一系列适合乌鲁木齐地区乃至中国北方采暖地区的技术方案、融资模式、住户参与模式和施工管理方法；

（4）学习借鉴德国既有建筑节能改造方面成熟的经验；

（5）为按热计量收费提供依据。

选择确定本改造示范小区的原则：

（1）1984～2002年期间建造的既有建筑；

（2）采暖期热桥引起房屋结露现象严重；

（3）单位、居民对改造的积极性比较高；

（4）居民收入相对稳定，能承担改造费用；

（5）成片小区综合改造。

3. 工程改造技术（见表10-1）

操场巷节能改造示范工程改造方案　表10-1

序号	节能改造分项工程	原做法	小改方案（61号、63号、64号、67号楼）	中改方案（62号、65号楼）	大改方案（集资楼、市发改委楼）
1	外山墙	清水墙	100厚EPS板薄抹灰	120厚EPS板薄抹灰	140厚EPS板薄抹灰
2	外纵墙	抹灰墙	100厚EPS板薄抹灰	120厚EPS板薄抹灰	140厚EPS板薄抹灰
3	外墙窗	双层空腹钢窗外开	60系列单框双玻塑钢平开窗	60系列单框双玻塑钢平开窗	65系列单框三玻塑钢平开窗
4	窗套	60厚挑砖	外贴30厚EPS板薄抹灰，另三面凿除	外贴30厚EPS板薄抹灰，另三面凿除	外贴30厚EPS板薄抹灰，另三面凿除
5	卧室外墙凉台	300宽60厚混凝土板	凿除	凿除	凿除
6	屋面外檐	自由外檐排水	新砌240砖混女儿墙改内排水	新砌240砖混女儿墙改内排水	新砌240砖混女儿墙改内排水
7	屋面保温层	200厚炉渣	重新找坡50厚发泡聚氨酯	重新找坡50厚发泡聚氨酯	80厚发泡聚氨酯
8	阳台拦板	钢筋栏杆	拆除后钢板网抹灰按外墙保温做法	拆除后钢板网抹灰按外墙保温做法	拆除后钢板网抹灰按外墙保温做法
9	阳台窗	单层空腹钢窗	60系列单框双玻塑钢窗，端墙按夹芯钢丝网聚苯板抹灰	60系列单框双玻塑钢窗，端墙按夹芯钢丝网聚苯板抹灰	65系列单框三玻塑钢平开窗，端墙按夹芯钢丝网聚苯板抹灰
10	地下室顶板	无保温	60厚EPS板薄抹灰	60厚EPS板薄抹灰	60厚EPS板薄抹灰
11	一层门斗	无门斗	新增砖混门斗且按外墙粘贴，安装电子对讲、声控防盗保温钢门	新增砖混门斗且按外墙粘贴，安装电子对讲、声控防盗保温钢门	新增砖混门斗且按外墙粘贴，安装电子对讲、声控防盗保温钢门
12	一层防护栏杆	有	维修后重新焊装	维修后重新焊装	新安装铁艺栏杆
13	采暖系统	水平串联	分户控制	分户控制分室调节，每组安装自动调节阀、自动温控阀	分户控制分室调节，每组安装自动调节阀、自动温控阀
14	暖气片	760	不改	不改	改钢铝复合暖气片
15	热控计量	无	安装楼栋、单元温控热计量表	安装楼栋、单元温控热计量表	安装楼栋、单元温控热计量表
16	通风设计	窗开启	窗开启	窗开启	安装朗仕新风系统
17	采暖管道	焊管刷银粉	焊管	焊管	改铝塑管，成品铜连接件

续表

序号	节能改造分项工程	原做法	小改方案（61号、63号、64号、67号楼）	中改方案（62号、65号楼）	大改方案（集资楼、市发改委楼）
18	卫生间	无防水	重新作聚氨酯防水二道，并恢复	重新作聚氨酯防水二道，并恢复	重新作聚氨酯防水二道，并恢复
19	外墙上的电缆线箱子		离墙落地安装		
20	外墙面上架空的电线接户线		改线暗装		
21	室外环境改造		安装太阳能庭院灯		

4. 改造后的效果

（1）改造前后对比照片（图10－1～图10－10）

图10－1　改造前的外墙

图10－2　改造后的外墙

图10－3　改造前的屋面

图10－4　改造后的屋面

图 10-5 改造前的门斗

图 10-6 改造后的门斗

图 10-7 改造前的外窗

图 10-8 改造后的外窗

图 10-9 改造前的散热器

图 10-10 改造后的散热器

(2) 项目运用新技术介绍

本工程采用综合节能改造技术，主要采用的新技术有：

1) 140mm 外墙聚苯板外保温体系；

2) 朗仕住宅同步呼吸新风系统（图 10-11）；

3) 室内自动温控系统及热量计量（图 10-12）；

图 10-11 朗仕新风系统

图 10-12 室内自动温控系统

4) 屋面聚氨酯发泡防水保温体系；

5) 65 系列单框三玻塑钢窗加密封胶条；

6) 安装电子对讲、声控防盗保温钢门（图 10-13、图 10-14）；

图 10-13 门禁系统

图 10-14 声控防盗保温钢门

7) 安装太阳能庭院灯。

(3) 改造后运行的实际效果、环境效益和社会效益

2008 年 10 月 16 日，由市住房城乡建设委项目办、市质监站、市建管中心、市设计院、

监理单位、市房产集团公司和施工单位共同对操场巷节能改造项目进行竣工验收，并顺利通过。至此，历时一年多，备受各界关注的首个中德合作项目操场巷节能改造工程胜利完成。

2008年10月30日上午，中德技术合作项目中期评估组专家、领导及德国专家组一行到我市主要是对中德技术合作操场巷小区节能改造示范工程进行中期评估。德方专家对中方在这样短的时间内，取得这样的成果，感到非常满意，对工程给予了高度评价，特别是三种不同的改造方式所得到的数据，为不同的节能效果提供了可比较的依据，很具有说服力。中德项目办主任徐智勇表示操场巷小区节能改造示范工程，在群众工作、施工体系、管理模式和技术规范等方面所取得的成功经验，要及时进行总结，并在以后的节能改造工作中加以推广和运用。

操场巷节能改造工程是2008年乌鲁木齐政府计划改造的55.0万 m^2 既有居住建筑和公共建筑节能改造重点工程之一。55.0万 m^2 既有建筑改造后每年可减少采暖耗标准煤11000多吨，减少对大气的烟尘排放及二氧化硫排放，既有建筑节能改造工程对乌鲁木齐来说是一项主要的环保工程；通过此项工程的实施形成良性循环，推动全市节能改造、污染治理的全面开展，是造福当代、惠及子孙的民心工程。

5. 改造后可借鉴的成果

(1) 资金投入

总投资：　900万元

其中：

政府配套资金　450万元

产权单位自筹　230万元

中德技术合作公司支持　120万元

单位、居民自筹　100万元

(2) 各单体工程竣工结算造价汇总（表10-2）

各单体工程竣工结算造价汇总　表10-2

既改方案	单体名称	竣工结算造价（元）
小改方案	61号楼	851577.00
	63号楼	793589.25
	64号楼	933512.49
	67号楼	937400.05
中改方案	62号楼	1429165.09
	65号楼	941230.69
大改方案	集资住宅楼	1031063.85
	发改委住宅楼	1100382.02
总计		8017920.44

(3) 各单体分部分项工程清单计价表（表11-3）

6. 改造的推广应用价值

(1) 在施工过程中，举办了工程质量培训班，并介绍了如下重点内容：

各单体分部分项工程清单计价表 **表 10-3**

序号	项目名称	综合单价（元/m²）	合价（元）								合计
			小改方案				中改方案		大改方案		
			61 号楼	63 号楼	64 号楼	67 号楼	62 号楼	65 号楼	集资楼	发改委楼	
1	外墙勒脚保温贴防石砖面（100/120/140）	139.34/196.67/303.57	16981.37	24388.68	35261.38	36362.17	41290.97	43767.10	60871.88	65826.98	324750.53
2	外墙面保温刷涂料（100/120/140）	111.44/135.14/229.59	265919.24	193126.63	238068.16	240119.77	356226.69	198858.58	255024.36	333236.55	2080579.98
3	嵌塑料成品滴水条、槽	6.56/4.93	4736.32	2688.29	3696.89	3803.49	3135.45	1223.30	1282.72	1582.63	22149.09
4	女儿墙铁皮压顶	86.2/73.73/97.86	9575.96	11133.59	16957.16	22506.82	6081.70	5284.18	6125.48	9004.51	86669.40
5	屋面保温	166.3/196.31	90231.05	50783.03	79828.99	82887.25	123237.97	78711.89	54561.81	54830.32	615072.31
6	地下室顶板保温	83.74/99.21/141.98	34442.26	24222.63	36223.56	30574.31	76135.62	44505.67	37324.82	36355.38	319784.25
7	60/65 系列塑钢窗	267.96/362.11	85814.19	92036.22	152648.77	137029.38	213144.21	141688.15	104598.57	114593.94	1041553.43
8	61 系列塑钢窗制作（未安装）	160.78/220	27975.02	22591.80	12111.26	23077.79	0.00	0.00	0.00	0.00	85755.87
9	成品钢制保温型三防门外门	3515.73/1224.88	10547.19	7031.46	10547.19	10547.19	13718.61	6859.30	7327.79	6503.00	73081.73
10	雨篷顶防水	41.91/215.21	398.56	626.97	398.15	398.15	4009.43	0.00	1309.49	0.00	7140.75
11	一层阳台（悬挑）底板保温	105.44/240.16	4270.32	2840.55	0.00	0.00	6241.86	0.00	3399.66	6176.46	22928.85
12	顶层阳台顶板保温	193.47	7835.54	5212.08	0.00	0.00	0.00	0.00	0.00	0.00	134047.62
13	户外 DN80 采暖入口	6926.13	6926.13	2926.13	6926.13	6926.13	0.00	0.00	0.00	0.00	27704.52

续表

序号	项目名称	综合单价（元/m^2）	合价（元）								合计
			小改方案				中改方案		大改方案		
			61 号楼	63 号楼	64 号楼	67 号楼	62 号楼	65 号楼	集资楼	发改委楼	
14	外墙水平防护架	28.85/23	17598.50	6118.00	0.00	0.00	0.00	0.00	0.00	0.00	23716.50
15	外墙涂料（雨篷下）	27.83	0.00	176.44	0.00	0.00	0.00	0.00	0.00	0.00	176.44
16	地下室管道保温及涮油 DN80	24.82	0.00	2655.74	2482.00	2482.00	0.00	0.00	0.00	0.00	7619.74
17	DN25 闸阀安装	95.04	0.00	5892.51	8553.60	7603.20	0.00	0.00	0.00	0.00	22049.31
18	DN25 三通调节阀安装	170.09	0.00	1530.77	3061.62	2211.17	0.00	0.00	0.00	0.00	6803.56
19	DN20 三通调节阀安装	146.99	0.00	3233.88	3233.78	3968.73	0.00	0.00	0.00	0.00	10436.39
20	采暖工程系统调试	0.78	0.00	1712.57	0.00	0.00	0.00	1834.29	0.00	0.00	3546.86
21	打洞加钢套管	19.49	0.00	1169.40	1559.20	1559.20	0.00	0.00	0.00	0.00	4287.80
22	原有 DN25 管道拆安防腐	13.43	0.00	1678.75	746.71	746.71	0.00	0.00	0.00	0.00	3172.17
23	原有 DN20 管道拆安防腐	12.99	0.00	0.00	1110.65	1110.65	0.00	0.00	0.00	0.00	2221.30
24	新安装管道 DN20	17.52	0.00	0.00	1497.96	1497.96	0.00	0.00	0.00	0.00	2995.92
25	新安装管道 DN25	23.52	0.00	0.00	1307.71	1307.71	0.00	0.00	0.00	0.00	2615.42
26	外墙面涂料	15.46	0.00	0.00	0.00	0.00	773.00	0.00	0.00	0.00	773.00
27	窗侧边及零星部位	99.56	0.00	0.00	0.00	0.00	31308.63	0.00	19884.00	0.00	51192.63
28	女儿墙内侧 30 厚保温	100.84	0.00	0.00	0.00	0.00	19471.76	10567.18	10731.60	8972.42	49742.96
29	热计量表	17781.76	0.00	0.00	0.00	0.00	0.00	17781.76		0.00	17781.76
30	植筋、圈梁、构造柱、女儿墙	0.00	0.00	0.00	0.00	0.00	0.00	63123.46	0.00	0.00	63123.46
31	卫生间改造	1500 元/户	0.00	0.00	0.00	0.00	0.00	0.00	36000.00	36000.00	72000.00
32	德国朗仕新风系统	1850 元/户	0.00	0.00	0.00	0.00	0.00	0.00	55500.00	44400.00	99900.00
合计			583251.65	467776.14	616220.87	616719.78	894775.90	614204.86	653942.18	717482.19	5164373.55

1）工程质量的概念以及每个工程参与者，即从操作工到建筑师应负的责任；

2）保温系统工程一般性介绍及对中德在保温工程标准方面的差异的描述；

3）质量工作应从工程设计阶段开始介入，入户调查，和产权人协调，施工前检查设计资料并在必要时和设计人员澄清设计中的差异点；

4）对有待保温的建筑物作前期准备，更换窗户，测量外墙平整度，作锚拴拉拔试验，补修墙面局部受损面，铺设外墙保温层；

5）介绍了在整个施工过程中经常性质量检查的重要性。

（2）严格的招标投标程序

新民路操场巷住宅楼节能改造工程由乌鲁木齐市政府投资建设工程管理中心委托招标代理机构新疆西北招标有限公司，确定两家施工单位，新疆天山地质工程公司、房地产开发（集团）建安公司，一个监理单位兴盛监理公司。

施工现场管理组织机构网络示意图如图 10－15（1）所示：

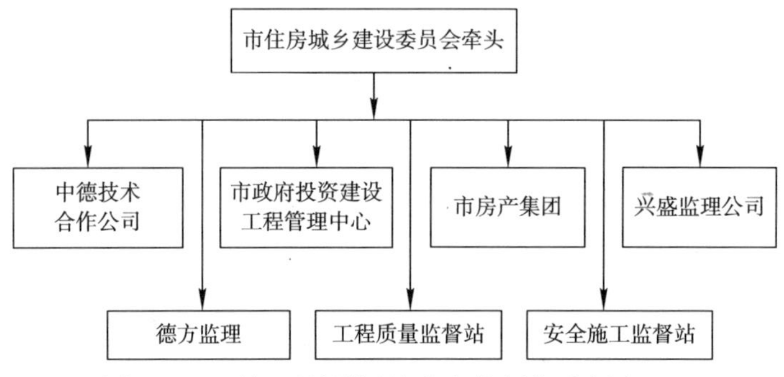

图 10－15　施工现场管理组织机构网络示意图（1）

（3）现场的协调

1）协调会制度；

2）细部节点的处理；

3）文明施工；

4）进度的及时调整；

5）德方专家的现场指导。

（4）严格的五方竣工验收制度

7. 思考与启示

（1）各级领导的关心支持和各方的协调配合是示范项目顺利实施的保障。

（2）德国先进技术和理念的引进，提高了我市既有建筑节能改造技术和管理水平。

1）现场技术指导和培训；

2）德方标准和新产品的引进；

3）德方专家对细部节点处理的严谨态度。

（3）既有建筑应进行综合节能改造，提高建筑的使用寿命和价值。

（4）示范项目的成果扩散，将为乌鲁木齐市推动既有建筑节能改造的技术和管理提供指导。

编制：《既有建筑节能改造群众工作导则》、《既有建筑节能改造施工导则》、《既有建筑节能改造成本分析》等。

（5）扎实细致的群众工作是既有建筑节能改造顺利实施的前提。

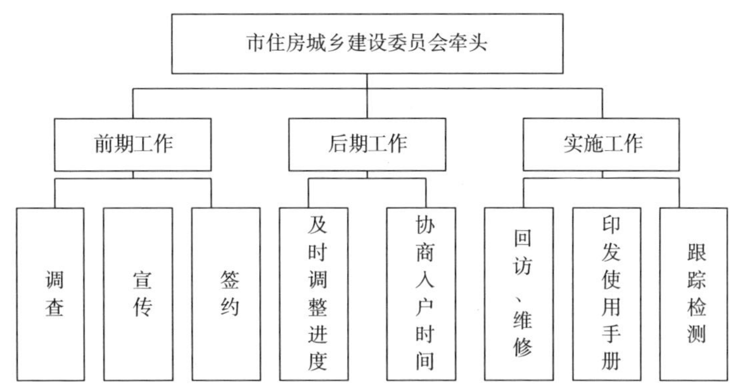

图 10－16 施工现场管理组织机构网络示意图（2）

（6）拓宽既改融资渠道，调动全社会参与的积极性，以合同能源服务等模式，以热源和换热站为单位，进行既有建筑综合节能改造。

（7）全面推进既有建筑节能改造是提高能效，降低建筑能耗，实现乌鲁木齐市“蓝天”工程的必由之路。

（8）采取有效措施，加大既有建筑节能改造。既有建筑节能改造规划见表 10－4。

既有建筑节能改造规划 **表 10－4**

时间	改造面积（万 m^2）			改造资金（亿元）	节煤能力（标煤、万 t）	SO_2 减排量（t）	烟尘减排量（t）
2010 年	500	居住	400	11	6.5	824	1030
		公建	100				
2015 年	3000	居住	1500	75	39	4942	6177
		公建	1500				
2020 年	2500	居住	1800	57	32.5	4118	5148
		公建	700				

注：1. 天、沙、新、水四个主城区的建筑总面积为 8487 万 m^2，其中节能建筑 2660 万 m^2，非节能建筑 6000 余万 m^2，非节能建筑耗煤量（标）为 30kg/m^2；

2. 改造按节能 50%设计标准实施，耗标煤 17kg/m^2；

3. 改造资金按居住 200 元/m^2，公建 300 元/m^2 测算。

十一、青岛市李沧区筒子楼住宅小区综合改造工程

1. 工程概况

已完成的筒子楼改造工程均位于青岛市李沧区老城区域内，大多为原国有大中型工业厂房的职工宿舍。房改后，大部分卖给了本企业职工，部分仍属于公有。该部分建筑多建成于20世纪50～70年代，建筑类型为3～5层砖混结构。由于年代久远，加之建筑档案保存意识还不是很强，所以基本无原建筑的设计资料，在具体的设计施工中只有对原建筑进行安全质量评估，以此依据进行设计施工。在建造筒子楼时，质量标准要求不高，砂浆标号低，抗震意识较为淡薄，导致很多质量安全隐患，如基础设施配套不完善，建筑外观存在墙皮脱落，砖墙粉化，墙体裂缝，混凝土构件裂缝、露筋、钢筋锈蚀，预制楼板裂缝、断裂，走廊栏板倾斜严重，并存在严重结构安全隐患。社区整体环境较差，院落乱搭乱建现象严重，存在硬化毁损、绿化破败、亮化不足、路面狭窄、活动场所缺乏等问题，房屋渗漏、排水设施老化、车辆进出停放不便、无物业管理等民生问题尤为突出（见图11-1～图11-6，以二印筒子楼为例，2008年完成）。

2. 改造前存在的问题

包括节能、室内外环境、结构的抗震和整体性、建筑外观、适用性和舒适性、水电暖、智能化等。

（1）项目背景

随着青岛市城市建设的快速发展，城市人口的不断增多，新的建筑如雨后春笋般拔地而起。但是在青岛老城区，存有大量70年代以前的房屋，特别是筒子楼户均只有30m²，内部空间狭小，功能不完善，没有独立厨房和卫生间，居住其中的居民生活居住环境非常恶劣，日常生活极端不便，加之房屋外观陈旧破败，严重制约了居民特别是低收入人群的生活质量和整个城市形象的提高，远远不能适应形势的发展要求。为此，青岛市人民政府

图11-1　墙体粉化严重

图11-2　混凝土构件露筋

图 11-3　墙皮脱落

图 11-4　违章建筑

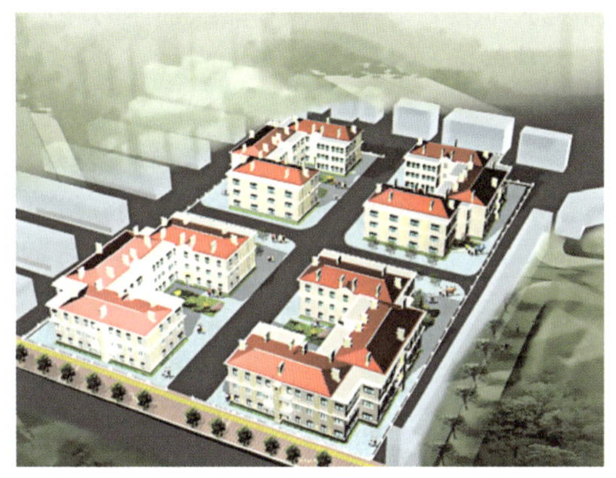

图 11-5　总平面位置图

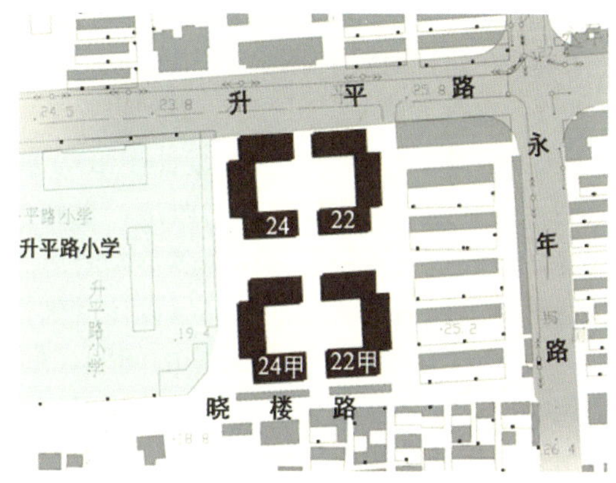

图 11-6　鸟瞰图

相继出台了《青岛市住房建设“十一五”发展规划》、《关于加快筒子楼整治改造工作的实施意见》及其他配套文件，以加快改善筒子楼住房困难家庭的住房条件和居住质量。

根据市委、市政府的指示要求，为快速改善市民的居住条件，美化城市环境，提升城市形象，达到构建和谐社会，建设全国重点中心城市和世界关注特色城市的目的，按照因地制宜、成片翻修，兼顾安全实用、经久舒适的原则，对辖区内需要翻修更新的老街坊、旧庭院，一个一个地进行考察、比较、权衡，针对分布零散、条件不一的特点，采取拆迁改造、改建扩建、捆绑改造或修复性建设、维修加固四种方式改造“筒子楼”。

实施拆迁改造。对能够纳入旧城区拆迁改造范围的筒子楼，着力实施拆迁改造。

实施改、扩建。对今后五年不能纳入旧城区改造规划范围，但有条件实施改建、扩建的筒子楼，通过改造内部结构，扩建厨房、卫生间，并完善供热、燃气等生活配套设施。改、扩建过程中，对于符合结构安全及规划日照间距等要求的，按规定办理土地和规划等手续；对于不符合现行规划日照间距、消防间距要求的，确保新增部分不应影响原有疏散通道和消防设施，严禁新增消防隐患，并保持新增部分用地性质不变。

实施捆绑改造。对既不能直接纳入拆迁改造范围，又不能实施改、扩建，且房屋结构存在严重质量安全隐患的筒子楼，将之与有条件的开发项目进行捆绑拆迁。

实施整治维修。对房屋存在严重质量安全隐患的筒子楼，实施房屋维修结构加固、周边环境综合整治，修缮破损屋面、公共楼道及内外墙体，实施道路硬化拆除违章建筑，适当增设健身休闲活动场地，为居民创造整洁的居住环境。

（2）项目改造前存在的问题

筒子楼原建筑多建成于20世纪50～70年代，用途多为职工宿舍。改造前的项目存在着一些问题，主要有以下几个方面：

1）整体环境方面

① 楼房常年失修，大多数住户居住面积狭小，公用走廊、厕所、厨房，生活设施不配套，外立面破旧不堪，影响城市形象；

② 下水排污管太细，经常堵塞，严重影响居民的正常生活；

③ 存在一些违章建筑及居民的煤屋，周边环境脏乱差，影响了整个地段整体的环境；

④ 在建造时没有预留绿化地，居民生活质量无从谈起。

2）建筑方面

① 因改造建筑年代久，设计图纸等原始技术资料缺失，设计单位、施工单位及建设部门不详。加之很多住户自己改造，走廊内违章建筑过多，影响房屋整体性及疏散通道的宽度，造成建筑本身也存在很多不同隐患。因此，设计人员必须逐一入户测量，调查，获得尽可能准确的现状图纸，确保设计准确性；

② 由于筒子楼存在团结户的问题，使得改造难度加大，如何合理处理两户或多户的公用空间，在不影响其下层住户的前提下，尽最大可能满足每户的基本生活需要，如解决厨房、卫生间公用等问题；

③ 房顶漏水，烟囱、落水管破损，门窗破旧不堪，墙皮风化，严重脱落，一层潮湿；墙体粉化；公共部位如厕所内板露筋，阳台外挑梁出现裂缝；厕所外墙受潮严重墙皮脱落等现象是筒子楼普遍存在的问题，既影响环境也存在安全隐患，最主要的是给居民的正常生活带来不便；

④ 楼内共用厨房，卫生间，由于公用空间不足，部分居民将居室与厨房共用，存在很大的安全隐患。公共卫生间因管道老化问题常年失修，部分已失去使用功能，且缺少照明，无上下水，给居民特别是老年人的生活带来了极大的不便。因此为每户加建独立的厨房、卫生间是改造的重点，具有重大意义；

⑤ 绝大部分筒子楼公用楼梯间无扶手且无照明，给老年人带来不便（图11-7～图11-14）。

3）能源利用方面

① 无可再生能源的利用；

② 无非传统水源的利用。

4）连接功能方面

未满足楼座的整体内部使用。

图 11－7　墙体粉化门窗破损

图 11－8　厕所板露筋

图 11－9　室内墙皮粉化脱落

图 11－10　室内漏雨

图 11－11　室外墙皮脱落情况

图 11－12　走廊内有多处违章建筑

图 11－13　改造前室外实景照片

图 11－14　项目改造前厨房实景照片

5）结构方面

原建筑物建设年代久远，结构整体性差，抗震性能低，存在较严重安全隐患。外墙皮脱落，砖墙粉化严重，墙体裂缝，混凝土构件裂缝、露筋、钢筋锈蚀，预制楼板裂缝、断裂，走廊栏板倾斜严重，走廊存在违章建筑、煤屋等，存在严重结构安全隐患。

6）电气方面

① 筒子楼普遍存在着电气线路老化，住户私自改装电气线路的现象，存在安全隐患；

② 敷设混乱，楼体外墙随处可见各种线路，屋内电线凌乱；

③ 短路器容量与电线管径规格偏小，已经不能满足现阶段社会生活的需要；

④ 各家各户私自安装各种有线电视、电话或各种接收系统，线路混乱，影响美观；

⑤ 原楼无防雷接地系统，各处私自搭设各种弱电信号接收系统，线路混乱并存在安全隐患；

⑥ 原楼无厨房卫生间，生活设施不完善，居民出入不便；

⑦ 原楼梯间无照明设施，居民出入不便（图 11－15～图 11－18）。

7）采暖、给水排水方面

① 楼房常年失修，大多数住户居住面积狭小，公用走廊、厕所、厨房，生活设施不配套；

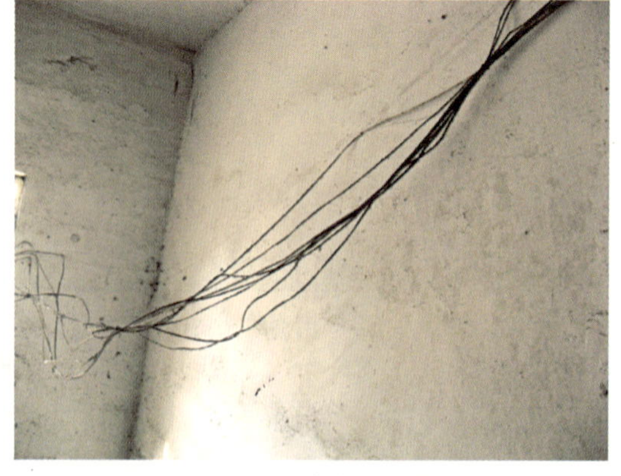
图 11－15　楼内电线外露

图 11－16　外墙电线敷设混乱

图 11－17　居民私自安装各种接收系统

图 11－18　楼梯间无照明设施

② 下水排污管太细，经常堵塞，严重影响居民的正常生活；

③ 雨水管、下水管位置普遍存在于违章房位置，影响排水及居民居住环境。

(3) 项目改造技术特点

1) 对建筑本身的改造

① 原有建筑外墙粉刷，屋顶修整翻新；

② 楼道内的墙面粉刷，楼梯栏杆更换，楼道内加设声控灯，楼道内增加消防设施；

③ 对原有建筑结构加固，原有的线路、管道更新，新增设煤气管道及暖气管道；

④ 破旧窗户的更换。

2) 新建户内部分

① 扩建部分平均分给每户居民，让每户居民可以拥有自家独立的厨卫空间；

② 建筑内部的户型合理的分割与调整，新加房屋内外屋门；

③ 新老建筑结合设计，对原有公共空间如公共卫生间、楼梯间有条件加建出廉租房的，考虑加建廉租房，通过改造解决了一部分低收入居民的住房问题；

④ 换新给水排水管道、电路管线；

⑤ 新增单元电子防盗对讲门。

3) 新建室外环境

① 绿化：在建筑周边种植绿篱，楼院中种植草坪、灌木、乔木；

② 建筑楼院内增设健身器材；

③ 小区内道路的统一硬化铺设；

④ 小区内设置景观灯；

⑤ 增设小区围栏，设置封闭小区。

4) 结构改造

对原建筑结构进行加固处理，新建部分严格按照规范进行设计，新旧结合部分特殊处理。

5) 电气改造

① 所有电气线路统一更换；

② 户内设配电箱，采用一户一表，室内线路均暗敷；

③ 按照现行标准设置短路器及各种线路管径；

④ 统一安装电话系统及有线电视系统；

⑤ 楼顶安装避雷带，沿楼体设多处引下线，建筑物基础外侧敷设扁铁作为接地体，入户电箱设接地系统，有效保护住户安全；

⑥ 新增部分设厨房、卫生间，厨房、卫生间中均装设防水插座，既满足居民生活需要，又保证使用安全；

⑦ 楼梯间等公共部位设置声光控吸顶灯，选用高效光源、节能灯具，有效节约能源。

6）采暖、给水排水改造

① 原有的管道更新，新增设煤气、采暖管道，楼道内增加消防设施；

② 扩建部分让每户居民可以拥有自家独立的厨卫空间；

③ 新增设给水排水管道、煤气管道、采暖管道。根据有关规定安装一户一表；

④ 小区内重新铺设室外排水管道。

(4) 改造技术目标

1）建筑目标

① 建筑内部结构形成套房式结构布局。适应现代的生活理念，生活方式，提高居民的生活质量、改善生活条件；

② 优美洁净的生活环境，提升整个小区的整体形象，与周边新建小区环境相协调；

③ 营造优美安全的生活环境，便捷人们的生活，解危救困，提升居民的生活质量和区域地段的整体形象。

2）结构目标

本次改造首先消除原建筑的安全隐患，对原建筑进行相应加固处理，新旧结合牢固，增强建筑物的抗震性能。

3）电气目标

本改造是本着提高生活质量、节约能源同时减少投资、降低造价的原则，利用可利用的能源。所有管线暗敷，既保证居民使用及人身安全，又有利于美化环境。按现行规定设置户内配电箱，每户统一安装有线电视、电话系统，充分满足现阶段居民生活需要。

4）水暖目标

① 建筑内部结构形成套房式结构布局，拥有自家独立的厨卫空间。适应现代的生活理念，生活方式，提高居民的生活质量、改善生活条件；

② 重新铺设室外排水管道，提升整个小区的整体形象，与周边新建小区环境相协调。

3. 改造中采用的新技术

(1) 建筑改造

1）选址与规划

筒子楼改造在选址上本着科学合理的态度，对今后 3～5 年能够纳入旧城区拆迁改造范围的筒子楼，要着力实施拆迁改造，彻底解决这部分居民的住房困难。对不能纳入今后五年“两改”规划范围，但有条件实施改建、扩建的筒子楼，通过改造筒子楼内部结构，扩建厨房卫生间，完善自来水一户一表、供热、燃气等生活配套设施，努力改善住房困难家庭的住房条件和居住环境。对既不能纳入“两改”范围，又不能实施改建、扩建，采取两种方式解决：一是通过捆绑方式解决，二是通过恢复性建设方式解决。

筒子楼作为特定历史时期遗留下来的特殊建筑，居住条件和生活环境都亟待改善。“两改、两增、两扩、一改善”的新住房工作目标，使得通过整治筒子楼，改善旧住宅区居民的居住条件有章可循，具有总要指导意义。

2）旧建筑利用

本改造项目充分利用尚可使用的旧建筑，既是节地的重要措施之一，也是防止大拆乱建的控制条件。“尚可利用的旧建筑”系指建筑质量能保证使用安全的旧建筑，或通过少量改造加固后能保证使用安全的旧建筑。

在建筑型体设计中，原建筑多为 3～5 层结构，楼体四面外墙皮脱落严重、原有瓦屋面破损不堪，通过修补破损墙面、屋面，恢复其原有功能。

原建筑根据住户居住情况通过室外建筑加建进行功能补全。

改造建筑多数为外廊式，根据现有场地加建条件确定加建方向（项目改造方案平面图见图 11－19）。

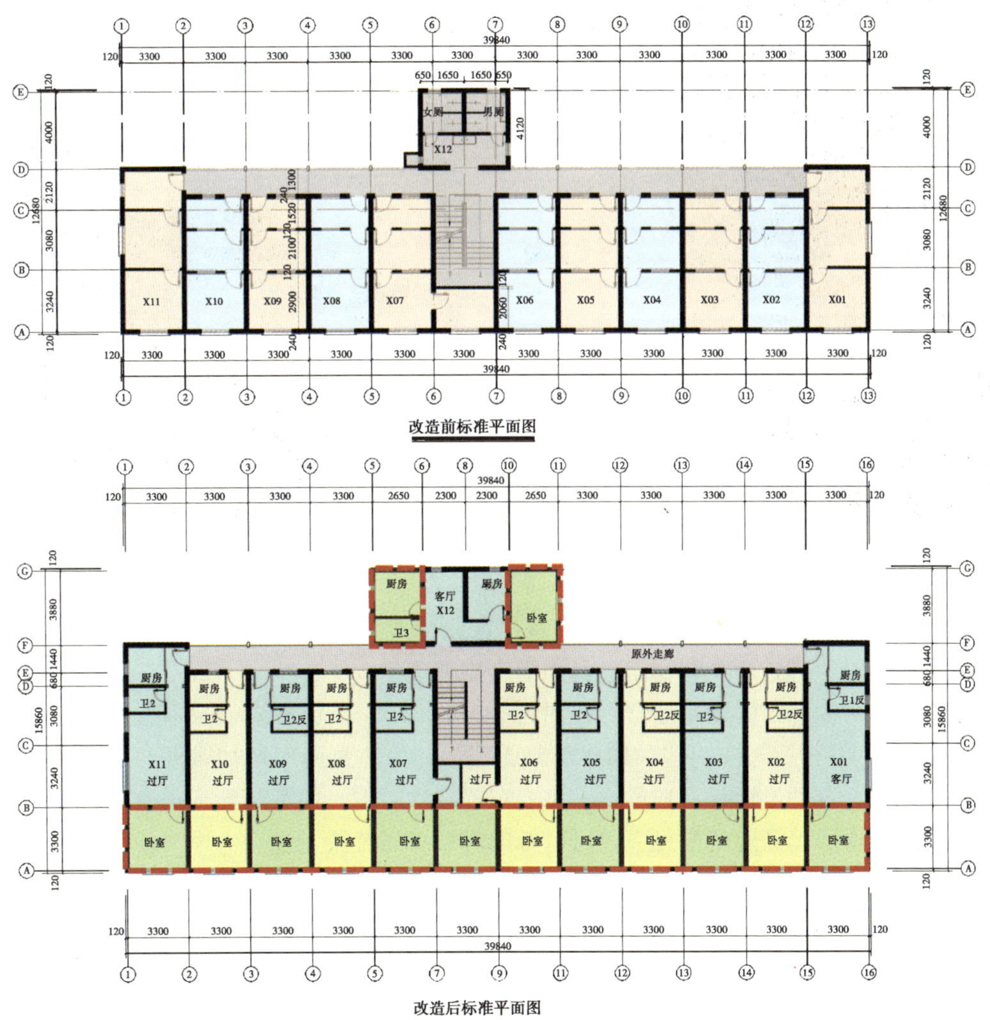

改造前标准平面图

改造后标准平面图

面积明细表

	现状	改造后						现状	改造后				
	使用面积	使用面积	新增使用面积	厕所	厨房	建筑面积		使用面积	使用面积	新增使用面积	厕所	厨房	建筑面积
X01	24.36	33.58	9.22	2.48	3.76	43.57	X07	26.25	40.98	14.73	2.48	2.95	53.87
X02	19.95	29.23	9.28	2.48	2.95	38.22	X08	19.95	29.23	9.28	2.48	2.95	38.22
X03	19.95	29.23	9.28	2.48	2.95	38.22	X09	19.95	29.23	9.28	2.48	2.95	38.22
X04	19.95	29.23	9.28	2.48	2.95	38.22	X10	19.95	29.23	9.28	2.48	2.95	38.22
X05	19.95	29.23	9.28	2.48	2.95	38.22	X11	24.36	33.58	9.22	2.48	3.76	43.57
X06	19.95	32.86	12.91	2.48	2.95	43.14	X12	0	33.31	33.31	3.11	5.66	43.20

注：本计算面积均按图纸计算所得，单位均为m^2。

改造后户型
改造后户型
改造前户型
改造前户型
扩建部分

图 11－19 项目改造方案平面图

① 向外廊方向加建的建筑大部分利用走廊为每户加建出卫生间，然后加建厨房（改造前后对比照片见图 11－20、图 11－21），形成套房，同时加建出走廊及楼梯间。

图 11－20 改造前公共厨房

图 11－21 改造后的私家厨房

② 反向加建时，通常加建出完整卧室，在原建筑内部改造出独立厨房及卫生间，形成套房，同时对原有走廊及楼梯间进行加固维修处理。

改造建筑为内廊式的建筑通常存在同为一户的 2～3 个功能空间分别位于走廊的两侧，即一户居民有 2～3 把入户钥匙（如永年路 11 号），为改造套房增加难度。需要在利用旧建筑的基础上，合理设计每户户型，为每户布置独立厨卫，使其均能形成套房。当确实有困难时，在取得居民同意的前提下，可以考虑进行房间置换，综合考虑，使房间在使用上更为合理。

对于改造加建方案，尊重民意，充分征求居民意见。采取入户调查摸底、宣传动员、政策咨询、方案公示等形式，采纳居民意见，确保按照绝大多数居民赞同的设计方案进行施工。

对建筑本身的改造主要包括：

① 原有建筑外墙粉刷，屋顶修整翻新；

② 楼道内的墙面粉刷，楼梯栏杆更换，楼道内加设声控灯等；

③ 对原有建筑结构加固，原有的线路、管道更新，新增设煤气管道及暖气管道；

④ 破旧窗户的更换等。

3）新旧建筑结合设计

① 墙体设计

原有墙体：原有墙体在改造过程中往往需要开设洞口，墙面走线，且存在面层粉化严重、墙皮轻易脱落等问题，面层均需清理至基层后，结合新建重新抹灰找平。

新建墙体：加建部分新建墙体采用烧结页岩砖，设计均需满足现有规范要求。新建隔墙及原有建筑内部改造墙体采用蒸压轻质加气混凝土板（NALC 板），NALC 板系指采用以水泥、石灰、砂为原料制作的高性能蒸压轻质加气混凝土板材，具有轻质、高强、耐火、隔热、隔声、无放射性、产品精度高、施工安装便捷、能适应大的层间变位、抗震性能好等诸多优点，特别适用于新建、改建建筑，使用中严格按照国家建筑标准设计 NALC 板构造详图施工。

② 楼板设计

原有楼板多为预制板，户型改造需要很多需要拆除或开洞的位置。例如利用旧建筑改造卫生间、厨房，原预制楼板需拆除改为现浇楼板，且在卫生间楼板四周均应作高 120mm 的混凝土反檐，与原有墙体相接处结构也做出相应处理方案，既解决安全问题，也解决了卫生间防水问题。楼地面、墙面内管线铺设、开洞都遵守《民用建筑修缮工程查勘与设计规程》（JGJ 117—1998）进行。

走廊保持原有功能的，由于走廊多数为不封闭，走廊楼板为预制板，存在雨水渗漏问题严重。在改造过程中，将楼板清理至基层，板间缝清理 3～5cm 后，用油膏嵌缝，水泥砂浆抹平后，采取增设一道 1.5 厚合成高分子防水涂料，水泥砂浆重新找坡的方法，解决雨水渗漏问题。

③ 门窗设计

由于原有门窗普遍破损严重，同时改造过程中需要拆除原有门窗，所以门窗改造也是本次改造的重点。所选门窗的性能及要求如下：

建筑外门窗抗风压性能分级为 6 级，气密性能分级为 4 级，保温性能分级为 5 级，隔声性能分级为：沿城市道路的为 5 级，水密性能分级为 4 级，其他为 4 级；

门窗玻璃的选用应遵照《建筑玻璃应用技术规程》（JGJ 113—2009）和《建筑安全玻璃管理规定》发改运行［2003］2116 号及地方主管部门的有关规定；

住宅门窗：外窗均为白色塑钢窗。一层外窗及所有走廊窗均设不锈钢防盗网，不得凸出外墙；外门采用保温防火防盗门；

在满足使用要求的基础上，统一安装的外门窗及不锈钢防盗网为居民创造了一个安全整洁、美观和谐的环境，成为一个亮点（图 11－22）。

在改造过程中多数改造建筑存在原有窗户窗台高小于 900mm，不满足现有规范对外窗窗台距楼面、地面的净高低于 900mm 时，应有防护设施的规定，存在安全隐患。改造过程要求施工单位认真复核窗台高度，不满足要求的均距地砌足 900 高。外窗台上部，突出墙面的腰线，装饰线脚，均做坡度为3%的向外排水坡，下部做滴水。

④ 屋面设计

由于原有屋面年久失修，无论是平屋面还是坡屋面普遍都存在漏雨及破损现象。原有平屋面清除至结构层后，结合新建屋面做法，重新找坡并作防水处理。原有坡屋面拆除至屋架，安装木檩条，并作防腐防火处理；平铺木望板；铺SBS防水卷材一道；安装顺水条和挂瓦条并挂红色平瓦。

图11－22　更换不锈钢防盗门窗

屋面新旧连接，在浇接处沥青木条填充，上面作保温层找平，防水着重处理。

⑤ 防火设计

本次所有改造建筑均为二级耐火等级设计，均能满足防火间距要求，消防车道宽度均大于4m。楼梯间的墙、分户墙耐火极限均大于2h，楼板耐火极限均满足要求。二次装修设计选用材料满足《建筑内部装修设计防火规范》（GB 50222—1995）的要求和相关的安全防护要求。

⑥ 日照、采光、通风设计

改造设计中充分利用外部环境提供的日照条件，满足每套住宅至少应有一个居住空间能获得冬季日照；

卧室、起居室（厅）、厨房设置外窗，却有困难的过厅采取间接采光的措施；

厨房和无外窗的卫生间采取通风措施，且预留安装排风机的位置和条件。改造后卫生间多为无外窗，增设排气道彻底解决通风排气问题。

⑦ 安全设计

旧建筑由于设计规范及法律法规的不规范，很多地方都存在安全隐患，安全问题不容忽视，也是改造的重点。例如之前提到的窗台高度不满足距楼面、地面的净高不低于900mm，原有公共走廊栏板高度不满足1050mm，设扶手的位置锈蚀严重，原有楼梯未设置扶手，以及一些由于年久失修导致的安全隐患，例如落水管断裂破损，烟囱破损严重等容易造成事故的问题。对于这些问题都要有解决的方案，栏板高度不足则砌足1050mm，锈蚀扶手更换为不锈钢栏杆扶手，楼梯增设符合规范的扶手，破损处进行更换、修葺（见图11－23、图11－24）。

⑧ 外装修

外装修选用的各项材料其材质、规格、颜色等均由施工单位提供样板，经建设和设计单位确认后进行封样并据此验收，达到美观的整体效果（见图11－25～图11－28）。

图 11-23 楼梯增设扶手

图 11-24 栏板砌足安全高度

图 11-25 汾阳路 1 号楼改造前（背立面）

图 11-26 汾阳路 1 号楼改造前（正立面）

图 11-27 汾阳路 1 号楼改造后（背立面）

图 11-28 汾阳路 1 号楼改造前（正立面）

（2）围护结构节能设计

本工程为改扩建项目，保温节能设计完全达到规范规定要求几乎不可能实现，且对旧建筑本身的损害程度大，资金投入也很大。在没有更为合理可行的解决方案的条件下，权衡比较，把改造重点放在门窗节能上，采用保温性能好的中空玻璃塑钢门窗，建筑外门窗抗风压性能，气密性能，保温性能，隔声性能，水密性能等都能满足要求。此外，由于屋面在改造时均需重新更新面层做法，也是一个节能改造重点。屋面保温材料选用 65 厚挤塑聚苯板保温层，平均传热系数满足青岛地区 K 小于 0.55W/(m^2·k) 的要求。

(3) 结构改造

1) 老建筑的综合评估

首先对原建筑物进行检测鉴定，对整个建筑物做出结构性能评价，以便进行相应结构改造。结构鉴定报告将成为设计单位进行结构设计的重要依据。

2) 原建筑结构改造

由于原建筑年代久远，原有设计资料缺失，根据检测鉴定报告，对原建筑重新进行建模验算，针对不满足要求部位进行相应处理措施。例如，墙体抗震、受压不满足要求，窗间墙过小不满足要求等。

① 墙体加固

对于不满足要求的墙体，可采用多种加固方式，比如钢筋混凝土板墙、满墙灌浆等，综合考虑造价、施工工艺、施工周期、场地等因素，最终选定墙体两侧或单侧增设钢筋网抹水泥砂浆的方式来加固墙体。本方案缺点是造价稍高，但是考虑到它具有施工简单易行，可操作性强，加固效果明显，施工周期短的优点。通过实践验证，本方案为较优方案，取得了不错的效果。窗间墙不满足要求部分，采用增设混凝土框来加固处理。本措施施工简单易操作，加固效果良好，造价低廉，可有效提高墙垛的承载力。

② 卫生间改造

考虑到防水及不增加荷载的情况，采用了拆除预制板增设现浇板，同时板标高下降，保证建筑面层完成后保持 20mm 的高差。由于是在原墙体上增设现浇板，经济、安全、易操作等综合考虑后，在沿板周边墙体上凿洞，如图 11-29 所示，这样既保证安全，又使施工变得简单易行。同时，施工时采取隔层隔开间施工，避免各楼层同一位置同时施工，减少风险，保证了建筑的整体稳定性不受扰动。

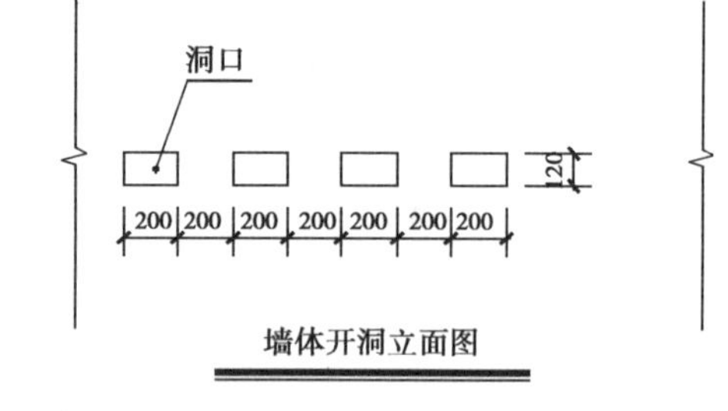

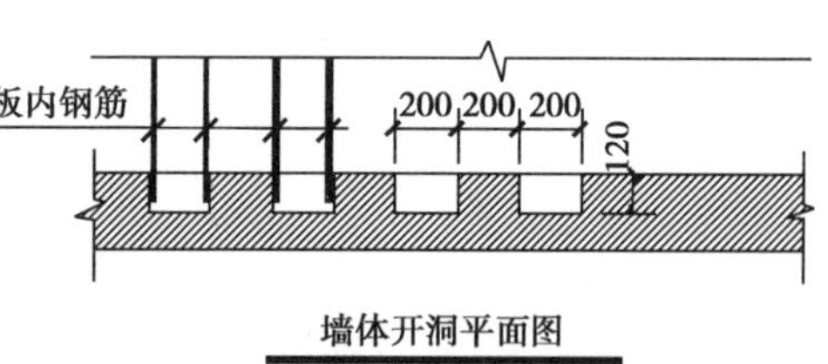

图 11-29　墙体开洞平立面图

③ 厨房改造

厨房增设排油烟道，需在原预制板上开洞。开洞后预制板大部分被截断，严重降低承载力，为了保证原预制板的承载力要求，在洞口周边增设混凝土梁，如图 11-30。

④ 原墙体开洞做法

由于原有墙体需新开洞口，为了尽量少扰动原建筑墙体，采用先设角钢后开洞口的做法，如图 11-31（本图用于宽度小于等于 1.5m 洞口，角钢须计算确定）。此种方法对原建筑扰动极小，施工简便，取得不错的效果。

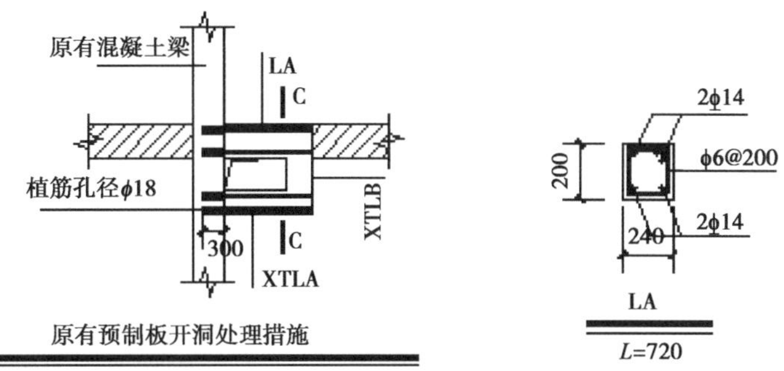

1.梁采用C20膨胀混凝土。
2.现浇梁强度达到设计强度时，方可拆除模板进行板开洞。

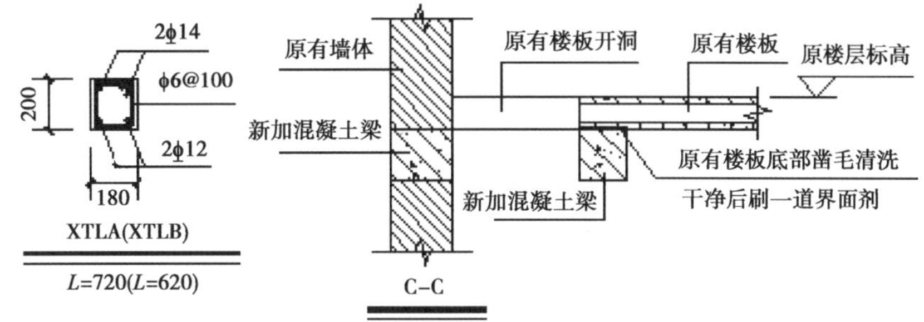

图 11-30 原预制板做法

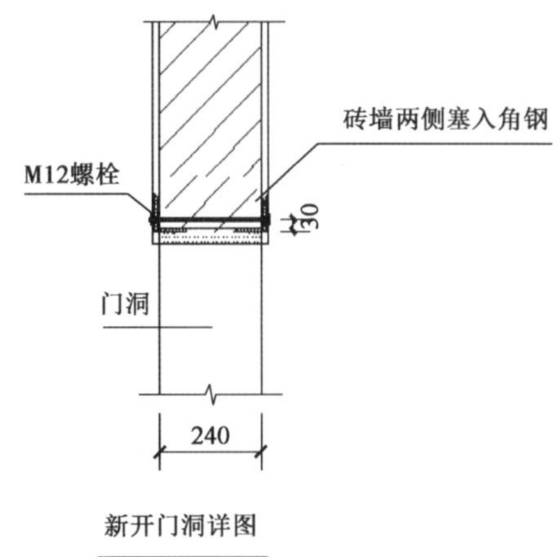

1. 砖墙上面另开门洞，首先检查原有墙体，若有裂缝或粉化严重现象或有需要加固的构件应通知设计单位另行处理。
2. 在另开门洞口上部采用两根角钢过梁加强，6 厚钢板焊接角钢，焊缝高度 5mm，做法如图所示。
3. 角钢外表面焊钢筋网，底面和侧面压抹 1∶2 水泥砂浆 20 厚。
4. 墙体开洞应分内外两侧施工，一侧到设计标高时安装槽钢过梁，然后再开凿另一侧。

图 11-31 原墙体开洞做法

⑤ 原洞口封堵做法

原建筑中一些洞口需要封堵，为了保证封堵后新旧砌体能够共同作用，采取如下做法，如图 11-32。

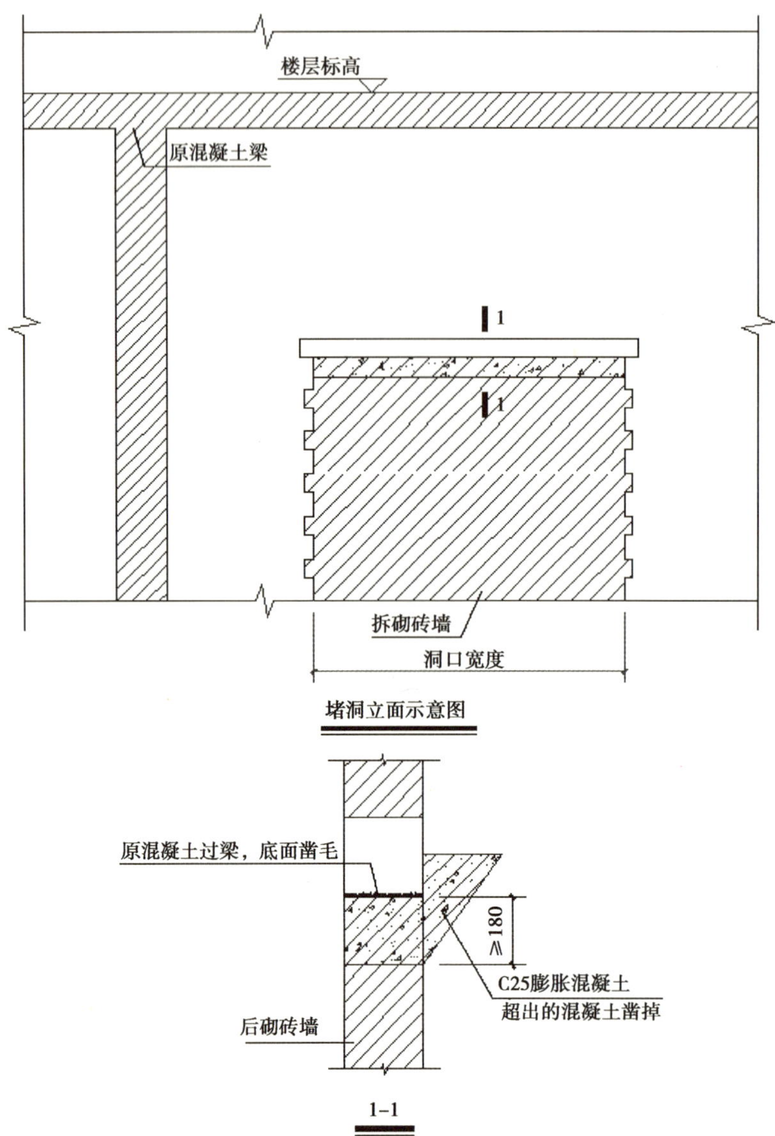

洞口封堵做法：

1. 首先将门洞周围表面的污处清理干净，在新旧墙体交接处沿高度每隔 500mm 向内凿入 60mm，高度为 60mm 的马牙槎，然后在夹缝内每隔 500mm 高植入一钢筋（钢筋植入墙内 180mm），露出墙面的长度为 1000mm。
2. 以 M7.5 混合砂浆砌 MU10 烧结页岩砖，砌砖距过梁底 100mm 处停，支上模板，浇筑混凝土。
3. 注意混凝土严格洒水带模养护 14d。

图 11-32 原洞口封堵做法

⑥ 原楼梯或局部拆除做法

由于原建筑外加建一部分，个别楼梯或者局部需拆除时应尽量减少对原建筑的扰动，采取措施如下：

本工程板、梁、柱拆除时遵循从上至下的原则逐层拆除，应使混凝土碎成小块落下以免伤及下部结构，不得损伤保留结构，同时垃圾应及时清理，以免下部堆载过多。有部分洞口需用现浇板封补，梁和现浇板需植筋与原结构连接，植筋可从下至上逐层进行。对于拆除工作，应注意以下几点：

对于应拆除部位的构件宜采用静力切割的方案，构件的切除应严格按照设计的要求进行，并且，应采取措施保证切除掉的部分不会对其他构件造成危害；

应保证未被切除构件完整，并在加固措施未实施之前，采取临时固定或支撑等措施，待加固完毕后方可实施切除；

现浇楼面板的拆除应在梁外皮 100mm 处切断，人工剔除混凝土，将板支座负筋在梁的箍筋处下弯并焊牢，然后采用水泥砂浆抹面。预制板不可直接拆除，墙中部分应予以保留，拆除完毕后孔中用 C20 混凝土填实或与现浇板一起浇筑填实；

对于切断的梁，可以将第二排钢筋在其支承梁边切断，第一排钢筋应在其支承梁外 300mm 处切断，并沿梁的箍筋处下弯并焊牢，然后采用水泥砂浆抹面。

⑦ 原构件承载力加固做法

原建筑由于年代久远，一些构件出现裂缝、露筋等破坏承载力的问题，就需要进行一些补救措施。例如进行除锈、重新抹环氧砂浆、粘贴碳纤维等措施，如图 11－33 所示。

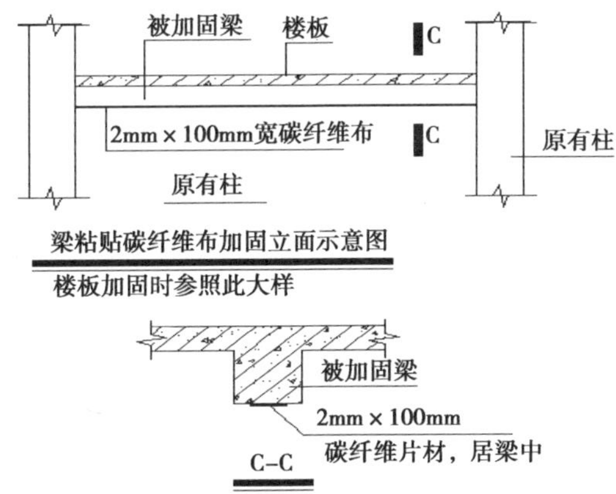

1. 粘贴碳纤维布前应先对梁进行处理，待处理完毕后方可进行下一道工序。
2. 粘贴碳纤维布的表示方法为层数×宽度，所用碳纤维布的厚度均为 0.183mm（300g）。
3. 被贴混凝土表面应打磨平滑；转角处进行倒角处理，打磨成半径不小于 20mm 的圆弧状。
4. 多层粘贴纤维布时，应待纤维表面接触干燥后再进行下一层的粘贴；纤维布的搭接长度不少于 $1000t$，t 为层厚。
5. 纤维布表面须用 20 厚 M15 水泥砂浆抹面。

图 11－33　原构件承载力加固做法

⑧ 断板处理方法

原建筑中存在一些原有预制板断裂，严重影响居民安全，需要拆除后重新浇制现浇板。现浇板做法同新增卫生间板做法，不再赘述。

3）新建部分

① 基础

新建部分是沿着原建筑接建，基础部分是重中之重。首先要保证新建部分不能发生大的沉降，基础部分处理尤其重要。首先要求地基承载力特征值不小于 180kPa，同时适当增大基础底面积，地面标高位置设一道地圈梁，增加新建部分整体刚度。采取这些措施可有效减少沉降。

对于地基承载力特征值比较低的地基，采用换填的方法来处理。计算需要换填深度，上部尽量采用易夯实填料，要求回填后承载力特征值不小于 180kPa，然后基础采用阀板基础，增强上部结构整体性，现在来看，已竣工的建筑没有明显裂缝，说明此种方法是可行、有效的。例如，泗阳路 5 号 7 号楼，主体为 3 层砖混结构，地基承载力特征值只有 100kPa，承载力较低，怕引起不均匀沉降，新建部分与原建筑之间可能会出现裂缝，于是，采取还填地方法，将临近原建筑部分较松散土体挖除，换填为砂石级配，采用平板振动器分层夯实，夯实后要求地基承载力不低于 180kPa。换填厚度经计算为 1.2m，为安全起见，实际换填深度为 1.5m，基础宽度增加 200mm。挖土时，为了不影响原建筑地基，采取分段回填的方法，回填范围如图 11－34 所示。

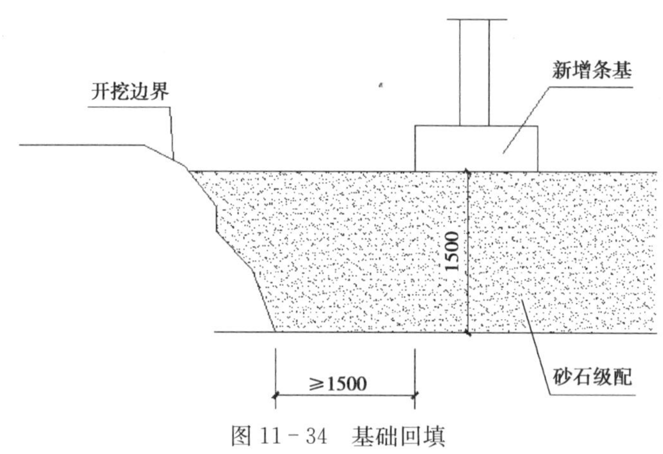

图 11－34 基础回填

② 墙体砌筑

由于是新旧接建，墙体砌筑时一定严格要求砌筑质量和进度。要求灰缝饱满无空鼓，砌筑进度一定不能太快，要保证墙体砌筑后自身沉降大部分完成，以免砌筑过快增大墙体自身沉降，连接部分发生裂缝。

③ 新旧墙体连接

鉴于上述两条可以解决大部分沉降，而且接建部分层数较少，不会产生大的沉降，因此，建议新旧墙体作刚性拉结。刚性拉结的优点是能保证新旧建筑很好地结合成一个整体，抗震性能优越，不至于在发生地震时新旧墙体互相脱离，造成巨大安全隐患。

新旧墙体作刚性拉结，新砌墙体还是有一定的沉降的，为了防止这部分沉降影响楼面，将新增现浇板临近原建筑一侧作为自由端处理。这样墙体的部分沉降只会发生在本层中，由于楼板没有与原建筑作拉结，整个楼面会随之沉降，这就又减轻了墙体沉降带来的危害。

④ 新旧屋面连接

新旧屋面处是一个薄弱环节，需要特殊处理。由于原建筑屋面是预制空心板，而新加建部分为现浇混凝土板。二者不易连为一体，而且屋面处受温度影响最大，很容易出现胀缩问题，还有一个很重要的问题，就是此处需要拉结，因为加建部分较小，上部拉结好了才能更好地作为一个整体。此处采用了二者折合的拉结措施。结构板之间没有作拉结，二者之间保持了 20mm 的缝隙，中间采用密封麻丝作封堵，在结构板交接处上部 40mm 垫层中，铺设直径 $\phi8@200$ 的圆钢钢筋网，每侧各深入 600mm，这样既保证了整体性，温度变化时也不会出现大的拉裂。现在来看，效果不错（见图 11－35）。

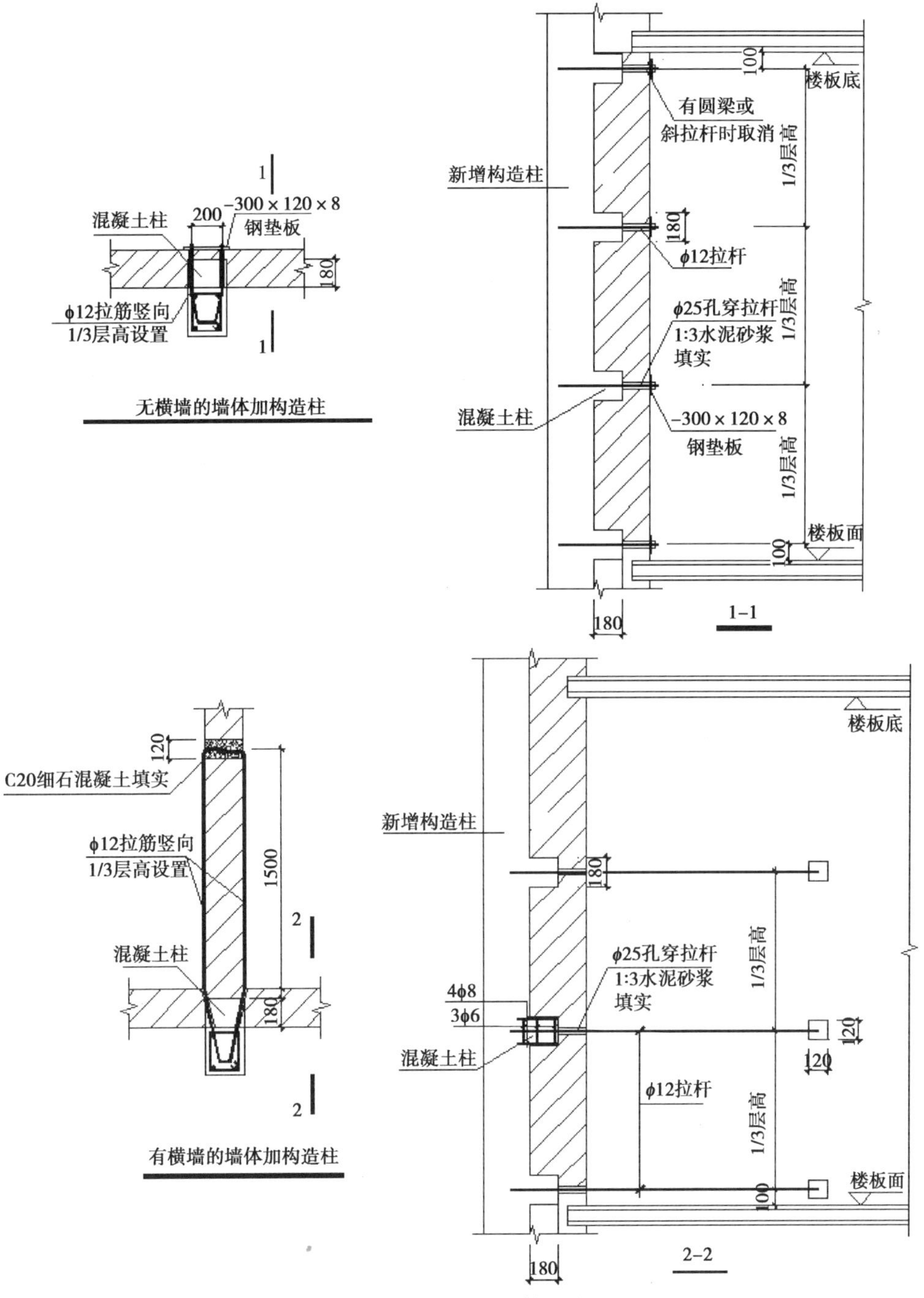

图 11－35 新旧墙体连接

⑤ 室外挡土墙做法

由于原建筑场地地形复杂，加建时会遇到室内外高差较大的情况，为了安全，同时也为了美观，将外墙局部加厚，计算满足挡土墙厚度，加厚一侧凸向填土内，如图 11－36 所示。

4）建筑整体抗震

① 整体抗震模型

在先前建立的模型基础上处理完毕原建筑不满足抗震要求的前提下，再将新建部分纳入到原建筑中作为一个整体来重新建模进行抗震验算。在此基础上严格按照规范要求来核算。一层顶结构平面布置图见图 11－37。

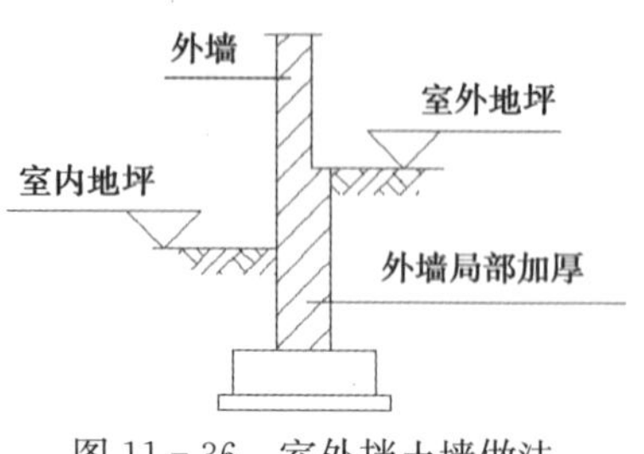

图 11－36 室外挡土墙做法

针对验算结果，作出相应整体抗震加固方案。

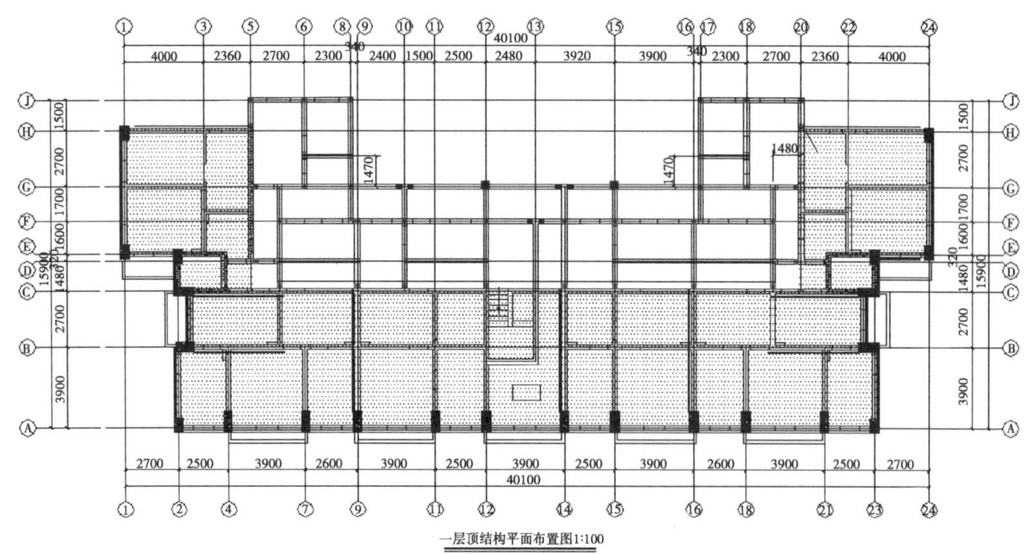

图 11－37 一层顶结构平面布置图

② 整体抗震方案

将老建筑跟新建筑结合考虑，大部分老建筑无圈梁、构造柱，因此，采用老楼部分外设构造柱，外墙增设圈梁跟新建筑拉结成一体；老建筑内部增设钢拉杆，同时钢拉杆与新建部分构造柱、圈梁拉结成为一体。这样，整体性问题就解决了。

考虑到建筑竣工后的外观及内部使用问题，构造柱及钢拉杆考虑用钢筋混凝土围套来代替，如图 11－38。这样既可解决外观问题，又不影响房间内部使用及美观。

原建筑屋面板大部分为预制空心板，而新建部分为现浇混凝土板，为了增强建筑物的整体性，在原建筑楼面板上增设 40mm 厚叠合层，内配钢筋网。首先要求将原建筑楼面面层打掉至结构层，然后再浇筑叠合层。这样既没有增加额外的荷载，又加强了原预制板的承载力，同时增加了建筑的整体性。叠合层做法如图 11－39。

（4）采暖、给水排水改造

1）采暖改造

原采暖形式为煤炉，污染大，效率低。住户大多私自在走廊内设置煤球池，影响安全和美观。通过改造彻底改变采暖形式。改造工程不同于新建工程应遵循确保结构安全、符合国家规范要求、维修方便、经济实用、美观大方的原则。

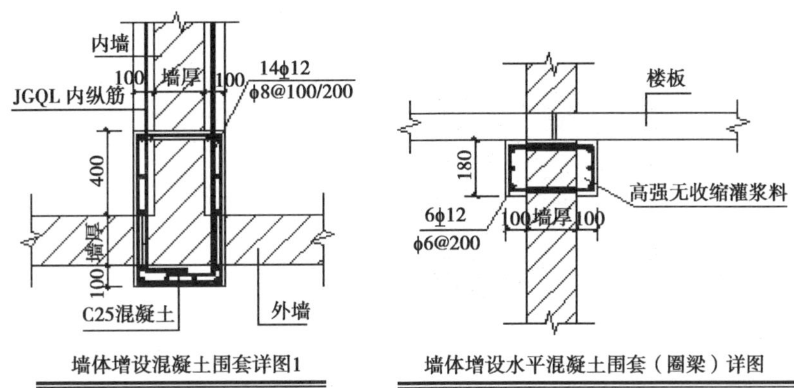

图 11－38 墙体增设圈梁详图

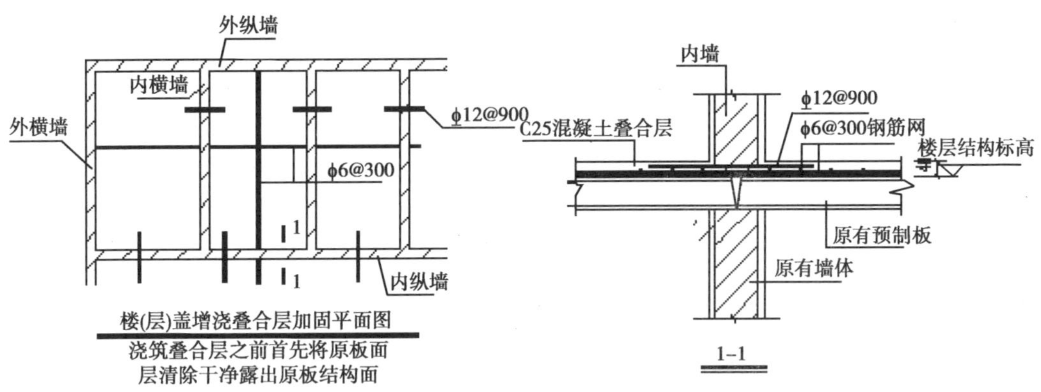

图 11－39 楼盖增浇叠合层加固平面图、剖面图

改造工程不同处在于，其主体结构已经完成，甚至已使用多年，改造时保证其结构的安全、完整是至为重要的一点。因此，改造工程的首要原则是开孔不能影响结构安全。根据上述原则，新装管线的走向应尽量与老管线保持一致，能利用原预留孔洞的，应利用原预留孔洞。如果原孔洞不能满足要求，需扩大的，可在原孔洞基础上扩孔，开孔以开口大为佳，如现场不具备条件，也可在满足穿管情况下小于套管的口径。如果必须开新孔，则应根据结构图，选择对结构影响不大的地方，并尽量避免切断钢筋。现浇的梁、柱以及预制构件的支撑受力端不能打孔。

因施工需在楼板和外墙上开孔，所以防水在施工中非常重要。已建住宅楼改造项目中，开孔一般使用水钻，孔的内壁比较光滑，且与套管间间隙较小，这使得防水施工有一定的难度。施工时，应将 PVC 套管外壁打毛，填入油麻后再填塞水泥和防水材料，并应筑起 20mm 高的水泥台。对于开孔小于套管的情况，可剔除套管周围部分水泥后再进行防水。水平管道穿越外墙不仅要考虑管道和孔洞之间的防水，还应考虑铝塑管之间缝隙的防水。因此，穿越外墙的孔洞直径应大一些，这样有利于加大铝塑管之间的间隙，便于填塞油麻、水泥进行防水，否则，很难填塞严密，防水效果不好（图 11－40、图 11－41）。

图 11 - 40　新开孔处

图 11 - 41　套管处理

改造基本情况如下：

① 采暖热源由热交换站提供采暖供回水温度为 95/70℃，采暖系统工作压力为 0.6MPa。

② 散热器选用内腔无砂辐射对流型铸铁散热器。

③ 室内采暖管道暗设于地板垫层内，采用无规共聚聚丙烯（PP—R）铝塑稳态管，管材应符合相关标准《无规共聚聚丙烯（PP—R）塑铝稳态复合管》（CJ/T 210—2005）。

④ 户外共用立管、入户分支管及散热器支立管均使用双面热镀锌钢管。

2）给水排水改造

① 给水排水概述

a. 利用市政余压

对于多层住宅建筑，可充分利用城市管网水压满足供水要求。本项目市政管网压力按 0.35MPa 计，直接由室外环管上引出。

b. 污水收集与排放

本项目室内排水采用污、废水合流制，并设置通气管。厨房设隔油器，经隔油后的污水排入市政污水管网。对于改造建筑困难在于，在加建厨卫设施后，部分排水排出管无法直接接入室外管网。设计时要考察现场情况，尽量在新加建方向排出。如新加建方向无法满足排水要求，排出管在内廊部分要设置清扫口以便日常维修。

c. 雨水收集与排放

本项目雨水排放采用外排，经室外地面流入雨水管网中排入市政雨水管网。部分雨水管在一层排水位置是内廊，如经地面排放影响安全，需要将这部分雨水管直接接入雨水管网中，排出存在的安全隐患。

② 屋面雨水排水

屋面雨水采用重力流外排水方式，以最短距离排至室外，接入室外重力流雨水管前，增设检查井消能过度。原有屋面雨水排水管采用的陶土管，由于使用时间长、缺少维修已经严重破坏无法使用。通过这次改造统一进行更换。出于管材的综合使用要求，即：耐腐蚀、阻力小、耐老化、安装方便、节约成本等。屋面采用 87 型雨水斗，屋面雨水立管选用抗紫外线 UPVC 雨水管（R 型），管材压力等级为 1.00MPa。改造后解决了因雨水造成的外墙面破损和水垢，提高了安全性、美观度（改造前后屋面排水管对比图见图 11 - 42、图 11 - 43）。

图 11 - 42　改造前屋面排水管

图 11 - 43　改造后屋面排水管

③ 室内给水排水改造

原楼内存在公共卫生间，共用厨房，卫生条件差，居民使用不便，私接给水排水管的问题。私接给水存在用水安全隐患和偷水情况。通过改造实现一户一个厨房一个卫生间的目标，排出用水安全隐患，大大改善卫生条件，提高居民生活质量。同时实现一户一表改造，解决了偷水的情况（图 11 - 44～图 11 - 46）。

图 11 - 44　私接给水管

图 11 - 45　私接排水管

改造中应注意的问题如下：

安装水表时，水表贴着墙面，以及水表前后没有足够的直线管段。水表贴紧墙面，则给水表的安装、检修和查看水表数据带来困难；水表前后没有足够的直线管段，那么流过水表的水的形态是杂乱无章的，造成很大阻力。水表应安装在便于检修、查看和不受暴晒、污染、冻结的地方；安装螺翼式水表时，表前阀门应有 8～10 倍水表直径的直线管段，其他水表的前后应有不小于 300mm 的直线管段；室内分户水表其表外壳距净墙表面不得小于 30mm，表前后直线管段长度大于 300mm 时，其超出管段应械弯沿墙敷设。

管道甩口封堵不及时；排水塑料管件质量粗糙，内部注塑膜未清除干净，造成管径缩小。管道堵塞，甚至清通不成，只好截断管道重新设计安装。管道安装前，首先应认真清除管道和管件中的杂物，管道甩口特别是向上甩口应及时封堵严密，防止杂物进入管道中。为了截留掉入立管中的杂物，当首层立管检查口安装后，在立管检查口处及时安装防堵铁簸箕，是行之有效的方法。具体做法是：当排水立管安装开始时，在首层立管检查口处拆除检查口盖，及时装入铁簸箕，铁簸箕前端应与管内壁贴紧，下部伸出管外。铸铁排水管使用的铁簸箕在其尾部开孔，以便将其固定在立管检查口下部的螺栓上；UPVC 管道使用的铁簸箕宜将其尾部焊上自制的扁钢抱卡，抱紧在立管上。这样在施工过程中掉入排水立管中的杂物就可以从铁簸箕排出管外，防止进入立管底部。

图 11－46 改造后室内给排水管道

改造工程中，改造时保证其结构的安全、完整是至为重要的一点。因此，开孔不能影响结构安全。如果原孔洞不能满足要求，需扩大的，可在原孔洞基础上扩孔，开孔宜开足够大，如现场不具备条件，也可在满足穿管情况下小于套管的口径。如果必须开新孔，则应根据结构图，选择对结构影响不大的地方，并尽量避免切断钢筋。现浇的梁、柱以及预制构件的支撑受力端不能打孔。

因施工需在楼板和外墙上开孔，所以防水在施工中非常重要。已建住宅楼改造项目中，开孔一般使用水钻，孔的内壁比较光滑，且与套管间间隙较小，这使得防水施工有一定的难度。施工时，应将 PVC 套管外壁打毛，填入油麻后再填塞水泥和防水材料，并应筑起 20mm 高的水泥台。对于开孔小于套管的情况，可剔除套管周围部分水泥后再进行防水。水平管道穿越外墙不仅要考虑管道和孔洞之间的防水，还应考虑铝塑管之间缝隙的防水。因此，穿越外墙的孔洞直径应大一些，这样有利于加大铝塑管之间的间隙，便于填塞油麻、水泥进行防水，否则，很难填塞严密，防水效果不好。

④ 室外排水改造

因为年久失修，周围环境的改变，管道破损等原因。造成原有室外排水管道大部分存在堵塞现象，需要 3 天一小通 5 天一大通，给小区内居民的生活造成极大的不便。同时原排水管道与现有管网不配套，已经没有维修再利用的可行性。由于原有排水管网与周边现有管网不配套，在排水管网改造前要摸清周边管网的实际情况，并选取合适的接口位置。结合室外排水管材要求耐高压、阻力小、密封好、使用寿命长、便于铺设安装等特点，选用硬聚氯乙烯（PVC—U）双壁波纹埋地排水管。改造后解决了原来管网存在的堵塞问题，改善了小区周边环境，提高了居民生活环境。

（5）电气自控改造

1）首先筒子楼的供电电源由就近室外 T 接箱引至，三相四线制，电压 380/220V，采用铠装电缆室外直埋引至各住宅楼。

2）每栋楼均设集中计量电表箱，电表箱设在公共部位统一计量，一户一表，集中电表箱落地安装，下设150mm基座，并装有浪涌保护器（图11－47、图11－48）。由电表箱向各户内放射式明敷配电，均匀分配各相。原建筑线管均直接明挂，考虑其美观性，现线管、扣线槽沿楼板边明敷。

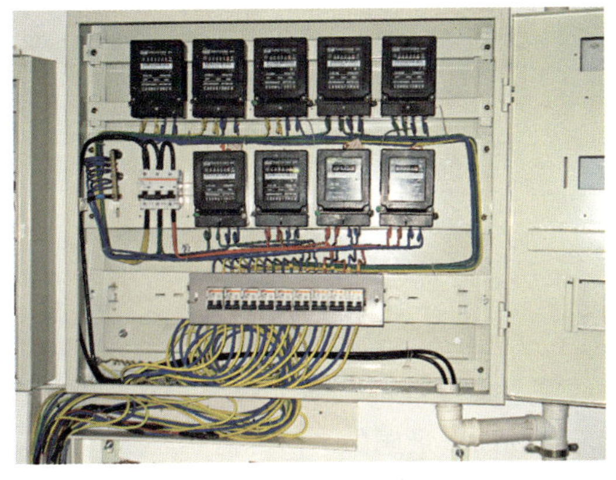

图11－47　电表箱

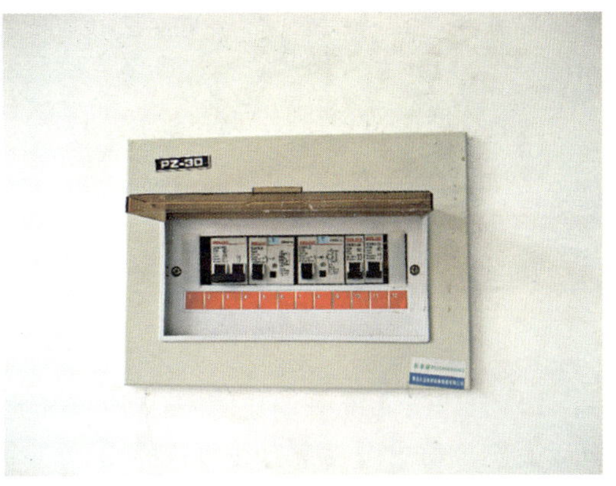

图11－48　空气开关

3）每户设配电箱，箱内各回路分设断路器，负荷按4kW考虑，充分满足住户的发展要求。原建筑物内无法预埋线管，现建筑物内所有回路的导线均选用BV—500型，穿硬质阻燃PVC管沿墙、楼板在不破坏结构的前提下开槽暗敷，后砂浆抹平，管线敷设时，在穿越墙体、楼板等时，在安装完毕后，采用无机防火材料进行封堵。

4）入户电线为$3\times10m^2$，原入户线为$3\times4m^2$，且无厨卫、空调回路已不能满足现代生活的要求。户内照明、插座由不同的支路供电。厨卫设有单独回路线为$3\times4m^2$，供厨房卫生间可能使用的大功率电器，采用防水防尘型插座，满足规范要求。单独设$3\times4m^2$空调插座回路，使居民改善生活条件成为可能。所有插座回路（高空调插座除外）均设剩余电流保护器保护（动作电流不大于30A，动作时间不小于0.1s），充分满足安全性能要求（图11－49）。

图11－49　防水防尘型插座

5）原楼梯间公共走廊等处无照明，给居民夜间出行造成不便。现楼梯间等公共部位设置声光控吸顶灯，解决夜间出入安全问题。选用高效光源、节能灯具，有效节约能源。

6）原建筑无防雷设计，本工程加装弱电系统后按三类防雷设计，屋顶采用$\phi10$镀锌圆钢沿建筑物屋脊、屋檐及所有高出屋面部分顶上敷设，所有突出屋面的金属物体均与防雷装置可靠连接，在整个屋面组成不大于$20m\times20m$或$24m\times16m$的网格。并利用建筑物外侧四根主筋作引下线，原建筑无引下线的，则利用圆钢明敷做引下线，低于1.8m处套钢管保护。引下线的平均间距不大于25m。在建筑物外侧敷设扁钢为接地体，接地电阻不大于4Ω，保障住户安全（图11－50、图11－51）。

图 11-50　改造后避雷网

图 11-51　改造后防雷装置

7）原建筑无统一弱电系统，各户私走各种线缆，造成混乱。本工程统一有线电视、电话入户，每户设一个有线电视端口，一个电话端口，以满足居民生活的需要，所有管线采用暗敷，增强其美观性。

（6）室外环境改造

室外环境中存在如下几项问题：

1）室外环境场地竖向不合理，多年来雨水的地面排放成了筒子楼重要的环境问题。见图 11-52。

在本次改造中，将场地坡度结合建筑改造重新梳理，以合理的排水坡度设置结合管道排水，将居民雨天院内积水问题解决好。

2）煤池子等废弃构筑物、个人杂物等私占公共环境空间，严重影响居民生活卫生条件及安全性，本次改造中均予以拆除整理，将场地充分利用，建设为小区活动场地及绿化空间。见图 11-53。

图 11-52　改造前室外地面

图 11-53　改造前居民私搭乱建

3）室外环境配套设施不规范，如较大高差处无栏杆防护，坡度较大的场地简单顺应坡道（图 11-54、图 11-55）。此次改造中，将这些安全隐患尽量消除掉。凡场地高差超过 1m 的，设置防护栏杆，凡坡度大于坡道要求的，均设置台阶或礓䃰（图 11-56）。

图 11－54　场地坡道坡度较大

图 11－55　高差较大处无栏杆，坡道破旧不规范

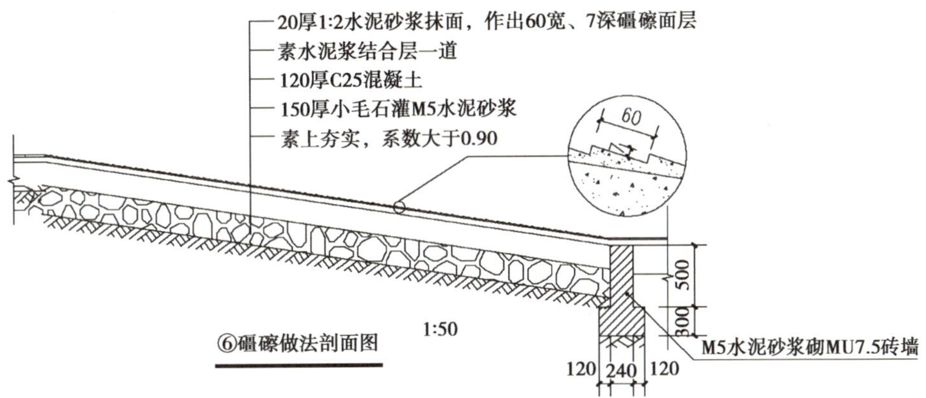

图 11－56　礓礤做法

4）室外环境缺少活动场地、停驻空间，休闲设施。改造中在庭院中心非车行空间，种植亚乔木和灌木，设置休闲廊道、游步道、花坛、休闲座椅、健身设施等，并增设了景观小品，整体提升了庭院环境（图 11－57～图 11－60）。

图 11－57　居民院内没有活动场地，铺装破旧，也没有绿化设施

图 11－58　设计活动场地，安装健身器械

图 11-59　增设绿化地，改善居住环境小气候及景观效果

图 11-60　增设座椅等设施

（7）质量控制体系

实行监理工程质量终身责任制，建立以公司法人代表为主体的质量控制体系，在现场健全以总监理工程师为核心的监理工作质量保证体系，并把承包人的质量管理工作纳入自己的控制系统之中，监理工程师要熟悉全面质量管理的多个环节，并对各分部分项、专业工种的质量监理工作进行有效控制。督促承包方做好施工阶段的质量管理工作，并与承包方的质量保证体系密切结合，确保质量目标的实施。

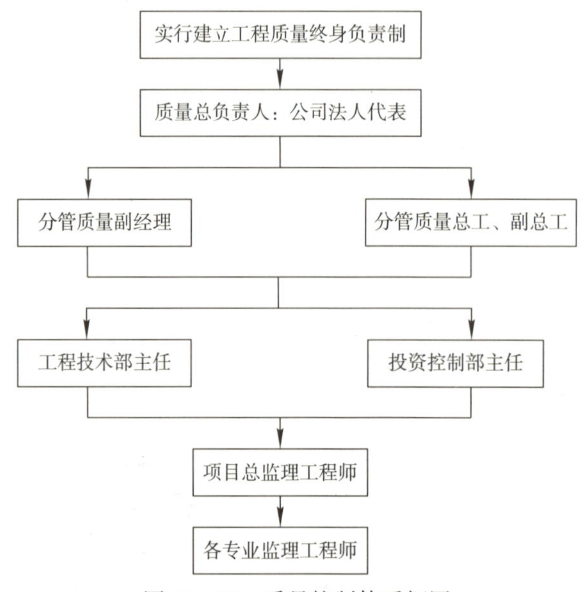

图 11-61　质量控制体系框图

（8）措施

筒子楼工程加建改造工程周期短，工期紧，民生呼声高，是政府给社会中低收入的人群改善生活居住条件的民心工程。本工程加建整治措施为：在现状楼房有条件的地段进行补建新建筑，为每户新增卫生间及厨房设施，对旧建筑楼体进行粉刷，整修，改善居民内部居住环境。抗震设防烈度为 6 度。监理工作依据设计文件合同约定，国家省市的法令法规，国家制

定的相关规范及行业标准，对各个专项施工按照国家规范及监理细则实施控制，具体措施如下：

1）定位放线的质量控制

① 根据与原建筑的相对关系进行建筑物的定位放线并通过老建筑复核。

② 审查测量仪器的合格证及检测报告。

③ 复核现场的标高引测点、楼层的定位放线、楼层标高及建筑物的竖向偏差。

监理检测手段：利用经纬仪、水准仪、量尺，按照设计图纸及规范要求进行放线尺寸复核，符合要求后对技术资料进行完善，方可进行下步施工。

2）钢筋工程质量控制

① 熟悉结构施工图，明确设计钢筋的品种、规格、绑扎要求以及有关构造措施的规定。

② 严把原材料质量关。进场钢筋品种符合设计要求，进场钢筋必须有出场合格证或实验报告单。钢筋表面或每捆（盘）钢筋均应有标志。

③ 督促施工方及时将进场钢筋堆放整齐，设置标签，表明受检状态。

④ 进场钢筋按批号、直径分批由监理人员监督取样送检，各项指标合格后方可在工程上使用。

⑤ 重点控制对抗震要求的框架结构纵向钢筋检测。

⑥ 钢筋的下料加工应要求施工方的技术人员根据图纸及规范进行钢筋翻样，并就钢筋下料加工对钢筋进行详细的技术交底。

⑦ 钢筋的焊接，首先检查焊工的上岗证。正式焊接前必须监督焊工根据现场施工条件进行试焊检验，合格后方可批准上岗。对焊接方式、规格现场抽样送检。

⑧ 对钢筋验收时应对照施工图检查所绑扎钢筋的规格、数量、间距、长度、锚固长度、接头设置等是否符合设计及规范要求：

梁上有集中荷载作用处的附加吊筋或箍筋；

控制钢筋保护层的垫块、厚度位置应符合规范要求；

预埋件、预留洞的位置正确，固定可靠，孔洞周边钢筋加固应符合设计要求；

钢筋不得任意代用，必须按设计要求进行施工；

在混凝土浇筑过程中督促施工单位派专人负责整理钢筋。

检测手段：对进场钢筋的型号外观进行检验，对质量文件进行审查，并对钢筋原材料进行见证取样，催办施工单位送检测单位试验检测，对不合格的原材料要求施工单位立即清场，严禁使用。对关键部位进行旁站监理，利用尺量、力矩扳手对构配件进行检查验收。

3）模板工程的质量控制

① 审查施工单位技术方案符合规范及施工要求。

② 检查模板材料质量（表面平整、规则）。

③ 控制模板支撑、支架以及卡件数量，具有足够的承载力、刚度和稳定性，能够可靠地承受新浇筑混凝土的自重和侧压力，以及在施工过程中所产生的荷载。防止柱胀模，造成断面尺寸鼓出、漏浆、混凝土不密实或蜂窝麻面，柱模卡箍间距应适当，不得松扣。

④ 柱封模前，底部杂物清理干净，模板下口缝隙必须堵实。

⑤ 检查预埋件、预留洞的位置、标高、尺寸符合图纸要求，预埋件固定必须牢固，防止其位移。

⑥ 模板表面平整光滑、洁净，不得粘有干硬的水泥浆等杂物；木模板在浇筑混凝土前应充分湿润；钢模板应用水性脱模剂，涂刷均匀。

⑦ 在混凝土浇筑过程中督促施工单位派专人检查发现胀模、漏浆及时采取补救措施。

⑧ 模板的拆除时间应根据现场混凝土同条件养护试块试压结果决定。

检测手段：利用尺量、水准仪、托线板及现场观察检测模板的标高、垂直度、平整度、稳定性等。

4）混凝土工程质量控制

① 首先要熟悉建筑总平面图，根据工程特点和施工现场的具体条件审查施工组织设计有关混凝土工程所采取的组织措施和技术措施是否合理。其中应特别注意混凝土的输送、浇筑顺序，施工缝的设置。严冬、酷暑施工混凝土的浇筑应专门制订施工方案，采取相应控制措施。

② 对进场商品混凝土检查产品出厂合格证、混凝土配合比通知单、水泥出厂合格证及备案证及实验报告、砂石实验报告、外加剂合格证及备案证。

③ 在混凝土施工过程中要进行不定期的抽查。抽查的内容：测量坍落度随机取样制作试块。

④ 浇筑竖向结构，要根据结构形式采用串洞、开门子洞等方法，保证混凝土浇筑中不发生离析，并保证各部分浇筑密实。

⑤ 对配筋及预埋件多的地方，要认真浇筑，把各处振捣密实，并避免碰动钢筋及预埋件。

⑥ 在施工缝继续浇筑混凝土时，应清理浮浆、松散混凝土及石子，并冲洗、湿润且不得有积水，待已浇筑混凝土抗压强度达到规范要求强度后方可接槎，但在浇筑混凝土前应在施工缝处铺一层混凝土内成分相同的水泥砂浆。

⑦ 后浇带应按设计要求预留。审核后浇带的加固方案，并监督执行。后浇带按规定时间浇筑混凝土。浇筑前应将其表面清理干净，将钢筋加以整理或施焊，然后浇筑早强、无收缩水泥配置的混凝土。

⑧ 混凝土的养护。督促施工方派专人对混凝土进行养护。混凝土在浇筑后，要避免受冻及温度急剧变化的有害影响，同时还要防止在硬化过程中受到冲击、振动及过早地加载，在混凝土强度未达规范要求强度前，不允许施工方在其上进行作业。

检测手段：检查现场施工所用机械设备，对现场人员配备情况、施工组织计划、施工技术是否合理进行审查。对拌合混凝土所用原材料进行试验。混凝土拌合时按照配合比要求进行计量。督促施工单位按照规范要求进行混凝土试块的留置工作，并按期进行复试。在混凝土浇筑工程中按规范要求进行旁站监督，及时提出问题根据现场实际情况作出处理。

5）砌体工程质量控制

① 熟悉施工图，熟悉不同楼层、不同部位对砌体标高、砂浆标号的要求，熟悉各部位砌体配筋、预留洞、预埋件、预埋木砖的位置。

② 审查施工技术方案，应着重检查其对墙体垂直度、平整度、标高的控制措施。复核施工方测设的墙体平面尺寸和标高。

③ 审查砖的出场合格证、试验报告要符合规范要求，砖、水泥、砂、石按取样规定

进行现场旁站取样试验。

④ 检查、测定拌出砂浆的质量。砂浆的稠度应满足不同种类砌体的具体要求；保水性要好；水泥砂浆和水泥混合砂浆必须在拌成后，分别在规范要求时间内使用完毕。

⑤ 检查基底的清理情况，砂浆、杂物等要清除干净。基底若为混凝土垫层或砖砌体，应事先浇水湿润。

⑥ 砖在砌体前一天就应浇水湿润，严禁干砖上墙。

⑦ 检查工人砌墙的砌筑形式是否符合规范要求：内外墙砖相互咬槎，不允许出现竖向通缝。

⑧ 检查砌体中的预埋件、预留洞以及配筋是否符合设计要求，对埋于砖体中的木砖要作好防腐处理。

⑨ 检查砌体的水平灰缝厚度和竖向灰缝宽度、饱满度。

⑩ 砖柱横、竖向灰缝的砂浆都必须饱满，每砌完一层砖，都要进行一次竖缝刮浆塞缝工作，以提高墙体强度。

⑪ 按照规范要求进行试块留置。

检测手段：利用靠尺、塞尺按照规范要求进行砌砖垂直度、平整度的检查工作，利用卷尺测量构件尺寸，并对观感质量进行综合验收。

督促施工单位按照规范要求进行砂浆试块的留置工作，并按期进行复试。

6）抹灰工程质量控制

① 抹灰前熟悉图纸，审查施工方案。

② 抹灰前应对主体进行全面检查，敷管、线要准确无误。

③ 进场原材料应有合格证及复验报告，所用水泥根据进场数量、批号进行凝结时间和安定性的复验。砂浆的配合比应符合设计要求。

④ 抹灰前重点对下列项目进行隐蔽验收：

不同材料基体交接处应采取防止开裂的加强措施；

门窗洞口抹灰提前做好企口，确保门窗安装尺寸、位置。

⑤ 抹灰前基层表面的尘土、污垢、油渍等应清除干净。基层抹灰前进行甩浆处理，浇水养护强度达到抹灰要求并报监理人员验收。

⑥ 坚持样板领路，样板间施工完毕后，经监理人员验收达到中级抹灰标准后方可大面施工。

⑦ 抹灰前对墙体上的施工孔洞堵塞密实。

⑧ 门窗洞口处门窗位置检查，校正门窗框平面使其与抹灰面层一致。

⑨ 外墙和顶棚的抹灰层与基层之间及各抹灰层之间必须粘结牢固，抹灰层应无脱皮、空鼓、面层应无爆灰裂缝。

检测手段：督促施工单位对抹灰使用的砂浆配合比进行试配，并对砂浆拌合的计量进行监督。对已完成品进行观感检查、利用小锤、尺量等进行抹灰质量的验收。

7）塑钢门窗质量控制

① 熟悉有关国家规范、标准、规程及有关资料、文件。

② 认真审查图纸、施工组织设计及施工方案。

③ 审查进场的原材料、成品、半成品及零配件的合格证、准用证、复验报告。

④ 审查分项工程施工单位的设计资质、安装施工资质，及施工人员特殊工种的上岗证。

⑤ 做好各道工序完成后的自检、报验制度，未经验收，不得进入下道工序。

⑥ 塑钢门窗四周橡胶条镶嵌牢固不松脱，四角应斜向断开，断开处和中间部位应用胶粘剂粘结牢固。

⑦ 密封胶打注应均匀平直，粘结严密牢固、无气泡，密封胶不得三面粘结。结构胶粘剂厚度和宽度根据设计计算确定。

检测手段：按国家规范及质量控制要点，采用外观检查，利用卷尺、垂线、靠尺、经纬仪测量，物理、化学试验及旁站监理等方式。

8）水电安装工程

严格按照设计要求及施工规范进行分部分项工程的验收，发现质量通病，提出整改，如不按期整改的下发监理通知单督促整改，各分部分项工程最终达到合格要求。

检测手段：按国家规范及设计要求，对进场材料的型号外观进行检验，对质量文件进行审查，并进行见证取样，催办施工单位送检测单位试验检测，对不合格的原材料要求施工单位立即清场，严禁使用。对关键部位进行旁站监理。

质量目标分解见表 11－1。

质量目标分解表 **表 11－1**

分项工程名称	质量目标	目标具体要求
模板工程	合格	尺量、水准仪、托线板及现场观察检测每段检验批验收资料完整，验收合格
钢筋工程	合格	试验、尺量、力矩扳手、外观检查，每段检验批验收资料完整，验收合格
混凝土工程	合格	现场检查、试验、混凝土旁站监督每段检验批验收资料完整，验收合格。确保使用功能无质量通病
砌体工程	合格	尺量检查、观感检查，每段检验批验收资料完整，验收合格。确保使用功能无质量通病
抹灰工程	合格	试验、现场观感检查、小锤轻击检查、尺量，每段检验批验收资料完整，验收合格。确保使用功能无质量通病
外墙装饰工程	合格	现场观感检查、小锤轻击检查、尺量每段检验批验收资料完整，验收合格。确保使用功能无质量通病
室内装饰工程	合格	现场观感检查、小锤轻击检查、尺量每段检验批验收资料完整，验收合格

（9）进度控制控制措施

1）事前控制

① 施工单位编制工程总进度计划。

总进度计划应符合施工承包合同规定的工期目标，可以用横道图或网络图表示并附以文字说明。通常总进度计划是施工组织设计的一个组成部分，应将总进度计划的工期与本工程项目的定额工期进行比较。

② 审查施工单位提交的月（周）工程进度计划。

月（周）工程进度计划与总体进度计划沟通，审查时应结合现场施工条件（施工部位、劳力配备、施工机具、材料设备供应、水电暖状况、天气状况、施工障碍物的拆除等)，应注意计划的可能性及采取的措施。

2）事中控制

每月中旬项目监理部组织进行工程的检查，进行动态控制检查内容主要有：

① 当月实际进度与月计划进度比较。

② 形象进度、实物工程量与工作量指标完成情况。

如检查比较的结果：实际进度滞后于计划进度，应召开监理会议进行协调，共同查明滞后的原因提醒施工单位或发出警告，协助施工单位排除滞后因素挽回工程进度尽可能使之接近计划进度。

3）事后控制

① 每月应对工程实际进度进行检查。如与进度计划有差异时应分析原因采取相应的纠正措施。

组织措施：增加劳动力、调换技术较高的操作人员、增加班次。

技术措施：改变工艺或操作流程，缩短操作间歇时间进行交叉作业。

其他措施：改善外部配合条件、改善劳力条件、加强调度力度等。

② 制订总工期被突破后的补救措施计划、相应的调整施工进度计划、材料设备供应计划、资金供应计划并取得新的协调与平衡。

(10）施工阶段合同管理

1）监理单位应积极参与施工合同的签订，由建设单位主持共同与施工单位协商签订。

2）项目监理部组织合同管理员负责收集所有涉及监理业务的合同，将合同复制编号并将合同内容分解到三大目标控制中去。经常对合同执行情况进行跟踪检查，发现问题及时向总监理工程师及业主方反映采取相应措施。

3）对施工中发生的索赔事件按合同的有关规定由监理单位对索赔发生的情况进行调查核实，对索赔金额进行审定并协调监督其执行。

(11）组织协调

1）开工即召开第一次监理会议，布置施工注意事项，保证工程安全文明施工。

2）每周组织监理例会，提出质量安全问题及解决处理措施。施工单位在例会上提出施工存在问题，各相关方协调解决，保证工程保质保量按期完工。

3）施工中遇到亟待解决的问题，及时组织专题研讨会，协调解决施工中存在的各种问题。

(12）工作过程中遇到的个别问题

开工前施工单位上报施工组织设计及总进度计划，监理单位对施工组织设计审核，符合设计及规范要求后进行合格审批，对总施工进度计划进行合理优化，对总进度计划所包含分部分项工程进行分解，提出相应的预控措施及解决方案。

1）基础钢筋、模板、混凝土、砌砖工程

① 开挖后支护结构出现明显渗水现象。

② 土层含水量高，基坑开挖困难。

③ 现浇混凝土强度等级不宜低于 C30。

④ 原材料质量必须符合施工规范要求，严格按照混凝土配合比配制。

⑤ 钢筋骨架尺寸、形状、位置应正确。

⑥ 按规范要求养护，现浇混凝土龄期不少于 28d。

⑦ 基础模板长度方向上口不直，宽度不一。

⑧ 基础中心线位置不准，模板在浇筑混凝土时上浮或侧向偏移，导致模板难以拆除。

⑨ 上阶侧模下口陷入混凝土内，拆模后产生“烂脖子”。

⑩ 侧向胀模、松动、脱落。

2）主体施工中

① 柱模倾斜、扭曲、位移、胀模、鼓肚、漏浆。

② 楼梯底部不平整，楼梯梁板歪斜，轴线位移。

③ 梁模板底板下挠，侧向胀模。圈梁上口宽度不足。

④ 底模端部嵌入梁柱间混凝土内，不易拆除。

⑤ 梁柱模板接头处跑模漏浆。

⑥ 柱、梁、板主筋位置及保护层偏差超标。

⑦ 混凝土坍落度差，混凝土表面缺陷，拆模后混凝土表面出现麻面、蜂窝、孔洞及表面裂缝，混凝土表面出现无规律的龟裂，且随时间推移不断发展。

⑧ 砌筑砂浆强度达不到要求，砖砌体组砌错误，砌体组砌方法混乱，出现通缝，砖缝砂浆不饱满，墙体留置阴槎，接槎不严。

3）装饰工程施工中

① 抹灰层空鼓、裂缝、不平整、阴阳角不方正。

② 细部做法不妥，漆膜皱纹与流坠，漆面不光滑，色泽不一致，涂层裂缝、脱皮。

③ 装饰线与分色线不平直、不清晰，涂料污染。

④ 地面起砂，地面、踢脚板空鼓，地面不规则裂缝。

⑤ 楼梯踏步高度、宽度不一。

⑥ 木门、窗框变形，木门、窗扇翘曲，门窗框外形不符合要求，开启不灵活。

4）屋面防水施工中

① 基层空鼓、裂缝，基层酥松、起砂、脱壳，基层平整度差。

② 卷材防水层空鼓、裂缝、天沟、檐沟漏水，变形缝漏水，落水口漏水。

5）水电施工中

① 管道支、吊、托架加工形式不符合要求；下料、打孔用气（电）割；安装前不防腐；抱箍与管径不匹配，数量不足；支架不平，吊杆不直等；

② 生活给水管使用管材或安装不当，管道安装偏差；

③ 管道水压试验，管道堵塞、漏水等；

④ 给水管道坡度不符合要求，流水不畅或堵塞；

⑤ 排水管道交付使用前不按规定作灌水试验；

⑥ 接地设备不全，接地线连接不符合要求。

针对以上施工中的问题，进行如下控制：

a. 施工前施工单位编制工程施工组织设计，确定施工质量目标及分部分项工程的质量目标，结合施工总进度计划合理调配施工人员确保工程技术力量，每项工程前检查施工机具及材料。机具运行正常，材料证件齐全，质量符合设计及规范要求并经监理验收合格后方可进行下步施工，不合格材料严禁进场。

b. 施工过程中严格按照监理合同及监理规范细则要求，以身作则，按规范要求进行巡检、抽检及关键部位的旁站监理工作，并完善旁站记录及监理日志，发现问题及时向施工单位提出，并限期整改，如不按期整改的，下发监理通知单督促整改，确保质量。

c. 施工完成后对已完成工程进行检查评定，对施工过程中出现的问题进行复查，对完成项目按规范要求进行评定验收，对存在的质量缺陷及时整改，认证填写施工日志，完善技术资料，确保工程质量合格、资料齐全有效。

(13) 勘测技术应用（以沔阳路 5 号接建工程为例）

勘察工作概况：

1) 拟建工程特征

拟建工程位于青岛市李沧区沔阳路 5 号，为 3 幢 3 层旧宿舍楼，建于上世纪 50 年代，本次改造拟进行接建，层数不变，仅在南北方向上进行扩建，接建范围见平面图（图 11－62）。原建筑为砖混结构、条形基础，基础埋深约 1.2m。接建部分结构及基础形式同原建筑，室内地坪标高与原建筑物一致。

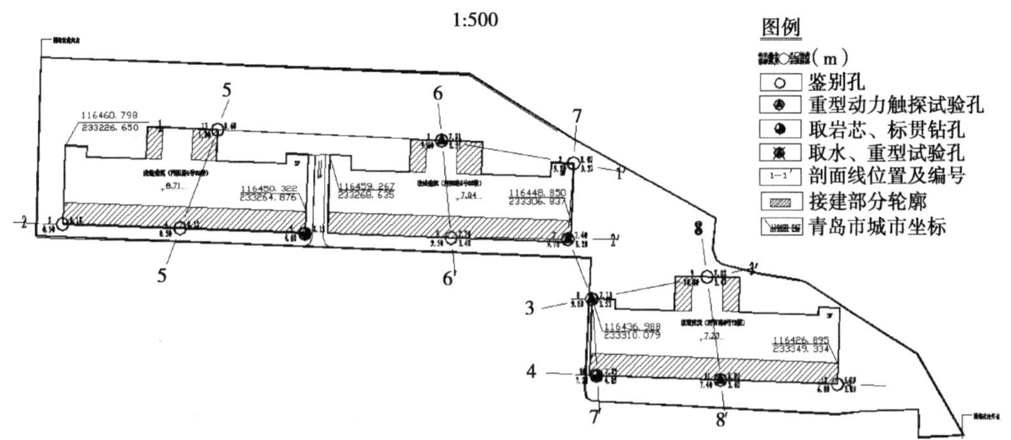

图 11－62　拟建物与勘测点平面位置图（阴影部分为接建范围）

2) 勘察方法与工作布置

本次勘察拟在充分调查了解原有建筑特征及运营状态的基础上，运用工程钻探、原位测试、室内试验相结合的方法，有目的性的布置勘察工作。

其中，勘探点沿原建筑外侧拟接建部分布设，共布置钻孔 13 个，钻孔间距 18～35m，要求穿透主要受力层进入稳定岩土层一定深度终孔；采用标准贯入试验、重型动力触探试验等原位测试手段，并采取岩土试样及水样进行室内试验。

3) 场区工程地质条件

① 地形地貌

场区地形较平坦，勘察期间地面孔口处标高 6.79～8.68m。地貌成因形态类型属剥蚀斜坡，后经人工回填改造。

② 岩土层特征

通过钻探结果显示，场区第四系厚度为较薄～中等，钻探揭示最大厚度 9.30m。主要由第四系全新统人工填土（Q4ml）、第四系上更新统洪冲积层（Q3al＋pl）组成。钻探揭露的基底岩石为白垩系下统青山组（Klq）安山岩。简述如下（地层层号为青岛市标准地层层号）：

第 1 层杂填土：层厚 0.00～8.00m，杂色，稍湿，松散，该层上部以回填建筑垃圾为主，混少量碎石、砖块（直径 1～3cm），见少量回填炉渣，下部以回填风化碎屑为主。该层强度自上而下逐渐增强，修正后重探测试 $N_{63.5}$ 为 3.1 击（7.5/1.0 击），变异系数高达 0.515。

从测试结果来看，该层土虽然回填年代较久远，但均匀性差且强度较低，未经处理不推荐直接作为基础持力层。

第 12 层含黏性土砾砂：东侧部分钻孔揭露，厚度 0.80～3.10m，黄褐色，稍湿～湿，中密，黏性土胶结，混大量安山岩风化碎屑，局部相变为粉质黏土。修正后重探测试 $N_{63.5}$ 为 18.3 击。

场区内基岩面自西向东倾斜，局部地段基岩裸露。基岩强风化带零星分布于场区西侧，厚度较薄，该层岩石属极破碎的极软岩，岩体基本质量等级 V 级。

钻探揭露的主要为中等风化安山岩，紫红色，矿物蚀变较轻，部分长石已高岭土化，节理面见矿染，岩芯呈块状～柱状。饱和单轴抗压强度为 26.2MPa（37.2/13.8MPa），属较破碎的较软岩，岩体基本质量等级 IV 级。

地层分布详见剖面图（图 11－63～图 11－66）：

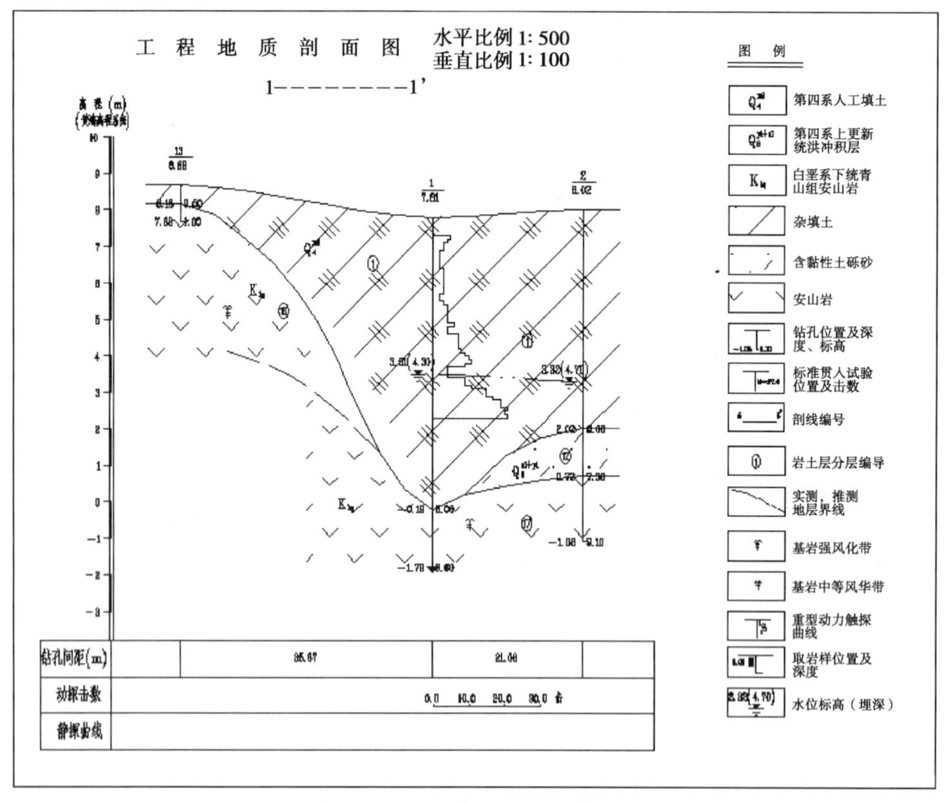

图 11－63 地质工程 1－1 剖面图

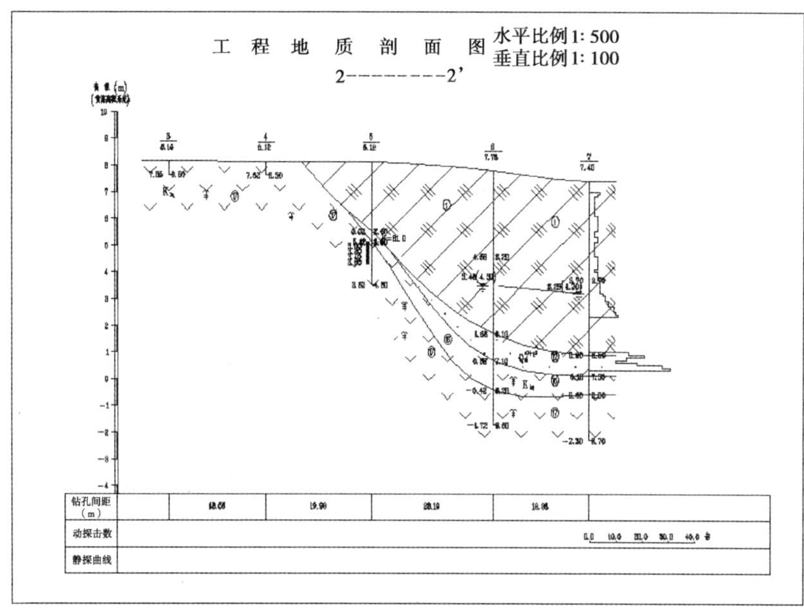

图 11－64 地质工程 2－2 剖面图

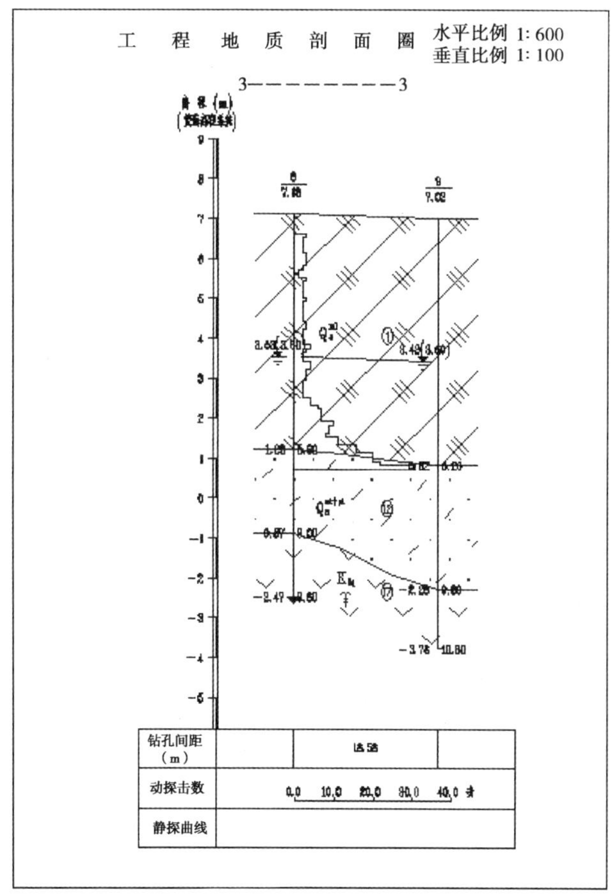

图 11－65 地质工程 3－3 剖面图

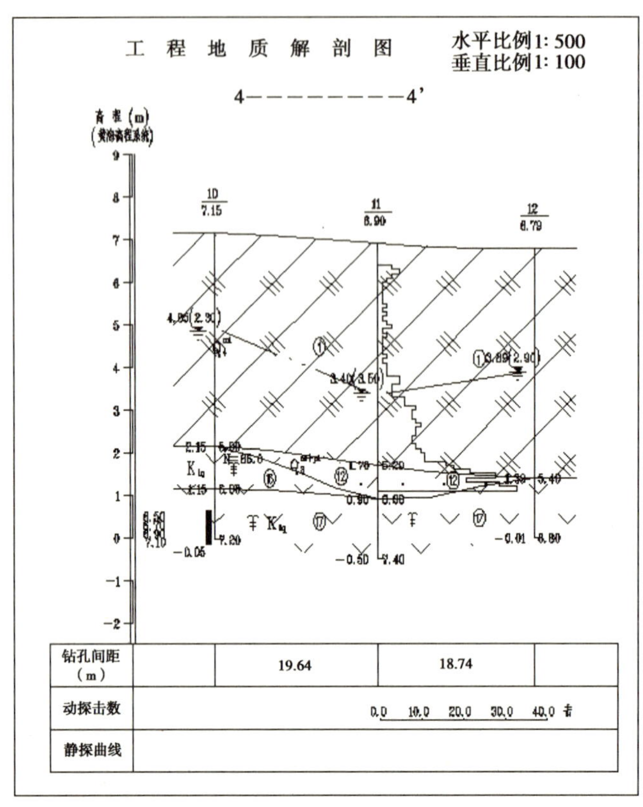

图 11－66　地质工程 4－4 剖面图

③ 地下水

勘察期间，场区见有地下水，地下水类型主要为填土层中的潜水，勘察期间测得稳定水位埋深 2.30～4.70m，绝对标高为 3.20～4.85m。根据水质分析结果判定，在强透水层和干湿交替的条件下（按最不利因素考虑），场区地下水对混凝土及钢筋混凝土中的钢筋无腐蚀性，对钢结构具弱腐蚀性。

④ 场地土类型及场地类别

通过钻探揭露，9 号楼接建部分场区最大覆盖层厚度小于 3m，属软弱场地土，Ⅰ类建筑场地；7、8 号楼接建部分地段最大覆盖层厚度大于 3m 小于 10m，属中软场地土，Ⅱ类建筑场地。

考虑回填土厚度差异大且强度不均匀，判定场地稳定性及建筑适宜性一般。

（14）地基基础分析与处理

1）原建筑基础及地基性状

原建筑为三层，砖混结构，毛石条形基础，基础埋深约 1.2m，其中 9 号楼采用基岩作为天然地基持力层；7、8 号楼直接采用回填土作为基础持力层，7 号楼基底以下杂填土厚度 3.80～5.20m，填土地面标高 0.82～2.15m，相对均匀；8 号楼基底以下杂填土厚度 1.50～6.90m，厚度差异大，且层底标高起伏大，最大坡降大于 20%，存在不均匀沉降的可能。据了解原基底以下土层进行过一定程度的压实。根据观察，目前三楼座运营情况良好，未发现大的贯通性裂缝。

根据勘察揭示，场区第1层杂填土工程性状较差，不推荐直接作为基础持力层使用，但考虑接建部分荷重不大，且原有建筑采用其作为持力层使用，因此可以考虑采用浅层人工垫层地基，以填土作为下卧层使用。9号楼接建部分可直接采用基岩作为天然地基持力层，各岩土层主要物理力学指标特征值汇总表见表11－2。

各岩土层主要物理力学指标特征值汇总表　　表11－2

层号	岩土层名称	f_{ak}(kPa)	模量（MPa）	r(kN/m^3)	C_k(kPa)	φ_k(°)
1	杂填土	90	$5/E_0$	18	/	*20
12	含黏性土砾砂	250	$15/E_0$	20	15	30
16	安山岩强风化带	800	$30/E_0$	23	/	*45
17	安山岩中等风化带	2000	$5\times10^3/E$	24	/	*60

2）地基处理方案

根据分析，且经与建设及设计单位沟通，本工程确定9号楼采用基岩作为天然地基，以下不对其进行分析；7、8号楼采用换填垫层法处理，简述如下。

① 垫层材料及厚度

换填料采用粗颗粒砂石或风化碎屑，原则上不应含有黏性土及生活垃圾。

垫层厚度应经设计计算确定为1.20m。

② 压实工艺

考虑原建筑结构特征及运营年代，在紧邻原旧基础进行超挖换填并压实，应采用震动较小的压实工艺，施工时采用平板振动器进行压实，并将分层回填厚度控制在250mm以内，同时采用分段跳槽开挖、分段压实的工艺以减小对原旧建筑的影响。方案要求在原旧基础暴露后应采取一定的保护措施，并尽量减少暴露时间。

3）人工地基检测

考虑现场条件，结合我院对浅层人工地基检测的成熟经验，本次检测采用轻型动力触探，测点均匀布设，测试深度穿透人工地基进入下卧层一定深度，检测结果见表11－3。

轻型动力触探测试结果统计表　　表11－3

特征值	平均值	极值	均方差	变异系数	统计个数
N_{10}	72.7	137/44	20.19	0.278	20

检测结果显示，该人工压实垫层加固效果良好，达到稍密～中密状态，地基承载力特征值满足设计单位提出的150kPa的要求，但均匀性一般，考虑与原旧建筑的变形协调，建议设计适当加大基础及结构的刚度。

4. 改造效果分析

从整治改造的效果看，改造后的筒子楼旧貌换新颜，改扩建筒子楼户平均增加建筑面积11.2m^{2}左右，其中增加面积作为厨房、卫生间，形成套房式居住空间，房屋使用功能得到完善。整治维修筒子楼房屋安全质量性能明显提升，各种安全隐患得到有效消除，居民在具体整治改造过程中表现了极大的热情。

改造完毕之后，结构隐患基本消除，整体抗震性能极大提高，居民不再担心，住着宽心、舒心、放心。

筒子楼改造节能技术创新：

自1973年世界能源危机以来，各国都十分重视节约能源的问题，兴起了世界性的节能运动。我国能源利用率不高，全国建筑能耗占全国总能耗的30%，建筑节能的潜力很大，这次筒子楼改造非常重视能源节约的技术创新，主要包括采暖、通风、空调、照明、炊事燃料、家用电器和热水供应等能耗。

(1) 建筑体形及环境节能

在筒子楼改造设计中，注意减少建筑物外表面积，适当控制建筑体形系数，即建筑物外表面积与其所包围的体积之比，减少建筑面宽，加大进深或增加组合体，建筑外形选用长条形，重视造型规整，尽量采用多单元的“一”字形，筒子楼改造加建楼梯多为北入口、北楼梯，目的在于减少北侧房间。

利用建筑周围自然条件，可以改善区域环境微气候，筒子楼原建筑大多忽略了室外环境的建设，在这次的改造中加大了绿化的面积，如适当地安排树木花草，既起美化作用，也是建筑节能的一项技术措施。利用蒸腾作用降低环境温度，节约空调能耗，到了冬天树木落叶后又可让阳光照进室内。

提高围护结构节能的科技含量。

(2) 建筑屋顶节能

在不断地改进建筑外墙、外窗的保温性能后，必须进一步加强屋面保温隔热的研究。筒子楼改造中，其一是屋面保温层不宜选用密度大，导热系数较高的保温材料，以免屋面重量、厚度过大；其二是屋面保温层不宜选用吸水率较大的保温材料，以防屋面湿作业时因保温层大量吸水而降低保温效果，这次筒子楼改造中设置排气孔以排除保温层内不易排除的水分。广泛采用高效保温材料，以用膨胀型泡沫聚苯板、上铺防水层的正铺法为多，也有采用倒铺法，使防水层不直接受日光暴晒，以延缓老化，而且聚苯板采用挤出法生产的闭孔型，不与屋面粘结，上用压块固定，确保了屋面的保温隔热作用。

(3) 电气节能措施

1) 电气线路统一更换后，解决其线路老化的隐患，加大容量后保障居民现阶段生活需求。

2) 所有线管采用暗敷，既增强其安全性，又美观。

3) 所有灯具均选用高效光源、节能灯具，增设公共照明回路，采用声光控灯具有效节约能源。

4) 增设厨房、卫生间，在其中安装防水型插座，单独一回路供电，保证负荷满足使用要求，有效改善居民生活环境。

5) 各户统一安装有线电视、电话端口，提高居民生活质量，解决各家私扯线路造成公共部位的混乱。

6) 增设防雷接地系统，保障居民生命财产的安全。

居民的生活质量、生活环境得到提升。配置消防设施，解决了存在的安全隐患，给居民营造一个舒适、安全、优美的生活空间环境。

（4）节水措施

选用节水器具节水龙头：陶瓷阀芯水龙头、停水自动关闭龙头等，达到一定节水效果。

5. 改造后可借鉴的成果

（1）单项改造费用见表 11-4。

单项改造费表　　**表 11-4**

单　　项		审定数（元）
建安工程支出	基建审计部分	33112232.34
	燃气改造工程	166180
	给水改造工程	59160
	室外配套工程	187000
	电力改造工程	224444.27
	园林绿化改造工程	378000
	有线电视改造工程	80000
	永年路拆危工程	72000
	总计	34279016.61
待摊投资		3925410
设备、工具投资		28800

（2）综合改造费用

费用合计 38233226.61 元。

（3）投资收益

体现在居民受实惠、城市环境、资源节约等方面。

1）完善楼座各项使用功能。主要包括在原有房屋南侧进行加建改造，每户增设独立的厨房、卫生间，户均增加建筑面积约 $12m^2$，使每户形成独立的套房结构，改造后户均建筑面积约 $50m^2$；对符合自来水一户一表安装条件的，给予安装自来水一户一表；安装煤制气、供热、有线电视、通信设施；增设楼梯间照明设施、增设楼梯扶手；全面更换新的上下水管道。

2）消除楼座安全隐患。主要包括对原有房屋墙体进行加固；对单梁、连系梁及走廊栏板进行加固；对老化电线线路全部进行重新更换、铺设；增加避雷设施；工程材料全部使用新的耐火材料；每户安装新的防盗门、防火门。

3）公共部位全面翻修。主要包括外墙面全面翻修粉刷；屋面全面翻修、烟囱打抹；走廊窗全部更换为塑钢窗；走廊及护板进行全面维修、粉刷；安装部分防盗网。

4）整治楼座周边环境。主要包括对楼座周边违章建筑进行全部拆除，对楼座周边进行全面的绿化和道路硬化；增设雨、污水管道设施；增设居民休闲设施。

5）对原楼座剩余空间进行改造。对改造后腾出的房屋空间，进行全面加建改造，增加自来水一户一表、煤制气设施，安装防盗门，形成一室、一厨、一卫的居住格局，改造后的房屋可作为廉租房使用。

青岛市筒子楼整治改造采取市区两级财政资金为主、居民自筹部分资金为辅的合理的投资方式，既调动了区政府和居民的积极性，又实现了财政资金效益的最大化。在房价不断上升的今天，关注低收入者民生问题是不容忽视的，而筒子楼改造从个人来看使一部分低收入家庭生活质量上了一大步，从长远来看，又给国家带来了能源，土地，环境等多方面经济效益。

（4）需求大而迫切

青岛市李沧区筒子楼改造工程是顺应我国建筑产业的未来发展趋势的，该工程从建筑市场需求出发，又回报于市场，主要反映在：

目前青岛市区有800多栋“筒子楼”，其中70年代以前建造的占84.5%。在这些“筒子楼”里，大约有3.2万户居民，达不到居住最低标准。由于缺少独立厨房和卫生间、配套设施不完善、电气线路老化、房屋结构存在安全隐患等问题，他们正经受做饭、吃水、上厕所的困难，而且这些居民中一半以上的住户是低收入者，生活迫切需要改善。

（5）改造模式具有操作性

1）投资由政府保障

从投资结构来看，市区两级财力投资占据绝对主体地位，即政府投资占96%以上，居民承担电子对讲门，一户一表等费用，为整治改造工作提供了有力的资金保障。

2）运作模式规范

筒子楼整治改造是改善群众居住条件的民生工程，为切实把好事办好，青岛市在具体实施过程中建立了规范的运作模式。

① 先行，探索整治改造方式。青岛市住房城乡建设委房地产开发管理局在第一季度进行了整治维修和改扩建试点，并在总结试点经验的基础上完善了工作流程，规范了房屋安全鉴定及加固设计、施工图设计及施工招标投标、工程预算定额适用范围、厨房卫生间设计标准、工程监理与地质勘查取费标准等事项，为整治改造工作的全面展开奠定了基础。

② 招标，择优选择建设单位。筒子楼整治改造的主体是各区建管部门，对于涉及的造价咨询、设计、监理、施工等单位，全部通过公开招标选定，对于在以往工程建设过程中存在不良行为或出现质量问题的企业一票否决，确保选择最优秀的企业承担整治改造工作，保证该项工作的顺利开展。

③ 取得群众支持，确保将好事做好，实事做实。

事前做好群众工作。如加建面积产权问题（加建面积突破政策障碍，业主可以出资购买，办理产权证，也可以采取交房租方式）；居民承担费用问题（如半年施工期间租房费用、单元对讲门、一户一表费用等由居民承担）；公示问题（设计方案公开，投诉电话公开，将矛盾化解在基层）。

④ 科学施工，保证群众正常生活。

管理人员采取白（天）加黑（天），5+2（一周7天不间断施工）工作模式，加强监督，规范施工现场管理，合理安排整治改造时空顺序，确保安全、质量、工期，并把给居民生活带来的影响降到最低，做到文明施工、安全生产、质量一流。

（6）社会效益显著

1）改造工程可生动体现政府关注民生、让广大群众分享经济发展成果的执政理念。

2）目前国家筒子楼存量较多，关注筒子楼居民的居住条件是不容忽视的一大问题。

3）国家建设资金紧张，无法短期内全部拆迁安置。

4）筒子楼改造可以以较小的投资换取较大的回报。可以充分利用现有资源，减轻环境压力。

5）现有材料、技术、工艺成熟，有利于推广，使居民切实获得实惠。

综上所述，筒子楼改造是值得我们推广的。

（7）勘测方面

1）旧建筑的前期鉴定工作应更科学全面，其运营状态不能仅靠目测，科学的鉴定不仅有利于设计及勘察重点的选择，而且对施工安全有利；

2）原旧建筑实际的基底反力及现状天然地基的地基承载力对加载或接建影响较大，应当加强勘察工作力度，必要时应布置载荷试验以实测地基土工程特征；

3）应进行施工及运营期间的新旧建筑沉降观测，不仅可以指导施工，而且通过数据反分析，可以验证设计、积累经验。

（8）设计方面

细节处理需下工夫，如公厕长期浸泡，墙体饱水，影响粉刷效果问题；门框墙体应采用水泥砂浆包边问题；窗上应采取遮水板问题等。

十二、天津市河西区紫金南里住宅小区综合改造工程

1. 工程概况

紫金南里1～4、5～8、38～42、43～47、48～52、53～57门（以下简称紫金南里1～4门等）位于天津市河西区紫金山路，建造于1983年，6层住宅，砖混结构，建筑面积26386m²。属于河西区体院北房管站直管公产房屋。该片楼房冬季为集中采暖，夏季自装空调系统，屋面原设计为平屋面，油毡防水层。经现场查勘，该建筑结构完好，屋顶、外墙无裂缝、渗漏现象，墙面无受到冻害、盐析、侵蚀损坏及结露现象。该建筑用于居住，故荷载及使用条件无特殊变化。室内原有设备情况：电线主干线为2.5mm²铝线，自来水管为镀锌管。改造前垃圾处理是通过老式的墙内垃圾道。

响应天津市建设“经济强区、文化大区、生态宜居城区”的奋斗目标，本着节能降耗、点面结合、提高住宅房屋安全质量等级、改善市民居住条件的原则，我单位于08～09年间对该小区集中实施了老化电线改造、自来水上水管改造和抄表到户、屋面“平改坡”工程等综合改造，同时与市容、园林、街道等部门配合，实施了建筑立面、楼道粉刷、小区绿化，封闭原有内、外垃圾窑门，生活垃圾实现分类袋装化，加装了体育健身设施，小区环境和居民居住条件得到整体提升。实施旧小区“准物业”管理，实现旧小区整修后的长效化管理。改造后效果如图12-1所示。

图12-1 改造后效果图

2. 改造前存在的问题

(1) 工程背景

采暖能耗是我国建筑能耗最主要部分，也是浪费最严重和节约潜力最大的部分。随着气候变暖和人民生活水平的不断提高，空调使用量在逐年增多，天津市居民空调器拥有量已达到每百户100台以上。每到夏季空调季节，用电负荷急剧升高，超过平时的30%以上。因此，降低采暖空调能耗对建筑节能至关重要。节约能源、提高能源利用效率，是减少资源消耗、保护环境的最有效途径之一。天津市政府对环境保护、节约能源、改善居住条件等问题十分重视，建筑节能工作起步早，有计划、有步骤地推进和加强对住宅建筑的设计、施工管理力度；相继颁布了建筑节能设计标准、法规和管理办法；新型墙体材料品种不断增多、档次逐步提高。随着我国国民经济的迅速发展、人民生活水平的不断提高和住房商品化，特别是供暖收费制度的改革，房屋产权人或使用人不仅关心房屋的结构及表面质量，而且越来越关心房屋的节能质量。

（2）改造前存在问题

目前我市正处于快速工业化发展期，城市规模不断膨胀，城市旧居住区由于历史上和经济上的客观因素制约，一大批旧住宅还要在相当长的时间内与新建筑毗邻共存，旧住宅的生活居住条件差，迫切需要改善和整治。就我局所掌管的直管公产房屋来讲，共计360万m^2，大多数建于20世纪70～80年代甚至更远，楼内自来水管、电线等设备老化严重，屋面大多为平屋顶，脏、乱、差，影响了城市景观，平屋面的渗漏、隔热效果差，采暖、能耗大，影响居民的生活居住条件。由于过去计划经济体制下福利分房制度的存在以及其他历史遗留问题，造成公产房屋租金核定与市场价格背离严重，较低的租金水平使得房屋产权单位只能在保证住用安全的前提下，对楼房进行基本的维修养护。低租金的前提下，政府拨付专项资金，与产权单位合理分担费用，共同投资对老旧楼房逐年进行专项改造，逐步提高房屋安全等级环境等级，使房屋管理进入良性循环，从长远看，会带来可观的经济效益和社会效益。

有关机构曾统计过，国外100多年的住宅都还能使用，而我国住宅寿命平均只有30年左右，不少20多年的住宅就因为质量或者规划调整等问题而被拆迁，造成巨大的资源浪费。此种现实问题的存在，导致旧的住宅小区从建筑、结构、设备、室外环境等方面统筹规划、整体改造提升，有效保证甚至提高设计使用年限成为重要的节能课题。

（3）改造主要目标

1）小区整体室外环境提升

配合市容环境综合整治，对建筑外檐立面违章悬挂物、构造物清拆、粉刷，楼道粉刷，小区绿化达标，道路整修，垃圾袋装化。旧貌换新颜，达到悦目舒适。

2）达到节水目标

依法淘汰落后产品，用新型管材取代居民家中锈蚀严重的黑皮管、镀锌管，改善供水水质；重点解决居民因管道老化、锈蚀造成的吃水难问题；减少自来水跑冒滴漏现象，给市政管网供水“减压”，实现节能的目标。

3）达到安全用电和节电目标

更换老化电线，有效提高用电安全等级和用电负荷。

4）实施屋顶平改坡改造，达到保温隔热节能降耗目标

3. 改造中采用的新技术

（1）建筑改造

1）整体方案

在新一轮市容环境综合整治中，我区对紫金山路等7片旧楼区进行了立面整修，整修内容包括拆除影响市容观瞻的鸽子窝、遮阳罩、雨罩、半栏、放物架和首层以上窗户护栏，对损坏的阳台、外檐墙作加固处理，然后“戴帽子”（平改坡）、“穿裙子”（外檐粉刷）、“配靴子”（建筑首层突出底层材料质感）、“整窗子”（加作窗套，精心处理窗框檐口）、“装框子”（重点针对建筑外沿的空调机位进行调整，达到安全牢固、整齐美观）。整修前后外立面效果比较如图12－2，图12－3所示。

2）阳台加固维修

由于建筑年代久远，紫金南里小区楼房存在多处外檐开裂、阳台栏板保护层脱落、钢筋裸露的问题，栏板的连接点脱焊、开焊，外饰面在施工时基层处理不当再加上多年受风

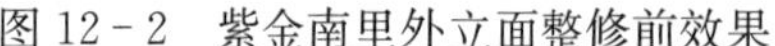

图 12－2　紫金南里外立面整修前效果

图 12－3　紫金南里外立面整修后效果

雨侵蚀、开裂、脱鼓，极易发生落物伤人事故。建筑围护结构的保温隔热性能差，冬天的室内温度低，墙体结露；夏天室内温度很高，即使安装家用空调，仍然得不到改善。阳台加固维修工程是房产系统为确保老百姓住用安全，消除安全隐患，创建和谐社会的实际举措。同时，又是房管部门修缮工作重点任务之一。

阳台栏板维修工程参照执行《房屋修缮工程工艺标准》相关规定，工程质量执行《天津市房屋修缮工程施工质量验收标准》（DB/T 29—139—2005）相关规定。

维修方法：

排险：搭设脚手架（或吊篮）对需要排险的部位进行排险。

对结构部分进行处理：

① 清理：剔除腐蚀松散部分的混凝土。

② 除锈：对外露的钢筋进行除锈。

③ 补强：钢筋截面明显削弱的要采取加固补强措施（必要时须经设计单位进行结构加固设计）。

④ 界面处理：将需作修补的混凝土衔接面凿毛，涂刷界面层（如 108 胶水泥浆等）。

⑤ 补抹：用高一级的细石混凝土修补（必要时应加钢筋网）。

对抹灰面层部分的处理：

① 清理：剔除空鼓、酥松部分的水泥砂浆。

② 基层处理：用钢刷对需抹灰的基层进行处理，用水冲刷净。

③ 界面处理：用钢刷对需抹灰的基层进行处理，用水冲刷净。

④ 补抹：抹水泥砂浆面层。

注意事项：当钢筋锈蚀严重，保护层剥离较多时，应对结构作认真检查，必要时应先采取临时支撑加固，再进行剔凿。

（2）结构改造（屋顶平改坡）

1）天津市既有建筑实施“平改坡”改造的必要性

建筑能耗在我国总能耗中所占的比例是很大的，约为 25％～40％。提高围护结构的保温性能是降低建筑能耗的关键。屋顶作为一种建筑物外围护结构所造成的室内外温差传热耗热量，大于任何一面外墙或地面的耗热量。因此，加强屋顶保温节能对建筑造价影响不大，节能效益却很明显。天津地区冬季最冷月平均温度为－4.0℃，全年小于或等于5℃的天数为119天；夏季最热月平均温度为26.5℃，冬季寒冷，夏季炎热。根据现行国家标准《民用建筑热工设计规范》（GB 50176—1993），建筑物围护结构既应满足冬季保温要求，也应兼顾夏季防热。我市开展既有建筑节能改造已成为实现可持续发展的重要内容。提高屋面的保温隔热性能，是减少冬季供热采暖和夏季空调降温耗能。改善室内热环境的重要措施。屋面平改坡技术成熟、可靠、应用较广，是屋面节能改造的一个重要发展方向。

2）我区旧楼房平改坡工程概况

"平改坡"是指在建筑结构许可的条件下，将多层住宅平屋面改建成坡屋面并对外立面进行整修，达到改善住宅性能和建筑外观视觉效果的房屋修缮行为。"平改坡"工程既美化了市容环境，又解决了顶层居民冬冷夏热和屋顶漏雨的问题，是集环境整治、建筑节能、改善居民居住条件为一体的市容环境综合整治重点工程，也是天津市政府民心工程的重要内容。对于加强城市建设，改善市容环境，提高城市品位，都具有非常重要的意义。为了贯彻落实科学发展观，建立资源节约、环境友好型社会，提升城市形象优化城市人居环境，推进我市既有建筑节能减排工作的顺利开展，迎接2008奥运会的召开，我局自2007年以来，对河西区奥运重点道路沿线、市容环境综合整治重点地段30余条道路的260幢楼房实施了平改坡"民心工程"，建筑面达到120万m^2，投影面积20.7万m^2，占到全市总任务量的40%。紫金南里1～4门等就列在2008年紫金山路上集中实施"平改坡"改造的31幢楼房之中。

3）平改坡设计原则、工艺流程、技术要点

① 设计原则

使用年限按25年计，基本风压＜0.4kN/m^2；基本雪压＜0.5kN/m^2。满足结构安全、防水、消防、抗震、防风、隔热和防雷要求。整修原则：符合城市规划的原则，经济、安全、适用的原则，整修前对每一栋建筑物结构进行安全鉴定，必要时进行结构加固，对存在隐患的建筑物不予实施整修。坚持因地制宜整体协调的原则，根据不同路段、建筑物形式、结构类型、供热率、周围环境等具体情况，确定整修的形式和方案，尊重原有风格、尊重历史文脉，尊重原材料、原工艺，创造出具有历史特点、时代特色和本市地缘特征的城市建筑和环境。根据《天津市既有建筑综合整修设计导则》要求，建筑物屋顶跨度尺寸在9～12.5m时采用四坡屋顶形式，跨度大于12.5m时采用曼莎屋顶形式。紫金南里楼房屋顶跨度属于前者范围，故此全部采用四坡屋顶，以达到理想的景观效果。四坡屋顶剖面图如图12-4所示。

② 工艺流程

踏勘设计——清理屋面——测量定位——植筋——柱、梁、钢筋绑扎、支模、浇筑——混凝土梁柱养护——钢屋架制作——安装——矫正——彩钢板安装——老虎窗安装——验收合格——清理施工现场——撤场。

③ 技术要点

无论设计还是施工，我们俱本着安全、经济、节能、美观的原则。钢结构选用轻型工字钢，轻钢结构用量控制在每平方米20kg以内。屋面起坡高度根据原建筑高度、结构形式、所处的环境位置，充分考虑人的视觉效果和建筑物整体美观相统一，控制在30°～37°之间。老虎窗设计形式多样，GRC构件统一厂家定制。为避免房屋建筑物遭受雷击损害，

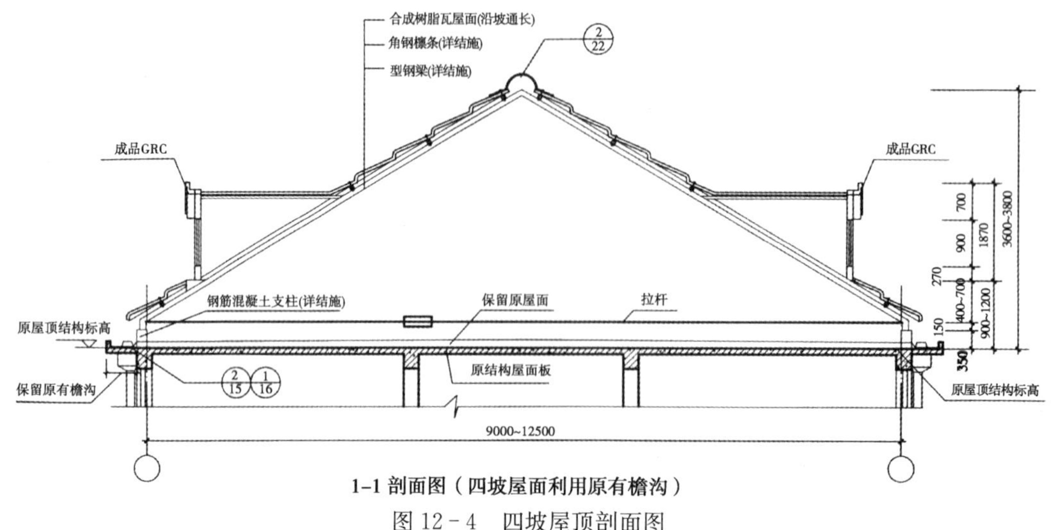

1-1 剖面图（四坡屋面利用原有檐沟）

图 12-4　四坡屋顶剖面图

我们按《民用建筑电气设计规范》(JGJ 16—2008) 规定对所有平改坡房屋增设了避雷带。同时为确保房屋电气设备和用电的安全，采取保护性接地、接零。为了达到良好的防渗漏效果，该楼原有油毡屋面整体拆除，重做保温层、水泥砂浆找平层，重新铺设了 SBS 防水卷材，女儿墙、下水管接口、烟囱根周围、柱墩周围按照规定和操作规范做好防水处理。施工质量符合《关于加强直管公房屋面维修工程管理》的要求。檐口构造详图如图 12-5。由于该片 100%集中供热，不涉及烟道出屋面提升问题。

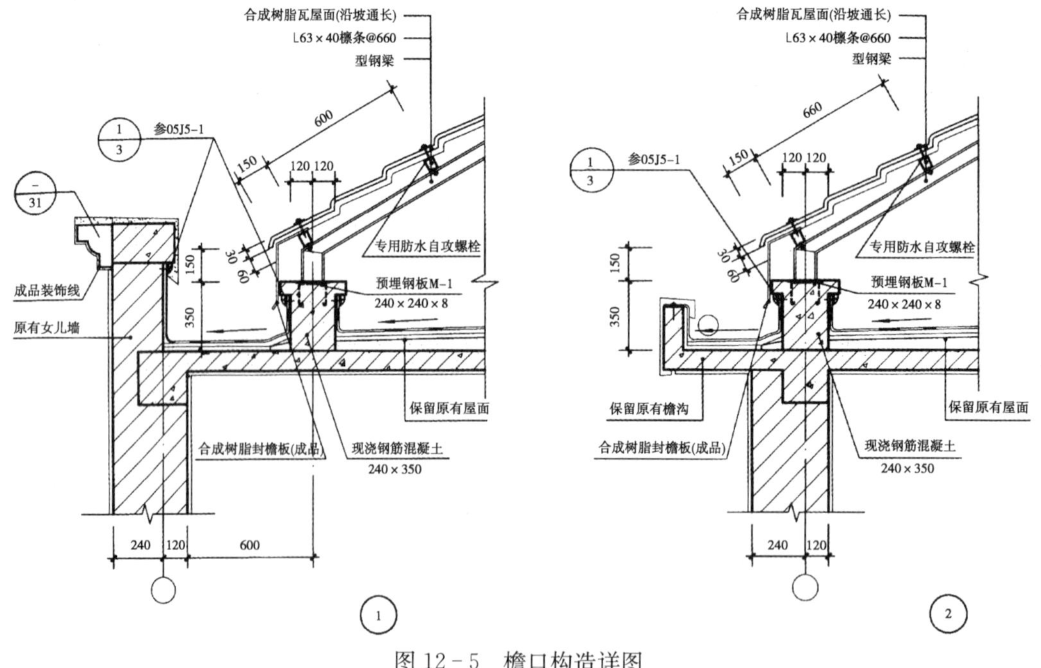

图 12-5　檐口构造详图

在屋面瓦的选择上，我们采用了“方兴聚乐树脂瓦”。它最突出的特点是色彩丰富并经久不褪，造型美观立体感强且符合中国建筑文化特色。同时它还具有质轻、防水、坚

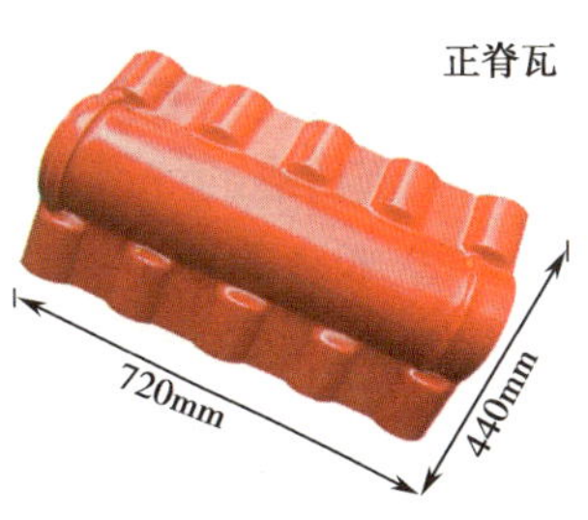

图 12－6　屋面正脊瓦

韧、保温隔热、隔声、抗腐蚀、抗风防震、抗冰雹、抗污、绿色环保、防火、绝缘、安装简便等优点。树脂的导热系数远远低于黏土瓦、水泥瓦、彩色钢板瓦的导热系数。因此，在不考虑加保温层的情况下，装饰瓦的隔热保温性能最佳。树脂瓦所选用的高耐候性树脂本身致密且不吸水，不存在微孔渗水的问题。装饰瓦单张面积大，屋面接缝很少，且搭接处结合严密，因此拥有卓越的自防水性能，只要按照安装要求认真正确地施工，完全可以省去防水层，从而降低建筑物造价。树脂瓦属于轻体材料，较轻的自重减轻了建筑物所承受的负荷，提高了安全性。尤其在旧楼改造工程中具有更加明显的优势，同时便于搬运和施工，节省运输费用，降低施工成本。屋面脊瓦如图 12－6。

（3）给水改造

1）原有管材的缺陷

原建设部、国家经贸委、质量技监局、建材局发布的《关于在住宅建设中淘汰落后产品的通知》建住房［1999］295 号中提到：淘汰的产品涉及两大类，一类是生产工艺落后、质量低劣的材料和产品，包括螺旋升降式铸铁水嘴、用于室内排水管道的砂模铸造铸铁排水管、用于室内给水管道的冷镀锌钢管，逐步限时禁止使用热镀锌钢管。过去紫金南里小区楼房户内管网使用的是镀锌管和黑皮管（该类管材设计使用年限为 15 年左右），经过 20 年左右的时间，水管老化造成的居民“龙头水”水质差、水压低问题日渐突出，特别是老住宅周边新建高层住宅的“分压”，导致市政管网供水成本逐年升高，更新改造自来水供水管道成为实现节能减排的重要项目之一。

原设计使用的镀锌钢管（冷镀），其缺点是：①锈蚀——管道由于长期工作，镀锌层逐渐磨损脱落，钢体外露，管壁锈蚀，出现黄水，污染水质，污染卫生洁具。②结垢——长久的锈蚀使管道断面缩小、阻力增大。③滋生细菌——由于超出使用年限，该楼自来水管锈蚀严重，导致 6 楼水上不去、水质下降。

2）自来水管改造原则

自来水管的改造，原则上因地制宜，采用三结合方式：与小区旧管网改造结合，对需要改造的小区，从设计到施工一并进行，减少重复破路和重新打眼；与楼内、户内管道改造结合；与增建景观式加压设施结合，彻底改善二次供水状况。管路改造根据实际情况，将改造项目与市容综合整治、市政道路拓宽相结合；与里巷道路、新建小区管网切改相结合；与旧楼区改造整修相结合；与管道漏水频发区相结合，统筹安排，提高改造效能。

3）镀锌管更换为 PE 管，解决实际问题

在户管的改造中，我们采用了 PE 管，与其他材质如 PPR 相比较，同样符合安全卫生、良好的物理化学性能、安装简易的条件下，成本优势是显而易见的。工程总造价比 PPR 管道节省 30%以上。一次性改造后，不但该楼饮用水质量明显改善，水压也提高了，不但解决了居民的正常用水问题，居民的生活质量有了明显改善。改造后的自来水管如图 12－7 所示。

该管材具有以下优越性：

① 优越的物理性能：PE 管强度高、柔性好，具有优异的抗冲击、抗地震、抗磨损性

能，而冲击强度优于金属管道，在输送矿砂、泥浆时是钢管使用寿命的4倍，还有优良的耐刮伤痕的能力。

② 长久的使用价值：PE管材材质无毒，不腐蚀，不结垢，酸碱腐蚀，抗老化，地埋管道在－20～40℃范围内安全使用50年。

③ 良好的卫生性能：卫生无毒、可与饮用水直接接触，无结垢层、不滋生细菌，是饮用水最佳的输送管道。

④ 较大的输送流量：管壁平滑、能提高介质流速，增大流量，与相同的金属管道相比，可输送更多的流量，节省动力消耗。

图12-7　自来水管改造效果图

⑤ 显著的经济效益：成本低、投资少，与金属管道相比，可减少工程投资三分之一左右（200mm以上大管成本略高些），可盘卷的小径管材，可进一步降低工程造价。

⑥ 方便的施工性能：PE管适用于非开挖顶管等多种施工方式，质量轻，密度仅为钢管的八分之一，易搬运，易弯曲，焊接工艺简单土方量少，不需防腐处理施工速度快捷。

⑦ 连接安全可靠：PE管道的连接使用热熔焊接，接口强度大于本体强度，无渗漏现象。

PE管与钢管PP管的物理性能比较见表12-1。

PE管与钢管PP管的物理性能比较　　**表12-1**

物理性能	PE	钢管	PP管
密度（g/cm）	0.95	7.85	0.90
导热系数［W/m·K］	0.48	50	0.24
热膨胀系数（mm/m℃）	0.22	0.012	0.16
弹性模量（MPa）	600	210000	900
拉伸强度（MPa）	25	700	28
硬度（R）	70	230	100
使用温度（℃）	－60～60	—	—

（4）电线改造

紫金南里1～4门等原有电线是铝线（铝线的缺点是截面小、抗负荷和导电能力差），设计标准较低，特别是随着人们家用电器的增多和户表的增容，原有楼房的电线容量不能满足广大居民用电需求，存在电线私拉乱扯现象，存在着很多不安全因素，不利于广大居民的住用安全。从2003年开始，我局按照市房管局、市房产总公司部署，按照房屋建筑年代顺序，分批对全区直管公产房屋实施老化电线改造工程，将住户原有的铝线全部换成铜线，成套单元、非成套二居室以上的每户按照4kW标准配线，单元内主干线使用4mm^{2}电线，非成套居室每户按照2kW标准配线，主干线使用2.5mm^{2}电线，将插座、刀闸进行更换，增加漏电保护装置。经过改造，有效地提高了居民室内的用电安全等级和用电负荷，杜绝了安全隐患。同时，较之铝线，铜线由于具有良好的导电性能和导热性能，最大安全通电电流也比铝芯线高，有效地减少了线损，达到了电力节能的效果。此外，还将原有集中的电表箱分户设置，一户一表。改造后效果如图 12－8、图 12－9 所示。

图 12－8 紫金南里老化电线改造图

图 12－9 电表箱改造图

（5）室外环境改造

1）提高小区整体绿化率

在小区内进行道路整修、照明设施改造的基础上，重新铺设草坪，进行植物配置时，考虑天津土地特性，引进成活率高的树种、花卉，注重层次的搭配。利用乔灌、地被的混合配置出高、中、低、地被层四个层次，再进行空间的分割及联系，通过各个层次，使空间更具自然的节奏，充分体现“生态宜居”的要求。该小区栽种的行道树有刺槐、雪松、柳树等；小乔木有紫薇、木槿、海棠、翠竹等；灌木：丁香、珍珠梅、月季、美人蕉、矮牵牛；绿篱：大叶黄杨、金叶女贞。整个小区占地面积（包括公建部分）5.7 万 m^2，整体绿化率达到了 35%。绿化效果如图 12－10、图 12－11 所示。

图 12－10 小区道路绿化改造

图 12－11 小区公园绿化改造

2）改造垃圾窑门，实现生活垃圾分类袋装

垃圾资源化潜力随着生活水平和经济的发展也不断增长。在垃圾成分中，金属、纸类、塑料、玻璃被视为可直接回收利用的资源，占垃圾总量的42.9%，可直接回收利用率应不低于33%。如果能充分挖掘回收生活垃圾中蕴含的资源潜力，回收再利用，将获得可观的经济效益。

改造前紫金南里生活垃圾处理是通过墙内垃圾道直接投弃，从首次垃圾门窑一并回收，弊端是不符合环保卫生节能要求，特别是夏季蚊蝇孳生，广大住户生活非常不便。

按照创建国家卫生区的标准要求，我们对紫金南里所有楼房的原有垃圾道进行改造，程序是先对楼内投料口进行封堵，必须达到牢固、美观、卫生的要求。严格按照撒放生石灰——封堵投料口——街道消毒——封堵或改造垃圾窑的顺序进行施工，先对已确定不宜改造的楼外垃圾窑进行封堵（如反入口、地理条件不允许的），同时按标准预制垃圾门；然后对需改造的垃圾门进行新作。每栋楼门前购置分类垃圾桶，实现垃圾分类袋装化。如图12-12所示。

3）增设体育健身设施

按照文体用地占地2‰～3‰的标准，紫金南里辟出180m² 的空地，为居民添设了体育健身设施。如图12-13所示。

图12-12 紫金南里垃圾袋装

图12-13 紫金南里体育健身设施

4）盛泰物业公司进驻小区，实现旧小区“准物业”化管理

为了巩固旧楼区综合整修改造成果，本着全面整治与长效管理相衔接，环境治理与平安社区建设相结合的原则，天津市政府于2003年8月28日颁布了《关于对我市旧住宅小区实施物业管理的意见》（市政府［2003］105号文）。文件参照《天津市物业管理条例》等有关规定，从旧区物业管理实施范围和工作原则、旧区物业管理的模式和组织形式、旧区物业管理的接管标准和管理责任、旧区物业管理的服务内容和服务费用、旧区物业管理的实施步骤以及旧区物业管理的扶持政策和措施6个方面对实施旧区物业管理工作提出了意见。

旧小区综合整修如果只是立足于短期效应、后期的管理和维护跟不上，必然造成资金、资源浪费。而公产房屋占比例较大的小区，受到居民的收入水平等因素所限，过去很难实施真正意义上的市场化的物业管理。政府与管房单位共同投资对旧小区环境、楼房及设备大规模的整修为实施物业管理奠定了物质基础，政府105号文件“准物业”概念的出台和实践则从政策支持、组织形式、资金补偿等方面为旧小区居民楼实施专业化管理的迫切需求搭建了桥梁。

从 2004 年我局组建盛泰物业公司以来，截至 2009 年上半年，已经为包括紫金南里在内的 59 个整修后的旧小区提供了“准物业”管理，覆盖面积达到 360 万 m^2。其专业化的服务和低廉的价格水平逐渐在居民心中建立了良好的口碑，百姓的认知度越来越高，为进一步开拓市场拓宽业务面打开了局面，员工总数从起步的 120 人发展到 900 余人（以 40～50 岁下岗失业人员为优先招聘条件，真正做到为百姓谋利），逐步壮大。目前旧小区物业管理费按户收取 8～12 元/户，收缴率逐年提高。

盛泰公司摸索总结出了“进驻旧区十步法”，即：与街道建立联系→与居委会组成筹备组→召开居民物业宣传会→下发调研表→选举成立管委会→制订管理方案→招聘培训员工→试运行→确定收费标准→签订准物业管理专项服务协议。“十步法”的特点，是将社区居委会、物管会、物业公司有机地结合在一起，实现了社区的“三位一体”化管理。随着新开小区数量的快速增长，盛泰公司逐渐建立起了科学规范的管理制度和操作规程，并通过品质检查、绩效考核等监控程序，确保每个小区达到统一规范的质量标准。

盛泰物业在紫金南里小区入口新建门卫室如图 12－14。

图 12－14　紫金南里实施“准物业”管理

4. 改造后的效果

该小区经过以上几方面的综合改造，基本上达到了预期的目标。整体的安全性、居住舒适度、节能效果都有所提高。通过综合整修，昔日房屋破旧、环境脏乱的旧楼区变成了绿荫环绕、环境整洁、景观优美、管理有序的宜居家园，令居民群众亲身感受到“民心工程”带来的显著成果。改造过的小区与同地段同样房龄未改造的小区相比，粗略测算，房屋市场价值平均提高 6%～10%。

体北紫金南里小区共 57 个楼栋，经过自来水管改造，共计约 900 户居民受益。居民用上了安全、卫生的自来水，杜绝了过去老化的镀锌管跑冒滴漏、布局走向不合理的现象。室内（厨房、厕所）环境得到改善。过去水管锈蚀 6 楼水上不去的现象彻底得到解决。达到了节水节能的目标。

实施平改坡改造以后，与未改造前住房节能降耗的效果如下：我们选择顶层一住户进行测量比较。当天室外气温最高 34℃，没有改造的屋面，室内顶部表面最高温度 32℃，室内空气最高温度为 30℃；平改坡后，室内顶部表面最高温度 30℃，降低了 2.0℃，室内空气最高温度为 28℃，降低了 2℃。通过实地调查，顶层住户反映与未实施平改坡前相比，夏季空调使用时间可以缩短 30d 左右，日均运行时间也平均减少 2～3h。节电效果非常明显。由于屋顶防水保温层的翻修，冬季结露现象得到解决，平均室温高出了 3℃。

平改坡最大的受益者是顶楼住户，这毫无疑问，但对顶楼以下的住户也是有益的。平改坡最初的目的是减少顶楼住户的室内热量通过屋顶和外界进行频繁的交换，导致室内温度受外界温度变化而明显变化。这样就可以减少使用改变室内温度的电器设备，就整个单元楼内其他住户来说，省下来的这些能源消耗可以使整个单元楼的各层用户在使用相同设备时能更稳定，效率更高。同时，因为减少了设备使用时间，也可以减少使用设备时产生的噪声对环境造成的影响。有关专家表示，平改坡仅屋面改造一项，每平方米每年用电能耗便能降低约 2.5kWh。

凡是经过综合整修的小区，各房管站所掌管的直管公产房屋维修压力大大缓解，并且租金收缴率平均提高 2%～3%，形成了公房经营、维修、保值的良性循环。

5. 改造后可借鉴的成果

紫金南里 1～4 门等本课题涉及的 6 幢楼房实施上述综合改造，共计投资 384.45 万元，其中，政府专项工程财政划拨 105.65 万元，产权单位（房管局、房管站）修缮费投入 278.8 万元。各分项概算如表 12－2 所示。

紫金南里综合整修主要项目概算表 **表 12－2**

项目名称	数量	造价（万元）
平改坡（m^2）	4505	287
上水管改造（m^2）	26386	40
老化电线改造（m^2）	26386	40
垃圾门窖封堵改造（栋）	24	2.35
小区绿化（m^2）	17000	8.5
外檐整修粉刷（m^2）	22000	11
阳台栏板维修（个）	140	5.6
合计	—	384.45

河西区 2005～2007 年开展了创建国家卫生城的工作，旧小区综合改造起步较早，政府投资改造力度也是逐年加大。并且经过几年的努力，形成了规模效应。由于房龄老化、房屋规划拆迁、承租户购买产权等原因，以河西区为例，所掌管的公产房屋总面积每年平均以 10 万 m^2 的数量递减，单靠较低的租金使得实质意义上改善居民楼软硬环境是不现实的。但是如果能够借助政府政策、财政支撑，政府与管房单位按比例分担费用，对旧小区进行建筑、结构、设备、生态环境等方面的综合改造，整体提升房屋安全等级、质量，延长使用年限，使房屋增值，并且加强后续的管理和监督，长远角度实现社会效益、经济效益、环境效益的综合指标最优化，还是有相当大的潜力的。

对于参与各项改造工程的施工及管理单位，主要指各房管站，通过工程实践，接触新技术、新工艺，提高了整体的技术水平、锻炼和培养了专业技术人才，为逐步过渡到企业化走入市场参与市场竞争奠定了软件基础，以应对公产房屋面积减少租金收缴总额下降带来的生存危机。

十三、长沙市远大城居住建筑综合改造工程

1. 工程概况

该项目是由长沙远大建筑节能公司开发建设的既有建筑节能改造工程，共 28 栋，建筑面积 70598m²。其中住宅建筑 15 栋，包含有宾馆、公寓楼、别墅、食宿娱乐综合建筑等，面积 32654m²，最大单体建筑面积 5256m²。

该项目于 2008 年 8 月开始，由远大空调有限公司自筹资金开始进行节能综合改造，预计总投入 3000 万人民币，至 2010 年 2 月已完成 9 栋建筑节能改造共计 22621m²，其中住宅面积 17184m²，完成投资 869.5 万元。其余建筑在 2010 年底全部改完。

2. 改造前存在的问题

（1）项目背景

远大是一家生产非电（不使用电作为主要动力）中央空调及配套设备的民营企业，从 1988 年开始进行产品研发，至 2007 年 10 月产品已升级到第十代。远大从成立开始，就执着的追求节能环保，在对中央空调主机节能挖潜的持续改进和连续多年对全球几千家用户开展的能耗调查中，我们发现我国有 90％以上的建筑为高能耗建筑，直接消耗的能源占全社会总能耗的 30％左右，预计到 2020 年还将新增建筑面积约 300 亿 m²。如果对高能耗建筑不实施节能改造，将造成我国能耗的急剧增长，使生存环境日益恶化，制约我国社会经济可持续发展。

公司于 2008 年 8 月组织骨干和专家赴欧洲考察节能项目，在德国建筑节能改造示范区取得许多经验，参照西欧发达国家的节能标准，制定了《远大建筑节能设计标准》，于 2008 年 10 月开始，对远大城的 28 栋建筑进行建筑节能改造，逐步把远大城建成节能减排示范园区，向社会展示节能的迫切性、易行性和良好的经济效益。

（2）项目改造前存在的问题

远大城的既有居住和办公建筑大都建于 20 世纪 90 年代，包含有办公楼、宾馆、公寓楼、别墅、食宿娱乐综合楼等建筑。由于当时不懂节能，就像现在中国大多数建筑一样，建筑能耗很高。改造前主要存在以下问题：

1）建筑能耗高，因为建筑气密性较差，每年每平方米平均能耗＞310kWh；

2）能源结构不合理，远大城至 2008 年下半年仍然未全部开通天然气，在同样的负荷下，使用柴油作能源比使用天然气作能源的运行费用要高许多；

3）空气质量较差，因为是开窗换气，无法控制室内空气漂浮物数量；

4）没有单独计量，无法准确核定分项能耗。只知道建筑的总能耗，没有分项明细计量；

5）制冷和供热管道设计不合理，例如几栋建筑共用管道，管路长，损耗较大；

6）照明存在浪费现象，例如使用传统白炽灯，灯泡更换较频繁，公共照明没有自动控制；

7）存在水资源浪费现象，例如对雨水没有收集，绿化用水采用自来水，公寓楼各员工无节制地使用公共热水；

8）行为节能意识不强，因为员工的节能认识不够，对一些能源浪费现象不太关注。

上述现象中，建筑能耗高和能源结构不合理是最大的问题。

（3）项目技术改造特点

通过综合运用外墙及屋顶厚保温、减少窗墙比、门窗隔热（密封门、三层塑框窗、外遮阳等）、太阳能应用、雨水回收利用、照明节能、行为节能指导、能耗单独计量以及使用远大非电燃气空调、热回收新风机等技术，使能耗降低80%以上，同时保持室内空气洁净、环境舒适。

（4）改造技术目标

1）建筑能耗比改造前降低80%以上，每年每平方米平均能耗由改造前的310kWh以上，降低至60kWh以下，空调主机热量减少5倍；

2）每台空调主机接通天然气，用天然气取代柴油，利用差价进一步降低空调使用费；

3）采用远大专利产品热回收新风机，每小时换气1次以上，经静电除尘和高压杀菌，保证室内空气比室外洁净20～100倍，空气中0.3μm颗粒物平均<5万/m^3，二氧化碳浓度<1000ppm；热回收效率>80%，在长沙地区冬天可以利用人体和电器的热量保持室内温度20℃以上而不需要开空调；

4）每栋建筑空调能耗、新风机能耗、照明和水分项明细计量；

5）因为建筑围护结构改造后密封性良好，使空调负荷下降80%以上，所以，主机选型可以减少80%，每栋建筑可以用小型燃气中央空调主机取代原来几栋建筑共用的主机，可以置于离建筑物最近的位置（如屋顶），将长距离共用管路取消；

6）所有灯具改为节能灯和紧凑型荧光灯，节能灯光效≥70lm/W，过道、卫生间设置感应开关。一般房间照明功率<2W/m^2，照度<180lx；高空间照明功率<5W/m^2，照度<300lx。过道、卫生间设置感应开关，充分利用自然光照明。所有铝芯线改成铜芯线，电气线路改成套管预埋，防止漏电耗能或短路事故；

7）收集雨水，用于浇灌花卉和草坪；架设管道收屋顶和洗漱间下水，用于冲洗厕所；利用自然地势形成的水塘，饲养鱼和鸭、鹅，浇灌绿地和自办农场的蔬菜，生产绿色食品供应员工餐厅。公寓楼卫生热水刷卡计量，杜绝无节制的使用淋浴或用热水洗衣；

8）采用屋面太阳能集热系统供应部分热水，试验一体化非晶硅太阳能发电，逆变并网方式运行，供路灯和室内照明；

9）树立良好的节能意识，进行节能教育和培训，张贴节能小告示，设立卫生工监管制度，使每个员工都重视节能。

3. 改造中采用的新技术

（1）屋顶和墙体隔热技术

外墙和屋面是建筑外围护结构的主要散热部分，砖混结构传热系数大于2W/(m^2·K)。改造中我们采用了各种保温方式，屋顶有100mm挤塑板（XPS）、100mm膨胀聚苯板（EPS）、喷涂聚氨酯等方式。

墙体有150mm膨胀聚苯板（EPS）薄抹灰外墙外保温系统、100mm膨胀聚苯板薄抹灰外墙内保温系统、喷涂聚氨酯等方式。屋顶和墙体改造后，屋顶传热系数由原来的

1.5W/(m^2·K)下降到 0.24W/(m^2·K) 以下，墙体传热系数由原来的 2.0W/(m^2·K) 下降到 0.24W/(m^2·K) 以下。

1）屋顶隔热保温技术

如图 13-1～图 13-4 所示。

图 13-1　50mm×2 双层 XPS

图 13-2　100mmEPS

图 13-3　喷涂聚氨酯保温施工照片（别墅）

图 13-4　喷涂聚氨酯保温施工照片（公寓）

2）墙体隔热保温技术

如图 13-5～图 13-6 所示。

图13-5　膨胀聚苯板（EPS）薄抹灰外墙外保温系统

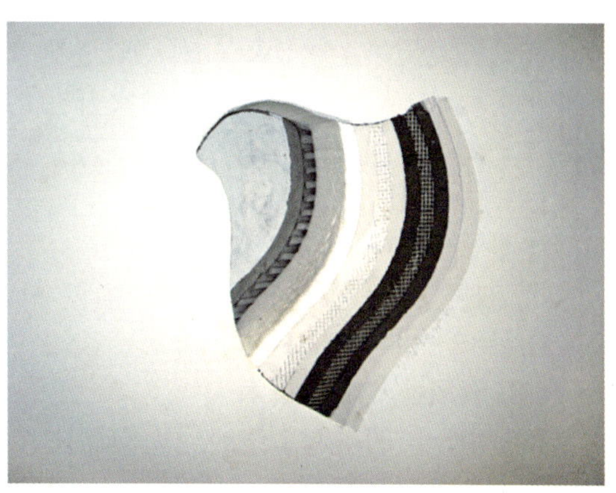

图 13-6　外墙内保温系统

(2) 窗户节能改造技术

把窗墙比压缩到20%以下，使用三层玻璃塑框窗（4+9A+4+9A+4，充惰性气体）代替单层玻璃铝合金窗，玻璃之间用非金属密封条隔断热桥。改造前窗户传热系数为13W/(m^2·K)，改后减到1.65W/(m^2·K)。

1) 压缩窗墙比到20%以下：

如图13-7～图13-8所示。

图13-7 方舟宾馆西墙改造前窗墙比

图13-8 方舟宾馆西墙改造后窗墙比

2) 将原来密封性很差、传热系数很高的单层玻璃铝合金窗，全部用三玻充气塑框框替代

如图13-9～图13-11所示。

(3) 窗外遮阳技术

东西向窗户采用电动金属百叶或布卷帘，南向窗户采用固定遮阳，年节能>350kWh/m^2。如图13-12～图13-17所示。

(4) 室内遮阳技术

如图13-18～图13-19所示。

(5) 门的密封技术

采用电动旋转门或双层门斗，减少室内外空气对流，传热系数2W/(m^2·K)［国家标准要求≤6.5W/(m^2·K)］，每次开门约减少0.4kWh热损失。

图13-9 原单层玻璃铝合金窗

1) 电动旋转门

如图13-20～图13-21所示。

2) 双层门斗减少开门时的能量损耗

如图13-22～图13-23所示。

(6) 新风换气节能技术

在使用传统的空调系统时，人们往往有一种错误的认识和做法：为了节能在空调房里不新鲜，为了空气新鲜就必须开窗。远大热回收新风机完全解决了传统空调的这个弊端，本项目采用远大热回收新风机，在保持室内空气清新的同时，能避免开窗引起的能源浪费。

图 13 - 10　改造后使用三层玻璃塑框窗

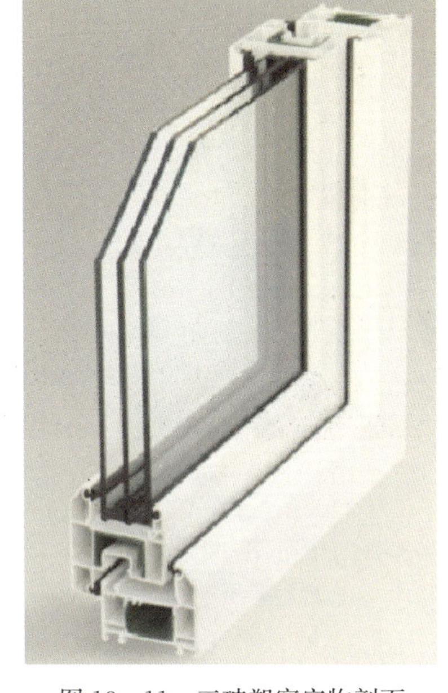

图 13 - 11　三玻塑窗实物剖面

图 13 - 12　西窗自动控制布卷帘遮阳
（改造前外观）

图 13 - 13　东窗贴窗电动布卷帘遮阳
（夏季手动关上）

图 13 - 14　西窗电动金属卷帘遮阳
（改造后内观）

图 13 - 15　西窗手动推板遮阳
（冬季手动打开）

图 13-16　南窗固定遮阳

图 13-17　南窗可调角度固定遮阳

图 13-18　室内保温遮阳窗

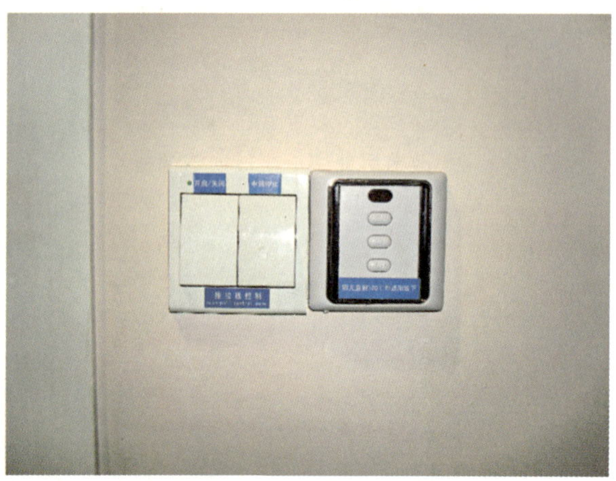

图 13-19　室内保温遮阳窗控制开关

图 13-20　改造前为单层玻璃自动感应门

图 13-21　改造后为旋转感应门

（两旁各开双层手推门，作为安全通道或供节假日人少使用）

图 13-22　改造前为单层玻璃推拉门

图 13-23　改造后为双层推拉门，中间设 3m 缓冲空间

新风经热回收新风机静电除尘、高压杀菌、活性炭吸附、二氧化碳传感器监测，保证室内空气质量达到以下指标：每小时彻底换气 1 次以上，空气中 0.3μm 颗粒物平均＜5 万/m³，甲醛为 0，二氧化碳浓度＜1000ppm。热回收效率＞80%，在长沙地区冬天可以利用人体和电器的热量保持室内温度 20℃以上而不需要开空调。新风机工作原理示意图见图 13-24，新风空调内部结构图见图 13-25。

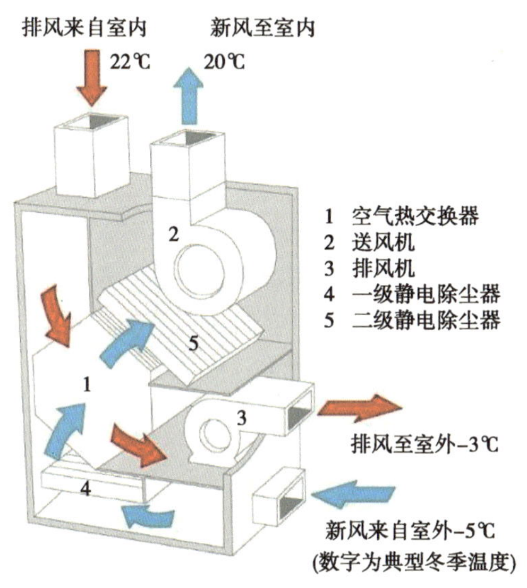

图 13-24　远大专利成品热回收新风机工作原理示意图

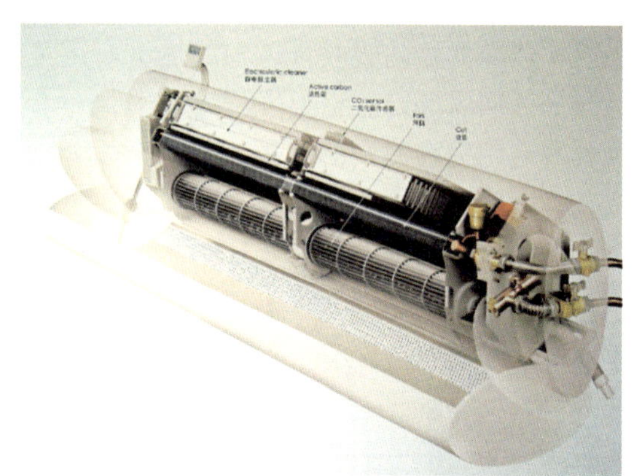

图 13-25　远大新风空调内部结构图

(7) 小型化非电燃气中央空调技术

1) 空调主机系统：每栋建筑可以用小型燃气中央空调主机取代原来几栋建筑共用的主机，可以置于离建筑物最近的位置（如屋顶），将长距离共用管路取消。因为建筑能耗下降，建筑空调主机容量可以减少 80%，空调主机投资相应减少。建筑面积为 950m² 的

方舟宾馆，经过节能改造后空调负荷减少5倍，空调主机功率由115kW降低至23kW。且一机三用（制冷、采暖、卫生热水），可以说是集三种设备和三种功能于一身，节省了初期投资和占地面积。遇用电高峰停电时，可自备小型发电机保证空调控制系统和照明用电，使日常办公、生活不受影响。

2）完成远大城能源结构调整，用天然气取代柴油。按柴油热值10400kcal/kg，6.5元/kg，天然气8000kcal/m³，2.55元/m³折算，使用1m³天然气比使用同样热量的柴油0.77kg所付出的成本开支下降50%左右。图13-26为安装在方舟宾馆楼顶的23kW小型燃气空调机。

图13-26 小型燃气空调机

（8）供暖系统改进技术

长沙为夏热冬冷地区，既有制冷需求同时也有采暖需求。远大城的每栋住宅建筑都单独有空调主机制冷和采暖，这样就可以避免用一台主机为几栋建筑制冷采暖，避免共用管路带来的能量损耗，避免当只有部分建筑需要开空调时，大马拉小车等能源浪费现象。

空调主机为非电燃气空调。由于天然气是一种清洁的能源，且其能量转换只经过一次，相对于使用火电为能源的电空调，其能源转换需要经过5次转换。从这两个角度来看，建筑经过节能改造后，使用小型非电燃气空调是一种更洁净更节能的系统。

1）空调系统控制技术

远大城住宅原采暖系统为每室独立的老式风机盘管系统，空调能耗高，噪声大。改造后采用热回收新风机加集中盘管的形式为房间制冷采暖。热回收新风机直接从室外取新风，在热交换器内吸收排风中的热量，热交换器的热交换效率为80%左右。经热交换的新风与部分回风混合后，温度进一步升高（冬）或降温（夏）。最后，混合的空气经过空调盘管后达到室内需要的温度，送入各房间。空调盘管可以根据各房间的空调负荷灵活配置，可以单独盘管，也可以多个房间共用一个空调盘管。空调房间室内安装有温度控制系统，可以根据设定的温度来控制盘管的空调水流量，达到节能的目的。

整个空调系统中安装了楼宇自动控制系统，其控制策略见下表13-1。控制过程主要是通过检测室外温度来实现空调主机、热回收新风机和旁通阀间的联动。

空调系统控制策略 **表13-1**

模式	室外温度 T_3	设备状态			控制策略
		SD	旁通阀	主机	SD
制冷	$T_3>25℃$	开	关	开	f(SD) 追踪C
全新风	$10<T_3\leqslant 25℃$	开	开	关	f(SD) 追踪T2
制热	$T_3\leqslant 10℃$	开	关	开	f(SD) 追踪C

注：SD为热回收新风机；f(SD)表示热回收新风机（送、排风机频率）；T_2为排风温度；C为室内CO_2浓度；T_3为室外温度。

2）空调系统与配套设备的联动控制技术

远大空调主机可以和热回收新风机以联动控制模式运行。以全新风模式为例，当室外温度在5～30℃之间时，空调主机处于待机状态，热回收新风机通过跟踪排风温度来调整风机频率，使室温处于18～26℃，达到节能和满足室内新风舒适需求（室内空气中的CO_2浓度控制在1000ppm以下，运行频率40Hz以下比较节能，见表13-2、表13-3）。

空调系统参数设置 **表13-2**

设置对象	代号	设置范围	出厂值
冷热启动温度（℃）	T_3	20～27；5～12	25/10
CO_2目标浓度（ppm）	C	500～1500	1000
排风目标温度（℃）	T_2	15～18；25～28	18/25
f(SD)频率（Hz）	f	夏季40～50；冬季30～40	35

不同频率控制下的新风及能耗测试数据 **表13-3**

耗电量测试情况		运转2h记录（kW）		每小时耗电（kW）	占直接使用百分比	风速比
		读数	耗电量			
不使用变频器		0.94	0.94	0.47		
使用变频器	50Hz	2.01	1.07	0.535	114	4
	40Hz	2.58	0.57	0.285	61	3
	30Hz	2.85	0.27	0.135	29	2
	20Hz	2.99	0.14	0.07	15	1

（9）室内外供热管网系统保温技术

远大城的室外供热管网系统主要是将机组测试时的冷热源通过管网加以利用，所有外露热气管网均采用50mm硅酸铝纤维板或硬质玻璃棉板，冷气管网均采用了50mm福乐斯棉外保温（图13-27、图13-28）。

图13-27 室外管网保温照片

图13-28 室内管道保温施工照片

(10) 热计量技术

1) 空调主机系统能耗计量技术

每幢建筑采用独立的非电空调主机，空调主机上运行情况记录数据采集接口，并安装有天然气计量表，记录每天主机所使用的天然气耗量，并自动生成每周每月每年的能耗报表，统计建筑的全年能耗。空调主机单独安装有远大生产的热量表，计量空调主机输送的能量（图 13-29、图 13-30）。

图 13-29 空调主机数据采集接口

图 13-30 空调主机天然气计量表和热量表（右侧小黑盒）

2) 空调末端计量系统及热水计量技术

每栋建筑都加装单独电表，采用独立的电表计量热回收新风机的耗电量；每个空调管道和卫生热水管道的用户端都安装有热量表，计算用户端的空调和热水能耗；公寓楼卫生热水刷卡计量，杜绝无节制地使用淋浴或用热水洗衣（图 13-31～图 13-33）。

(11) 照明节能技术

所有灯具改为节能灯和紧凑型荧光灯，节能灯光效≥70lm/W，过道卫生间等公共区域设置感应开关。一般房间照明功率<$2W/m^2$，照度<180lx；高空间照明功率<$5W/m^2$，照度<300lx。过道、卫生间设置感应开关，充分利用自然光照明。所有铝芯线改成铜芯线，电气线路改成套管预埋，防止漏电耗能或短路造成火灾（图 13-34～图 13-36）。

图 13-31 每栋建筑单独电表

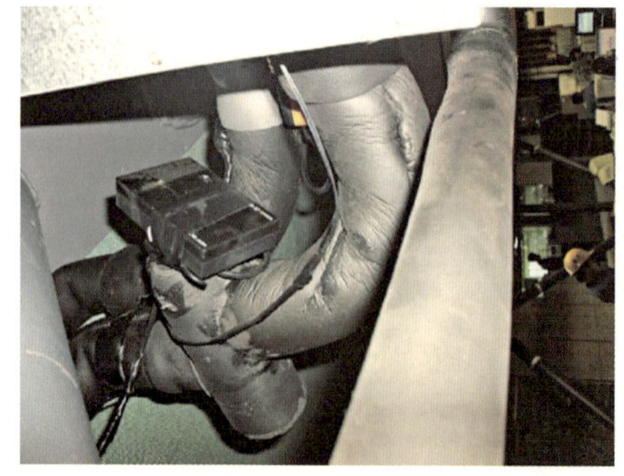

图 13-32 用户端热量表

图 13 - 33 卫生热水刷卡计量装置

图 13 - 34 过道红外感应照明开关

图 13 - 35 电气线路套管预埋

图 13 - 36 所有铝芯线改成铜芯线

(12) 太阳能利用

1) 太阳能集热系统为太阳能集热与燃气锅炉相结合，当太阳能提供能量不足时由燃气锅炉辅助补充，太阳能集热系统采用闭式循环加热储热水箱，通过铜管对水箱进行换热，太阳能加热系统采用承压密闭结构，运行稳定可靠，间接换热的结构更有效保证水质的安全。通过使用太阳能热水器，每年可节约 2.1 万 m^3 天然气，折合人民币约 5.36 万元 (天然气价格按 2.55 元/m^3)。

2) 太阳能蓄电装置

这是一个试验项目，安装在外遮阳电路上。切断市电，单独利用太阳能发电蓄电装置供电，使得太阳能蓄电装置与窗户外遮阳控制装置自成一个单独运行的体系。即使无太阳光直射的时间达 3 周，蓄电装置仍然可以使遮阳电机正常运转。见图 13 - 37、图 13 - 38。

图 13－37 屋面太阳能集热系统

图 13－38 太阳能蓄电控制遮阳

3）一体化非晶硅太阳能发电板，数量 22 块，净面积 47.5m²，额定发电功率 3kW/h，并网方式运行，供路灯和室内照明。工程实施预期达到的节能目标：年并网发电 3000kWh（按每年有效发电 300 天，每天平均 10kW 计）。见图 13－39、图 13－40。

图 13－39 一体化非晶硅太阳能发电，逆变并网方式运行，供路灯和室内照明

图 13－40 太阳能监控箱，可以随时观测太阳能发电量

（13）节水措施

1）中水回用和雨水收集系统：架设管道和蓄水池收屋顶和洗漱间下水，用于冲洗厕所；利用自然地势形成的水塘，浇灌花卉草坪和农场蔬菜，饲养鱼和鸭、鹅，生产绿色食品供应员工餐厅。

2）排水管网与绿化喷灌系统：排水管网经过污水处理，绝对不许任何超标污水流出远大城；绿化使用喷灌，杜绝水资源浪费。

3）景观用水改造和生态处理系统：景观喷水只有逢重大庆典才开启，并循环利用。

4）节水型生活用水器具及计量装置改进：节水型抽水马桶耗水量＜6L/次；节水型小便器耗水量＜0.8L/次；节

图 13－41 雨水收集室

水型水龙头采用自动感应开关，水流量<0.3L/s。见图 13-41～图 13-43。

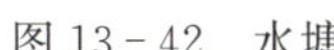
图 13-42　水塘

图 13-43　中水循环系统

(14) 行为节能

通过行为节能的培训、教育、标识张贴、专人检查、督促整改等方式，使节能成为每个人自觉的习惯，在保证健康舒适的前提下，确保实际能耗小于设计预期指标；我们在所有可以通过行为控制节能的地方，都张贴有小提示，常见行为节能方法及标识如表 13-4 所示。

行为节能标识　　表 13-4

项　目	节　能　方　法
门窗和遮阳类	1. 室内由新风机提供洁净空气，请随手关门； 2. 空调开放时，请关门窗； 3. 外遮阳采用自动感应控制，无特殊需要请勿手动
灯光类	1. 使用高效节能灯，淘汰白炽灯； 2. 选用灯具时，不用磨砂玻璃、半透明灯罩； 3. 人少时，请局部开灯；人离开时，请随手关灯； 4. 办公生活区设两路灯，天未全黑时请只开一盏路灯，天黑后才开外景照明灯； 5. 通道、厕所及公共休息区照明请设自动感应开关； 6. 窗户 5m 以内区域白天请取自然光（阴天例外）； 7. 个人加班不开整个房间灯，用台灯
空调系统类	1. 温度设置：冬季：20～23℃；夏季：26～28℃； 2. 水过滤器 1 年请拆洗； 3. 冷热源设备 1 年进行能效检验； 4. 计量装置 2 年请进行校验； 5. 风量平衡 2 年请进行检验与调整； 6. 定期对空调主机和系统进行维护
热回收新风机	1. 室外气温 18～26℃时，请手动打开旁通阀； 2. 变频器设定频率： 夏季上班 40～50Hz；冬季上班 30～40Hz； 中午下班 20～30Hz；晚上下班及节假日关机； 3. 请每周检查和清洗除尘器； 4. 风量平衡 2 年请进行检验与调整； 5. 采用变频技术，选择节能运行模式

续表

项　目	节　能　方　法
办公设备类	1. 采购节能产品和设备； 2. 发热量大的设备请设于排风口附近； 3. 电脑及打印、复印设备待机 30min 断电； 4. 人离 1d 以上的热水器、开水器请断电； 5. 下班时，请关闭排风扇； 6. 使用 Email，办公无纸化； 7. 减少使用一次性工具，纸张正反面打印
其他	1. 加强员工节能培训，明确专人负责管理； 2. 电梯设置节能运行模式； 3. 减少电视、空调、电脑、饮水机、热水器、音响、微波炉等家用电器的待机； 4. 消除室内所有器具无效耗电和产热

4. 改造后的效果

（1）典型投资回报分析见图 13－44。

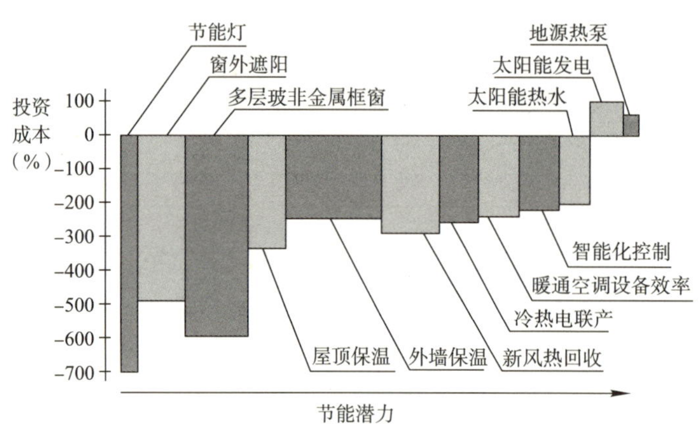

图 13－44　典型投资回报分析

负投资成本即回报（按 10 年计算，－500 等于回报期 2 年）

（2）“远大一号机”节能效果见表 13－5，建筑入口及建筑外观见图 13－45、图 13－46。

图 13－45　远大一号机建筑入口

图 13－46　远大一号机建筑外观

"远大一号机"技术数据表 表 13-5

建 筑	空 气	节 能	生 产
项目名称：远大一号机	新风总量：3.000m³/h	建筑节能等级：A级	制造年月：2009.06～2009.08
安装地点：远大城网球场	换气次数：2.5次/h	年空调节能能耗：60kWh/m²（折合一次能源）	安装年月：2009.08
产品名称：中档住宅	新风净化效率：99%	围护结构传热系数：0.24W/(m²·K)	钢结构保养间隔：30年
产品型号：BSB3-12	冬季室温：19～21℃	窗户玻璃层数：3层	
建筑面积：557m²	夏季室温：26～28℃	窗户遮阳：电动百叶	
层数：3层		室内隔热：电动推板	
总高：14.250m		电力来源：市电	
室内净高：2.900m		空调能源：天然气	
定员：18人		卫生热水能源：太阳能	
抗震等级：9度			
消防等级：A级			
新风总量：3.000m³/h			
换气次数：2.5次/h			

5. 改造的推广应用价值

（1）推广的基础

此项目的主要成果不仅仅是改造了几幢房子，而是发现了建筑节能的重点。从我们发现的投资回报曲线和碳平衡曲线可以看出，只要采用简单的隔热措施，就能实现大幅度的节能减排，并获取极大的经济回报。这是一个重要的发现，应引起上至全球气候政策制定者、下至普通公众的关注。

根据示范项目已完工建筑能耗实时测量结果，每平方米每年平均节能>240kWh；至2010年2月已完成9栋建筑节能改造共计22621m²，其中住宅面积17184m²，全年可节能折合标准煤667t，按每吨煤燃烧产生3t二氧化碳计算，可减排二氧化碳约2000t。全部70598m²建筑在2010年年底完成改造后，全年可节能折合标准煤2081t，可减排二氧化碳约6200多吨［换算标准煤公式：建筑面积×240÷11.63÷700（标煤热值，单位：10^4kcal/t）］。典型建筑能耗见图13-47。

（2）社会效益分析

1）如果全国城镇360亿既有高能耗建筑全部达到远大建筑节能标准，每年每平方米平均节能240kWh，全年可节省10.6亿t标准煤，减少8000万kWh空调高峰负荷，相当于每年节省电力建设投资约1万亿元。按每吨煤燃烧产生3t二氧化碳计算，可减排31.8亿t二氧化碳。典型生命周期碳平衡曲线见图13-48。

远大的成功实践经验必须向社会大力推广，这对于我国在2020年之前实现单位GDP二氧化碳排放比2005年下降40%～45%的目标，有非常重要的示范意义。

2）技术简单、标准量化、实施容易、投资少、回收周期短（2～3年），可达到节能

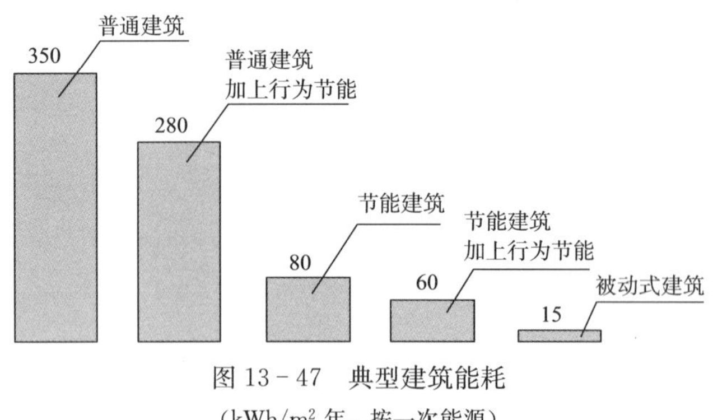

图 13－47　典型建筑能耗
（kWh/m^2 年，按一次能源）

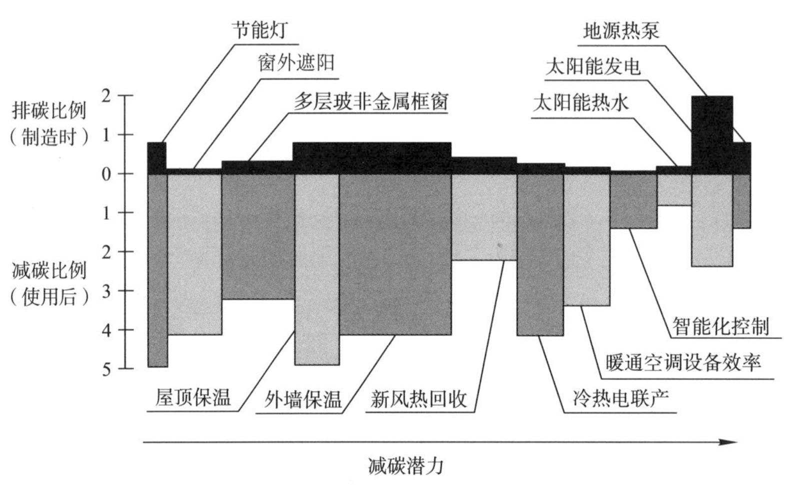

图 13－48　典型生命周期碳平衡曲线

环保、舒适健康的效果。不但适用于既有建筑改造，也可广泛适用于城市新建高层建筑设计与施工，亦可在村镇宜居型住宅建筑中推广应用。

3）缓解或解除夏季制冷和冬季采暖用电高峰的困难。

4）带动建筑节能配套产业（如聚苯乙烯泡沫板、遮阳、门窗、热回收新风机等）的技术进步和发展，促进 GDP 的增长。

5）建筑节能改造工程可以就地吸纳大批富余劳动力，缓解当地劳动力就业压力，同时缓解节假日全国交通压力。建筑节能改造工程属于劳动密集型产业，如果在 10 年内改造完城镇 150 亿 m^2 高能耗既有建筑，每年可吸纳 300 万个劳动力。

在远大城既有建筑节能改造取得成功的经验和巨大的经济效益后，我公司于 2009 年 7 月，仅仅用了 18d 的时间，在不影响办公和生活的前提下，完成了位于曼谷的联合国环境规划署亚太地区资源中心所在建筑的节能改造，每年每平方米能耗降低至 70kWh/h 以内，取得很好的社会和经济效益（图 13－49）。

6. 思索与启示

在高喊节能减排许多年之后，地球上之所以仍普遍存在高耗能建筑，是因为人类一再陷入误区——要么以为建筑节能会增加成本，要么以为可再生能源是建筑节能的主要途径。这种观念，亟待改变。

（1）按什么标准进行改造

我们建议按照远大的高节能标准对既有建筑进行节能改造。包括设备在内的投资成本不到建筑造价的10%，这还不包括对更换下来的设备折旧费。对于新建筑，我们强烈建议国家修订国标，按照高节能标准强制性一次到位。这是我们在德国考察时，德国人告之的教训。他们从上世纪80年代开始对既有建筑进行节能改造，最初制定的标准比较低，因而使那些最初开始进行节能改造的建筑，在后来不得不按新的节能标准进行第二次节能改造，两次成本开支远大于一次到位的情况。

图13-49　位于曼谷的联合国环境规划署亚太地区资源中心节能改造后外观照片

（2）关于投资及回收周期

按照远大的高节能标准，3年内可以收回改造投资。这是经过远大实践证明的事实。对目前资金周转较为困难的客户，我们可以用合同能源管理的方式合作，即由改造方出资，客户不需要前期投入，出资方在节能改造后节省下来的费用中，在规定的年限内按照一定比例提成。

（3）必须立即行动

节能减排是利国利民利己利后代的好事，也是迫在眉睫的急事。地球资源消耗一点就少了一点，几十亿人每天浪费一点，浪费数量是巨大的。我们不能等待和观望，必须付诸行动。比如，对西晒的窗户、玻璃天顶、玻璃幕墙这些夏天耗能重要部位，只要采取简单的遮阳措施，基本上不需要什么成本，在短短几天中，就可以直接受益（图13-50）。建筑节能其实并不难，只要有节能意识，付诸行动很简单。从业余开始，从简易开始，每个人都可以在力所能及的范围内，为节能减排做一些利人利己的贡献，为保护地球尽一份责任。

图13-50　远大地中海综合楼的玻璃天顶

（面积不到总占地面积的10%，使用廉价的汽车防晒布遮盖遮阳，整栋建筑制冷负荷立即下降30%以上，当天即可收回投资）

（4）能效测评机构和资金

节能建筑的节能效果十分显著，谁来出具书面证明？当然要由第三方。但目前具有资质的第三方能效测评机构在全国也就那么几家，除了价格高，还远远不能适应全国大范围开展节能改造的需要。所以，我们强烈建议由各地政府组建非盈利的能效测评机构，活动经费可以从政府节能减排奖励资金中直接拨付。对所有公建和居住节能建筑进行能效测评并公示。

（5）行业标准修改与政府支持

行业标准必须组织专家、学者、有实践经验的企业、能效测评机构来进行修改，不要让高能耗建筑再钻行业标准的空子。各级政府对建筑节能是支持的，但还属于被动阶段。我们建议按照以下组织路线进行，由政府组织建设主管部门来主动推行建筑节能：

1）制定建筑节能改造技术路线；

2）制定建筑节能改造施工技术导则；

3）制定建筑节能改造验收标准；

4）制定建筑节能改造第三方能效测评技术导则；

5）制定建筑节能改造第三方能效测评方法；

6）制定建筑节能改造合同能源管理方法；

7）制定建筑节能改造资金援助计划；

8）制定“十二五”期间公建改造节能减排年度考核指标；

9）建立各地能效测评机构；

10）建立管理机构，依法对建筑节能企业进行登记、资质年审与管理以及对能效测评进行监督；

11）公示合格的建筑节能企业名单；

12）分期完成政府机关、大型公共建筑及其他高能耗建筑的节能改造，对不达标的，限期整改；

13）由第三方能效测评机构为节能达标的建筑挂牌公示，对节能不达标的新建楼盘挂牌并在报纸和电视台进行公示；

14）逐步对既有居住建筑进行督促改造，比如，对高能耗建筑实行高能耗阶梯收费；

15）舆论引导，使全社会认识到建筑节能的重要性，以积极的态度和办法付诸行动。

十四、重庆市人民村居住区综合改造工程

1. 工程概况

重庆市人民村片区位于人民大礼堂北侧，与三峡博物馆相邻，以人民路、人民支路为界。整治用地约4.76公顷，现状为居住用地，大部分曾是各机关或事业单位的公房住宅或单位住宅。总建筑面积约14万m^2，总居住人口约8000人。

该片区多为20世纪80年代初市政府对旧城改造的产物，总体布局基本采用条式与工字形相结合的方式。建筑结合地形高差，采用分台式布局方式，利用三条步行梯坎进行纵向交通联系。建筑房屋多为7～10层的砖混结构，一律采用平屋顶，虽局部陈旧，但主体结构完好。该区内尚有少量几栋私自搭建的住宅，两层左右，砖木结构。建筑外墙采用水刷石，楼梯、阳台、栏杆均为混凝土预制构件。由于建筑年久失修，多存在漏水、环境卫生条件较差等问题（人民村整治范围见图14-1）。

图14-1　人民村整治范围

改造施工单位重庆建工十一建筑工程有限公司和重庆一品建设集团有限公司，改造设计单位重庆大学建筑设计研究院，改造时间2010年7月～2010年12月。

重庆旧住宅情况统计　表14-1

	直辖前	直辖后	总计
房屋（小区）	12521栋	1427个	
面积	3086万m^2（住宅面积2691万m^2）	9775万m^2	1.29亿m^2
户数	43万户	66万户	109万户
人口	131万人	203万人	334万人
现状	居住环境较差	居住环境不够好	

注：资料来源：重庆市人民政府办公厅《关于开展主城区旧居住区综合整治工作的通知》。

2. 改造前存在的问题

重庆市计划在2009～2012年，用4年时间完成1.2亿m^2旧住宅区、重点街区全面整治。要纳入改造的旧居住区，居住环境不佳，功能配套不全，部分房屋经久失修，道路破损、公共绿地少，缺乏公共服务设施。而且，这些居住区大多区位重要，影响了城市形象，亟须整治。

整治将按“两个层面，一个重点”的总体分类实施。其中，第一个层面是直辖前

(1987～1997 年) 的旧住宅区；第二个层面是直辖后建成的居住小区（表 14-1）；一个重点是对重点街区，即城市主干道、商业街区、传统历史建筑区域的居住区实施综合整治。

地处重庆旧城核心区的人民村旧住宅区作为改造重点被纳入了的重庆市渝中区 2010 年的综合改造计划。

本次人民村改造转变单一以“美学”为出发点的改造方法，提出整体综合改造。改造中融合“功能更新及生态低碳”等技术理念；并将“文化传承”和“社区和谐”等软性目标贯穿于整个更新改造过程。提出了功能、美学、节能、人本四位一体的改造方式。

（1）功能：包括房屋部件修缮更新，增加新设施以及完善配套设施等。

（2）美学：指利用现代建筑技术美学法则改造旧建筑尺度、韵律、风格、色彩。同时融入地域文化，提升改造后的美学内涵，促进城市特色风貌的形成。

（3）节能：充分利用新材料、新技术，为实现资源节约型社会做出积极贡献。

（4）人本：体现人文精神，鼓励社区交往活动，全力打造安全与活跃的和谐社区环境。总体改造效果图见图 14-2。

图 14-2 总体改造效果图

3. 改造中采用的新技术

改造过程中采用哪些新的工艺、技术、材料、方法、理念，改造的技术路线，包括“四节一环保”等。

（1）外部形式的改造技术要点

1）建筑外观梳理

旧住宅区违章建筑多，改造过程中需要根据竣工图等详细对比现状，拆除违法建设和逾期临建，清理房屋立面的破旧搭建物、广告牌，清除楼梯间、楼道内杂物。根据重庆已经制定的《主城区住宅小区违法建筑分类处置办法》，为拆委提供了有利支撑。

2）建筑安全检测

旧住宅立面由于瓷砖、水泥敷面年代久远频频掉落，危及公共安全。在制订外墙修缮技术方案前邀请检测机构进行技术检测，为改造设计提供科学依据。同时为了保证改造后建筑的安全性能，特委托重庆市建设工程质量检验测试中心对其进行检测鉴定，评估由平屋面改造成为坡屋面的安全性、可行性。

主要采用以下设备进行检测：

砂浆回弹仪；

钢筋保护层检测仪：编号 C-050；

ZC4 型测砖回弹仪；

裂缝测宽仪；

数码照相机、游标卡尺、卷尺。

3）立面美化更新

从现代建筑的美学构图出发，运用不同材质的搭配使用，对外墙进行全面更新，体现基座和墙身的变化，改造后建筑符合现代审美观的需求。

4）屋顶形式变换

沿街住宅对平屋顶进行平改坡或为女儿墙增加披檐，解决原有屋面渗漏问题，改变单调的屋顶形式，丰富建筑顶部线脚，带来整体外观变化。达到改善住宅性能和建筑外观视觉效果。我国平改坡的技术措施已较为成熟，具体施工方法以原建设部出版的标准图集《平屋面改坡屋面建筑构造》03J203为指导（图14-3）。

5）建筑元素风格统一

对“外窗、单元入口、雨篷、晾衣架、空调机位、防盗窗等”建筑构成元素进行统一风格，明确统一的安装规范；统一改造各户阳台。保证建筑外立面的和谐统一，外部形式的协调（图14-4～图14-6）。

图14-3　屋顶改造图

图14-4　改造后的建筑立面

图14-5　改造后的雨篷

图14-6　改造后的阳台

（2）节能措施的整合技术要点

1）进行物理环境检测

通过对实测数据分析，借以发现既有居住区中较为普遍的环境现象，并提出可能的改善策略。

28号住宅屋顶和西墙热工测量结果见表14-2，人民路临街3楼及7楼室内外噪声测量结果见表14-3、表14-4。

28号住宅屋顶和西墙热工测量结果 表14-2

测量内容	外表面平均温度（℃）	内表面平均温度（℃）	内表面平均热流（W/m^2）	热阻（$m^2 \cdot K/W$）	传热系数 [$W/(m^2 \cdot K)$]
屋顶	41	31.4	23.6	0.41	1.76
西墙	36.6	30.4	15.1	0.41	1.76
室外	平均气温 37.1℃				
室内	平均气温 26.4℃				

人民路临街3楼房间室内外噪声测量结果（等效A声级LAeq） 表14-3

房间	室内LAeq（dB）	房间窗外LAeq（dB）	室外路边LAeq（dB）	噪声差LAeq（dB）	备注
卧室	52.3	71.7		19.4	房间门窗关闭
客厅	54.1		74.2	20.2	

人民支路临街7楼房间室内外噪声测量结果（等效A声级LAeq） 表14-4

房间	室内LAeq（dB）	房间窗外LAeq（dB）	噪声差LAeq（dB）	备注
卧室	43.3	59.6	16.3	房间门窗关闭
客厅	39.7	54.4	14.8	

2）围护结构的节能改造

围护结构包括外墙和窗扇两大部分。由于内保温改造需影响室内住户生活，施工不便，故本片区采取外部保温改造的方式。

施工中采用硬泡聚氨酯保温材料，有效抑制了外墙与室外的热交换，从而达到节能效果，这类材料在专业厂家生产成型，现场装贴在建筑外表面基层上，便于施工，缩短了改造周期，加快了施工进度（图14-7）。

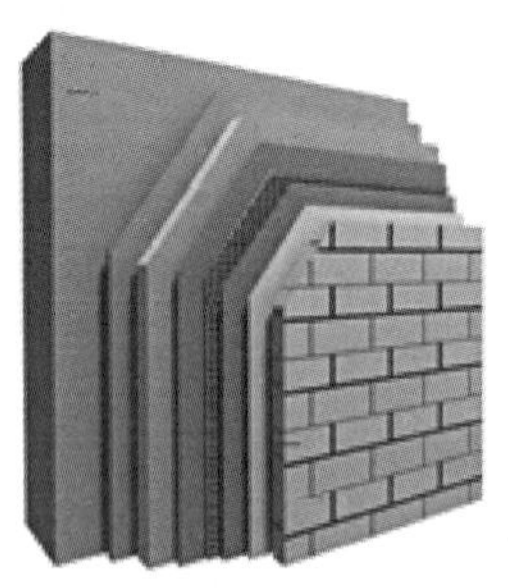

图14-7 硬泡聚氨酯复合板外墙外保温系统

3）窗户的节能改造

现状建筑外窗和阳台的窗扇由于住户的自行改换，外立面不整洁统一。片区内统一更换外墙窗扇。首先是合理地选择和搭配玻璃类型、窗框类型、玻璃间隔条类型。在进行节能改造时，根据改造要求，结合重庆的气候特点，确定传热系数、抗风压强度、空气渗透、雨水渗漏的性能指标，选定合适窗体配置。施工中采用了久塑60型双色共挤5+9+5

中空玻璃系列产品（图 14－8、图 14－9）。

图 14－8 改造前的阳台

图 14－9 改造后的阳台

4）添加遮阳设施

建筑遮阳系统，作为人们用来抵御太阳辐射的主要手段，在本次住宅改造中进行了大量使用。遮阳系统不仅是建筑功能发展的需要，良好的建筑遮阳设计要综合考虑各方面的需要，既能够节约能源，又要创造建筑的独特个性。改造中通过对地域位置，建筑朝向，节能效果和形体艺术等方面的分析进行了遮阳系统的综合改造设计。居民遮阳篷的统一设计安装，并结合外墙色彩统一样式和颜色（图 14－10）。

图 14－10 遮阳系统的综合改造

（3）再现地域文化

旧住宅区经过几十年的发展已经形成了较为完整的文化特征，记录着一个时代的特色和精神，承载着部分历史信息和文化内涵。在改造中需要适当尊重这一特有的建筑风格，保存部分形态元素，作为历史记忆，提升城市文化。人民村改造后以其崭新的姿容和浓郁的巴渝风味呈现在大家面前。以浅灰色为主调的墙体、配上浅米色的仿木材质，显得稳重而自然。巴渝民居风格的坡屋顶巧妙运用于其中，巴渝特色更加突出。

1）提炼地域特色要素

当地的自然、社会文化等因素造就了旧住宅区特有的建筑形式和风格，传统民居是地方主义建筑的“根”。所以改造中需要重拾历史记忆、地域符号，将其解构重新运用到改造建筑中，让文脉依托居住建筑得以延续。

2）特色“文化标识”导入

导入特色“文化标识”理念，通过挖掘传统图案、地域性建筑色彩、地方材料和特色造型，创造出地方化、简明化、艺术化、多样化的空间标识（图 14－11、图 14－12）。

图 14-11　建筑正立面

图 14-12　建筑侧立面

（4）配套设备的改造

改造中需要将“市政管网改造、邮政信箱、门禁系统、声控路灯、广告位、店招”等进行统一规划，预留布置空间，提出统一改造方式，避免对改造后的建筑外观形成二次破坏。改造还包括一户一表，环境整治等相关工作，将空地绿化，修建健身场地，增设防护栏杆，修补破损路面，增加照明设施，实行准物业管理。

1）市政管线改造

设计中通过收集设计图纸以及现场调查，在充分了解管线现状的基础上，重新布置室外综合管线规划图。系统布置，统一考虑，保证市政管线的改造与住宅改造同步进行，避免重复施工。

2）三表改造

统一进行三表改造，每户安置水表，并且增加雨水收集罐等小型市政设施，倡导小区节水，建设低碳社区（图 14-13）。

图 14-13　综合管网改造

3）广告系统及夜景照明

在住宅外观整治的同时将广告系统和夜景照明系统统一纳入，全方位深入地进行风貌整治。广告店招整治，按照统一设计、统一材质、统一设置的要求，严格实行“一店一招”，减少广告数量、提高广告档次。去除住宅外立面上的大型商业广告，对店招进行统一设计，保证店招的造型与建筑立面效果的和谐统一（图 14-14、图 14-15）。

4）单元入口改造

原有住宅单元入口开敞破旧，给住户带来一定的安全隐患，也是卫生死角，无形增大了管理难度。本次改造中统一对各单元入口进行全封闭处理，装设门禁系统。逐步建设智能化社区，以适用、舒适和安全为基本原则，除了进一步提升原有的硬件水平外，还需要不断提高管理水平和服务水平，使广大居民真正地享受智能社区信息化给人民生活带来的生活便利。

图 14－14　统一设计店招

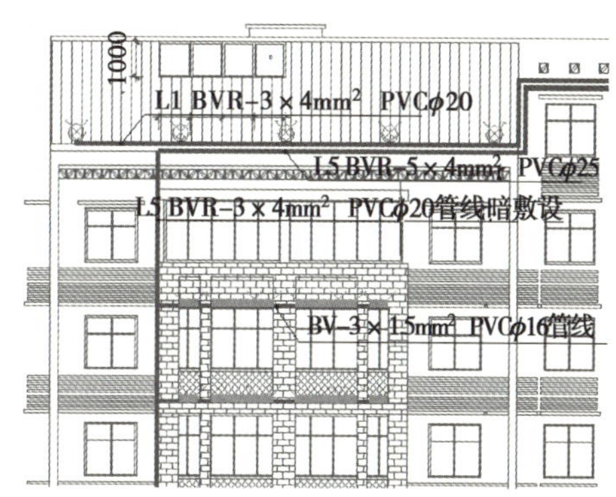

图 14－15　沿街夜景照明改造

（5）重塑公共活动“场所”

1）增加交往空间

通过居民意愿调查发现，居民发生日常活动交往地点集中于自家门口，住宅底层的单元入口承担了居民主要的入户职能。因而入口空间为居民发生交往与活动提供了潜在的场所和可能。对入口公共空间的拓展和升级，可以增加居民之间公共交流的机会，拉近邻里关系，给社区注入更多的活力。

基于旧住宅现有问题和分析，住宅入口改造设计应从以下几个方面考虑：通过增减构筑物增加住宅入口的可识别性；增加和扩充交往空间，整合多种功能于扩充后的入口空间，提供各种活动的可能；完善管理，保障安全；入口扩充与已有底层住户改商相结合。

2）挖掘特色“场所”

改造中需要充分调查历史及现状，寻找出住宅区的特色公共交流空间。在改造中依托特色“场所”开辟出特色公共空间，激发整个地段居民交流的热情，并以此为核心，增加和改造公共设施，重新梳理活动流线，作为改造后的公共活动的空间载体，为社会网络的重构提供空间支撑（图 14－16、图 14－17）。

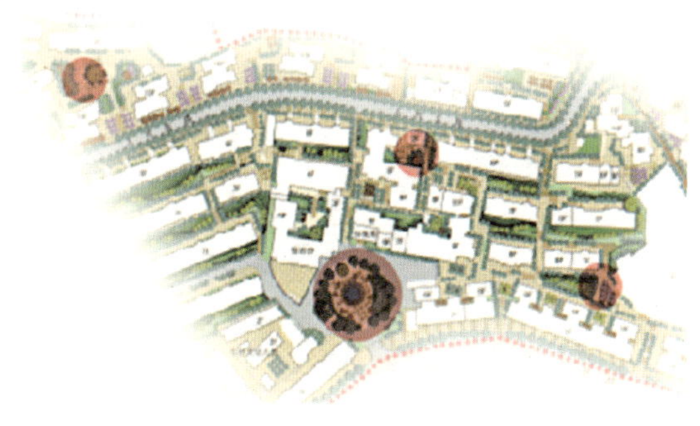

图 14－16　环境景观节点

图 14－17　环境景观设计效果图

（6）LED 灯的使用

在改造过程中，对夜景照明灯、庭院灯、楼道灯等进行更换，体现出“以人为本”的设计准则，以满足使用者的照明要求为前提，设计了相应的照明改造方案，采用了 LED

等照明产品，获得了电力系统节能效果。改造后不但可以使照明环境更为舒适，而且节能的收益能够具体体现到电费的支出下降中。

4. 改造的投资模式

主要包括采取的投资方式，如节能合同方式，政府、企业、产权单位投资比例，投资后利益的分配方式。

5. 改造后的效果

包括它的技术性、经济性、社会效益，包括前后照片的对比，获得哪些奖励及表扬。

本次改造不仅美化了房屋外立面，还对房屋周围的架空管线进行地下敷设，对市政设施进行维护改造，对户外广告、店招店牌、占道亭（棚、伞、摊）进行整治规范，对园林绿化进行提档升级，同时对住宅楼内部进行改造，安装了一户一表以及楼道门禁系统，规整了空调机位，使改造后建筑不仅外观漂亮，而且内部也实用，使老百姓得到了真正的实惠，深受广大市民好评（改造前后对比照片见图 14－18、图 14－19）。

图 14－18　改造前照片

图 14－19　改造后照片

改造中也通过各种综合技术改造，包括外墙保温系统建设以及更换门窗、增设遮阳系统等措施节约了能源，也延长了该区域住宅的建筑寿命（图 14－20～图 14－23）。

图 14－20　改造前照片（1）

图 14－21　改造后照片（1）

图 14－22　改造前照片（2）

图 14－23　改造后照片（2）

附：

重庆市人民村居住区节能改造测试报告

1. 概述

人民村居住区位于重庆市渝中区人民路、人民支路沿线，重庆人民大礼堂北侧，与三峡博物馆相邻。人民村现有居住建筑45栋，多数为上个世纪80年代建造的7～10层砖混结构住宅。建筑屋顶为预制混凝土楼板上铺隔热板，外墙为实心黏土砖墙，外窗为木框单玻窗和铝合金单玻窗两种，保温隔热性能差。

2010年重庆市渝中区人民村居住区综合整治工程开始实施，其中建筑围护结构节能改造的主要内容包括：屋顶平改坡，外墙增设保温层，外窗更换为中空玻璃窗，原来的开敞阳台全部安装中空玻璃窗。

为了评估人民村居住区节能改造的效果，计划对典型建筑改造前后的围护结构热工效果和隔声效果进行测量和比较。由于改造工程时间较长，并且热工测量有气候要求，导致目前改造后的围护结构热工测量尚未进行。因此典型建筑改造后的节能效果采用模拟计算结果进行评估和比较。

2. 测量对象

测量对象为两栋典型建筑：人民支路28号居民楼和人民路38号居民楼，其位置如附图14-1所示。人民路38号楼临街噪声大，选择4楼住户临街房间测量窗户改造前后的室内外噪声级。选择人民支路23号楼顶层西头住户测量屋顶、外墙热工参数。

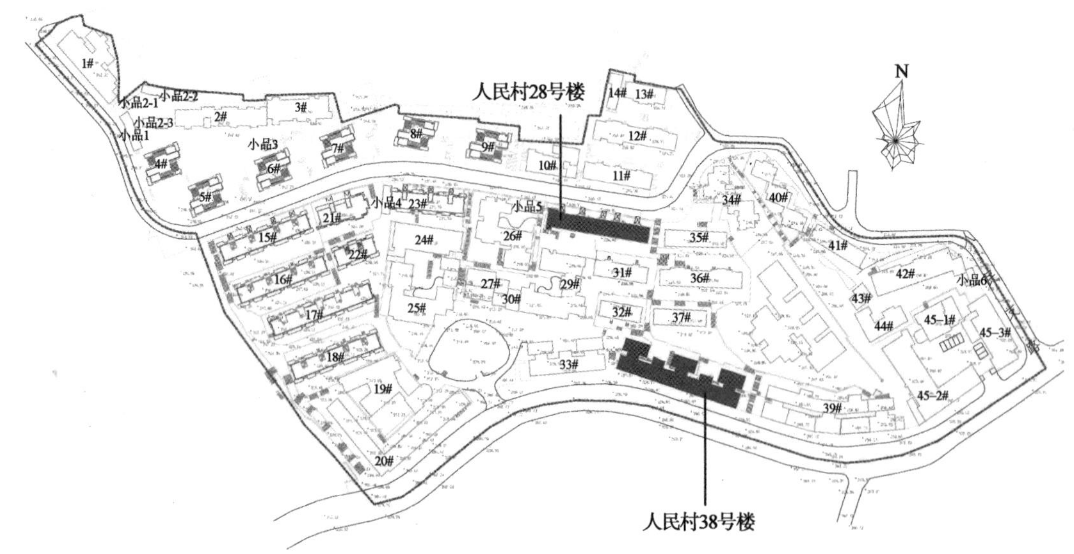

附图14-1 人民村总平面图及测试建筑位置

典型建筑改造前的各项测量在2010年夏季进行，改造后的隔声测量在2011年3月进行。

3. 测试内容和方法

3.1 测试内容

测试内容包括：典型建筑改造前的外墙、屋顶传热系数以及围护结构热工缺陷，窗户改造前后的隔声效果等。

现场直接测试参数：

室内、外气候参数（空气温度、太阳辐射照度等）；

室内、外噪声级（A声级）；

外墙内、外表面温度；

屋顶内、外表面温度；

外墙、屋顶热流强度。

3.2 测试依据

测试参照有关标准和规范进行，主要技术依据有：

①《夏热冬冷地区居住建筑节能设计标准》（JGJ 134—2010）；

②《居住建筑节能检测标准》（JGJ 132—2009）。

3.3 测试仪器

热工测试仪器：Agilent数据采集仪，热流传感器，温度传感器（铜-康铜热电偶），TR-72温湿度记录仪，HOBO温度记录仪，P2红外热像仪等。

声学测试仪器：Norsonic声级计。

3.4 测点布置和测量方法

热工测试房间选取人民村28号楼顶层西头住户南向卧室，分别在该卧室的屋顶和西墙布置测量内、外表面温度的测点和内表面热流测点，在室内和室外布置测量空气温度的测点，见附图14-2所示。太阳辐射照度等气候参数利用重庆大学建筑馆屋顶的小型气象站进行测量。热电偶、热流计等主要测试信号采样间隔为30min。测试期间房间温度由壁挂式空调器控制在舒适范围。

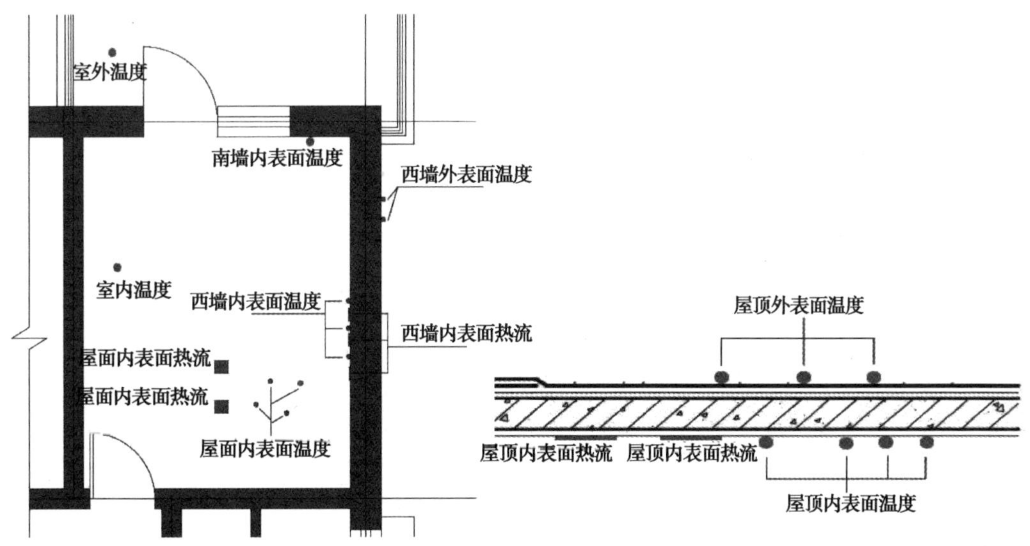

附图14-2　房间和屋顶的热工测点布置

噪声测试选取人民村 38 号楼 4 楼住户临街客厅和卧室为室内测点，测试房间平面见附图 14－3 所示。

室外测点为楼下街道边。

改造前测试时间为 2010 年 8 月 14 日，改造后测试时间为 2011 年 3 月 26 日。

附图 14－3 噪声测量房间

4. 测试结果及分析

4.1 屋顶、外墙热工测试结果

改造前热工测试时间为 2010 年 8 月 11 日～2010 年 8 月 20 日，测试期间的气候情况见附图 14－4 所示。由于测试中间天气经过了一个降温过程（15 日小雨），因此取降温前的两天高温天气（12 日、13 日）为代表性天气进行数据分析。

附图 14－5 和附图 14－6 为代表性天气条件下屋顶、外墙的测试数据及室内外参数的逐时变化曲线，附表 14－1 为各数据的平均值和最大值。可以看出，屋顶各点测量数据基本上全天都高于西墙，其中屋顶内表面温度平均值和最大值比西墙高 1℃和 2℃，从屋顶进入室内的平均热流比西墙高 56%。因此屋顶对室内热环境和空调能耗的影响都比西墙大得多。

4.2 改造前屋顶、外墙热工性能

屋顶、外墙的传热系数按下式计算：

$$K=\frac{1}{R_0}=\frac{1}{R_i+R+R_e} \qquad \text{式 (1)}$$

式中 K——围护结构传热系数 [W/(m² · K)]；

R_0——围护结构总热阻 (m² · K/W)；

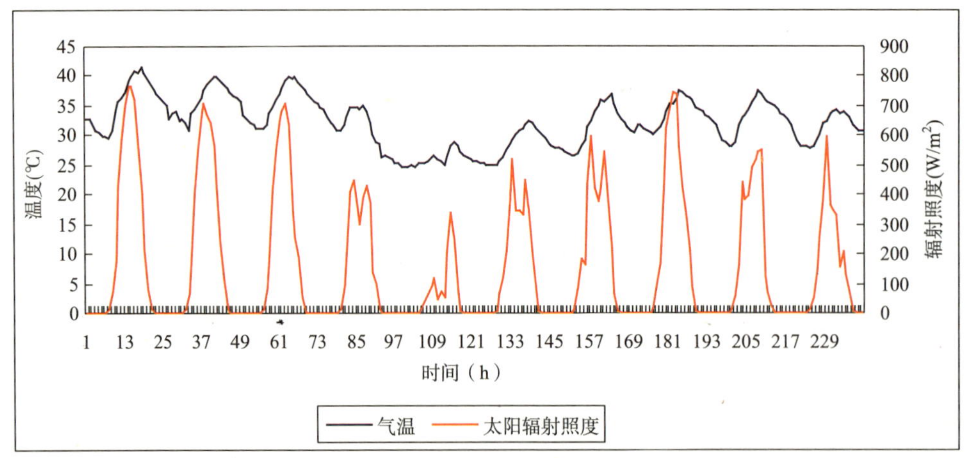

附图 14－4 测试期间气候参数

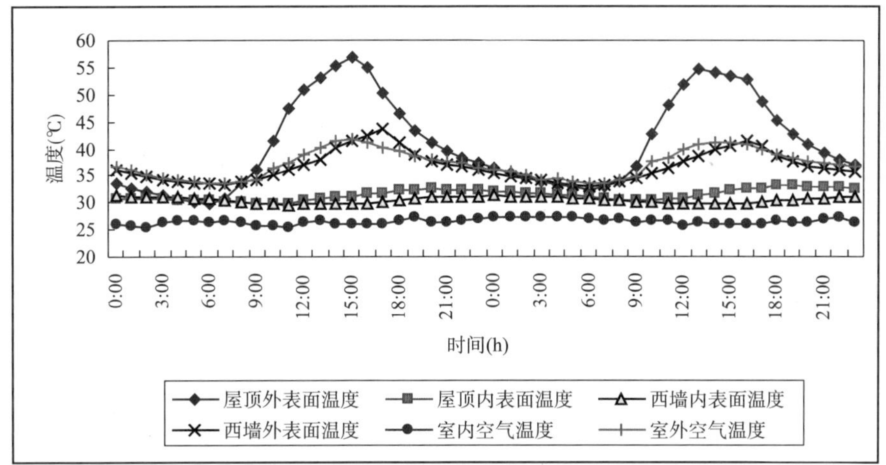

附图 14-5 各点温度变化

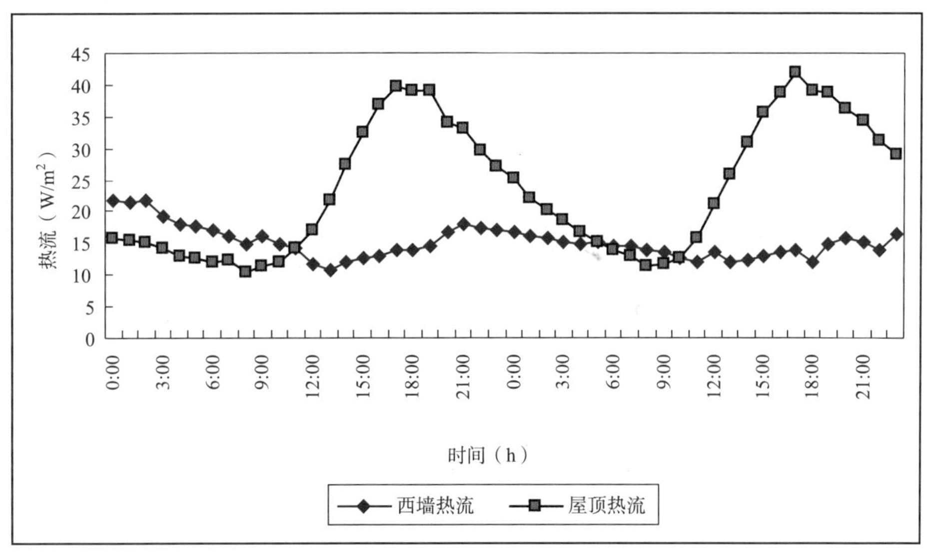

附图 14-6 屋顶、外墙热流变化

测量数据汇总 **附表 14-1**

测试内容	外表面温度（℃）		内表面温度（℃）		热流密度（W/m²）		室内温度（℃）		室外温度（℃）	
	平均值	最大值	平均值	最大值	平均值	最大值	平均值	最大值	平均值	最大值
屋顶	41.0	56.7	31.4	33.1	23.6	41.7	26.4	27.3	37.1	41.7
西墙	36.6	43.5	30.4	31.3	15.1	21.8				

R_i、R_e——围护结构内、外表面换热阻（$m^2 \cdot K/W$）；

R——围护结构热阻（$m^2 \cdot K/W$）。

在传热系数计算式（1）中，围护结构内、外表面换热阻按民用建筑热工规范取值：

$$R_i = 0.11\ (m^2 \cdot K/W);\ R_e = 0.04\ (m^2 \cdot K/W)$$

围护结构热阻 R 根据测量数据按下式计算：

$$R=\frac{\overline{\theta_e}-\overline{\theta_i}}{\overline{q}}$$ 式（2）

式中　$\overline{\theta_i}$、$\overline{\theta_e}$——围护结构内、外表面平均温度（℃）；

$\overline{q}$——通过围护结构进入室内的平均热流（W/m^2）。

根据附表 14－1 列出的屋顶、外墙表面温度和热流测量数据平均值，计算得到屋顶、外墙热阻如下：

$$R_{屋顶}=R_{外墙}=0.41\ (m^2\cdot K/W)$$

因此，根据测量数据计算得到屋顶、外墙改造前的传热系数为：

$$K_{屋顶}=K_{外墙}=1.76\ [W/(m^2\cdot K)]$$

4.3　改造前围护结构热工缺陷

门窗是围护结构节能薄弱环节。改造前人民村居住建筑外窗全部为单玻窗，窗框为木框和铝合金两种，开敞阳台上的门窗基本上是木门窗。由于多年使用导致木框产生变形，关闭不严。下面通过红外热像仪拍摄的热像图来检查单玻窗的热工性能以及门窗的气密性等。

附图 14－7 为人民村 38 号楼 4 楼住户卧室的铝合金单玻窗在室内空调状态下的热像图（室内拍摄）。可以清楚看到窗户为外墙上的高温区，而铝合金窗框又是窗户上的高温区。从线温附图 14－8 可以看出：窗玻璃温度比外墙温度高 4℃左右，铝合金窗框温度比窗玻璃温度高 1℃以上。

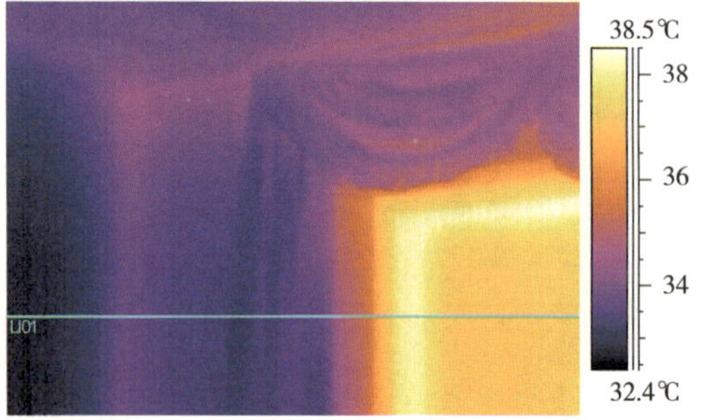

附图 14－7　室内外窗热像图

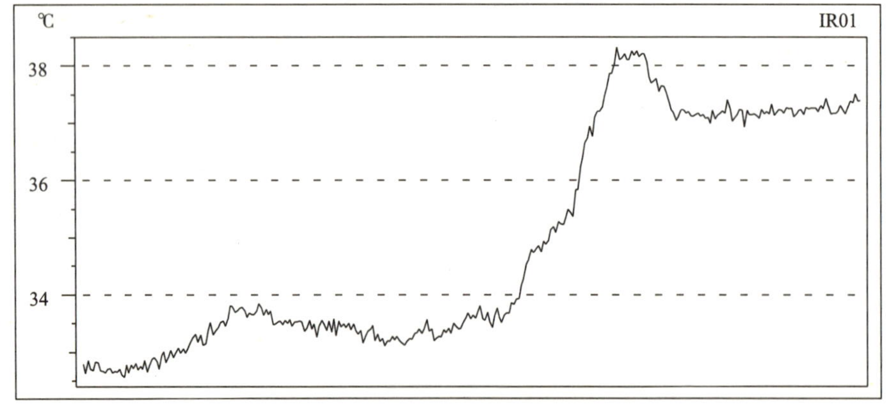

附图 14－8　外窗上的线温图

附图 14－9 为人民村 28 号楼顶层住户开敞阳台上的门窗及其在室内空调状态下的热像图（室外拍摄）。可以看出，由于门框变形导致门缝漏气严重。从线温附图 14－10 看出，门缝温度比门扇温度低 3℃以上。

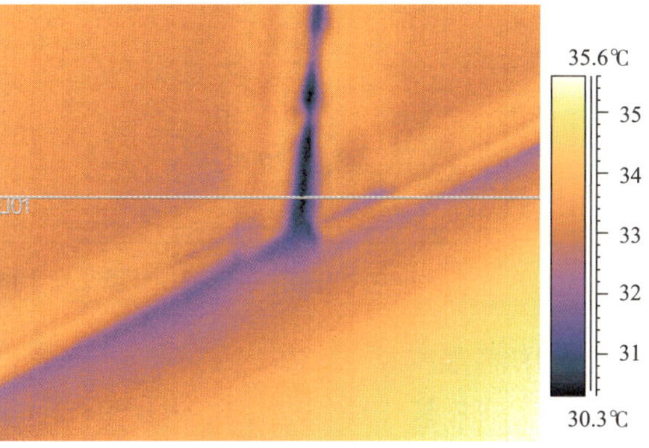

附图 14－9　开敞阳台上的木门热像图

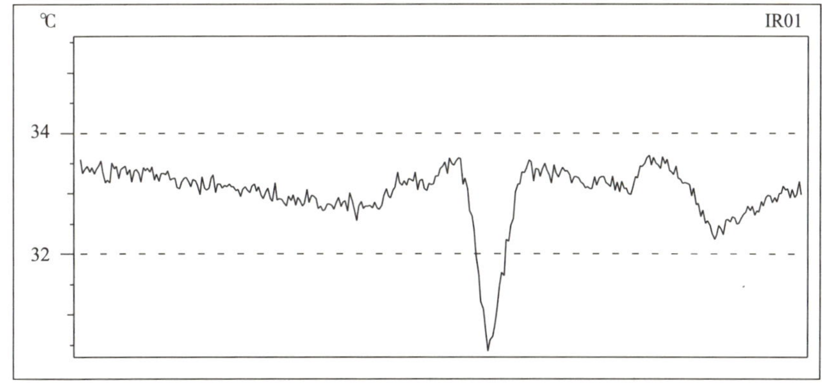

附图 14－10　木门上的线温图

附图 14－11 为人民村 28 号楼顶层住户室内外墙与屋顶的交角及其在室内空调状态下的热像图。可以看出，在外墙与屋顶的交角处，表面温度比外墙主体温度高 3℃以上（见线温附图 14－12）。

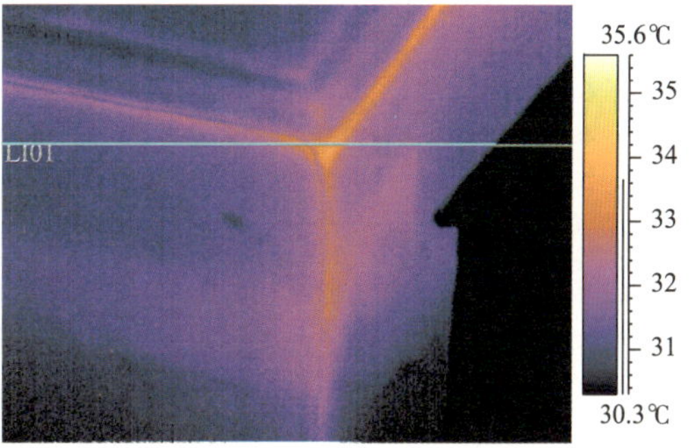

附图 14－11　顶层房间外墙交角热像图

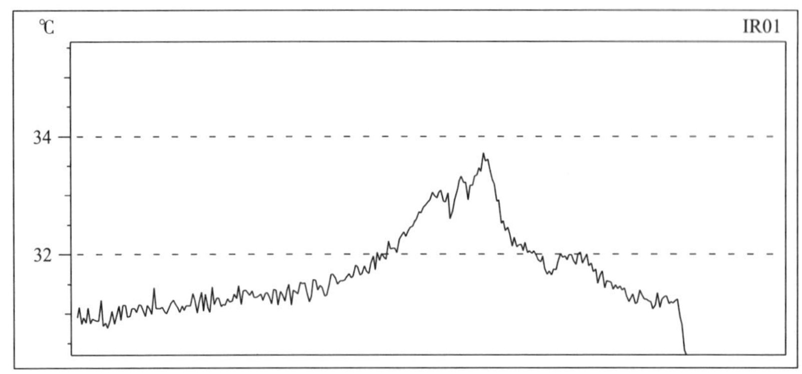

附图 14－12　外墙交角上的线温图

4.4　改造前后隔声效果比较

选取人民村 38 号楼 4 楼住户临街客厅和卧室，测量改造前后室内外噪声级的变化，比较节能改造对外窗隔声性能的改善。

附图 14－13、附图 14－14 为改造前后房间的室内、外噪声测量结果，表 2 为测量数据的平均值。可以看出，改造前房间的隔声效果为 20dB 左右；改造后客厅、卧室的隔声效果分别为 33.3dB 和 27.8dB。可见外窗节能改造使房间的隔声性能提高了 8～13dB，其中对窗墙面积比较大的客厅，隔声效果改善更为显著。

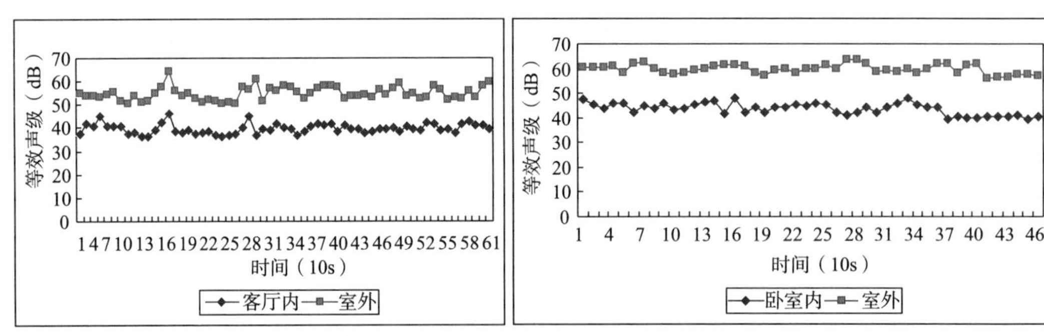

附图 14－13　改造前室内外噪声测量结果

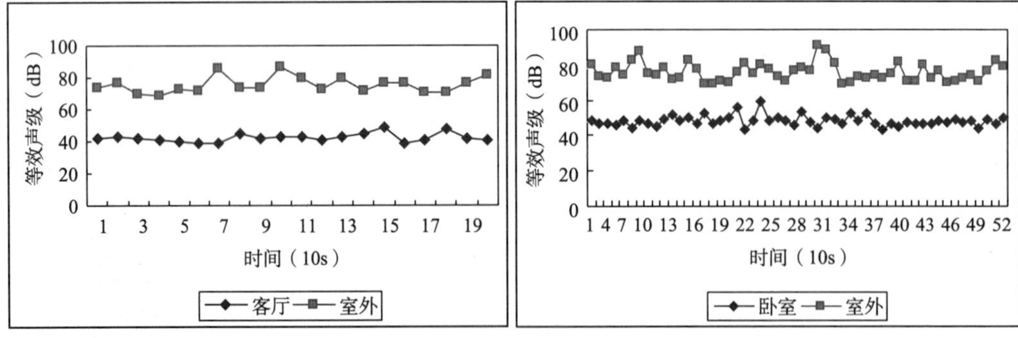

附图 14－14　改造后室内外噪声测量结果

改造前后室内外噪声测量数据平均值（等效 A 声级 LAeq） 附表 14-2

状态	房间	室内 LAeq（dB）	室外 LAeq（dB）	噪声级差 LAeq（dB）
改造前	卧室	52.3	71.7	19.4
	客厅	54.1	74.2	20.2
改造后	卧室	47.8	75.6	27.8
	客厅	41.6	74.9	33.3

5. 改造前后节能效果模拟比较

使用能耗分析软件 DOE2 建立典型建筑改造前后的能耗计算模型，通过能耗指标比较评价节能改造的效果。

改造前的建筑模型见附图 14-15 所示，其中将开敞阳台简化为遮阳板，屋顶、外墙传热系数按测量值 1.76 [W/(m² · K)] 设置，外窗传热系数按铝合金单玻窗或气密性差的木框单玻窗设置为 6.4 [W/(m² · K)]，室内参数及其他计算条件按《夏热冬冷地区居住建筑节能设计标准》（JGJ 134—2010）的规定设置。

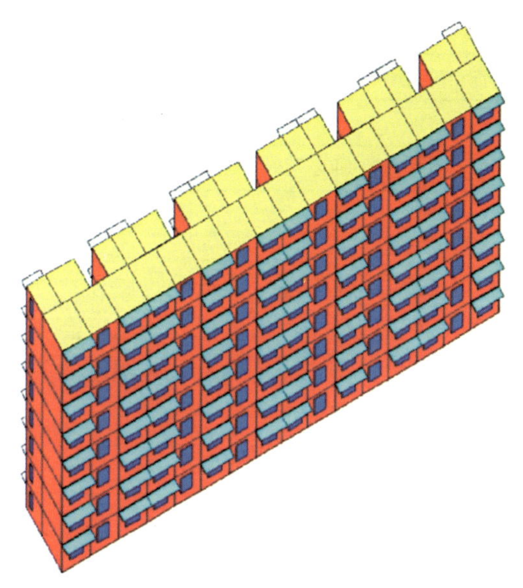

附图 14-15 改造前建筑模型

改造后的建筑模型将开敞阳台用窗户封闭，所有窗户为中空玻璃窗，传热系数为 2.8 [W/(m² · K)]。改造后屋顶增加了坡屋盖，其作用相当于冬季密闭、夏季通风的空气层，取坡屋盖增加的空气层热阻为：0.17m² · K/W（冬季）和 0.13m² · K/W（夏季），于是改造后屋顶的传热系数为：冬季 1.36 [W/(m² · K)]、夏季 1.43 [W/(m² · K)]。改造后的外墙增加了 30mm 厚的聚氨酯硬泡沫塑料保温层，因此改造后外墙的传热系数为 0.63 [W/(m² · K)]。室内参数及其他计算条件与改造前相同。

附表 14-3 为改造前后建筑模型的热工参数比较，附表 14-4 为全年计算能耗比较。可以看出，改造后建筑模型的外墙、窗户传热系数降低幅度很大，由此得到改造后建筑模型的全年总能耗降低 44%。

改造前后围护结构传热系数 [W/(m² · K)] 附表 14-3

状态	屋顶	外墙	外窗
改造前	1.76	1.76	6.4
改造后	1.36（冬季） 1.43（夏季）	0.63	2.8

改造前后建筑模型计算能耗　　附表 14-4

状态	采暖耗电量指标（kWh/m²）	空调耗电量指标（kWh/m²）	全年耗电量指标（kWh/m²）
改造前	23.56	14.09	37.65
改造后	10.92	10.28	21.20
能耗减少量	12.64	3.81	16.45

改造后建筑的节能水平还可与目前执行的节能标准要求进行比较。目前夏热冬冷地区新建居住建筑设计执行节能 50%标准，重庆主城区执行节能 65%标准，建筑设计是否达标目前是以参照建筑计算能耗为标准进行比较和判断。附表 14-5 为两种标准的参照建筑能耗，可见改造后的建筑能耗达到了节能标准要求。

参照建筑计算能耗　　附表 14-5

节能率	采暖耗电量指标（kWh/m²）	空调耗电量指标（kWh/m²）	全年耗电量指标（kWh/m²）
50%	18.74	12.7	31.44
65%	13.74	12.09	25.83

6. 结论

人民村居住区建筑改造前，屋顶、外墙的传热系数测量值为 1.76 [W/(m^2·K)]，窗户内表面温度夏季测量值比外墙温度高 4℃左右，开敞阳台上的木门窗气密性差。节能改造后，外墙、窗户的传热系数大幅度的降低，建筑的全年耗电量指标降低了 44%，达到了节能设计标准的要求。

建筑外窗改造不仅改善了热工性能，还使房间的隔声性能提高了 8～13dB，对室内声环境改善效果显著。

十五、上海市漕北大楼住宅小区综合改造工程

1. 工程概况

漕北大楼位于上海市徐汇区漕溪北路 750 号，始建于 1975 年，竣工于 1976 年 12 月，时名“徐汇新村”。该建筑群由 6 幢 13 层及 3 幢 16 层高层住宅组成，总建筑面积共计 7.5195 万 m^2。徐汇新村项目为上海市第一批高层住宅建筑群。为配合“万体馆”工程的建设，“徐汇新村”由国家投资建设，原上海民用建筑设计院邢同和先生设计，采用现代派设计风格，干黏石的外墙材质、浅绿色的玻璃、简洁挺拔的体型，堪称当时的住宅建筑典范，成为上海 70 年代著名的标志性建筑群之一。当时上海各大建筑公司争相参战，有建工局的各大公司、房地局的修建公司、住宅公司等，9 幢大楼同时施工，各施工单位大显神通，力争上游，在短时间内保质保量地完成了任务，取得了相当丰富的设计、施工经验和成果，同时也为以后的高层住宅建设奠定了基础。

图 15－1　改造后建筑外立面

作为特奥会的工程，结合节能减排目标，2007 年 9 月完成了漕北大楼 9 幢高层住宅楼全面的节能综合改造，提高其建筑整体性能，改善区域环境，使漕北大楼重新成为该区域建筑的亮点。改造后建筑外立面见图 15－1。

2. 改造前存在的问题

（1）项目背景

2007 年举世瞩目的世界特殊奥林匹克运动会在上海举办，这是世界特奥运动会第一次在发展中国家和亚洲举行，其规模将是历届之最，这也是上海历史上举办的规模最大的赛事。这届运动会的举办，将在中国进一步弘扬特殊奥林匹克“平等、接受、包容”的精神，进一步形成全社会关爱智障人士的良好氛围，鼓励和帮助智障人发扬“你行，我也行”的自尊、自强、自立精神，勇敢、欢乐地走出家庭、融入社会，共享人类社会繁荣、发展的成果，奔向“世界和平、人类和谐、全球和睦”的理想境界。伴随特奥会的召开，对于毗邻体育中心的本案外观改造将事关城市形象的再塑造。

“十一五”期间，我国将进一步推动和深化建筑节能工作，力争实现节能减排的目标。上海市目前既有建筑存量约 7 亿 m^2，其中住宅约 4 亿 m^2，而且逐年上升。在这些既有建筑中 95%以上为高能耗建筑，节能潜力巨大。上海市将有 3000 万 m^2 既有建筑实施节能改造，其中住宅综合节能改造 1000 万 m^2，公共建筑综合节能改造 2000 万 m^2。同时，市政府明确表示，到 2010 年要实现单位生产总值综合能耗比“十五”期末下降 20%左右，其中建筑节能 15%。要唱好这出建筑节能的“重头戏”，既有建筑的节能改造是实现建筑

节能目标的关键。

(2) 项目改造前存在的问题

漕北大楼建于 1975 年，在 1995 年对其进行了外立面装饰和加层改造，至今已有十多年，改造前的项目存在着一些问题，主要有以下几个方面：

1) 外墙饰面安全方面

十多年的风雨侵蚀，建筑北立面原有的竖向装饰构件局部缺损，建筑物部分屋面和墙面出现不同程度的渗水现象，墙面面砖部分起壳，随时有掉落的危险。见图 15-2。

图 15-2　项目改造前外墙饰面照片

2) 外墙附属物方面

阳台外侧各住户自行安装的球门式晾衣架、空调外机架、遮阳篷等外墙附属物繁多，形式五花八门，安装随意性大，有的已锈蚀，具有安全隐患。见图 15-3。

图 15-3　项目改造前外墙附属物照片

3) 环境状况方面

徐家汇地区作为上海市副中心的地段优势日渐突显，漕溪北路这一路段成为徐家汇商圈的重要组成部分，漕北大楼建筑立面美观与否直接影响这一地区的区域城市景观，因此，建筑立面的外观不容忽视。而阳台外侧各住户自行安装的球门式晾衣架形式、位置不统一，空调外机架、遮阳篷等外墙附属物形态各异，安装随意性大，对街景造成较大影响（图 15-4、图 15-5）。

4) 建筑节能方面

改造前该住宅楼的单位面积能耗值为 50.59 (kWh/m^2)，未达到现行 50%的节能标准的要求。

(3) 提高历史建筑的耐久性和安全性

时光荏苒，九幢建筑物历经三十余载风雨难免有风霜之痕。长期使用过程中原建筑的门窗、外墙、居民自行安装的空调机架和晾衣架等设施都有不同程度的损毁，安全性下降，

图 15-4　原建筑阳台形式纷杂

图 15-5　原建筑阳台多数被居民自行封闭

极易造成隐患。本案采用先进技术，修复破损部分、统一安装空调机架和晾衣架，提高了建筑物外立面的安全性。同时，本案采用的外墙外保温技术除了起到提高围护结构热工性能的作用，还能显著提高外墙的热稳定性，减少热应力，防止墙面渗水，避免外墙冻融现象，给建筑物增加了一层保护壳，有效延长建筑寿命、提高建筑物的耐久性。

(4) 以人为本，完善使用功能，体现政府“为民办实事”的宗旨

“历史街区的三个重要特征：历史真实性、生活延续性、风貌完整性”。漕北大楼本质是住宅建筑，至今仍有千余户居民生活在这一社区。本案充分考虑“以人为本”的设计理念，不仅考虑到建筑改造后与区域整体环境的协调，同时在改造过程中充分听取居住者的意见，优化改造方案，努力提高居住者的居住质量。

随着社会经济的发展，人们的物质文化需要不断提高，原先的住宅功能亟须进一步完善。本案的外墙面综合改造工程以及节能保温等措施，将政府便民、利民、为民的方针落实到实处。在提升居民居住舒适度的同时，整洁美观的住区环境有利于形成良好的社区氛围，增加人们对家的归属感、对生活的热爱，有利于和谐社会的创建。

(5) 延续历史文脉，美化城市“窗口”，保持城市景观风貌完整性

建筑以其体态特征、色彩和空间构成等独特的方式呈现历史信息，展现时代烙印。本案发掘里程碑建筑的文脉特征，最大限度地保留历史风貌。

3. 改造中采用的新技术

(1) 屋面改造

移除原先屋面的架空预制板、将屋面防水层清除至结构层，然后按下列顺序施工：

1) 轻质混凝土找坡层压光；

2) 2mm 厚聚氨酯防水涂料；

3) 粘贴三元乙丙防水卷材（3mm 厚）；

4) 35mm 厚挤塑聚苯板保温层；

5) 0.5mm 厚塑料薄膜隔气层；

6) 钢筋混凝土整浇层。

(2) 墙面改造

外墙面原先为米黄色面砖外饰面，本次节能改造采用 35mm 聚苯乙烯泡沫板（EPS）外墙外保温系统，涂料饰面。

主要施工工序为：基层处理—刷界面剂一道—配专用粘结砂浆—预粘板边翻包网格布—粘聚苯乙烯泡沫板—钻孔及安装固定件—板打磨找平、清洁—刷界面剂一道—聚合物砂浆—埋贴耐碱玻纤网格布—抹聚合物砂浆。

(3) 外窗改造

将原有单层钢窗改造为铝合金中空玻璃窗。外窗主要材料为：

1) 外窗系列确定：推拉窗及固定窗为 88 系列；型材壁厚及质量按国家标准《铝合金建筑型材 第 1 部分：基材》(GB/T 5237.1—2008) 验收。

2) 外窗玻璃的确定：外窗选用 5mm＋6A＋5mm 中空玻璃，卫生间配磨砂玻璃，并且按《建筑玻璃应用技术规程》(JGJ 113—2009) 的要求进行验收。

(4) 外墙附属物改造

在本次综合改造实施过程中，将建筑外立面上的空调外机架进行统一设置，并用热镀

锌角铁作为空调室外机机架，另外用不锈钢冲孔板制作空调室外机外罩。建筑外立面空调外机凌乱的现象得到整治，大大提高了外立面的美观。

每户的晾衣架由球门式改为不锈钢伸缩式，增加了外立面的整洁度，也消除了由于球门衣架带来的安全隐患。见图 15-6。

（5）小区绿化改造

随着人们生活水平的提高，公众对建筑立面的变化和小区绿化环境也有美的追求。本次改造时，在建筑群 5～11 层正对漕溪北路的东立面，安装了外墙花架，用于摆放鲜花盆景，使绿化与建筑融为一体，增加了建筑的美感，区域环境得到美化。同时，在本次改造工程中，对小区内的绿化进行了补种，使得小区环境更加宜人。见图 15-7。

图 15-6　改造后空调机架及晾衣架

图 15-7　改造后绿化

（6）小区二次供水改造

小区内进行了二次供水改造，改造的内容包括供水水箱、水池、管道、阀门、水泵、计量器具及其配套设施，改造过程中将居民楼道室内管道外移（包括水表外移）。见图 15-8。

（7）新增健身设施

小区内新增健身休闲设施，包括划船器、伸展器、跑步机等器械，为居民锻炼身体提供方便。见图 15-9。

图 15-8　二次供水改造

图 15-9　新增健身设施

(8) 无障碍设施

无障碍设施是残疾人、老年人、孕妇、儿童等特殊群体参与社会生产、活动的必要条件，是完善城市功能、提升城市形象，展示城市两个文明建设和社会文明进步的重要标志（图 15－10）。

图 15－10 无障碍设施

(9) 先进的评估方法

本案采用的建筑能效评价方法参照了美国住宅能效服务网（RESNET）的建筑能效评价体系，包含建筑能效评价方法和相对应的评价标准。RESNET 是创立于 1995 年的美国非盈利性会员组织，RESNET 旨在确保建筑能效认证得以推行、建筑标准的设定和增加拥有高性能建筑的机会。RESNET 的标准为美国房贷业正式认可，被广泛应用于建筑节能性能在贷款量值化、私营金融投资的“白签”认定、联邦政府实施的建筑节能减税等制度、美国环保署的“能源之星（Energy Star)”制度，美国能源部的“建设美国”计划中，并且该体系还成功地应用到加拿大、欧盟等国家和地区的建筑节能评估工作中。

本案将 RESNET 的建筑能效评价方法作了适当调整和改进，结合国家和地方现行节能标准，考虑上海地区气候条件以及上海市对既有建筑节能改造的具体要求，提出了全新的建筑节能评估方法和评价标准。

1) 标准节能建筑

与被评估建筑的外形、大小、朝向、内部空间划分和使用功能等基本信息相同，围护结构热工性能和用能设备效率等参数符合上海市现行节能标准的假想建筑。

2) 能效指数

以标准节能建筑的能耗值为 100，以没有净能源输入的建筑能耗值为 0，以此作为能效指数的比例标尺，每一等份代表被评估建筑相对于标准节能建筑 1%的能耗差值，由此计算出被评估建筑的能效指数。

3) 能效等级

以节能基准建筑的能效指数为 100，以没有净能源输入的建筑能效指数为 0，建立能效指数的比例标尺。被评估建筑的能效指数按下式计算，能效指数低于 100 的建筑符合节能标准要求，而能效指数大于 100 的建筑不符合节能标准要求。

$$\text{能效指数}=100+\frac{\text{被评估建筑能耗值}-\text{节能基准建筑能耗值}}{\text{节能基准建筑能耗值}}\times 100$$

能效等级根据被评估建筑的能效指数划定，当能效指数低于 100 时，划分为 5 个等级，从“★级”到“★★★★★级”，其中“★★★★★级”的建筑能效水平最高；能效指数高于 100 时，划分为 5 个等级，从“未达标Ⅰ级”到“未达标Ⅴ级”，其中“未达标Ⅴ级”的建筑能效水平最低。能效等级划分方法如表 15－1 所示。

能效等级划分方法 表 15-1

能效等级	能效指数 EEI 范围	能效等级	能效指数 EEI 范围
未达标Ⅴ级	200<*EEI*	★	90<*EEI*≤100
未达标Ⅳ级	175<*EEI*≤200	★★	80<*EEI*≤90
未达标Ⅲ级	150<*EEI*≤175	★★★	70<*EEI*≤80
未达标Ⅱ级	125<*EEI*≤150	★★★★	60<*EEI*≤70
未达标Ⅰ级	100<*EEI*≤125	★★★★★	0≤*EEI*≤60

4. 改造后的效果

在漕北大楼节能综合改造工程完工后，对该工程进行了节能改造后评估，评价其节能改造效果。

(1) 围护结构热工缺陷

采用红外热像仪拍摄了漕北大楼外立面的红外热像图，通过分析，漕北大楼节能综合改造工程中外墙外保温施工质量良好，无明显热工缺陷（图 15-11、图 15-12）。

图 15-11 改造后外立面实景图

图 15-12 改造后外立面红外热像图

(2) 围护结构热工性能

对屋顶和外墙的传热系数进行了现场检测，改造后墙体围护结构热工性能明显提高，见表 15-2。

改造前后围护结构热工性能比较 表 15-2

改造部位	改造前传热系数［W/(m^2·K)］	改造后传热系数［W/(m^2·K)］	传热系数降低幅度
外墙	3.23	0.93	71.2%
屋顶	3.70	0.75	79.7%
外窗	6.40	3.50	45.3%

(3) 隔声降噪

本案地处交通主干道，车流、人流密集，噪声很大。此次综合整治方案的建筑外窗采用中空玻璃，气密性较原先的钢窗有了很大提高，隔声效果明显，很大程度上减缓了噪声对居民日常生活的干扰，提高了居民的居住质量。

（4）舒适度提高

本案通过漕北大楼外围护结构的节能改造，即对外墙、屋面实施了外保温施工，将外窗由单玻钢窗改为铝合金中空玻璃窗，大大改善了建筑本身的热工性能，即夏季隔热、冬季保温，降低了建筑物的采暖空调能耗。对居住者而言，不仅提高了居住舒适度，还能节约空调电费。

（5）节能减排

通过节能评估和计算分析，在标准运行使用工况下，每幢 14 层住宅楼每年可节约用电 142729kWh，折合标准煤 50.5t，减少二氧化碳排放 107.0t；每幢 18 层住宅楼每年可节约用电 163192kWh，折合标准煤 57.8t，减少二氧化碳排放 122.4t。

因此，经过节能综合改造，漕北大楼每年共节电 1345950kWh，折合标准煤 476.5t，减少二氧化碳排放 1009.5t。同时，住宅室内热舒适度得到明显改善，在同样气候条件下，夏季室内温度比改造前可降低 2～4℃（图 15－13）。

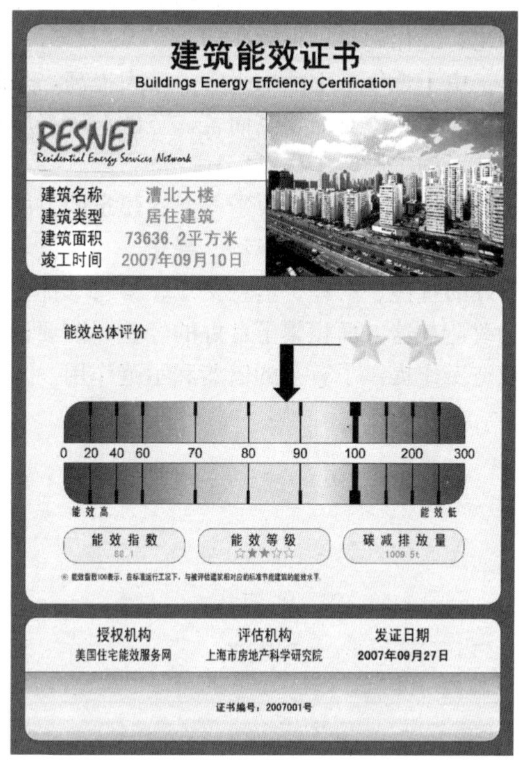

图 15－13 建筑能效证书

5. 改造后可借鉴的成果

（1）工程项目投资概算

本工程总投资为 2900 万元，其中建安工程费 2500 万元，设计费 50 万元，审图费 8 万元，监理费 75 万元，不可预见费用 250 万元，其他费用 17 万元。

（2）示范增量成本概算

本工程节能改造部分增量成本按建筑面积折算分别为：

外墙外保温系统成本为 60 元/m^2（105 元/m^2 施工面积）；

屋顶保温系统成本为 4.5 元/m^2（64 元/m^2 施工面积）；

节能外窗成本为 53 元/m^2（320 元/m^2 外窗面积）；

节能改造增量成本共计 117.5 元/m^2，仅占工程总投资的 30%。

（3）资金落实情况

本工程费用全部由市、区政府投资。

漕北大楼 9 幢高层住宅的综合改造工程，不但提高了建筑围护结构的热工性能，降低了采暖空调能耗，还解决了外墙立面的安全隐患，提高了建筑物的安全耐久性能，同时大大改善了小区的居住环境，提高了居民的生活舒适度。该项目在实施过程中，广泛听取居民意见，与百姓形成互动，体现了“以人为本”和“为民办实事”的宗旨。

旧房节能改造利国又利民，百姓的参与能使该工作做得更好。漕北大楼在改造前，居委会就发放了意见征询表，广泛听取百姓意见，还组织了5次听证会。每次听证会均由楼组长、业委会、居民代表、物业管理等各方参加，集思广益。百姓的参与对改造方案得以细化、优化起到了很大作用。

由于近年来生活水平有了较大提高，采暖空调能耗大幅上升，提高既有建筑节能改造的群众参与度对旧住宅而言，节能与改善居住质量能够实现双赢，使旧住宅的节能改造成为真正的“民心工程”。

既有建筑的节能改造与新建建筑的节能有很大的区别，除了节能技术实施的难度较大外，还会涉及建筑附属物、绿化、二次供水、健身设施、无障碍设施等的改造，另外对老百姓的宣传、解释、信息交流、参与等都会增加整个改造工程的难度和工作量，漕北大楼的改造在这方面积累了良好的经验，该项目的顺利实施为本市及其他省份的既有建筑节能改造工作提供了有益的借鉴和示范作用。

十六、北京市佳境天城商务公寓综合改造工程

1. 工程概况

该项目是由北京鲁能英大集团公司开发建设的商住两用建筑工程，占地面积 9758m²，建筑面积 65077m²，钢筋混凝土框架剪力墙结构，建筑外墙为内保温式，是一幢附有四层裙楼的独立高层楼宇。该建筑类型为高层住宅、裙楼设有配套底商的建筑，地上二十六层，地下二层，位于北京市朝阳区望京中环南路甲 2 号。

项目于 2007 年 10 月～2009 年 5 月期间进行了综合技术改造。公寓园区总平面规划满足相应的使用要求，总平面布置如图 16－1 所示，绿化率和停车数等主要规划技术经济指标如表 16－1 所示，项目效果图如图 16－2 所示。

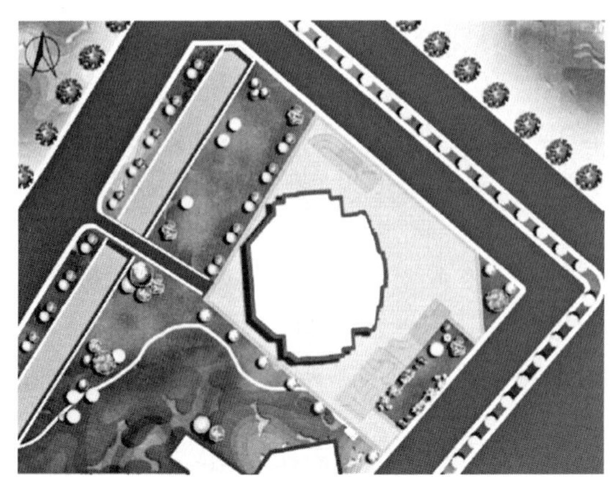

图 16－1　总平面布置图

图 16－2　佳境天城项目效果图

主要技术经济指标表　**表 16－1**

基地面积	9758m²	地下停车位	276 个
总建筑面积	65077m²	非机动车停车位	100 个
绿化率	33%	地上停车位	22 个
地下车库	11250.32m²		

改造施工单位北京华远意通供热科技发展有限公司、北京城光日月科技有限公司。

2. 改造前存在的问题

（1）改造项目背景

北京佳境天城国际商务公寓于 2002 年竣工并投入使用，是集公寓与配套底商于一体的商住两用建筑。改造前项目配套的设施设备存在有以下几个方面的缺陷问题：

1）公寓首层大堂设有大型吊灯、筒灯、其他景观灯 425 具，统一开关灯控制，电能

消耗过高；

2）本建筑内设有步行梯 7 处，设有环型灯 189 具，均为长明灯，电能消耗过高；

3）地下二层均为机动车停车场，设置 24h 长明日光灯 163 具，电能消耗过高；

4）公寓住宅电梯厅共设双管筒灯 960 具，电能消耗过高；

5）原设计庭院无照明，夜间光照度差，存在安全隐患；

6）二次供水存在建设初期设备选型与实际用水需求情况不匹配，水泵设置过大，供水能力大于实际需求，造成电能浪费；

7）冬季室内供暖和生活热水方面：管网设计不合理，存在热能和电能浪费；循环水泵选型不匹配，存在电能浪费；换热设备常规设置，热交换不充分；无智能管理系统，热能浪费。

（2）改造特点

北京佳境天城国际商务公寓建筑配套设备原设计较为保守，公共区域照明配置不合理，冬季室内供暖系统和生活热水系统管网存在缺陷，换热效率低，同时存在智能化程度低、设备选型与实际使用状态脱节情况，供水泵配置过大，造成能源浪费。坚持“以人为本，节能环保”的理念，充分对项目业主的使用规律进行跟踪调研，对地域特点、风向风速、气候条件和建筑配套设施设备进行详细分析、测算和论证，根据项目实际使用情况，采取了一系列综合技术改造。

1）针对室内各公共区域照明进行了反复计算，渗透以人为本的服务理念，采用了分级控制、声光控制、采用太阳能和 LED 光源等手段，最大限度地实现了人性化采光和节能环保的统一协调。

2）本项目综合技术改造的最大特点在于纠正了供暖系统的原设计缺陷，经过对供暖系统的换热效率、管网设置、水力平衡和水泵配置反复计算评价，通过对管网改造、调整并对水泵进行更换，增加了智能控制装置，达到了热能合理使用，减少了电能消耗，最重要的成果是使用户端供热舒适度增强。

3）本项目生活用水设计为分区给水方式，其中高区给水为水泵变频加压供给，原设计水泵与实际用水状态不匹配，经对用户端用水情况分析和计算，更换供水泵，节约了电能。

4）本项目原设计无庭院照明，存在安全隐患，且使业主用户夜间活动不方便，采用清洁能源（太阳能庭院灯）进行改造，达到了节能环保目的，消除了安全隐患，且增强了夜间庭院的光照度。

以上技术的综合使用，实现了提高冬季室内采暖的舒适度，生活热水温度稳定，冬季供暖同期对比天然气消耗下降；水泵设置与项目使用现状匹配；在保障公共部位需要照度的同时，充分使用了清洁环保光源，节约电能成果显著。

本项目在实施以上综合技术改造过程中，最大的亮点是供暖系统改造和地下机动车停车场灯具改造采用了一种基于市场的、全新的节能新机制——合同能源管理（EMC）——节能效益分享型，在没有增加业主的经济负担、无需政府投资的同时改善了物业设备条件，达到了节能环保的目的。

2009 年，在陆续完成以上综合技术改造后，项目为提高能源监测能力，经对相关能源管理技术市场进行调研，引进能源监测管理技术，为进一步提高能源管理科学化打下了基础。

（3）主要改造技术目标

1）公共照明节电目标 55%

通过对大堂照明灯具采用人性化的分级控制，对步行梯照明采用声光控制，对电梯厅照明采用灯具调整手段，对地下停车场采用更换 LED 灯具等办法，实现了节电目标，同时保障了光照度，满足了使用者需求。

2）供暖节约天然气 10%、电能 60%

项目调整改造了供暖一次水和二次水管网，增加了室外温度采集和智能化控制装置，更换了配置不合理的水泵，达到增强冬季室内采暖的舒适度，保障了生活热水温度稳定，提高了换热效率，实现了节约天然气和电能的目标。

3）配供水设备节约电能 60%

通过更换高区供水泵，在满足供水需求的同时，实现了节电目标。

3. 改造中采用的新技术

（1）供暖系统改造

2007 年对供暖系统初次进行改造，该项目供热系统原设计状态为 0.35MW 法国德帝式模块锅炉十台，型号为 DTG320－20S，并联提供热能，为冬季室内供暖系统与常年生活热水系统供热；当冬季供暖结束后，生活热水系统与采暖系统也需一同运行，造成热能浪费。项目在 2007 年 10 月冬季供暖前进行了系统的初次改造，将其中三台锅炉进行隔离，作为生活热水专用，同时从锅炉房敷设两条管道至换热站，实现了生活热水系统独立运行的目的；同时将生活热水管路与板式换热器连接方式由并联改为串联，使一次锅炉供水充分与二次循环水进行热交换，提高换热效率，实现双节能目的。

在 2007 年对供热系统初步改造后，项目对冬季供暖系统进行全面分析，对设备运行状态进行了反复测算后发现仍存在如下缺陷：

1）因无换热智能管理装置，存在“看天气变化烧锅炉现象”，造成天然气浪费；

2）水泵配置与现状不符，存在电能浪费；

3）热风幕系统设计不合理，存在能源浪费。2008 年项目与专业供暖企业“北京华远意通供热科技发展有限公司”合作，对供热系统进行了全面评价，制定了可行的改造方案，于 10 月开始进行了全面改造。

① 加装智能节能控制装置

智能节能控制装置见图 16－3，主要由电动三通阀、室外温度气候补偿器、节能控制器、温度传感器等组成。其主要工作原理是：室外温度传感器将温度信息反馈到节能控制器，节能控制器根据一次回水传感器温度信息，发出指令自动调整三通电磁阀开启度，自动实现一次回水与供水的混合，从而调节二次水温，达到根据冬季室外温度的变

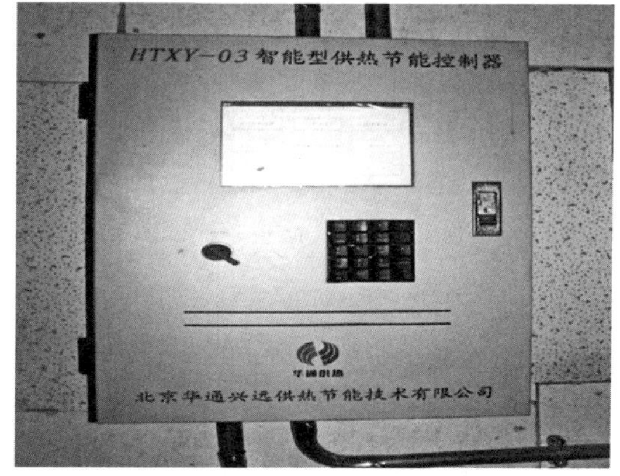

图 16－3 智能节能控制装置

化和不同时间段按需供热的目的，降低锅炉燃气量的消耗，彻底改变了人为因素对燃烧锅炉的误操作。智能节能控制装置工作原理示意图如图 16－4 所示。

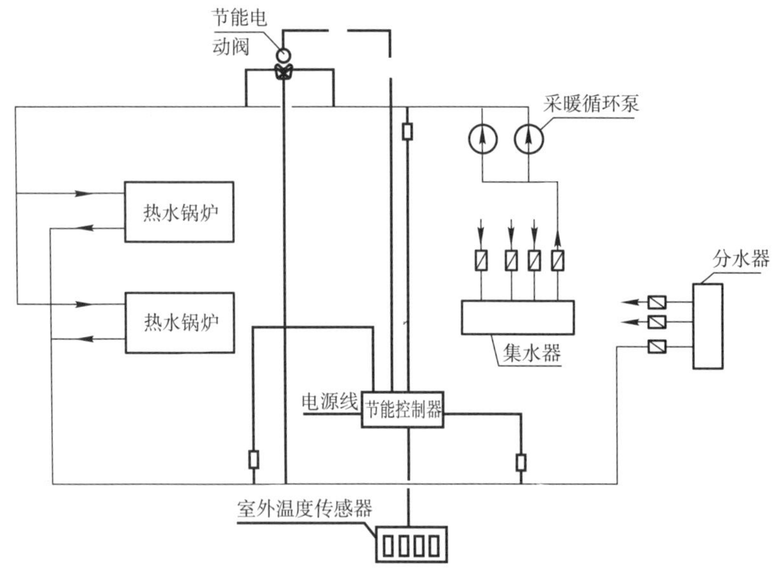

图 16－4　智能节能控制装置工作原理示意图

② 供暖水泵改造

参照供暖设备参数、运行数据进行计算分析，认为室内供暖循环水泵存在配置过大即“大马拉小车”现象，针对现状进行了改造。改造前原配置一次水循环水泵采用 2 台 15kW 水泵、二次水循环水泵采用 2 台 30kW 水泵，水泵皆为一备一用。改造后一次水循环水泵采用 5.5kW，二次水循环水泵采用 7.5kW，与改造前相比功率共降低 32kW。经计算：改造前每个供暖期原水泵用电量为 111456kWh，改造后每个供暖期水泵用电量为 32198.4kWh，在不影响供暖品质的前提下，每个供暖期节电 79257.6kWh；改造后实现了节能降耗。如图16－5、图 16－6 所示。

图 16－5　一次循环水泵改造前后对比图

图 16－6　二次循环水泵改造前后对比图

③ 生活热水水泵改造

参照生活热水使用参数，对水泵配置情况进行计算分析，认为同样存在“大马拉小车”现象，针对现状进行了改造。改造前一次供水采用 7.5kW 水泵一台，二次循环水泵采用 0.75kW 水泵；改造后一次供水泵为 1.5kW，二次循环水泵为 0.37kW，与改造前相比功率降低 6.38kW。经计算：按每天供热水 12h 计，改造前年用电量为 28908kWh，改造后年用电量为 6552.48kWh；改造后每年实现节电 22355.52kWh。

④ 热风幕系统改造

热风幕系统原设计是将回水管路接至一次循环水泵出口处，这样在热风幕系统中必须设置循环泵，系统才能正常运行使用，如图 16－7 所示。经分析后进行了改造，将热风幕系统的回水接至一次循环水泵的进口处，这样热风幕系统的循环泵就可以退出运行，如图 16－8 所示。风幕系统循环水泵为 5.5kW；经计算此项改造每个供暖期实现节电 13622.4kWh。

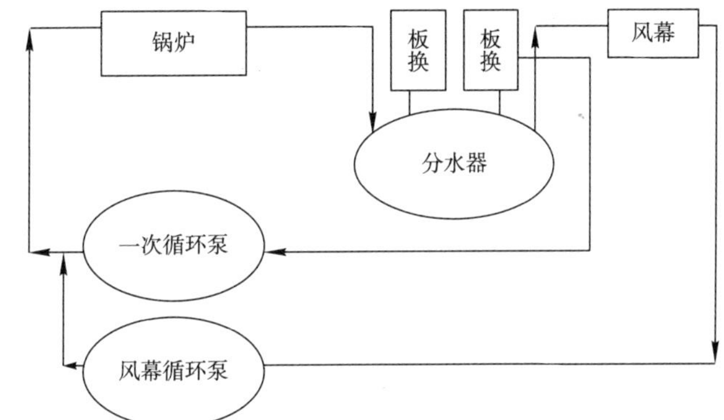

图 16－7 改造前风幕系统示意图

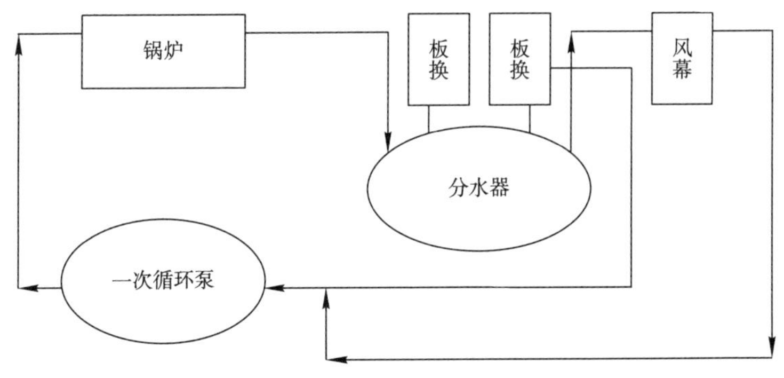

图 16－8 改造后风幕系统示意图

(2) 供水系统改造

该项目自来水供应原设计为分区供给，四层以下为低区，由市政管网直接供水。四层以上分为中、高两区，供水由水泵加压通过管网供至用户。高区供水泵原设计功率为 15kW，流量为 $21m^3/h$，见图 16－9。经对全年运行参数分析，单位时间内用水最大需求量为 $10m^3/h$，由此可见原设计远远大于实际用水量，造成极大的电能浪费。根据现场实际情况，对高区供水泵进行了改造，改造后水泵功率为 5.5kW，流量为 10m³/h，全年可节约电量 33288kWh，见图 16－10。

图 16－9　水泵改造前图片

图 16－10　水泵改造后图片

（3）照明系统改造

1）大堂照明改造

公寓大堂照明原设计 6 盏吊灯 40W 光源数量为 360 个，131 盏大筒灯为 18W 光源，48 盏方格灯为 13W 光源，82 盏小筒灯为 10W 光源，56 盏日光灯为 36W 光源，92 盏射灯为 35W 光源，8 盏壁灯为 25W 光源，总计光源 777 支，总功率 23638W。设计为二级控制，开关灯按以下模式：

每日昼间：灯具全部打开，使用时间为 14h，耗电能 330.93kWh。

每日夜间：部分灯具打开，计算总功率 1116W，使用时间为 10h，耗电能 11.16kWh。

每日耗电能 342.09kWh，年耗电能 124862.85kWh。

① 鉴于吊灯耗电量较大，经反复对现场光照度对比测试，将 40W 白炽灯更换为 3W 节能灯，且由原每盏灯 60 个光源改为 30 个，减少用电功率 13860W。

② 鉴于大堂照明控制方式单一，造成昼间实际使用光照度大于需求，浪费电源。经过对不同季节、不同时间段和不同光照需求的分析研究，拟定四级照明方式，通过对线路进行改造和加装时间继电器达到了控制要求，在保证大堂用户照度的情况下，节约了电能。

一级：保持与原夜间照明相同，日耗电能 11.16kWh；

二级：常规昼间照明，日耗电能 54.17kWh；

三级：特殊天气昼间照明，经统计约占全年 14.4％，年耗电能 3258.26kW；

四级：节庆日照明，经统计约占全年 0.01％，年耗电能 357.76kW；

改造后年节约电能 100450.38kWh，节电率达 80.45％。

2）机动车停车场照明改造

项目地下机动车停车场照明原设计为 24h 长明灯，灯具为标称 40W T5 日光灯（实测功率 44.5W)，共计 163 盏，每年实际耗电量为 63540.66kWh。经多方考察并对比分析，在保证光照度的前提下，采取了与北京城光日月科技有技公司“节能效益分享式”合作模式，将光源更换为标称 13.5W（实测功率 13.4W）的 LED 照明光源，该项改造工作已于 2009 年 5 月完成，节电率达 69.88%，如图 16－11 所示。

3）电梯厅照明改造

项目原电梯厅照明为双管式筒灯，共计 960 盏，每盏灯光源为 2 个 18W 节能灯，经过现场测试比对，将每盏筒灯的 2 个节能灯改为 1 个，基本满足了电梯厅照度需求。经过一段时间的试运行，客户反映良好，2007 年底将所有电梯厅照明全部改造为单灯管，节约电能 50%。

4）步梯间、楼道照明改造

项目原设计楼梯间、楼道照明为 22W 环形节能灯，数量 200 盏，每天工作 20h，人工控制开关灯。鉴于这些区域用户通行较少，利用率很低，浪费电能。2007 年底将其全部改造为声控灯，光源改为 25W，满足了用户使用，杜绝了电能浪费。经测算每天使用时间小于 4h，节电率达 77.27%。

5）清洁能源用于庭院灯改造

项目原设计广场、道路均无照明，在物业管理中发现夜间光照依赖周边市政道路灯，光照度无法满足使用要求，存在安全隐患；本着充分使用节能环保产品的宗旨，经对灯具市场调研，采用了太阳能庭院灯进行了改造（见图 16－12），减少了电缆布线工作量，节约了常规电能，满足了夜间使用需求，达到了节电环保满足使用要求的目的。

图 16－11　改造后的车场照明效果图

图 16－12　太阳能庭院灯

4. 改造后的效果

项目通过上述系列综合技术改造，主要纠正了该建筑在设计中存在的缺陷，解决了冬季室内供暖和生活热水管网的不合理设计，完善了在热交换过程中的智能化控制，节约了热能；更换了多台用于供暖、供热水、供自来水配置不合理的水泵，节约了电能；对各区域照明光源进行了调整、改造和更换，节约了电能，取得了很好的节能效果。能源消耗对比情况分析如下：

（1）供暖系统改造前后情况对比分析

1）天然气消耗对比，见表 16-2。（包括供暖系统与生活热水系统分离及锅炉系统加装节能装置）

供暖系统改造前后天然气消耗对比表 表 16-2

项目 \ 时间	2006 年供暖期（改造前）	2007 年供暖期（第一次改造后）	2008 年供暖期（第二次改造）
天然气耗量（m^3）	183775	198593	197988
建筑供暖面积（m^2）	7864.1	9622.44	9622.44
建筑面积每平方米耗气量（m^3）	23.37	20.64	20.57
年节约燃气量（m^3）	—	26269	674

从天然气消耗对比表中，可以看出，第一次改造后，天然气消耗量显著降低。以 2007 年供暖期为例，其中：供暖面积 9622.44m^2，天然气总消耗量为 198593m^3，建筑单位面积耗气量 20.64m^3；第二次改造后，天然气消耗量略有降低，但效果不显著，原因为锅炉加装的节能控制装置时间为 2009 年 3 月，已接近供暖结束期。改造前，天然气消耗量每平方米为 23.37m^3，两次改造后为 20.57m^3，建筑单位面积耗气量降低 2.8m^3，一个供暖期总计节约天然气 26943m^3，按 1.95 元/m^3 计算，节约费用 52538 元。预计，第二次改造效果在 2009 供暖期会有显著体现，单位面积燃气消耗量将会有明显的降低。

2）电能消耗对比（表 16-3～表 16-5）

供暖循环水泵改造前后电能消耗对比表 表 16-3

项目 \ 时间	2007 年供暖期（改造前）	2008 年供暖期（改造后）
年电耗量（kWh）	111456	32198.4
日耗电量（kWh）	864	249.6
改造后日节电量（kWh）	—	614.4
改造后年节电量（kWh）	—	79257.6

生活热水设备改造前后电能消耗对比表 表 16-4

项目 \ 时间	2007 年（改造前）	2008 年（改造后）
年电耗量（kWh）	28908	6552.48
日耗电量（kWh）	79.20	17.95
改造后日节电量（kWh）	—	61.25
改造后年节电量（kWh）	—	22355.52

注：每天运行时间按 12h 计算。

风幕系统循环泵改造前后电能消耗对比表 表 16-5

项目 \ 时间	2007 年～2008 年（改造前）	2008 年～2009 年（改造后）
年电耗量（kWh）	13622.4	0
日耗电量（kWh）	105.6	0
改造后日节电量（kWh）	—	105.6
改造后年节电量（kWh）	—	13622.4

注：每天运行时间按 24h，供暖期按 129 天计算。

从以上三项电能消耗对比表中可以看出，供暖管网、供暖循环泵和生活热水水泵改造后，计算年节约电量 115235.5kWh，节电率达 74.83%，按目前商业电价 0.83 元/kWh，节约费用 95645.5 元，节能效果显著。

以上供暖系统节能技术改造，节能效果明显，经济效益显著提高。

供暖系统经过以上系列改造后，不仅节约了能源，舒适性也得到了提高，特别是生活热水系统，将供水管路与板式换热器改为串联后，使热水温度得到有效提高，现在一台锅炉燃烧的热水温度的稳定性优于改造前两台锅炉的燃烧效果，消除了热水温度忽凉忽热现象；供暖系统加装锅炉节能控制装置，根据室外温度自动调节供水温度，实现节能的同时，舒适度也得到了相应的提高。由于降低了天然气的燃烧量，减少了二氧化碳等气体的排放；同时电能消耗的降低，既节约了煤炭资源，又减少了二氧化硫等有害气体的排放，减少了环境污染，使经济效益、社会效益、环境效益得到了同步提高，利国利民。

(2) 供水系统改造前后情况对比分析

二次供水改造前后电能消耗对比，见表 16-6。(项目本次改造限于高区供水部分)

高区生活水泵改造前后电能消耗对比表 表 16-6

项目 \ 时间	改造前	改造后
年电耗量（kWh）	52560	19272
日耗电量（kWh）	144	52.8
改造后日节电量（kWh）	—	91.2
改造后年节电量（kWh）	—	33288

注：每天运行时间按 12h 计算。

从以上电量消耗对比表中可以看出，改造后计算年节电量为 33288kWh，节电率达 63.33%，按目前商业电价 0.83 元/kWh，年节约电费 27629.04 元。

通过以上对高区生活水泵的改造，纠正了原保守设计，既满足了高区居民用水量的需求，又解决了由于水泵功率过大造成的电能浪费，通过这次改造积累了经验，为项目下一步改造中区供水泵奠定了基础。

(3) 公共照明系统改造前后情况对比分析

公共照明系统改造对比，见表 16-7～表 16-10。(包括电梯厅、地下机动车停车场、大堂、楼梯间和楼道等照明场所)

大堂照明改造前后电能消耗对比表　　表 16 - 7

项目＼时间	2007 年（改造前）	2008 年（改造后）
年电耗量（kWh）	124862.85	24412.47
日耗电量（kWh）	342.09	66.88
改造后日节电量（kWh）	—	275.21
改造后年节电量（kWh）	—	100450.38

注：昼间照明时间按 14h 计算。

地下机动车停车场照明改造前后电能消耗对比表　　表 16 - 8

项目＼时间	改造前	改造后
年电耗量（kWh）	63540.66	19133.59
日耗电量（kWh）	174.08	52.42
改造后日节电量（kWh）	—	121.66
改造后年节电量（kWh）	—	44407.07

注：该项改造已于 2009 年 5 月完成。

电梯厅照明改造前后电能消耗对比表　　表 16 - 9

项目＼时间	2007 年（改造前）	2008 年（改造后）
年电耗量（kWh）	302745.6	151372.8
日耗电量（kWh）	829.44	414.72
改造后日节电量（kWh）	—	414.72
改造后年节电量（kWh）	—	151372.8

注：电梯厅照明改造后每天节电 50%。

楼梯间、楼道照明改造前后电能消耗对比表　　表 16 - 10

项目＼时间	2007 年（改造前）	2008 年（改造后）
年电耗量（kWh）	32120	7200
日耗电量（kWh）	88	20
改造后日节电量（kWh）	—	68
改造后年节电量（kWh）	—	24820

注：改造后每天工作按 4h 计算。

从以上四项公共照明系统改造前后电能消耗对比表中可以看出，通过以上改造，年总节电量为 324663.18kWh，按目前商业电价 0.83 元/kWh 计算，年节约电费 26.94 万元。

项目的照明系统改造，节电率达 62.04%，节能效果明显，经济效益显著提升。

项目通过以上改造，完善了原设计缺陷，达到了公共照明的按需使用，杜绝了无序消耗电能；项目对地下机动车停车场照明光源的改造更换了环保清洁的 LED 灯具，既保障了光照度、达到了节约电能 69%的目的，又鉴于 LED 灯不含铅、汞、不吸灰尘、无不良眩光等优点，实现了节能环保的理念；同时，项目利用非常规能源，在庭院灯改造中选用了以太阳能为能源的灯具，实现了项目向清洁能源利用的新跨越。

5. 改造的投资模式

（1）供暖系统改造

该项技术改造综合了冬季室内供暖一次水、二次水管网改造、加装节能控制装置、更换原设计与实际应用不匹配的水泵改造，共投入资金 34.65 万元，预计年收益为 15 万元（因安装锅炉节能控制装置时间为 2008 供暖期末，实际该项改造当年受益全部显现），综合改造费用约两年半即可收回（见表 16－11）。由此可见，以相对较小的投入，可取得较大的经济效益。在此特别说明的情况是，本项改造项目与北京华远意通供热科技发展有限公司采用能源管理合作的形式进行，具体模式为节能效益分享模式，即全部改造设计、施工与投资由合作方出具，产生的节能成果双方按议定的比例受益，就项目而言，没有增加业主负担，也未向政府申请改造资金，既达到了节能目的，项目还有相当的收益。

供暖系统改造经济效益分析　　表 16－11

项目＼时间		改造前		改造后	
		单位价格	总价格（万元）	单位价格	总价格（万元）
年发生费用比较	天然气	1.95 元/m^3	43.85	1.95 元/m^3	38.60
	电	0.83 元/kWh	12.78	0.83 元/kWh	3.21
年节约费用（万元）		14.82			
节约率		26.17%			
投资总价（万元）		34.65			
投资回收期		2.4 年			

（2）供水设备改造

该项改造技术相对比较的简单，经过慎重的综合分析，比较往年运行参数、设备额定参数和实际供水最大需求，选取配置合理的供水泵替代原装设备，既可满足用水需求，又达到了节能目的。该项改造总投入 3.9 万元，年收益为 2.76 万元，一年多即可全部收回投资（见表 16－12）。该项技术改造，技术简单、易于操作、安全性强、投入小、收益可观。

（3）照明系统改造

该项节能改造涉及五个方面，分别是大堂照明、电梯厅照明、地下机动车停车场照明、楼梯间与楼道照明、庭院照明，项目根据各种公共场所的不同照度需要，采取不同的节能措施，取得了极好的节能效果。照明系统改造投入综合费用为 11.05 万元，年总节电量为 325555.37kWh，年节约电费 27.02 万元，当年收益率为 217%，不足半年即全部收回投资（见表 16－13）。该项改造投入小，见效快，经济效益当年显现。在此特别说明的情况是，地下停车场照明改造是项目与北京城光日月科技有限公司采用能源管理合作方式进行，具体模式为节能效益分享式，即LED灯照明改造由该公司投资施工，产生的节电成果双方按协议比例分享，实现项目零风险、零投资。

供水设备改造经济效益分析 **表16-12**

项目＼时间	改造前		改造后	
	单位价格	总价格（万元）	单位价格	总价格（万元）
年发生电费比较	0.83元/kWh	4.36	0.83元/kWh	1.60
年节约费用（万元）	2.76			
节约率	63.3%			
投资总价（万元）	3.90			
投资回收期	1.5年			

照明系统改造经济效益分析 **表16-13**

项目＼时间	改造前		改造后	
	单位价格	总价格（万元）	单位价格	总价格（万元）
年发生电费比较	0.83元/KWh	43.43	0.83元/kWh	16.78
年节约费用（万元）	26.65			
节约率	61.36%			
投资总价（万元）	11.05			
投资回收期	约5个月			

6. 改造后可借鉴的成果

（1）供暖系统改造

由于冬季室内供暖系统与生活热水系统设计存在缺陷，锅炉与热交换部分无智能控制，能源消耗过大；锅炉供热人为控制，既浪费了能源、污染了环境，同时供暖质量得不到保证的现象比较常见；类似项目此种供暖系统改造，纠正了原设计缺陷，以较小的投入，可获取较大的经济效益，减少环境污染，提高供暖质量，具有推广应用价值，应加大宣传力度。

（2）供水系统改造

建筑原设计与实际使用情况差别较大的现象相对比较普遍，尤其此种供水泵与实际最大用水量匹配不合理情况较多，通过详细调研分析，经过类似改造，技术相对简单、易于操作、安全性强、投入资金小、减少了电能浪费，具有极大的推广价值。

（3）照明系统改造

根据实际使用场所的不同，采用不同的节能措施。大堂采用多级分区控制，地下停车场照明采用LED光源，楼梯间、楼道采用声光控开关、庭院灯采用太阳能电源等，节能效果极其显著。目前，早期建筑照明设计均比较保守，节约能源考虑较少。随着社会的进步，科技的发展，节能意识的增强，对早期建筑的照明系统进行综合的改造是当务之急，在保障足够照度的同时，达到降低管理成本、节约能源的目的；同时，地下停车场采用LED光源，也是节能亮点之一。采用13.5W的LED灯管取代40W的T5日光灯管，节能效益达到69%，且该灯管符合环保要求、使用寿命长。此种改造极大地节约了电能，同时减少了二氧化硫等有害气体的排放，保护了环境，又显著提高了企业的经济效益。可以说此种改造是小投入、大产出，功在当代，利在千秋。

（4）能源管理科学化

项目在进行系列综合技术改造过程中，发现各类能源消耗监测手段落后，急需加快科学的对能源监测管理，经对相关市场进行调研，引进了中鼎盛华环境科技发展有限公司的能源监测管理信息系统（见图16-13）。使用该系统可以实现对设备运行状态实时监测、能源系统模拟仿真等功能，为进一步实现科学的能源管理，打下了基础，具有很大的推广应用价值。

图16-13 能源监测管理信息系统